理科が
面白いほど
わかる

大学入試
亀田和久の

化学「有機」が面白いほどわかる本

代々木ゼミナール
講師
亀田和久

JN039474

＊本書には「赤色チェックシート」がついています。
＊本書は、『大学入試　亀田和久の　有機化学が面白いほどわかる本』を底本とし、最新の学習指導要領に準じて加筆・修正した改訂版です。

はじめに

有機化学の試験で高得点をとるために，反応系統図だけを丸暗記して，いきなり問題を解く人がいますが，この学習法には次のような欠点があります。

1 本当のところ，原理・原則がわからない
2 応用問題にまったく対処できない
3 あまり楽しくない

一番問題なのは，最後の「あまり楽しくない」ということです。**サイエンスは，スポーツや芸術のように非常に魅力的なものです。**そこで，化学の原理・原則を理解し，感動して楽しんでもらえるように本書を書きました。理解に必要な，図やイラストを非常に多く使用しました。そのためページが多いのですが，まるでマンガを読んでいるように学習できるはずです。化学の本質がわかれば，丸暗記学習とは違って次のようになっていくはずです。

1 命名が規則的で面白く，分類が自然に頭に入る
2 反応機構を考えながら問題を解くようになるから応用がきく
3 身のまわりの有機化合物がわかり，化学が楽しく感じる

理解して学べば，原理・原則がわかるだけでなく「化学は楽しい！」と感じるようになります。本質がわかれば，もちろん問題が解けるようになるばかりでなく応用もききます。**原理・原則がわかって問題を解いている人が，いちばん本番に強いのです。**

私の感動した大好きなサイエンスをみなさんに是非，体感して楽しんでもらいたいんです！！

最後に，本書のためにたくさんのイラストを提供してくれたイラストレーター，イラストと図が非常に多くて複雑な紙面にもかかわらず，すばらしい本に仕上げてくれた編集者の方々に心から感謝です。

亀田 和久

この本の使い方

この本は story , Point! , 確認問題 , そして**別冊（有機化学のデータベース）**という4つの部分で構成されています。この本を最大限に活用するために，次のような使用法を推奨します。

まずは学ぶ順番です。

1　有機化学の基本は「脂肪族炭化水素」なので，「Ⅱ　脂肪族炭化水素」の章までを最初に読む。

2　基本的に「Ⅱ　脂肪族炭化水素」以降は，どこから読んでもよいが，なるべく章単位で学習する。

次に各章をどう読むかです。

1　各章の story をしっかり読む

⇒基本的に対話形式で，先生とマンツーマンで教わっているように読めるので，楽しく集中して学べます。

2　Point! はしっかり覚える

⇒重要な公式などは story に Point! としてまとめてあるので，原理・原則がわかったら Point! をしっかり覚えましょう。

3　確認問題 をやる

⇒ story を読んで Point! を覚えたら，確認問題 を自力で解けるようになるまで解くようにしましょう。

4　**別冊（有機化学のデータベース）**で確認する

⇒つねに持ち歩いて，story で学んだ内容を思い出しながら，知識を確認しましょう！

この4段階をくり返せば，原理・原則がわかり，「化学は楽しい」と感じながら学べるようになります !!

もくじ

IV● 芳香族化合物 195

V● 高分子化合物の基本と天然高分子化合物

本文イラスト　　：北　ピノコ
章見出しイラスト：中口美保

I

有機化学の基礎

第1章 有機化合物の分類

カルボン三(さん)単独ライブ
HOOC-
-C-OH
‖
O
-COOH

▶カルボキシ基などの官能基が同じだと性質が似ている。

story 1 有機化合物とは

有機化合物って，何ですか?

19 世紀初めまでは，**有機化合物**というのは生命体，つまり，有機体である動植物から得られる化合物のことを指していたんだ。

1828 年にドイツの**フリードリヒ・ウェーラー** Friedrich Wöhler は無機化合物であるシアン酸アンモニウムを加熱して，有機化合物の**尿素**（動物の尿に含まれる）を合成した。これが**世界初の無機化合物からの有機化合物の合成**だったんだ。

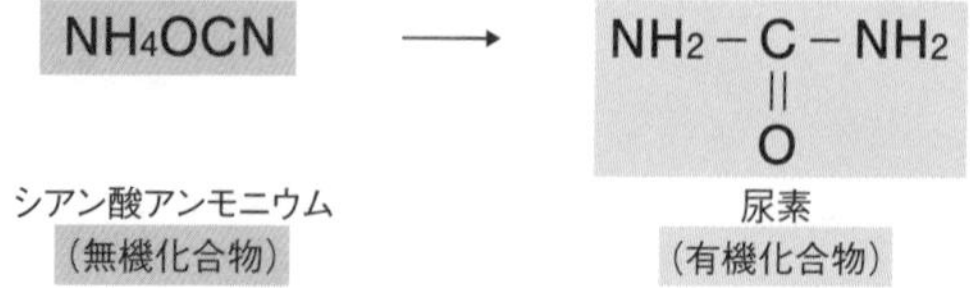
NH_4OCN ⟶ NH_2-C-NH_2
‖
O
シアン酸アンモニウム
（無機化合物）
尿素
（有機化合物）

この反応は**ウェーラー合成**として有名な反応なんだ。この合成によって，ウェーラーは「有機化学の父」とよばれるようになるんだ。

現在では**有機化合物とは炭素を含む化合物の総称**を指すんだ（ただし，一酸化炭素 CO や二酸化炭素 CO_2 などの酸化物，炭酸塩，シアン化物などは例外で，無機化合物に分類される）。現在知られている有機化合物の種類は1000万以上と非常に多いんだけど，構成する元素は C，H のほかに，酸素 O，窒素 N，リン P，硫黄 S，ハロゲン（フッ素 F，塩素 Cl，臭素 Br，ヨウ素 I など）などと意外と少ないんだ。

有機化合物を構成する元素

C，H，O，N，P，S，X など。

↑ F, Cl, Br, I などのハロゲン元素

まずは，炭素と水素だけから構成される化合物を勉強するよ！　炭素と水素だけからできている有機化合物を**炭化水素**（たんかすいそ）というよ。

story 2 炭化水素の分類

(1) 鎖式炭化水素と環式炭化水素

鎖式とか環式って，何が鎖で，何が環なの？

炭化水素には鎖式（さしき）炭化水素と環式（かんしき）炭化水素とがあるけど，その前に，**構造式**の書き方を教えるね。構造式は，共有結合を線で表したものなんだ。炭素 C の**原子価**，いわゆる手の数は4なので，その炭素の手に水素をつけたのが**炭化水素**だ。

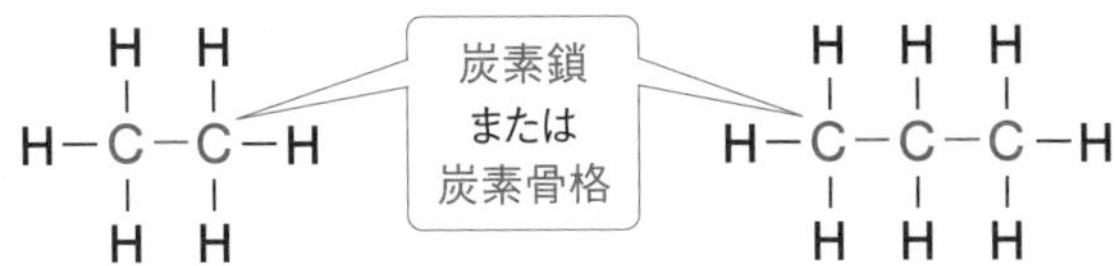
炭素鎖
または
炭素骨格

炭素Cの結合を**炭素鎖**または**炭素骨格**というんだけれど，有機化学で構造式を表すときには，炭素鎖の炭素を省略して，炭素のところで折れ曲がるジグザグの直線を書き，炭素につく水素を省略してよいことになっているんだよ。これは**骨格式**とよばれる構造式の一種なんだけど，実際に書いてみれば書き方がすぐにわかるよ。

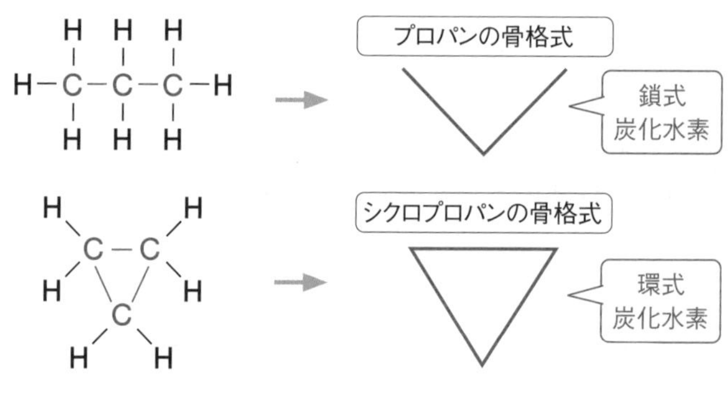

プロパンの骨格式
鎖式
炭化水素
シクロプロパンの骨格式
環式
炭化水素

▲ 構造式と骨格式

それで，炭素鎖が環状になったものを**環式炭化水素**，環状になっていないものを**鎖式炭化水素**とよぶんだよ。

これは環式炭化水素ね。
そうそう，こっちが鎖式炭化水素！

(2) 炭化水素の分類

またベンゼン環⌬をもつ炭化水素を**芳香族炭化水素**(ほうこうぞく)，もたない炭化水素を**脂肪族炭化水素**(しぼうぞく)とよぶよ。

いくつかの代表的な炭化水素を分類してみよう。

脂肪族炭化水素のうち，環状構造である炭化水素を**脂環式炭化水素**(しかんしきたんかすいそ)というよ。

鎖式炭化水素のうち，**単結合のみで構成されているものをアルカン**，**二重結合を１つ含むものをアルケン**，**三重結合を１つ含むものをアルキン**というんだ。また，**脂環式炭化水素は「シクロ～」という名称になる**よ。あとで詳しく勉強するから，今はおおざっぱな理解でいいよ。次のページに，炭化水素の分類をまとめておいたよ。それぞれの炭化水素がどの章で説明されるかも表に書いておいたから参考にしてね。

脂肪族炭化水素

芳香族炭化水素

ベンゼン環がなければ脂肪族だね！

ベンゼン環があれば芳香族!!

有機化学の基礎
脂肪族炭化水素
酸素を含む有機化合物
芳香族化合物
高分子化合物の基本と天然高分子化合物
合成高分子化合物

▼代表的な炭化水素の分類

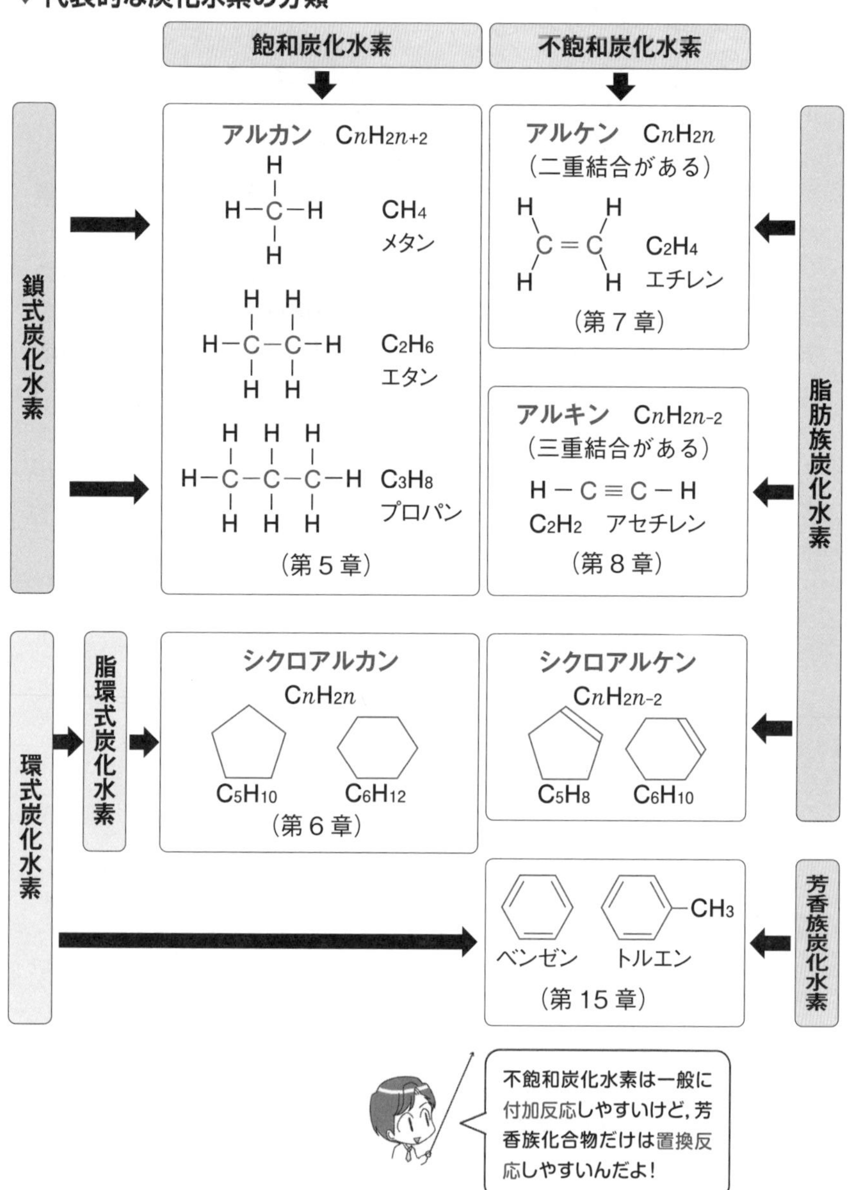

飽和炭化水素
不飽和炭化水素
鎖式炭化水素
アルカン　C_nH_{2n+2}
CH_4
メタン
C_2H_6
エタン
C_3H_8
プロパン
（第５章）
アルケン　C_nH_{2n}
（二重結合がある）
C_2H_4
エチレン
（第７章）
アルキン　C_nH_{2n-2}
（三重結合がある）
$H-C\equiv C-H$
C_2H_2　アセチレン
（第８章）
脂肪族炭化水素
環式炭化水素
脂環式炭化水素
シクロアルカン
C_nH_{2n}
C_5H_{10}
C_6H_{12}
（第６章）
シクロアルケン
C_nH_{2n-2}
C_5H_8
C_6H_{10}
$-CH_3$
ベンゼン
トルエン
（第15章）
芳香族炭化水素
不飽和炭化水素は一般に付加反応しやすいけど，芳香族化合物だけは置換反応しやすいんだよ！

story 3 官能基による分類

(1) 官能基

官能基って，何ですか?

例えば官能基にはヒドロキシ基 −OH というのがあるんだけど，このヒドロキシ基がついている化合物は，性質が似ているんだ。つまり，**その物質の性質や機能を表すもとになっている原子団を官能基という**んだよ。

“官能” はもともと “働き” みたいな意味なんだ。英語のほうが意味がわかりやすいよね。

Functional	group
官能	基

function は**機能**という意味だから，“**官能基**” といわず，現代人には “**機能性グループ**” といったほうがわかりやすいかもしれないね。

有名な官能基とそれを含む化合物の名称を並べてみるよ。

OH
OH
OH
OH
官能基が同じだと，
性質（機能）が似て
いるんだよ。

▼ **官能基の名称**　(R：C_nH_m, R_H：C_nH_m か H)

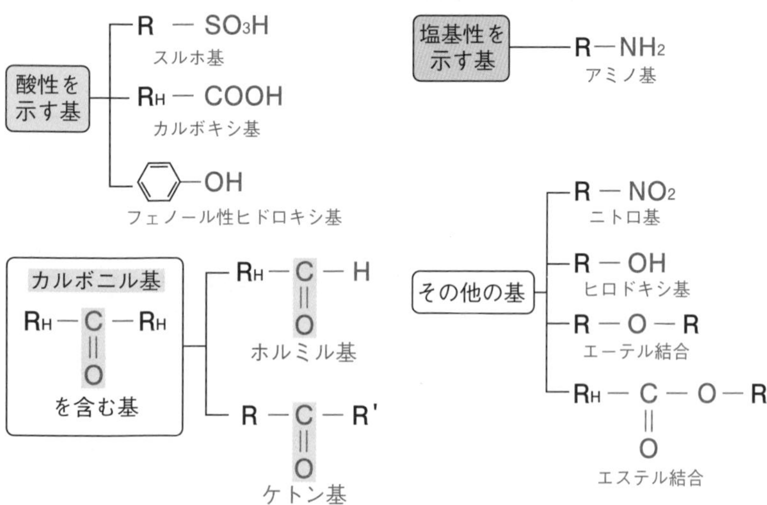

酸性を示す基
R — SO_3H
スルホ基
R_H — COOH
カルボキシ基
—OH
フェノール性ヒドロキシ基
塩基性を示す基
R — NH_2
アミノ基
カルボニル基
R_H — C(=O) — R_H
を含む基
R_H — C(=O) — H
ホルミル基
R — C(=O) — R'
ケトン基
その他の基
R — NO_2
ニトロ基
R — OH
ヒドロキシ基
R — O — R
エーテル結合
R_H — C(=O) — O — R
エステル結合

story 4　有機化合物を表す化学式

(1) 構造式と示性式

構造式と示性式の違いを教えてください!

化学式にはいろいろな種類があるけど，有機化合物の場合，$C_2H_4O_2$ のような**分子式**では構造がわからないでしょ。やはり構造を最も正確に示すのは**構造式**なんだ。

分子式	構造式
$C_2H_4O_2$	CH_3—C(=O)—O—H（H—C(H)(H)—C(=O)—O—H）

▲ **酢酸の分子式と構造式**

酢酸の分子式と構造式を見比べたら，**分子式では構造が全くわからない**ことが確認できるだろう。

しかし，炭素から出ている線をいちいち全部書くのは大変だから，**簡略化した構造式**が一般に広く使われているんだ。また，原子間の線をなくして官能基を徹底的にまとめて表したのが**示性式**とよばれるものだよ。次の図を見れば，**構造式→簡略化した構造式→示性式**の順に簡略化されていることがわかるよ。

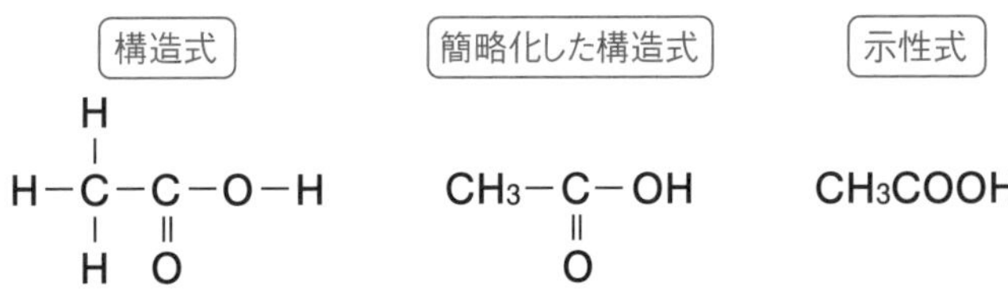

構造式
H
H−C−C−O−H
H O
簡略化した構造式
CH3−C−OH
O
示性式
CH3COOH

▲構造式と示性式

(2) 組成式

また，化学式の中には**組成式**というのもあるよ。**組成式は，元素の比を表したもの**で，分子式で $C_2H_4O_2$ の酢酸では

$$C : H : O = 2 : 4 : 2 = 1 : 2 : 1 \text{（比）}$$

だから組成式は CH_2O となるんだ。それでは，酢酸をいろいろな化学式で表してみるよ！

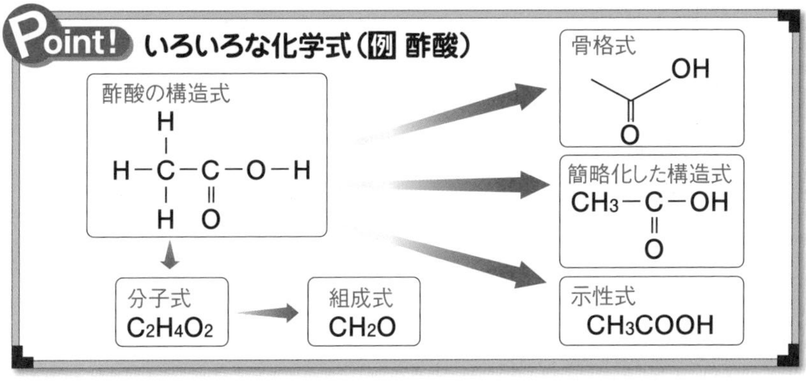

Point!
いろいろな化学式（例 酢酸）
酢酸の構造式
H
H−C−C−O−H
H O
分子式
C2H4O2
組成式
CH2O
骨格式
OH
O
簡略化した構造式
CH3−C−OH
O
示性式
CH3COOH

確認問題

1　次の①～⑤の物質から有機化合物をすべて選べ。

① CH_4　② CO_2　③ CH_3COOH
④ CsCl　⑤ $CaCl_2$

解答：①③

2　次の①～④の化合物から，脂環式炭化水素をすべて選べ。

① 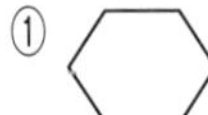　② $CH_3CH_2CH_3$

③ 　④

解答：①③

3　次の①～④の化合物から，芳香族化合物をすべて選べ。

① 
CH3
② 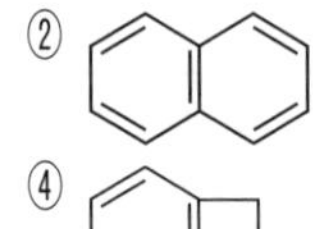

③ 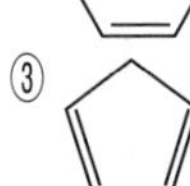　④

解答：
①②④

4　次の化合物に存在する官能基をすべて選べ。

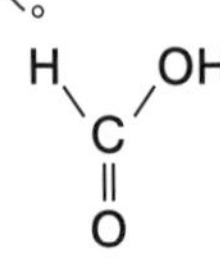
H
OH
C
O

① ニトロ基　② ホルミル基
③ スルホ基　④ カルボキシ基
⑤ アミノ基

解答：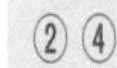
②④

解説

この化合物は蟻酸（ギ酸）というんだけど，特にホルミル基とカルボキシ基の2つをもつことで有名だよ。

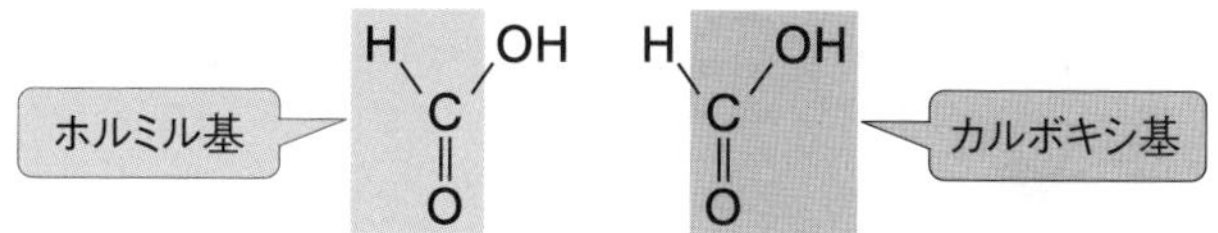
ホルミル基
H
OH
C
O
H
OH
C
O
カルボキシ基

5 次の化合物を分子式で示せ。

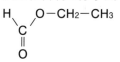

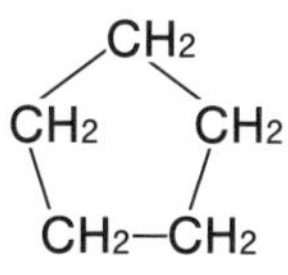
H
O−CH2−CH3
C
O

6 次の化合物を骨格式で示せ。

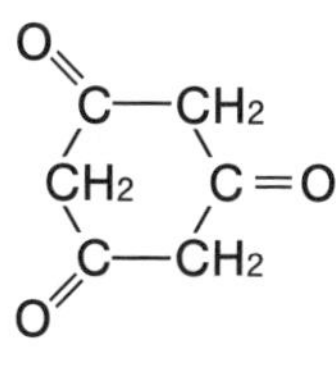
CH2
CH2
CH2
CH2−CH2

7 次の化合物を組成式で示せ。

O=C−CH2 / CH2 C=O / O=C−CH2（六員環）

解答

$C_3H_6O_2$

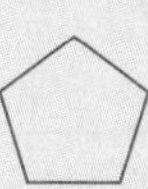

C_2H_2O

第2章 炭素の結合

単結合
二重結合
三重結合

▶共有結合には単結合，二重結合，三重結合などの種類がある。

story 1 有機化合物の結合

(1) 単結合，二重結合，三重結合

有機化合物の結合にはどんなものがあるんですか？

有機化合物は炭素 C を中心とした化合物で，**炭素が水素 H や酸素 O と結合するときには基本的に共有結合をするんだ。** でも，金属と結合するときにはイオン結合をすることが多いし，非金属元素が多原子イオンとなってイオン結合をすることもあるよ。次のページのギ酸ナトリウム HCOONa とギ酸アンモニウム $HCOONH_4$ の例を見てごらん。原子と原子を結ぶ線の部分は共有結合だよ。イオンは＋と－の電荷を表示しているよ。

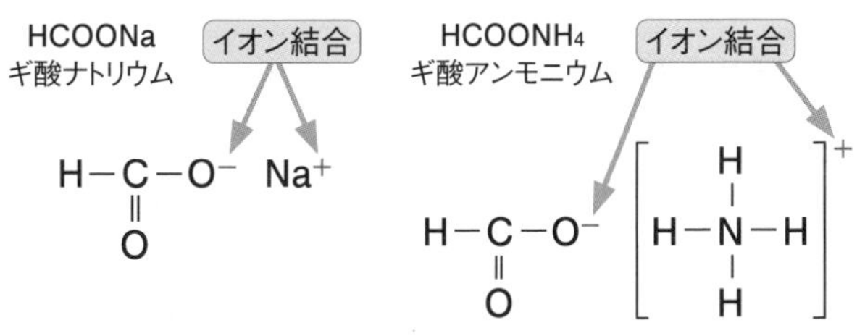
HCOONa
ギ酸ナトリウム
イオン結合
H−C−O− Na+
O
HCOONH4
ギ酸アンモニウム
イオン結合
H−C−O−
O
H
H−N−H
H
+

共有結合には，**単結合**，**二重結合**，**三重結合**などがあるよ。一般に**二重結合や三重結合は不飽和(ふほうわ)結合とよばれている**んだ。この結合の種類で分子の形が決まるからよく覚えてね。

炭素から単結合の直線が4本出ているけど，実際には正四面体の方向に結合しているんだ。構造式で書くと，十字架みたいな形だという錯覚にとらわれてしまうんだけど，立体的な形を常に意識しなければならないよ！

二重結合ではCとHが平面上の三角形の形に結合しているし，**三重結合ではCとHが直線の方向に結合しているんだ。**

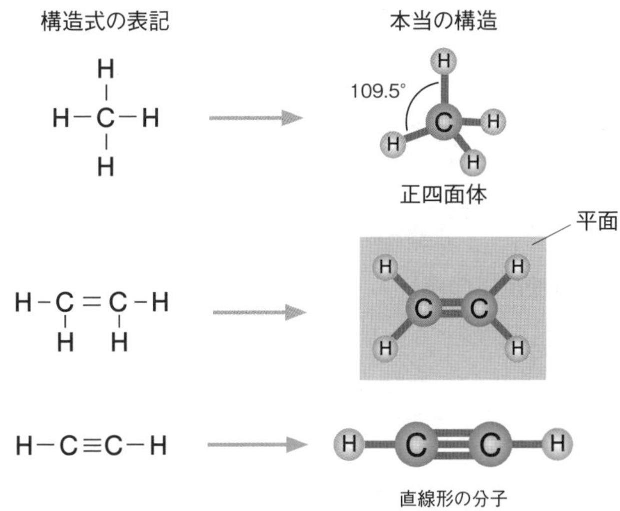
構造式の表記
本当の構造
H
H−C−H
H
109.5°
H
C
H
H
H
正四面体
平面
H−C＝C−H
H H
H
H
C
C
H
H
H−C≡C−H
H
C
C
H
直線形の分子

(2) σ結合とπ結合

共有結合には，単結合，二重結合，三重結合という分類のほかに，安定な結合（**σ結合**）と不安定な結合（**π結合**）というものがあるんだ。構造式を書くときは同じ線で書くけど，実際には性質が全く異なる結合だよ。基本的には，原子を結ぶ**1本目の結合は安定な結合**（**σ結合**）で，**2本目以降は不安定な結合**（**π結合**）なんだ。π結合を赤く書けば理解できるよ。

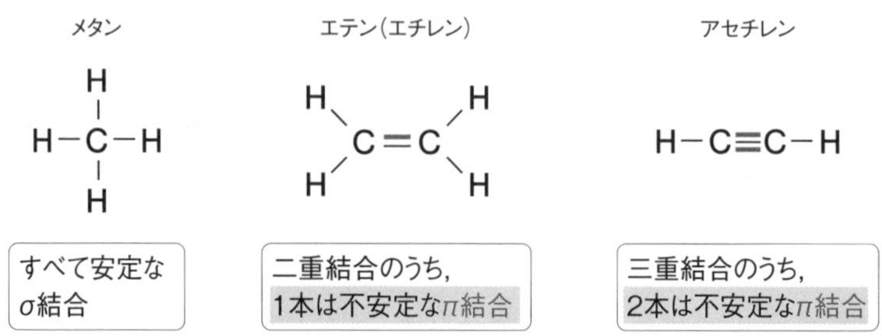

メタン
エテン(エチレン)
アセチレン
すべて安定なσ結合
二重結合のうち，1本は不安定なπ結合
三重結合のうち，2本は不安定なπ結合

このように，二重結合や三重結合をもつ化合物は，**不安定なπ結合**を含んでいるから，結合が比較的簡単に切れて，他の分子がくっつく**付加反応**を起こしやすいんだ。

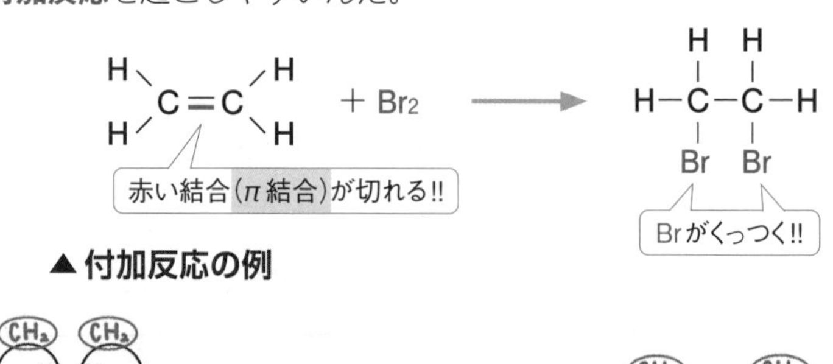

$+ Br_2$
赤い結合(π結合)が切れる!!
Brがくっつく!!

▲**付加反応の例**

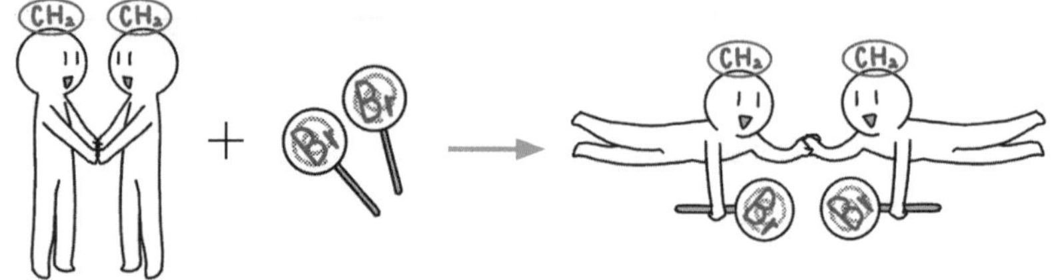

CH₂
CH₂
Br
Br

共有結合に２種類あることがわかれば，付加反応のしくみも簡単に理解できるね！

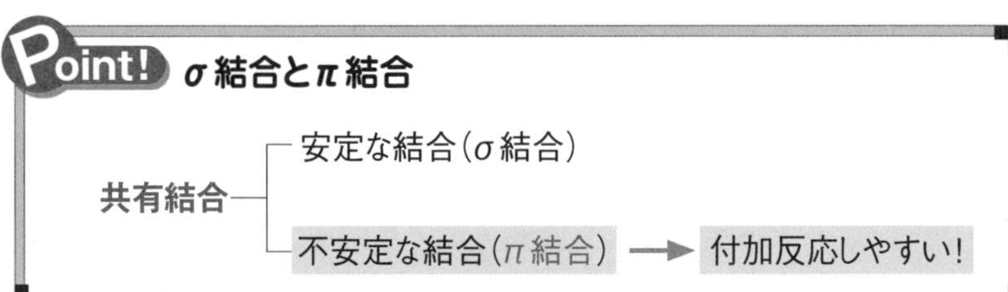
Point!
σ結合とπ結合
共有結合
安定な結合（σ結合）
不安定な結合（π結合）
付加反応しやすい！

story 2 不飽和度

構造決定の問題を解くコツを教えて下さい！

その質問は格闘技に例えたら，「今度の試合で勝つコツを教えて下さい！」と聞いているのと同じで，レベルが非常に高い人がする質問だね。

あせらずに，まず基本をしっかりマスターすることが重要だよ。構造決定の問題を解くときの一番の基本になるのが**不飽和度**（U）という概念なんだ。例えば，問題に C_4H_8 という分子式が出てきても，それだけでは構造はわからないよね。

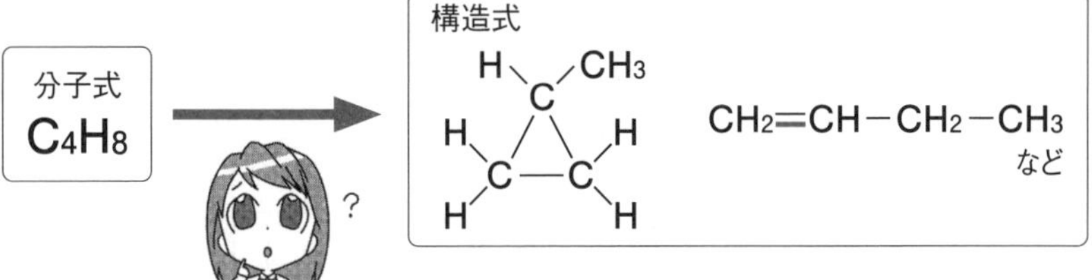
分子式
C4H8
?
構造式
H
CH3
C
H
H
C
C
H
H
CH2=CH−CH2−CH3
など

そこで登場する救世主こそ，**不飽和度**（U）なんだ。次の三段階のStepで理解してもらうよ！

(1) step1　不飽和度と結合の関係

不飽和度は，不安定な結合（π 結合）と炭素鎖がつくる環状構造（ring）の個数を示しているんだ。不飽度が 1 ならπ結合または ring が 1 個あるということだよ。具体的な例を次の表に書いたから，見ればすぐにわかるよ。わかったら次のページの問題をやってみてね。

▼ 不飽和度と結合の関係

分子の構造	π結合または ring の数	不飽和度（U）
$H_2C=CH_2$	π結合×1	1
H−C≡C−H	π結合×2	2
$H_2C=C=CH_2$	π結合×2	2
（五員環）	ring × 1	1
（六員環と五員環の縮合環）	ring× 2（左のringと右のringで 2 つと数える）	2
（六員環が3つ縮合した環）	ring × 3	3
（二重結合を1つもつ五員環）	ring × 1 π結合×1	2
（二重結合を3つもつ六員環）	ring × 1 π結合×3	4

問題 1 不飽和度

次の構造式で表される物質の不飽和度を求めよ。

(1) 

(2)

(3) H−C≡C−C≡C−H

(4) 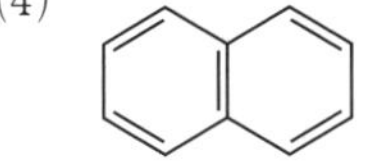

(5)

解説

π結合と炭素鎖がつくる ring の数をたせば簡単に計算できるよ。

(1) 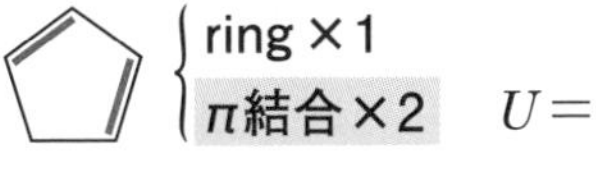

ring ×1
π結合×2　$U=3$

(2) ring ×4　$U=4$

(3) H−C≡C−C≡C−H　π結合×2×2　$U=4$

(4) 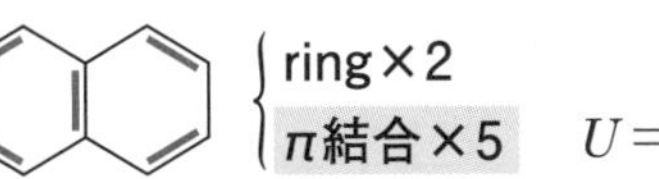

ring×2
π結合×5　$U=7$

(5) ring×1
π結合×1　$U=2$

解答

(1)　U=3　(2)　U=4　(3)　U=4　(4)　U=7
(5)　U=2

(2) step2　不飽和度と分子式の関係

不飽和度は水素の数をカウントして計算されるんだ。すべての炭素が水素で飽和した炭化水素は必ず C_nH_{2n+2} になるんだ。構造式を見ればよくわかるよ。n 個の炭素の上下に水素があるから $2n$ で，どの飽和炭化水素も必ず左右に２個の水素があるから $2n$ ＋ 2 になるんだ。

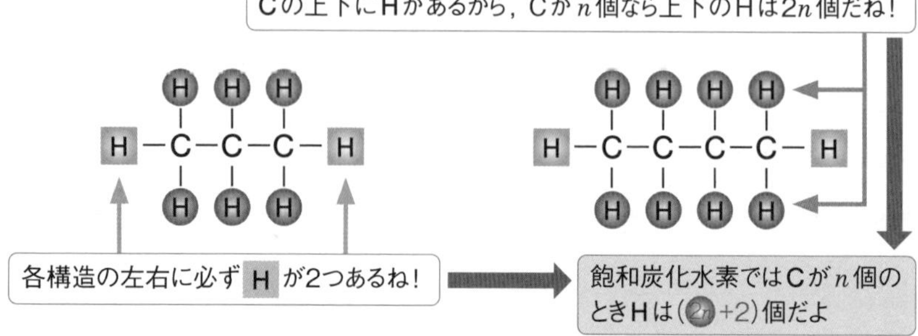
Cの上下にHがあるから，Cが n 個なら上下のHは2n 個だね！
各構造の左右に必ず H が2つあるね！
飽和炭化水素ではCが n 個のときHは(2n +2)個だよ

飽和している場合は不飽和度（U）は０となるんだ。

炭化水素の場合，水素の数は偶数で，水素 H が２個足りなくなると不飽和度が１アップするよ。

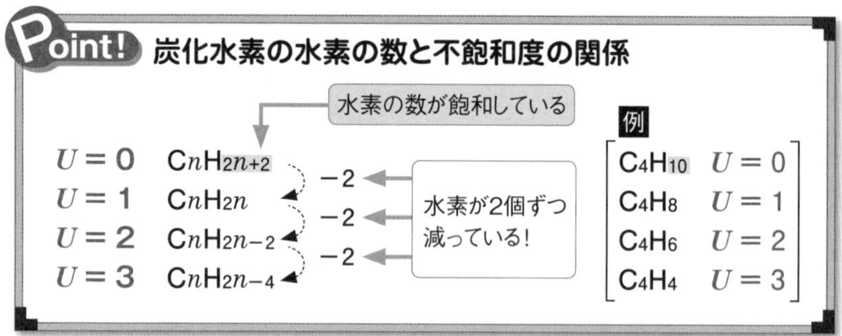
Point!
炭化水素の水素の数と不飽和度の関係
水素の数が飽和している
U＝0　CnH2n+2
U＝1　CnH2n
U＝2　CnH2n−2
U＝3　CnH2n−4
−2
−2
−2
水素が2個ずつ減っている！
例
C4H10　U＝0
C4H8　U＝1
C4H6　U＝2
C4H4　U＝3

例えば C_4H_8 の場合を考えてみる。もし，４つの炭素に水素が飽和していれば（U=0 なら）C_nH_{2n+2} より C_4H_{10} となるはずだから水素が２個足りないことがわかる。２個足りないときは不飽和度が１

(U=1) となるんだ。

　つまり，常に飽和しているときの水素数を数えれば，簡単に計算できるね。

▼ 分子式からの不飽和度の計算の例

分子式 C_nH_m	飽和している場合の炭化水素 (C_nH_{2n+2})	飽和している場合の H の数よりも何個少ないかの判定 $2n+2-\boxed{m}$	不飽和度 (U) = $\frac{2n+2-\boxed{m}}{2}$
C_5H_{10}	(C_5H_{12})	2 個少ない。	1
C_7H_{12}	(C_7H_{16})	4 個少ない。	2
C_6H_8	(C_6H_{14})	6 個少ない。	3
C_3H_8	(C_3H_8)	同じ。	0
C_8H_{10}	(C_8H_{18})	8 個少ない。	4
C_6H_{12}	(C_6H_{14})	2 個少ない。	1

　だから，不飽和度 (U) の定義は次のようになるよ。

Point!
不飽和度の定義
飽和の水素数
C_nH_m のとき $U=\frac{2n+2-m}{2}$

(3) step3　C と H 以外の元素があるときの不飽和度

　次に炭素 C と水素 H 以外の元素が入った場合について考えよう。

　原子価 1 のハロゲンは同じく原子価が 1 の H としてカウント，原子価 2 の酸素 O は π 結合や ring に影響を与えないので無視という具合に計算するよ。次の図にまとめておいたから参考にしてね。

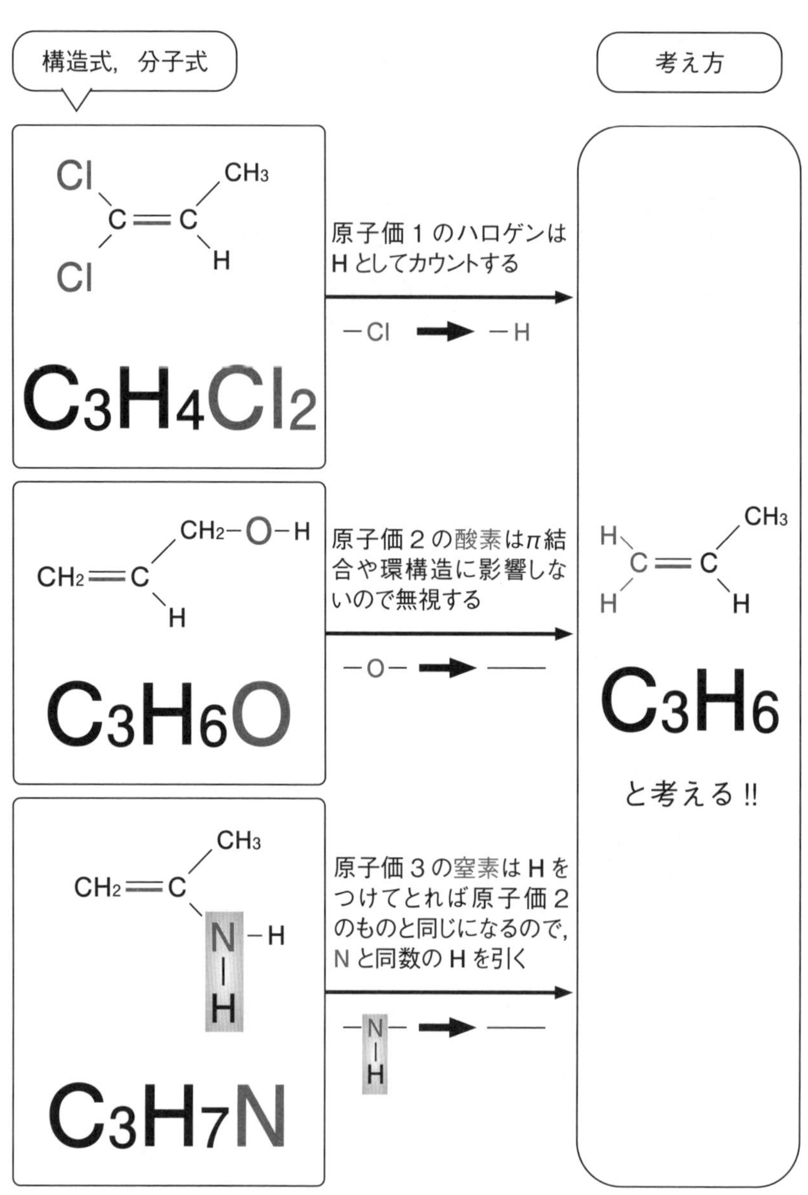
構造式，分子式
考え方
Cl
CH3
C
C
Cl
H
C3H4Cl2
原子価１のハロゲンはHとしてカウントする
－Cl
－H
CH2－O－H
CH2
C
H
C3H6O
原子価２の酸素はπ結合や環構造に影響しないので無視する
－O－
CH3
CH2
C
N
－H
H
C3H7N
原子価３の窒素はHをつけてとれば原子価２のものと同じになるので，Nと同数のHを引く
N
H
H
H
C
C
CH3
H
C3H6
と考える!!

▲C, H以外の元素が入ったときの考え方

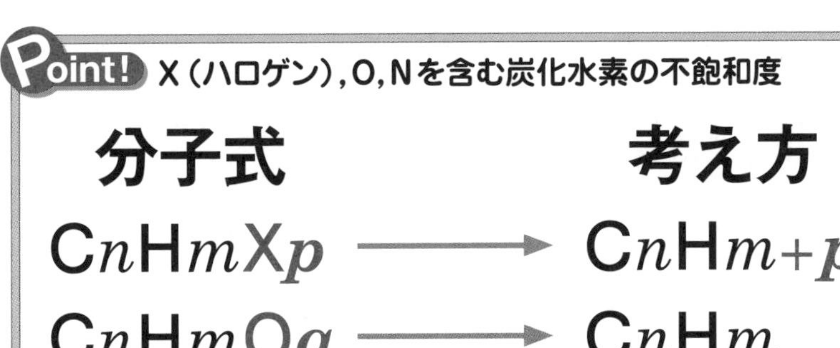
Point! X（ハロゲン），O，N を含む炭化水素の不飽和度
分子式
考え方
$C_nH_mX_p$ → C_nH_{m+p}
$C_nH_mO_q$ → C_nH_m
$C_nH_mN_r$ → C_nH_{m-r}

この方法を使えば，さまざまな有機化合物の不飽和度の計算が可能になるよ。例をあげるから，確認してみよう！

▼ 炭素と水素以外の元素を含む炭化水素の不飽和度の計算の例

分子式	考え方	飽和している場合の炭化水素	飽和している場合のHの数よりも何個少ないかの判定	不飽和度
$C_nH_mX_p$	C_nH_{m+p}	(C_nH_{2n+2})	$2n+2-(m+p)$	U
$C_nH_mO_q$	C_nH_m		$2n+2-m$	
$C_nH_mN_r$	C_nH_{m-r}		$2n+2-(m-r)$	
$C_4H_4Cl_4$	C_4H_8	(C_4H_{10})	2個少ない。	1
$C_5H_2Br_6$	C_5H_8	(C_5H_{12})	4個少ない。	2
$C_3H_6O_2$	C_3H_6	(C_3H_8)	2個少ない。	1
$C_6H_6O_4$	C_6H_6	(C_6H_{14})	8個少ない。	4
$C_5H_8N_2$	C_5H_6	(C_5H_{12})	6個少ない。	3
$C_6H_{14}N_4$	C_6H_{10}	(C_6H_{14})	4個少ない。	2

それでは，実際に問題を解いて慣れてみよう。

問題 2 不飽和度

次の分子式で表される化合物の不飽和度を求めよ。

(1) C_2H_4　(2) C_5H_6　(3) $C_5H_4Br_4$

(4) $C_6H_2Cl_4$　(5) C_4H_6O　(6) $C_7H_{14}O_3$

(7) $C_6H_{15}N$　(8) $C_8H_{15}N_3$

解説

前ページと同様にまとめてみるよ。

分子式	考え方	飽和している場合の炭化水素	飽和している場合のHの数よりも何個少ないかの判定	不飽和度 U
(1) C_2H_4		(C_2H_6)	2個少ない。	1
(2) C_5H_6		(C_5H_{12})	6個少ない。	3
(3) $C_5H_4Br_4$	C_5H_8	(C_5H_{12})	4個少ない。	2
(4) $C_6H_2Cl_4$	C_6H_6	(C_6H_{14})	8個少ない。	4
(5) C_4H_6O	C_4H_6	(C_4H_{10})	4個少ない。	2
(6) $C_7H_{14}O_3$	C_7H_{14}	(C_7H_{16})	2個少ない。	1
(7) $C_6H_{15}N$	C_6H_{14}	(C_6H_{14})	同じ。	0
(8) $C_8H_{15}N_3$	C_8H_{12}	(C_8H_{18})	6個少ない。	3

解答

(1) 1　(2) 3　(3) 2　(4) 4

(5) 2　(6) 1　(7) 0　(8) 3

story 3 構造決定の考え方

不飽和度はわかったので，構造決定を具体的に教えてください！

今までの知識を使えば，構造決定はかなりできるよ。まず分子式から不飽和度を計算するんだ。これは step2「不飽和度と分子式の関係」（▶ P.26）でやっているね。例えば次のような問題があったとしよう。

問題　C_3H_6 の異性体をすべて示せ。

<考え方>

第 1 段階　**不飽和度を出す。**

まず，飽和炭化水素の水素数を考えるんだ。炭素数が 3 だから C_nH_{2n+2} より C_3H_8 になるね。よって，C_3H_6 だと飽和炭化水素の水素数よりも水素が 2 個少ないから不飽和度は $U=1$ となるね。

第 2 段階　**不飽和度から構造を考える。**

構造式と不飽和度の関係は step1「不飽和度と結合の関係」（▶ P.24）を利用して，簡単に推測できるよ。つまり $U=1$ なら

$$U=1 \quad \Rightarrow \begin{cases} \pi \times 1 \ (\pi\text{結合} \times 1) \\ \text{ring} \times 1 \ (\text{環状構造} \times 1) \end{cases}$$ のどちらかだね。

1．$\pi \times 1$

水素を抜かして炭素鎖だけを書けば，C－C－C だから，この結合の 1 つに π 結合を入れて二重結合にする。

C=C－C

2．炭素鎖がつくる環状構造 (ring) × 1

炭素鎖で ring をつくれば，三角形しかできないから，構造は 1 つ。

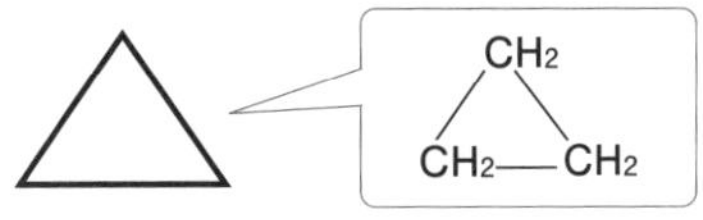
CH2
CH2
CH2

よって，次の２つの構造が考えられるね。

$$\begin{matrix} H & & & & CH_3 \\ & \diagdown & & \diagup & \\ & & C=C & & \\ & \diagup & & \diagdown & \\ H & & & & H \end{matrix} \quad \text{か} \quad \begin{matrix} & CH_2 & \\ \diagup & & \diagdown \\ CH_2 & — & CH_2 \end{matrix}$$

構造決定の流れをフローにすると，次のようになるよ！

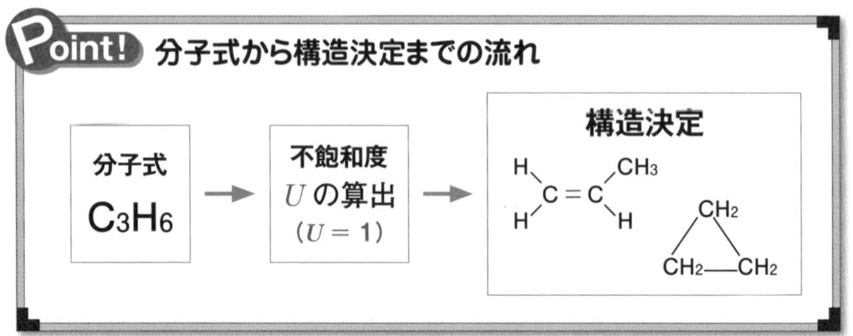

Point!
分子式から構造決定までの流れ
分子式
C3H6
不飽和度
Uの算出
(U = 1)
構造決定
H C = C CH3 H H
CH2 CH2—CH2

このように構造決定は,「行き当たりばったり」でやるのではなく，まず**不飽和度 U を求めてから行う**んだよ。

これが問題だ
分子式
ピラ
きたあああああ!!
U命
おお
構造決定し隊

これがこうでこうだから…
カリ
カリ
カリ
わくわく
U命
Uがわかったぞ !!

あとは頼んだ！
U
分子式
よし！
これで構造を
予想できるぞ！

確認問題

1　次の①～⑤の物質からすべての原子が同一直線上にあるものを１つ選べ。

① CH_4　② C_2H_2　③ C_2H_4
④ C_2H_6　⑤ C_3H_8

解答

②

解説

三重結合をしている炭素に直接結合している原子は同一直線上にあるから，②のアセチレン H－C≡C－H が正解だよ。

2　次の化合物の不飽和度（U）を求めよ。

(1)

(2) $H_2C=CH-C\equiv C-H$

(3)

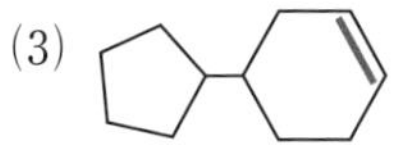

(4) H－C(=O)－OH

(5) H－C(=O)－O－Cl

(6) シクロペンチル－N(H)－H

解答

(1) 2
(2) 3
(3) 3
(4) 1
(5) 1
(6) 1

解説

構造から不飽和度を知るためには，二重結合（π 結合×１）か三重結合（π 結合×２）か炭素鎖がつくる環状構造（ring）の数を数えたらよいので，簡単にカウントできるね。

分子の構造	π結合または ring の数	不飽和度 (U)
(1)	ring × 1 π 結合 × 1	**2**
(2) $H_2C=CH-C\equiv C-H$	π 結合 × 3	**3**
(3)	ring × 2 π 結合 × 1	**3**
(4) $H-C(=O)-O-H$	π 結合 × 1	**1**
(5) $H-C(=O)-O-Cl$	π 結合 × 1	**1**
(6) $-NH_2$	ring × 1	**1**

3 次の化合物の不飽和度（U）を求めよ。

(1) C_9H_{18}

(2) C_3H_6O

(3) $C_5H_8O_3$

(4) $C_4H_2Cl_4$

(5) $C_5H_2Br_2$

(6) $C_6H_{11}N_3$

(1) 1
(2) 1
(3) 2
(4) 2
(5) 4
(6) 3

解説

分子式から不飽和度を求めるには飽和の水素数をカウントすることが重要だったね。

分子式	考え方	飽和している場合の炭化水素 (C_nH_{2n+2})	飽和している場合のHの数よりも何個少ないかの判定	不飽和度 U
(1) C_9H_{18}		(C_9H_{20})	2個少ない。	1
(2) C_3H_6O	C_3H_6	(C_3H_8)	2個少ない。	1
(3) $C_5H_8O_3$	C_5H_8	(C_5H_{12})	4個少ない。	2
(4) $C_4H_2Cl_4$	C_4H_6	(C_4H_{10})	4個少ない。	2
(5) $C_5H_2Br_2$	C_5H_4	(C_5H_{12})	8個少ない。	4
(6) $C_6H_{11}N_3$	C_6H_8	(C_6H_{14})	6個少ない。	3

4 C_3H_4 の異性体の構造式をすべて書け。

(解答：シクロプロペン $H-C$ 環構造、$H_2C=C=CH_2$、$CH_3-C\equiv C-H$)

H
C
H C — C H
H H

H H
C = C = C
H H

$CH_3-C\equiv C-H$

解説

C_3H_4 の分子式から不飽和度を出すと，U=2 となるね（飽和炭化水素なら C_3H_8 だから，C_3H_4 ではHが4個少ない）。よって，U=2 なら次の3つの可能性があるよ。

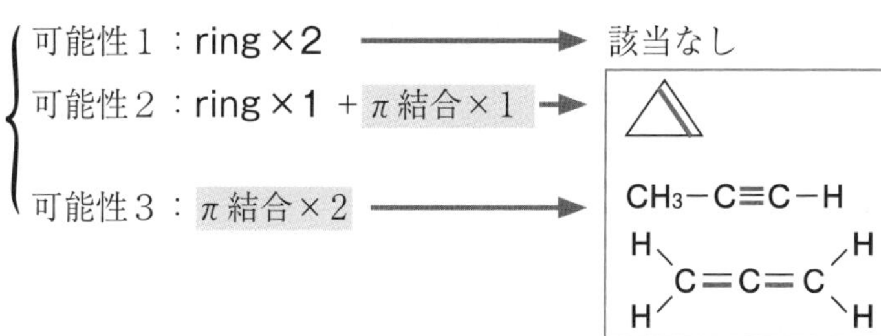
可能性1：ring×2 → 該当なし
可能性2：ring×1 + π結合×1 →
可能性3：π結合×2 →
$CH_3-C\equiv C-H$
H H
C=C=C
H H

第3章 元素分析

H_2O
CO_2
H_2O
CO_2
CO_2
H_2O

▶ 心が燃えても物質は化学変化しないが，有機物が燃えるとCO_2やH_2Oが生成する。

story 1 定性分析

元素分析って，何ですか？

元素分析は，分析対象の物質の中に「どんな元素が入っているか？」ということを調べる分析法だよ。そもそも，分析には２種類あって，**定性分析**(ていせい)と**定量分析**(ていりょう)というのがあるんだよ。分類を見てごらん。

元素分析
- **定性分析**…試料に**どんな元素が入っているか**を分析する。
- **定量分析**…試料にある元素Ａが**どのぐらい入っているか**を分析する。

はじめに，定性分析から教えるよ。これは参考書などに「成分元素の検出」とよく書いてあるんだ。確かにそうなんだけど，正しくは**元素の定性分析**だね。それでは身近な物質を例に紹介しよう。

(1) 炭素C，水素Hの定性分析

例えば，君たちのもっている消しゴムには炭素Cや水素Hが入っているんだけど，それを確認するには，なんと**消しゴムを燃やす**んだ！ CとHは燃えると，それぞれ二酸化炭素CO_2と水H_2Oになるよね。**CO_2が含まれていることを石灰水が白濁することで確認**して，**H_2Oが生成したことを無水硫酸銅（Ⅱ）$CuSO_4$が青色に変色することで確認する**んだ。

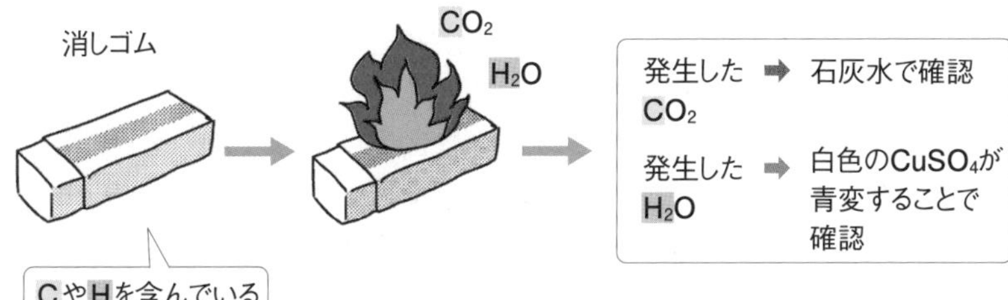
消しゴム
CO_2
H_2O
発生したCO_2 ➡ 石灰水で確認
発生したH_2O ➡ 白色の$CuSO_4$が青変することで確認
CやHを含んでいる

▲ **C, Hの定性分析**

(2) 塩素Clの定性分析

また，消しゴムの種類によっては塩素Clが入っているものがあるんだけど，これは**熱した銅線を消しゴムにつけて炎の中に入れてみる**とわかるんだよ。Clは銅線の銅Cuと反応して，塩化銅（Ⅱ）$CuCl_2$になり，生成したCu^{2+}が炎の中で青緑色の**炎色**(えんしょく)**反応**を示すんだ。

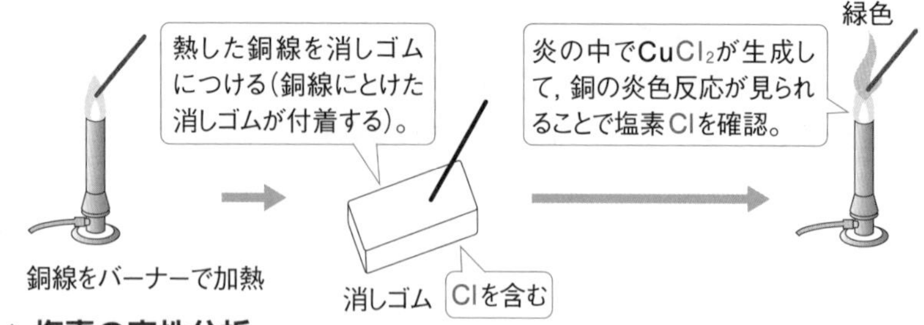
熱した銅線を消しゴムにつける(銅線にとけた消しゴムが付着する)。
炎の中で$CuCl_2$が生成して，銅の炎色反応が見られることで塩素Clを確認。
緑色
銅線をバーナーで加熱
消しゴム
Clを含む

▲ 塩素の定性分析

(3) 窒素N，硫黄Sの定性分析

例えば卵白の中にはアルブミンというタンパク質が含まれていて，このタンパク質の中には窒素Nと硫黄Sが含まれているんだ。NとSを確認するには，卵白に固体の水酸化ナトリウムNaOHを入れて加熱するよ。そうすると，タンパク質中のNはアンモニアNH_3に，SはS^{2-}に変化するんだ。生成したNH_3は湿らせた赤色リトマス紙が青色になることで確認したり，濃塩酸をつけたガラス棒を近づけて

$$NH_3 + HCl \longrightarrow NH_4Cl\ (\text{白煙})$$

の反応で生成するNH_4Clの白煙で確認したりするよ。

一方，S^{2-}は酢酸鉛(Ⅱ)の水溶液を加えると，硫化鉛PbSの黒色沈殿が生成することで確認できるんだよ。

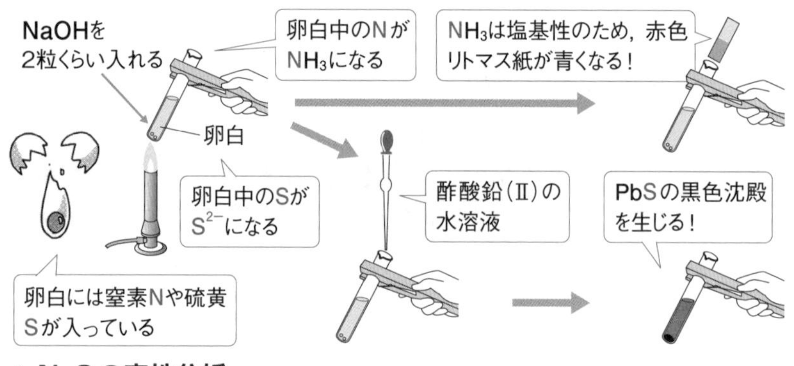
NaOHを
2粒くらい入れる
卵白中のNが
NH_3になる
NH_3は塩基性のため，赤色リトマス紙が青くなる！
卵白
卵白中のSが
S^{2-}になる
酢酸鉛(Ⅱ)の
水溶液
PbSの黒色沈殿
を生じる！
卵白には窒素Nや硫黄Sが入っている

▲ N, Sの定性分析

story 2 定量分析

組成式って，普段目にしないですが，いつ登場するんですか？

組成式(そせいしき)**は元素の比を表した化学式**だからあまりみかけないよね。でも，元素の**定量分析**をすると出てくる化学式なんだ。

例えば，**炭素と水素と酸素だけからできている物質の分析**を考えてみよう。炭素を主体とする化合物だから燃えるわけだけど，そのとき，すす C や一酸化炭素 CO が生成するから，完全燃焼させるための**触媒（酸化剤）**として酸化銅（Ⅱ）CuO を加えておくよ。

試料を酸素気流中で燃焼させて，発生した二酸化炭素 CO_2 や水 H_2O を完全にキャッチして質量を量るんだ。**定量分析**だから気体を逃がさず完全にキャッチするために，筒の中で試料を燃やすよ。

Point! C, H, O の定量分析の実験装置

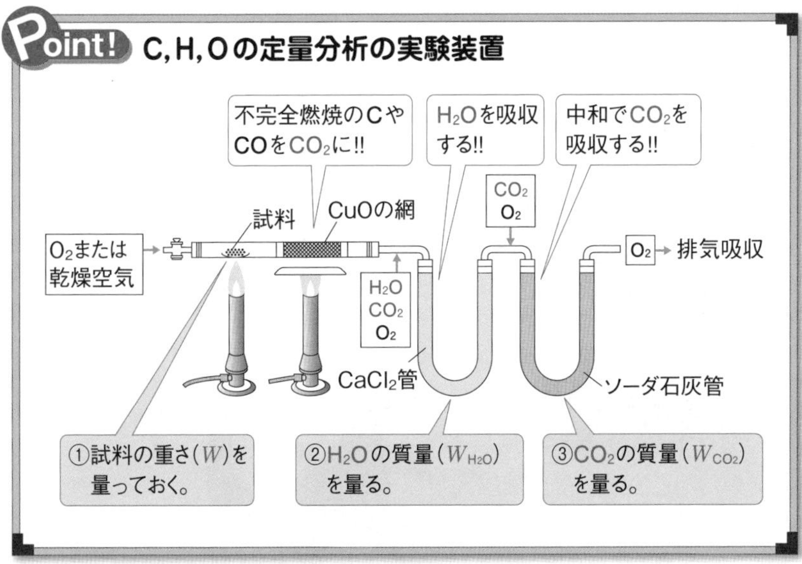

不完全燃焼のCやCOをCO₂に!!
H₂Oを吸収する!!
中和でCO₂を吸収する!!
CO₂ O₂
試料
CuOの網
O₂または乾燥空気
H₂O CO₂ O₂
O₂
排気吸収
CaCl₂管
ソーダ石灰管
①試料の重さ(W)を量っておく。
②H₂Oの質量(W_H₂O)を量る。
③CO₂の質量(W_CO₂)を量る。

この装置で量った①～③の３つの質量（W，W_{H_2O}，W_{CO_2}）から，試料中のC，H，Oの質量を計算するんだ。でも，本当に知りたいのは試料中のC，H，Oの質量ではなくて原子数の比だよね。原子数の比はモル比（物質量の比）と同じだから，各質量を原子量で割ってモル比にするんだよ。この元素の比の式こそ**組成式**というわけだ！

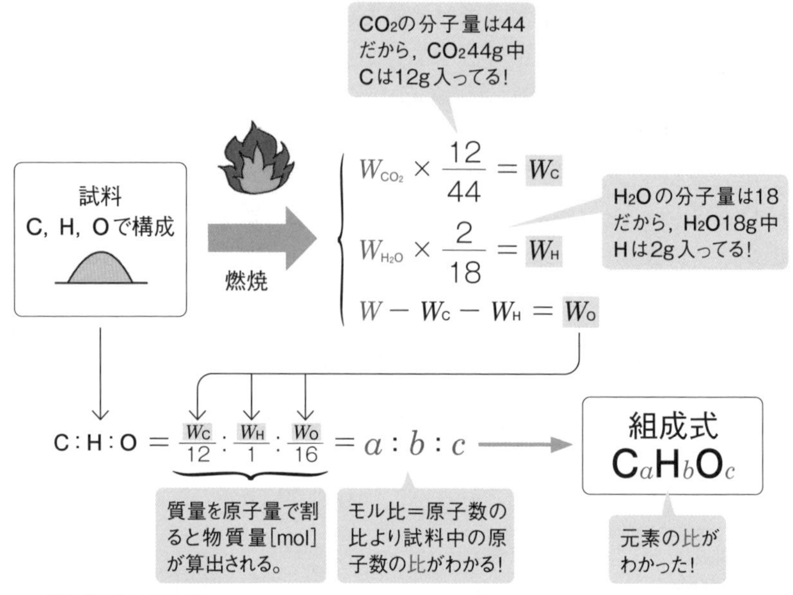

CO_2の分子量は44だから，CO_2 44g中Cは12g入ってる！
試料
C，H，Oで構成
燃焼
$W_{CO_2} \times \frac{12}{44} = W_C$
$W_{H_2O} \times \frac{2}{18} = W_H$
$W - W_C - W_H = W_O$
H_2Oの分子量は18だから，H_2O 18g中Hは2g入ってる！
$C:H:O = \frac{W_C}{12} : \frac{W_H}{1} : \frac{W_O}{16} = a : b : c$
組成式
$C_aH_bO_c$
質量を原子量で割ると物質量[mol]が算出される。
モル比＝原子数の比より試料中の原子数の比がわかる！
元素の比がわかった！

▲ **組成式の算出**

燃焼して分析だ～

story 3 構造決定の流れ

組成式からどうやって構造を決定するか教えて下さい！

たしかに，組成式だけでは，構造はわからないね。でも，組成式は試料の元素の比を表しているわけだから，**組成式の何倍かが分子式になる**よね。

組成式
CaHbOc

組成式 $C_aH_bO_c$ → 分子式 $(C_aH_bO_c)_x$

この何倍かを調べるために**分子量**を使うんだ。例えば組成式が CH_2O ならその式量は30になるけど，分子量が60なら組成式を2倍した $(CH_2O) \times 2$ つまり $C_2H_4O_2$ が分子式ということになるよ。次の表のいくつかの具体例を見れば簡単にわかるよ。

組成式と分子量がわかれば分子式が計算できる!!

組成式(式量)	分子量	計算	分子式
CH_2O (30)	60	$(CH_2O) \times \frac{60}{30}$ →	$C_2H_4O_2$
	180	$(CH_2O) \times \frac{180}{30}$ →	$C_6H_{12}O_6$
C_2H_4O (44)	132	$(C_2H_4O) \times \frac{132}{44}$ →	$C_6H_{12}O_3$
CH (13)	78	$(CH) \times \frac{78}{13}$ →	C_6H_6

分子式が出たら，以前やったように不飽和度を出して，構造決定をするんだよ。構造決定の全体をフローにすると次のようになるよ。

Point! 元素分析から構造決定までの流れ

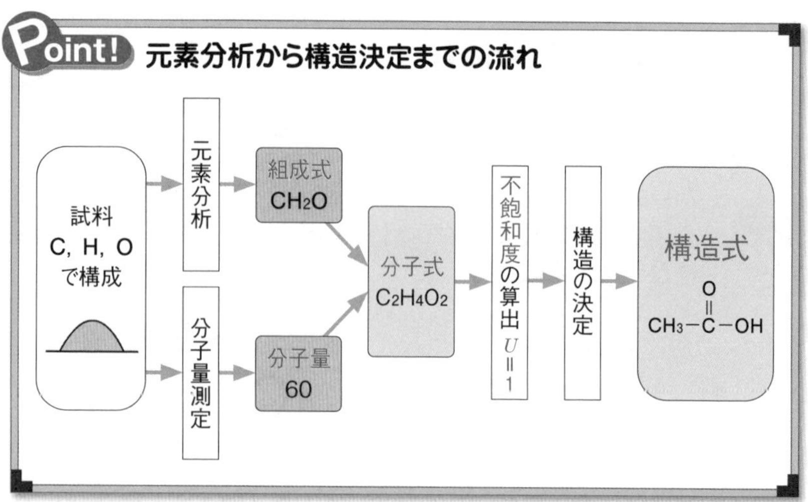

試料
C, H, O
で構成
元素分析
分子量測定
組成式
CH_2O
分子量
60
分子式
$C_2H_4O_2$
不飽和度の算出
$U=1$
構造の決定
構造式
O
‖
CH_3-C-OH

くれぐれも，**不飽和度の算出は組成式ではなくて分子式が出てからする**んだよ。簡単な問題で，全体の流れを見てみよう。

問題 1　元素分析による構造決定

炭素，水素，酸素だけから構成されている物質 A がある。この物質 A90mg を完全燃焼させて元素分析したところ，二酸化炭素 132mg と水 54mg が生成した。また分子量を測定したら 90 であることがわかった。次の問いに答えよ。ただし，原子量は H=1.0，C=12，O=16 とする。

(1)　物質 A の組成式を求めよ。
(2)　物質 A の分子式を求めよ。
(3)　別の分析で物質 A はカルボキシ基とヒドロキシ基とメチル基をもつことがわかっている。物質 A の構造を書け。

解説

まずは元素分析の結果から組成式を出すよ。

(1) C, H, O を含む物質 A 90mg を燃焼 → CO_2 (44) = 132mg, H_2O (18) = 54mg

$$\begin{cases} C & 132\text{mg} \times \dfrac{12}{44} = 36\text{mg} \\ H & 54\text{mg} \times \dfrac{2}{18} = 6\text{mg} \\ O & 90\text{mg} - 36\text{mg} - 6\text{mg} = 48\text{mg} \end{cases} \rightarrow C : H : O = \frac{36}{12} : \frac{6}{1} : \frac{48}{16} = 1 : 2 : 1$$

よって組成式は　CH_2O

(2)

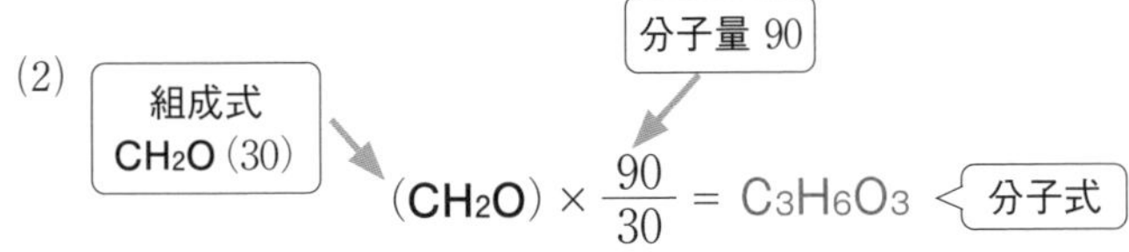

分子量 90
組成式
CH2O (30)
(CH2O) × 90/30 = C3H6O3
分子式

$$(CH_2O) \times \frac{90}{30} = C_3H_6O_3$$

(3) $C_3H_6O_3$ の不飽度を求めると，U =1 で，カルボキシ基 $-\underset{\underset{O}{\|}}{C}-O-H$ にある π 結合以外に環状構造や π 結合がないとわかる。また，ヒドロキシ基 $-OH$ とメチル基 $-CH_3$ をもち，炭素数が3なので，炭素にこの３つの基をつけてみると $C_3H_6O_3$ になる構造は１つに決まるよ。

```
        H
        |
CH3 ─ C ─ COOH
        |
        OH
```

解答

(1)　CH_2O　　(2)　$C_3H_6O_3$　　(3)

```
        H
        |
CH3 ─ C ─ COOH
        |
        OH
```

確認問題

1 試料に対し元素の確認実験（定性分析）(1)〜(4)を行った。確認される元素を元素記号で示せ。

(1) 試料を燃焼させ，発生した気体を石灰水に通して白濁するのを確認した。

(2) 試料を燃焼させ，発生した液体を無水硫酸銅(Ⅱ)に滴下して青色に変色するのを確認した。

(3) 試料を濃水酸化ナトリウム水溶液に溶かし，生成した気体に濃塩酸をつけたガラス棒を近づけ，白煙を確認した。

(4) 試料を濃水酸化ナトリウム水溶液に溶かし，生成した溶液に酢酸鉛(Ⅱ)水溶液を入れると，黒色沈殿が生成することを確認した。

2 C，H，O からなる試料を完全燃焼し，発生した二酸化炭素 CO_2 と水 H_2O の質量が次のようになった。また，別の実験で分子量を測定すると次のようになった。各試料の組成式と分子式を求めよ。

(1) 試料 11.1mg，CO_2：19.8mg，H_2O：8.1mg，分子量 222

(2) 試料 25.5mg，CO_2：55.0mg，H_2O：22.5mg，分子量 306

解答

1

(1) C

(2) H

(3) N

(4) S

2

(1)
組成式 $C_3H_6O_2$
分子式 $C_9H_{18}O_6$

(2)
組成式 $C_5H_{10}O_2$
分子式 $C_{15}H_{30}O_6$

解説

元素の定量分析だから，整理して計算するだけだよ。

(1)

C，H，O

試料

11.1mg

燃焼 →

CO_2 (44) = 19.8mg
H_2O (18) = 8.1mg

$$\left\{\begin{array}{ll} \mathrm{C} & 19.8\mathrm{mg} \times \dfrac{12}{44} = 5.4\mathrm{mg} \\ \mathrm{H} & 8.1\mathrm{mg} \times \dfrac{2}{18} = 0.9\mathrm{mg} \\ \mathrm{O} & 11.1\mathrm{mg} - 5.4\mathrm{mg} - 0.9\mathrm{mg} = 4.8\mathrm{mg} \end{array}\right\} \rightarrow \mathrm{C : H : O}$$

$$= \frac{5.4}{12} : \frac{0.9}{1} : \frac{4.8}{16}$$

$$= 0.45 : 0.9 : 0.3$$

$$= 1.5 : 3 : 1$$

$$= 3 : 6 : 2$$

よって，組成式 $C_3H_6O_2$

組成式 $C_3H_6O_2$（式量74），分子量222 より

分子式 $(C_3H_6O_2) \times \dfrac{222}{74} = (C_3H_6O_2)_3 = C_9H_{18}O_6$

(2) C, H, O（25.5mg） 燃焼 → $\left\{\begin{array}{l} CO_2\ (44) = 55.0\mathrm{mg} \\ H_2O\ (18) = 22.5\mathrm{mg} \end{array}\right.$

$$\left\{\begin{array}{ll} \mathrm{C} & 55.0\mathrm{mg} \times \dfrac{12}{44} = 15\mathrm{mg} \\ \mathrm{H} & 22.5\mathrm{mg} \times \dfrac{2}{18} = 2.5\mathrm{mg} \\ \mathrm{O} & 25.5\mathrm{mg} - 15\mathrm{mg} - 2.5\mathrm{mg} = 8.0\mathrm{mg} \end{array}\right\} \rightarrow \mathrm{C : H : O}$$

$$= \frac{15}{12} : \frac{2.5}{1} : \frac{8}{16}$$

$$= 1.25 : 2.5 : 0.5$$

$$= 5 : 10 : 2$$

よって，組成式 $C_5H_{10}O_2$

組成式 $C_5H_{10}O_2$（式量102），分子量306 より

分子式 $(C_5H_{10}O_2) \times \dfrac{306}{102} = (C_5H_{10}O_2)_3 = C_{15}H_{30}O_6$

3 C, H, O からなる試料を元素分析した結果，各元素の質量百分率が次のようになった。また別の実験で分子量を測定をすると，次のようになった。各試料の組成式と分子式を求めよ。

(1) C＝60%，H＝8.0%，O＝32%，分子量200

(2) C＝48%，H＝4.0%，O＝48%，分子量300

(1)
組成式 $C_5H_8O_2$
分子式 $C_{10}H_{16}O_4$
(2)
組成式 $C_4H_4O_3$
分子式 $C_{12}H_{12}O_9$

解説

(1) $C : H : O = \frac{60}{12} : \frac{8}{1} : \frac{32}{16} = 5 : 8 : 2$

よって，組成式 $C_5H_8O_2$

組成式 $C_5H_8O_2$（式量100），分子量200より

分子式 $(C_5H_8O_2) \times \frac{200}{100} = (C_5H_8O_2)_2 = C_{10}H_{16}O_4$

(2) $C : H : O = \frac{48}{12} : \frac{4}{1} : \frac{48}{16} = 4 : 4 : 3$

よって，組成式 $C_4H_4O_3$

組成式 $C_4H_4O_3$（式量100），分子量300より

分子式 $(C_4H_4O_3) \times \frac{300}{100} = (C_4H_4O_3)_3 = C_{12}H_{12}O_9$

H
O
C
計算はC, H, Oだから
意外と簡単!!

第
4
章

異性体

H
G

▶面対称な図形には鏡像体がないが（H），対称的な形でなければ鏡像体をもつ（G）。

story 1 異性体とは

異性体って，何ですか？

異性体というのは簡単に言うと**「分子式が同じで，構造の異なるもの」**を指すんだ。英語 Isomer（異性体）の “Iso” とは「同じ」と言う意味だから，Isomer はむしろ「同じ物質」みたいな意味なんだよ。同じ分子式で表されるからだね。それでは異性体を分類してみよう！

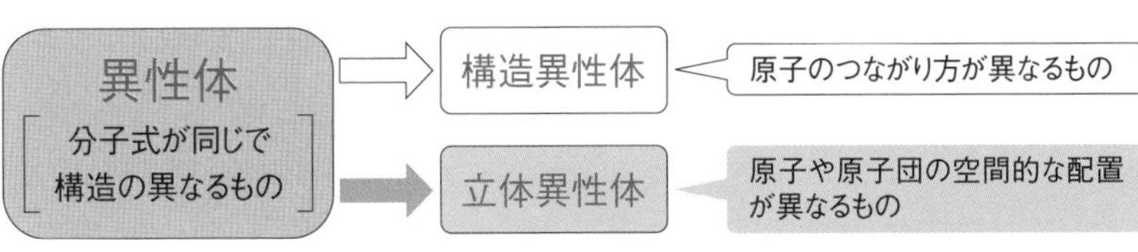
異性体
分子式が同じで構造の異なるもの
構造異性体
原子のつながり方が異なるもの
立体異性体
原子や原子団の空間的な配置が異なるもの

構造異性体と立体異性体はこのように紹介されていることが多いんだけど，さらに具体的に書かないとわからないでしょう。だから，もう少し詳しく分類してみるよ。

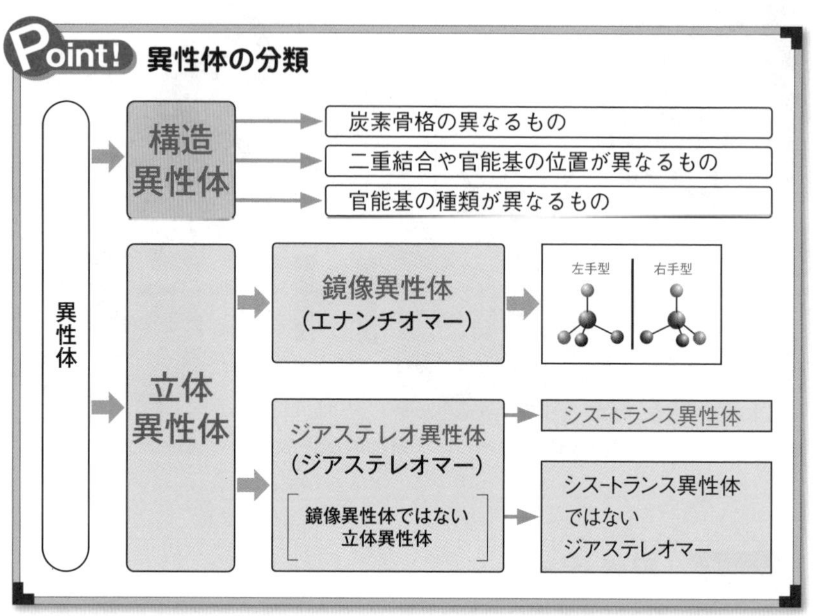

Point!
異性体の分類
異性体
構造異性体
炭素骨格の異なるもの
二重結合や官能基の位置が異なるもの
官能基の種類が異なるもの
立体異性体
鏡像異性体（エナンチオマー）
左手型
右手型
ジアステレオ異性体（ジアステレオマー）
［鏡像異性体ではない立体異性体］
シス-トランス異性体
シス-トランス異性体ではないジアステレオマー

story 2 構造異性体

構造異性体について，もう少し詳しく教えてください！

そうだね。構造異性体といっても，主なものは炭素骨格の異なるものなど3種類あるんだ。それぞれについてさらに具体例をみてもらえば一目瞭然だよ。

分子式　　構造異性体の例

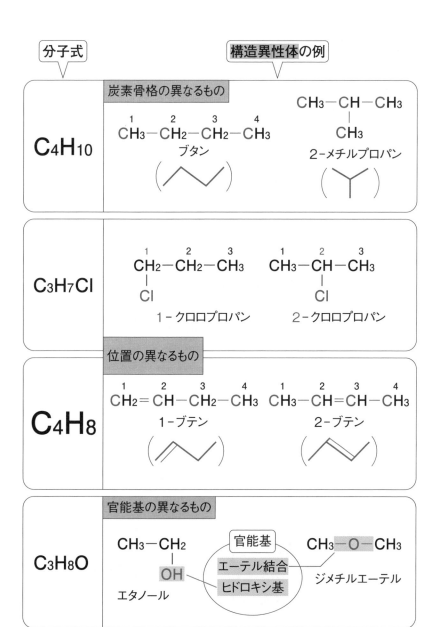

分子式	構造異性体の例	
C_4H_{10}	**炭素骨格の異なるもの** $\overset{1}{C}H_3-\overset{2}{C}H_2-\overset{3}{C}H_2-\overset{4}{C}H_3$ ブタン	$CH_3-CH(CH_3)-CH_3$ 2-メチルプロパン
C_3H_7Cl	$\overset{1}{C}H_2(Cl)-\overset{2}{C}H_2-\overset{3}{C}H_3$ 1-クロロプロパン	$\overset{1}{C}H_3-\overset{2}{C}H(Cl)-\overset{3}{C}H_3$ 2-クロロプロパン
C_4H_8	**位置の異なるもの** $\overset{1}{C}H_2=\overset{2}{C}H-\overset{3}{C}H_2-\overset{4}{C}H_3$ 1-ブテン	$\overset{1}{C}H_3-\overset{2}{C}H=\overset{3}{C}H-\overset{4}{C}H_3$ 2-ブテン
C_3H_8O	**官能基の異なるもの** CH_3-CH_2-OH エタノール	CH_3-O-CH_3 ジメチルエーテル

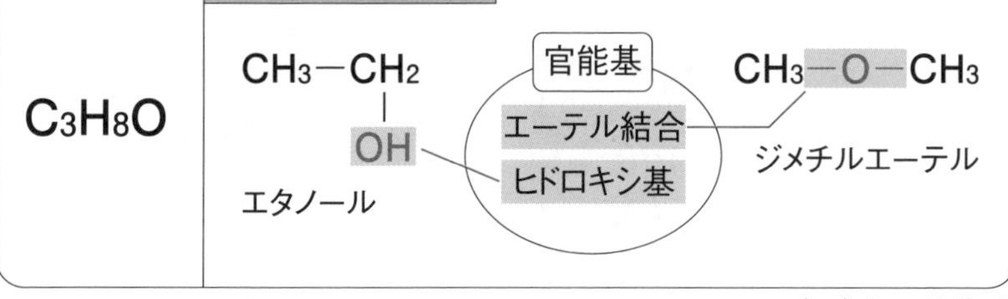

CH3−CH2
OH
エタノール
官能基
エーテル結合
ヒドロキシ基
CH3−O−CH3
ジメチルエーテル

▲構造異性体の例

（　）内は骨格式

story 3 立体異性体

せんせい，立体異性体の種類がよくわからないです。

そういう人は多いね。実は簡単なんだ。鏡に映した像（鏡像）の関係を**鏡像異性体**（エナンチオマー），それ以外の立体異性体を**ジアステレオマー，ジアステレオ異性体**というんだよ。**シス-トランス異性体**はジアステレオマーの一種なんだ。まずは，シス-トランス異性体から説明するね。

(1) シス-トランス異性体

二重結合している炭素原子は自由回転できず，同一平面上の約120°の角度に結合を延ばしているから，それが原因で立体的な異性体ができるんだ。**構造式は正確な角度を全く表していない**から，正確に書いてみるとわかりやすいよ。図は $C_2H_2Cl_2$ の例だよ。

２個の Cl が近くにあるのを**シス形**，遠くにあるのを**トランス形**と言うんだ。

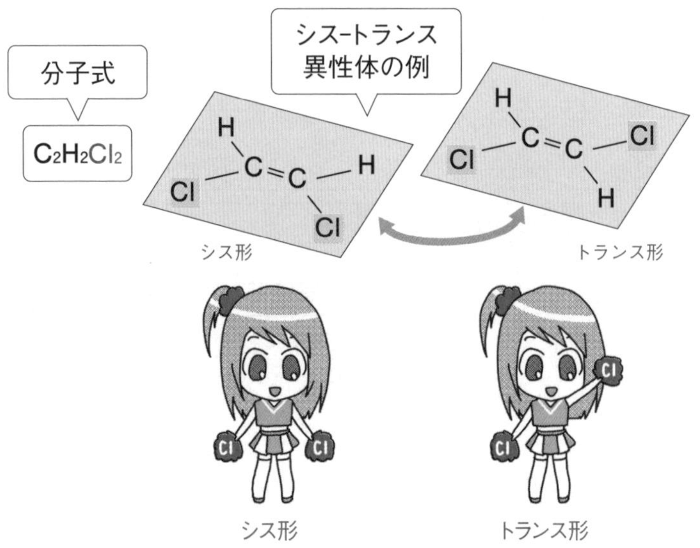
分子式
$C_2H_2Cl_2$
シス-トランス
異性体の例
H
C=C
H
Cl
Cl
シス形
H
C=C
Cl
Cl
H
トランス形
Cl
Cl
Cl
Cl
シス形
トランス形

(2) シス-トランス異性体ではないジアステレオマー

シス-トランス異性体でも鏡像異性体でもないジアステレオマーってあるんですか?

あるんだよ。しかも試験に立体異性体の例として出るから，分類がきちんとできていない人は混乱するんだ。分かっていれば簡単だよ。例えば **$C_6H_{12}O_6$** の分子式を持つ α-グルコース，β-グルコース，β-ガラクトースを比較すると，**−OH** の立体的な位置が異なるだけで，鏡像異性体ではないし，シス-トランス異性体でもないでしょう。これらの関係こそジアステレオマーで，糖類では多いんだよ。

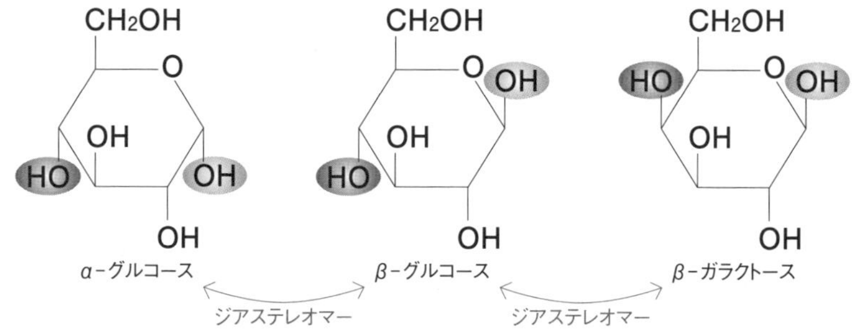

CH2OH
O
OH
HO
OH
OH
α-グルコース
CH2OH
O
OH
OH
HO
OH
β-グルコース
CH2OH
HO
O
OH
OH
OH
β-ガラクトース
ジアステレオマー
ジアステレオマー

▲ $C_6H_{12}O_6$の立体異性体

(3) 鏡像異性体(エナンチオマー)

せんせい，どんな分子に鏡像異性体があるの?

ズバリ，**面対称，点対称でない分子はすべて鏡像異性体を持つ**んだ。分子に限らず，対称面，対称点を持たない図形はすべて鏡に映したものは重ならないよ。よく言われる例は右手を鏡に映したら左手になっているけど，重ならないよね。人間型ロボットを作ったら右手と左手は別々の部品になるでしょう。次の例を見ればスッキリするよ。

鏡像体あり

①対称面のないもの

鏡

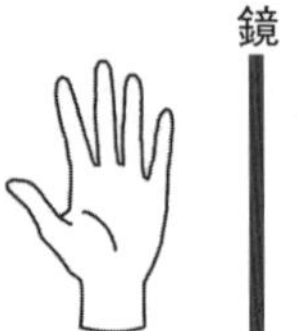

重ねてみると違う形だということがわかるね!

②対称点のないもの

鏡

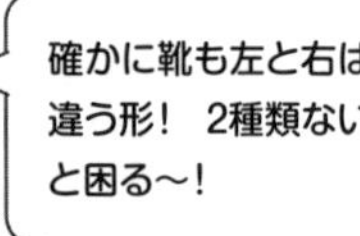
確かに靴も左と右は違う形！ 2種類ないと困る～！

★探し方

⇒不斉炭素原子を探せ！

（ 鏡像異性体 の探し方）

鏡像体なし

①対称面のあるもの

対称面

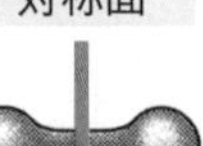

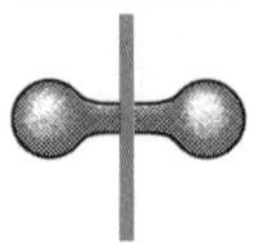

確かに面対称な図形には鏡像体の関係の物体がないだろう！ だから鉄アレイには右手用，左手用などないんだよ！

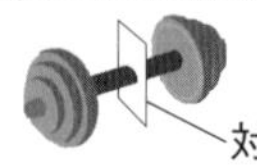

対称面

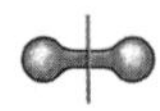

②対称点のあるもの

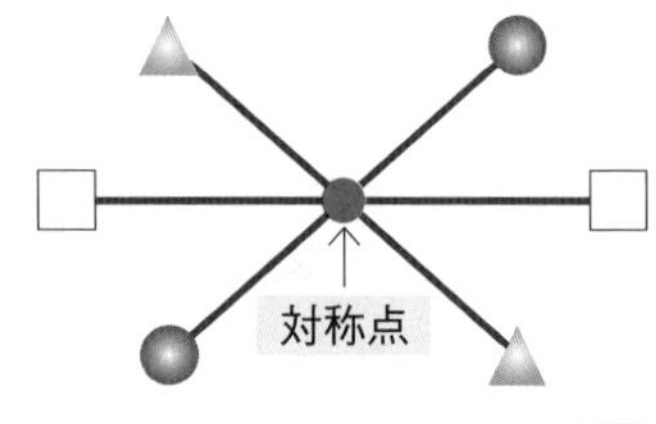
対称点

これも鏡に映したら同じだよ！

★注意

⇒不斉炭素原子が 2 個以上あると，面対称，点対称のものがあるので注意！

じゃあ，鏡像異性体をもつかどうかは，立体的な図を書いて対称面も対称点もないことを調べなければいけないの？

いや，世界的に知られた有名な方法が一つあるんだ。炭素Cが単結合していて，４つの手に異なるものが結合していたらその分子は鏡像体があるんだ。**この４つの手に異なるものが結合している炭素原子を不斉（ふせい）炭素原子という**から覚えておこう。乳酸の分子を例にまとめてみるよ。

Point! 鏡像異性体の探し方

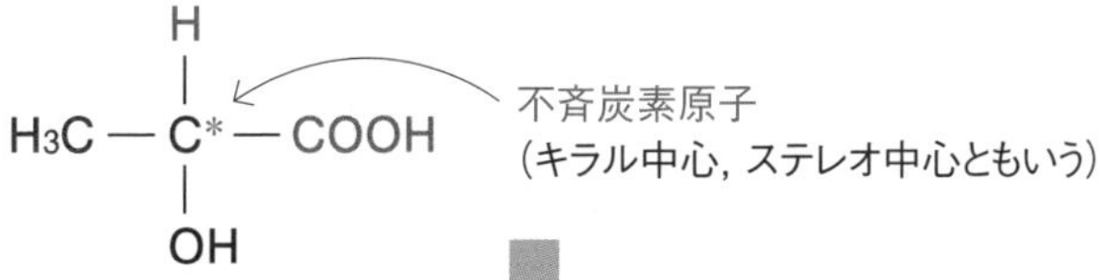

$$H_3C - \overset{\displaystyle H \atop |}{\underset{| \atop \displaystyle OH}{C^*}} - COOH$$

不斉炭素原子
（キラル中心，ステレオ中心ともいう）

↓ 本当の構造を考える！

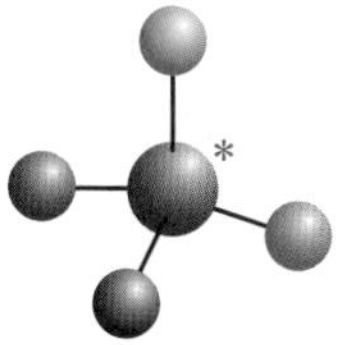

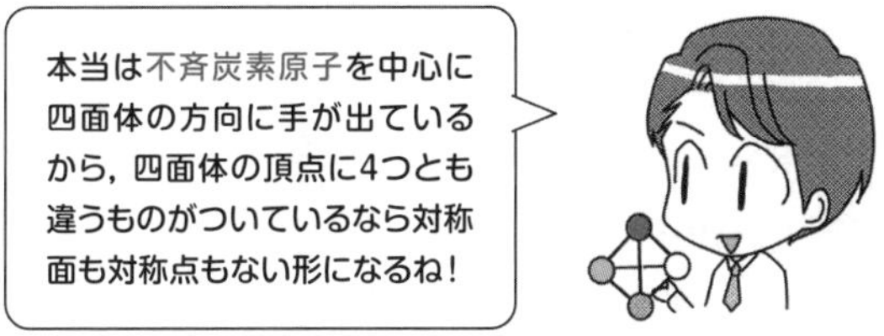

本当は不斉炭素原子を中心に四面体の方向に手が出ているから，四面体の頂点に4つとも違うものがついているなら対称面も対称点もない形になるね！

↓ 対称面，対称点をもたなければ鏡像異性体がある！

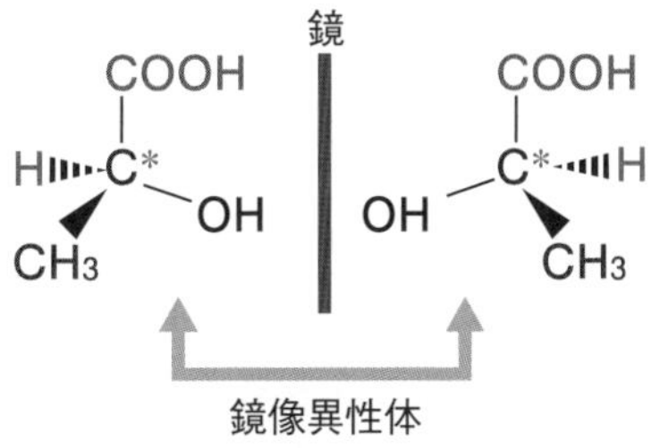

鏡

COOH / H···C* — OH / CH3　｜　COOH / OH — C*···H / CH3

鏡像異性体

不斉炭素原子を探せば，鏡像異性体をもつものが探せるんだ！

有機化学の基礎
脂肪族炭化水素
酸素を含む有機化合物
芳香族化合物
高分子化合物の基本と天然高分子化合物
合成高分子化合物

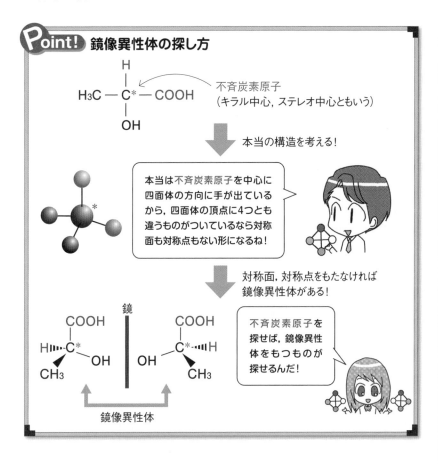

鏡像異性体どうしは，何か性質に違いがあるんですか？

それはいい質問だね。鏡像異性体は沸点，融点，密度などの物理的性質や，酸・塩基反応や酸化還元反応に関する基本的な化学的性質も同じなんだ。

しかし，劇的に違う性質が２つあるからしっかり覚えてね。

(4) 鏡像異性体どうしで異なる性質

❶ 生理作用（生物に対する作用）

鏡像異性体の関係にあるものは，臭い，味，薬理作用（薬としての作用）が異なるんだ。だから，製薬会社は鏡像異性体の一方だけを合成するのに苦労しているんだよ。例えば，脂肪の燃焼を助ける**L-**カルニチンという物質があるけれど，**鏡像異性体であるD-カルニチンでは全く効き目がないといわれているんだ**。

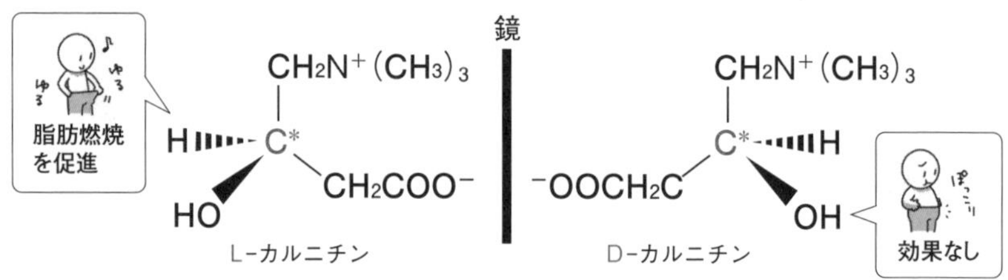

ゆる
ゆる
脂肪燃焼を促進
鏡
CH2N⁺(CH3)3
H
C*
HO
CH2COO⁻
L-カルニチン
CH2N⁺(CH3)3
C*
H
⁻OOCH2C
OH
D-カルニチン
ぽっこり
効果なし

❷ 旋光性（光を曲げる性質）

光は横波なので方向をもつんだけど，蛍光灯や太陽光などはいろいろな方向に振動する光が混ざっているんだ。ただし，偏光板を通すと一方向だけに振動する光ができて，この光を**偏光**(へんこう)とよんでいるんだ。この偏光を曲げる性質が**旋光性**(せんこうせい)，つまり光を旋回させる性質だよ。右回りに曲げる性質を**右旋性**，左回りに曲げる性質を**左旋性**とよんでいて，鏡像異性体では，一方が右旋性なら，一方は左旋性なんだ。同じ濃度なら曲がる角度は同じになるけれど，曲がる方向が逆になるんだよ。旋光性に違いがあることを**光学活性**ともいうから覚えてね。

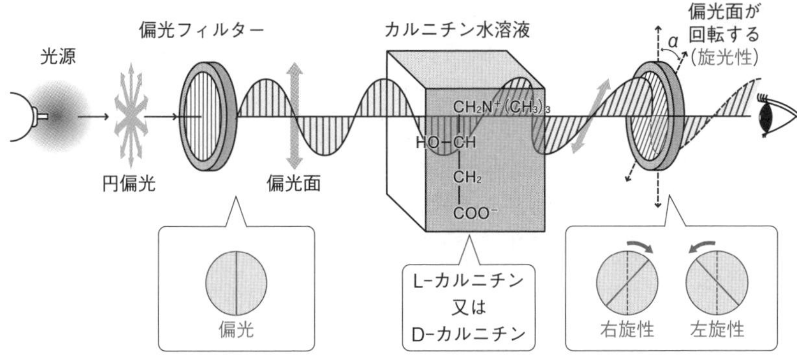
光源
偏光フィルター
カルニチン水溶液
偏光面が
回転する
(旋光性)
α
円偏光
偏光面
$CH_2N^+(CH_3)_3$
HO−CH
CH_2
COO^-
偏光
L-カルニチン
又は
D-カルニチン
右旋性
左旋性

▲ 旋光性

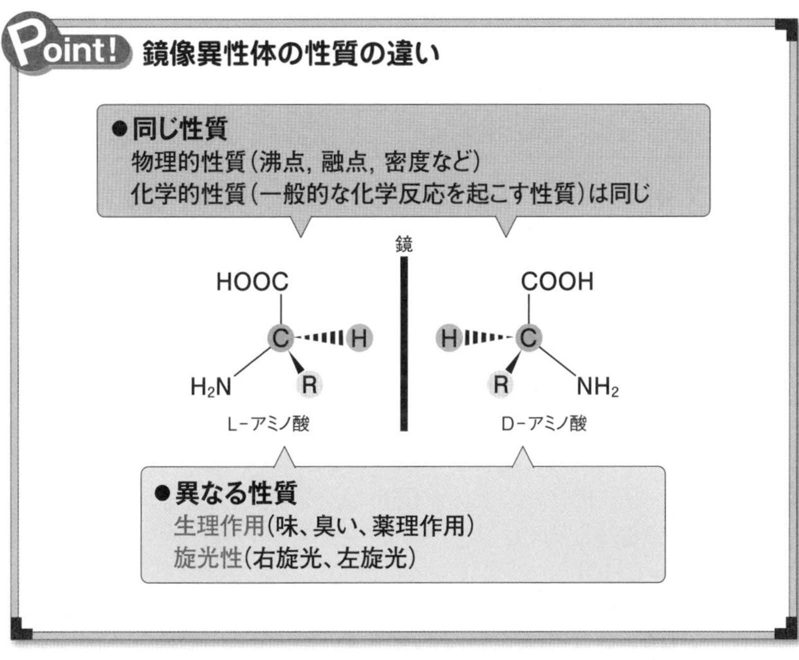
Point!
鏡像異性体の性質の違い
●同じ性質
物理的性質(沸点, 融点, 密度など)
化学的性質(一般的な化学反応を起こす性質)は同じ
鏡
HOOC
C
H
H_2N
R
L-アミノ酸
COOH
H
C
R
NH_2
D-アミノ酸
●異なる性質
生理作用(味、臭い、薬理作用)
旋光性(右旋光、左旋光)

左旋性のものはLや(−)をつけるよ。(−)-メントールなんかが例だよ
右旋性のものは(+)ね。

有機化学の基礎
脂肪族炭化水素
酸素を含む有機化合物
芳香族化合物
高分子化合物の基本と天然高分子化合物
合成高分子化合物

確認問題

1 次の(1)〜(7)の異性体が構造異性体のときはA、立体異性体のときはBと記せ。

(1) 原子のつながり方が異なる異性体
(2) 原子や原子団の空間的な配置が異なる異性体
(3) シス形、トランス形がある異性体
(4) 対称面や対称点がない物質がもつ立体的な異性体
(5) 官能基の結合している位置の異なる異性体
(6) 炭素骨格の異なる異性体
(7) 鏡像の関係にある異性体

解答
(1) A
(2) B
(3) B
(4) B
(5) A
(6) A
(7) B

2 C_3H_8 のH1個をClに置き換えた構造異性体はいくつあるか答えよ。

解答 2つ

解説

C_3H_8 のHを1つClに置き換えると，次の2種類の構造異性体が存在するよ。

```
   H   H   H            H   H   H
   |   |   |            |   |   |
H－C－C－C－H        H－C－C－C－H
   |   |   |            |   |   |
   Cl  H   H            H   Cl  H
```

3 次の①〜⑤の化合物から，シス-トランス異性体をもつものを1つ選べ。

① $CH_2=CHCl$
② $CCl_2=CH_2$
③ $CCl_2=CH-CH_3$
④ $CHCl=CH-CH_3$
⑤ $CH_3-C(CH_3)=CH-CH_3$

解答 ④

解説

二重結合している炭素から出る結合を120°の角度にするとすぐにわかるよ。④には次のシス-トランス異性体が存在するよ。

```
Cl      CH3        Cl      H
  \    /             \    /
   C=C                C=C
  /    \             /    \
H       H          H       CH3
```

4

次の①～④の化合物から，鏡像異性体をもつものを1つ選べ。

① $CH_3-CH_2-CHCl_2$

② $CH_3-CH_2-CHClF$

③ $CH_2Cl-CH_2-CHCl_2$

④ $CH_2F-CHCl-CH_2F$

解答

②

解説

構造式を書いて，不斉炭素原子を探すと，②にしかないことがわかるよ。

```
              H
              |
CH3-CH2-C*-Cl
              |
              F
```

確かに炭素の
結合の仕方が
違う!

II

脂肪族炭化水素

第5章 アルカン(鎖式飽和炭化水素)

灯油
C_9～C_{18}
程度のアルカン
ブタンガス
天然ガス
(メタン)

▶アルカンは身の回りにあって，燃焼させて使っているものが多い。

story 1 アルカンの命名と構造

飽和炭化水素って，何が飽和しているの？

炭化水素というのは炭素と水素の化合物だね。そして**飽和炭化水素**は，炭素に**結合している水素が飽和した化合物**なんだ。「第2章　炭素の結合」(▶ P.26) でやった通り，水素が飽和した鎖式炭化水素の一般式は C_nH_{2n+2} だから，分子式は簡単に書けるね。この C_nH_{2n+2} で表される炭化水素を**鎖式飽和炭化水素**または**アルカン**というんだ(**メタン系炭化水素**ということもある)。また，同じ一般式で表されるグループを**同族体**というから，覚えておいてね。それではアルカンの同族体の命名からさっそく学ぼう！

(1) アルカンの命名

有機化学では，命名が非常に重要なんだけど，化学物質の名称を国際的に決めているのが **IUPAC（国際純正・応用化学連合）** という組織で，全世界の人は IUPAC の決めたルールに従って化合物を命名しているんだよ。IUPAC は古代ギリシャ語を多く採用していて，アルカンの名前も炭素数が５以上だと古代ギリシャ語の数詞からとられているんだ。だから，アルカンの名前だけ単独で覚えるのは損なので，古代ギリシャ語の数詞も覚えようね。

▼ アルカンの名称

	古代ギリシャ語の数詞	日本語の読み方	分子式 C_nH_{2n+2}	IUPAC の名称 alkane	日本語の名称	常温での状態
1	mono	モノ	CH_4	methane	メタン	気体
2	di	ジ	C_2H_6	ethane	エタン	
3	tri	トリ	C_3H_8	propane	プロパン	
4	tetra	テトラ	C_4H_{10}	butane	ブタン	
5	**penta**	ペンタ	C_5H_{12}	**pent**ane	ペンタン	液体
6	**hexa**	ヘキサ	C_6H_{14}	**hex**ane	ヘキサン	
7	**hepta**	ヘプタ	C_7H_{16}	**hept**ane	ヘプタン	
8	**octa**	オクタ	C_8H_{18}	**oct**ane	オクタン	
9	**nona**	ノナ	C_9H_{20}	**non**ane	ノナン	
10	**deca**	デカ	$C_{10}H_{22}$	**dec**ane	デカン	
⋮	⋮	⋮	⋮	⋮	⋮	
18	**octadeca**	オクタデカ	$C_{18}H_{38}$	**octadec**ane	オクタデカン	固体

まずは，数詞を１～10 まで覚えよう。これは英語を１から10 まで覚えるのと同じぐらいの基礎的なことだから，ゴロ合わせの暗記法もないんだ。たった10 個だから「モノ，ジ，トリ，テトラ～」という具合に絶対覚えるんだよ。

次に**炭素数が４までのアルカンは古代ギリシャ語の数詞が使われてい**

ないので，メタン，エタン，プロパン，ブタンの４つを追加で覚えれば，有機化合物の命名はこの後，超簡単になるよ。例えば，炭素数５以上のアルカンは，数詞のアルファベットを見るとわかるけど，数詞に "～ ne" をつけているだけで，この規則は炭素数５以上のアルカンすべてに成り立つんだ。つまり，メタン，エタン，プロパン，ブタンだけが例外というわけだね。

(2) アルキル基の命名

次に**アルキル基**の命名について教えるよ。このアルキル基というのはアルカンから水素を１つとった原子団のことを指すんだ。

アルカン(alkane)
C_nH_{2n+2}
アルキル基(alkyl group)
C_nH_{2n+1}—

▼ アルキル基の命名

アルカン C_nH_{2n+2}	IUPACの名称 alkane	アルキル基 C_nH_{2n+1}	IUPACの名称 alkyl group	日本語の名称
CH_4	methane	CH_3-	methyl group	メチル基
C_2H_6	ethane	C_2H_5-	ethyl group	エチル基
C_3H_8	propane	C_3H_7-	propyl group	プロピル基
C_4H_{10}	butane	C_4H_9-	butyl group	ブチル基
C_5H_{12}	pentane	$C_5H_{11}-$	pentyl group	ペンチル基
C_6H_{14}	hexane	$C_6H_{13}-$	hexyl group	ヘキシル基
C_7H_{16}	heptane	$C_7H_{15}-$	heptyl group	ヘプチル基
C_8H_{18}	octane	$C_8H_{17}-$	octyl group	オクチル基
C_9H_{20}	nonane	$C_9H_{19}-$	nonyl group	ノニル基
$C_{10}H_{22}$	decane	$C_{10}H_{21}-$	decyl group	デシル基

(3) アルカンの構造

次に構造を見てみよう。構造式ではよく90°の角度で単結合を表すけど，実際には正四面体になっているからそれを意識したほうがいいよ。

▼アルカンの構造

分子式	構造式と名称	立体的な構造
CH_4	H H−C−H H methane メタン	
C_2H_6	H H H−C−C−H H H ethane エタン	
C_3H_8	H H H H−C−C−C−H H H H propane プロパン	
C_4H_{10} (2つの構造異性体がある) 2つ	H H H H H−C¹−C²−C³−C⁴−H H H H H butane ブタン	
	H H H H−C¹−C²−C³−H H H H−C−H (メチル基) H methylpropane メチルプロパン	
C_5H_{12} (3つの構造異性体がある) 3つ	H H H H H H−C¹−C²−C³−C⁴−C⁵−H H H H H H pentane ペンタン	
	H H H H H−C¹−C²−C³−C⁴−H H H H H−C−H H 2-methylbutane 2-メチルブタン	
	H H−C−H H H H−C¹−C²−C³−H H H H−C−H H 2,2-dimethylpropane 2,2-ジメチルプロパン	

実際に構造式を書いてみると異性体があるのがわかるね。ブタンは2つ，ペンタンは3つあるからすぐに書けるようにしておこう。また，アルキル基にも構造異性体があって，プロピル基は2つ，ブチル基は4つあるから覚えよう！

▼アルキル基の構造異性体

$C_nH_{2n+1}-$	構造異性体	
プロピル基 C_3H_7- 2つ	$CH_3-CH_2-CH_2-$ プロピル基	$CH_3-CH(CH_3)-$ イソプロピル基
ブチル基 C_4H_9- 4つ	$CH_3-CH_2-CH_2-CH_2-$ ブチル基	$CH_3-CH(CH_3)-CH_2-$ イソブチル基
	$CH_3-CH_2-CH(CH_3)-$ *sec*-ブチル基 （*sec*はセカンダリーと読む）	$CH_3-C(CH_3)_2-$ *tert*-ブチル基（*t*-ブチル基） （*tert*はターシャリーと読む）

story 2 アルカンの製法

アルカンって，どうやってつくるんですか？

アルカンは主に人間が合成しているのではなくて，石油や天然ガスから採れるんだ。天然ガスの主成分はメタンCH_4だし，また，原油を分留（沸点の差を利用して蒸留）することにより，エタン，プロパンなどの多くのアルカンを得ているんだ。

原油を分留したり，空気を遮断して熱分解したりすることで，メタン，エタン，プロパン，ブタンなど多くのアルカンが生成されているんだ！

ただし，実験室でメタンをつくるには酢酸ナトリウム CH_3COONa と水酸化ナトリウム NaOH を混ぜて加熱する次のような方法もあるから覚えよう。

メタンの実験室的製法

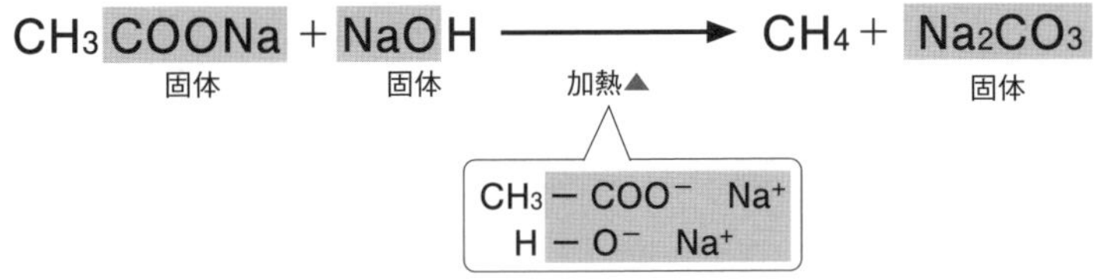
$CH_3COONa + NaOH \longrightarrow CH_4 + Na_2CO_3$
固体
固体
加熱▲
固体
$CH_3-COO^- \ Na^+$
$H-O^- \ Na^+$

story 3 アルカンの反応

(1) 燃焼反応

アルカンの代表的な反応って，何ですか？

人類はアルカンの多くを燃料として燃やしているので，**最も代表的な反応は燃焼**だと言えよう。例えば，都市ガスに使われている天然ガスの主成分はメタン CH_4 で，味噌汁などをつくるための燃料だね。プロパンガスも家庭用や業務用の燃料だし，ブタン C_4H_{10} もカセットコンロやライターの燃料として広く利用されている。また，ガソリン車はガソリンの主成分であるオクタン C_8H_{18} を燃焼させて走っているという感じで，アルカンは燃焼のオンパレードなんだ。

メタン　CH_4
プロパン　C_3H_8

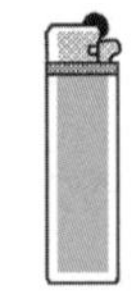

ブタン　C_4H_{10}

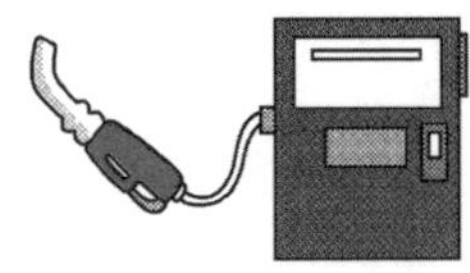

オクタン　C_8H_{18}

Point! アルカンの燃焼

$$C_nH_{2n+2} + \frac{3n+1}{2}O_2 \longrightarrow nCO_2 + (n+1)H_2O$$

例

① メタンの燃焼　$CH_4 + 2O_2 \longrightarrow CO_2 + 2H_2O$
② プロパンの燃焼　$C_3H_8 + 5O_2 \longrightarrow 3CO_2 + 4H_2O$
③ ブタンの燃焼　$2C_4H_{10} + 13O_2 \longrightarrow 8CO_2 + 10H_2O$
④ オクタンの燃焼　$2C_8H_{18} + 25O_2 \longrightarrow 16CO_2 + 18H_2O$

(2) 置換反応

アルカンの反応は燃焼だけですか？

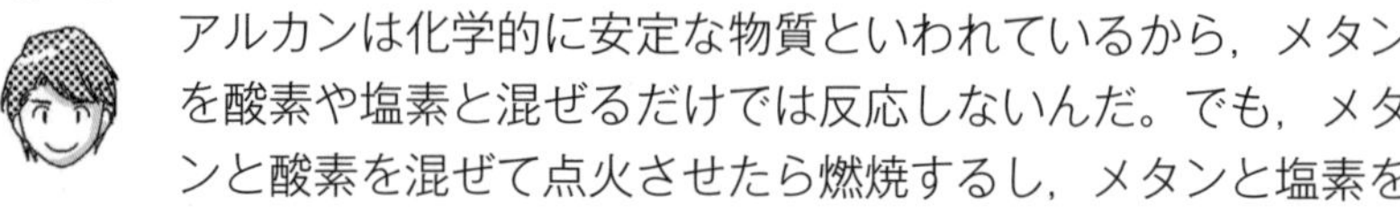

アルカンは化学的に安定な物質といわれているから，メタンを酸素や塩素と混ぜるだけでは反応しないんだ。でも，メタンと酸素を混ぜて点火させたら燃焼するし，メタンと塩素を混ぜて紫外線を当てると，紫外線によって，塩素分子（Cl－Cl）の共有結合が切れて，メタンの H が Cl に置き換わる置換反応が起こるよ。

$$H-\underset{H}{\overset{H}{C}}-H + Cl-Cl \xrightarrow{\text{紫外線を含む光}} H-Cl + H-\underset{H}{\overset{H}{C}}-Cl$$

H が Cl に置き換わった !! ⟶ 置換反応

この置換反応で，塩素ガス（Cl_2）をたくさん用意すると，水素（H）は塩素（Cl）にどんどん置換されていくんだ。

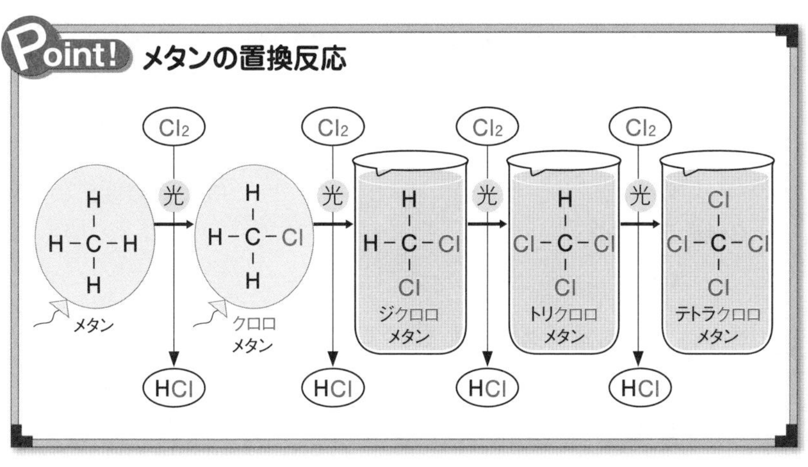
Point! メタンの置換反応
Cl2
光
H
H−C−H
H
メタン
H
H−C−Cl
H
クロロ
メタン
H
H−C−Cl
Cl
ジクロロ
メタン
H
Cl−C−Cl
Cl
トリクロロ
メタン
Cl
Cl−C−Cl
Cl
テトラクロロ
メタン
HCl

メタンの４つの水素がすべて塩素に置換された右端の CCl_4 は**テトラクロロメタン**とも**四塩化炭素**ともいわれるから覚えてね。

塩素以外にもハロゲンを置換させることができて，ヘキサン（液体）に日光を当てながら臭素を作用させると同じような置換反応が起こるんだ。置換された原子や原子団を**置換基**，置換された化合物を**置換体**というから，ついでに覚えよう。

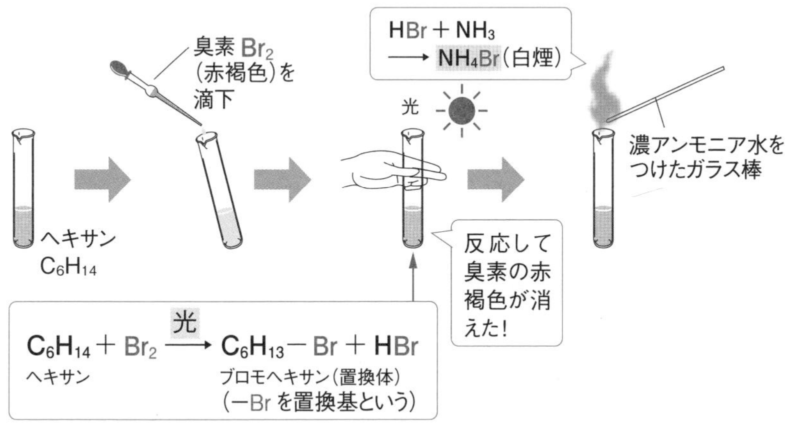
臭素 Br2
（赤褐色）を
滴下
HBr ＋ NH3
⟶ NH4Br（白煙）
光
濃アンモニア水を
つけたガラス棒
ヘキサン
C6H14
反応して
臭素の赤
褐色が消
えた！
C6H14 ＋ Br2 —光→ C6H13−Br ＋ HBr
ヘキサン
ブロモヘキサン（置換体）
（−Br を置換基という）

▲ **ヘキサンの置換反応**

確認問題

1 次のアルカンの名称を答えよ。

(1) C_3H_8

(2) $CH_3-\underset{\displaystyle CH_3}{\underset{|}{CH}}-CH_3$

(3) $CH_3-\overset{\displaystyle CH_3}{\overset{|}{\underset{\displaystyle CH_3}{\underset{|}{C}}}}-CH_3$

2 次のアルキル基の名称を答えよ。

(1) $CH_3-\underset{\displaystyle CH_3}{\underset{|}{CH}}-$

(2) $CH_3-\underset{\displaystyle CH_3}{\underset{|}{CH}}-CH_2-$

(3) $CH_3-CH_2-\underset{\displaystyle CH_3}{\underset{|}{CH}}-$

(4) $CH_3-\overset{\displaystyle CH_3}{\overset{|}{\underset{\displaystyle CH_3}{\underset{|}{C}}}}-$

3 アルキル基 C_3H_7-の構造異性体はいくつあるか。

4 アルキル基 C_4H_9-の構造異性体はいくつつあるか。

5 酢酸ナトリウムの固体と水酸化ナトリウムの固体を混ぜて加熱すると，発生する気体の名称を答えよ。

6 メタンと塩素に紫外線を照射して，クロロメタンが生じる反応を化学反応式で表せ。

7 クロロメタンと塩素に紫外線を照射して，ジクロロメタンが生成する反応を化学反応式で表せ。

解答

1
(1) プロパン
(2) メチルプロパン
(3) ジメチルプロパン
(2, 2－ジメチルプロパン)

2
(1) イソプロピル基
(2) イソブチル基
(3) *sec*-ブチル基
(4) *tert*-ブチル基

3 2つ

4 4つ

5 メタン

6 $CH_4 + Cl_2 \longrightarrow HCl + CH_3Cl$

7 $CH_3Cl + Cl_2 \longrightarrow HCl + CH_2Cl_2$

8　ヘキサンに臭素を加えて太陽光を当てると起こる反応の名称は何か。次の①～④から選べ。

① 付加反応　　② 置換反応
③ 中和反応　　④ 付加重合

9　ヘキサンに臭素を加えて太陽光を当てると，ブロモヘキサンが生成する反応を反応式で表せ。

解答

②

$C_6H_{14} + Br_2$
$\longrightarrow HBr + C_6H_{13}Br$

太陽の光には紫外線が含まれているから,私の体の有機物が,プールから出る塩素と置換反応しちゃう!
1
2

有機化学の基礎
脂肪族炭化水素
酸素を含む有機化合物
芳香族化合物
高分子化合物の基本と天然高分子化合物
合成高分子化合物

第6章 シクロアルカンとハロゲン置換体

Unicycle
一輪車

Bicycle
二輪車

Tricycle
三輪車

▶英語でcycleは輪（環）の意味。

story 1 シクロアルカンの命名

アルカンとシクロアルカンってどう違うんですか?

アルカンとは飽和炭化水素のことなんだが，**シクロ cyclo** は，もともと古代ギリシャ語の“**円**”という意味から派生していて，現代の英語でも circle（円），bicycle（二輪車，自転車），cyclone（大型の熱帯低気圧）と，円形つまり環を表しているものが多いね。有機化合物では，炭素鎖（炭素骨格）が環状になるものを指すんだ。つまり**シクロアルカン cycloalkane は環状の飽和炭化水素（環式飽和炭化水素）**ということになるんだ。例を見てもらおう。

▼シクロアルカンの例

分子式 C_nH_{2n}	シクロアルカン cycloalkaneの名称	構造式	簡略化した 構造式	骨格式
C_3H_6	**cyclo**propane **シクロ**プロパン	H　H C H−C−C−H H　H	CH_2 $CH_2 - CH_2$	
C_4H_8	**cyclo**butane **シクロ**ブタン	H　H H−C−C−H H−C−C−H H　H	$CH_2 - CH_2$ $CH_2 - CH_2$	
C_5H_{10}	**cyclo**pentane **シクロ**ペンタン	H　H C H　H H−C　C−H H−C−C−H H　H	CH_2 CH_2　CH_2 $CH_2 - CH_2$	
C_6H_{12}	**cyclo**hexane **シクロ**ヘキサン	H　H H−C−C−H H　H C　C H　H H−C−C−H H　H	$CH_2 - CH_2$ CH_2　CH_2 $CH_2 - CH_2$	

シクロアルカンだけでなく環状の炭化水素は構造式で書くと複雑に見えて逆にわかりにくいから，通常は骨格式で書くことがほとんどなんだ。並べて書いてみると骨格式のほうがわかりやすいよね。また，シクロアルカンにアルキル基がついている場合は次のようによぶよ。

CH3
CH2 - CH3
メチルシクロブタン
エチルシクロペンタン

story 2 シクロアルカンの立体構造

(1) シクロアルカンの立体配座

シクロアルカンって，安定な化合物なんですか？

それはいい質問だね。シクロアルカンの炭素から出ている4本の結合はすべて単結合で，本来なら正四面体の方角を向いているはずだね。例えばメタン CH_4 の H−C−H の角度は 109.5°なんだ。約110°と覚えておくといいよ。だから109.5°以下の角度は無理矢理結合させている感じになるんだ。正三角形の内角は60°，正方形の内角は90°だからかなり無理しないといけない感じだ。

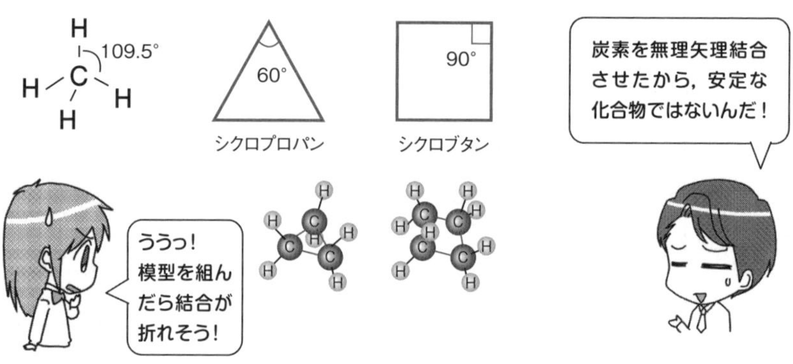
109.5°
60°
90°
シクロプロパン
シクロブタン
炭素を無理矢理結合させたから，安定な化合物ではないんだ！
ううっ！模型を組んだら結合が折れそう！

しかし，正五角形の内角は108°だから，ほぼ炭素の単結合の角度109.5°に等しいから歪みもなく安定なんだ。

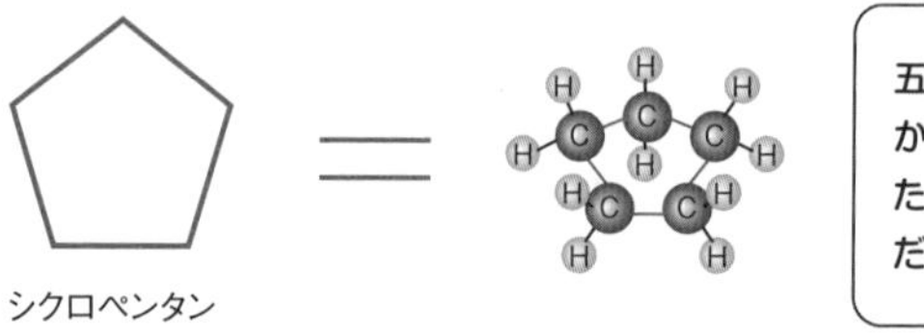
シクロペンタン

五角形は安定だから，自然界にたくさんあるんだ！

シクロヘキサン以上になると，内角が109.5°以上になってしまうから逆に不安定になると思うかもしれないけど，実際には正六角形ではなくて三次元的に折り曲げることで109.5°に近い角度が保てるんだ。

それでも八角形，九角形と増えるうちに歪みがとりにくくなるから，**シクロヘキサンが最も安定な環状構造**なんだ。自然界でも非常に多い構造なんだよ。

シクロヘキサンの実際の構造を見てみると，形が少し変えられることがわかるよ。この**変えられる形を立体配座**（conformation）**という**んだ。シクロヘキサンの立体配座は**イス形**が安定なんだよ。

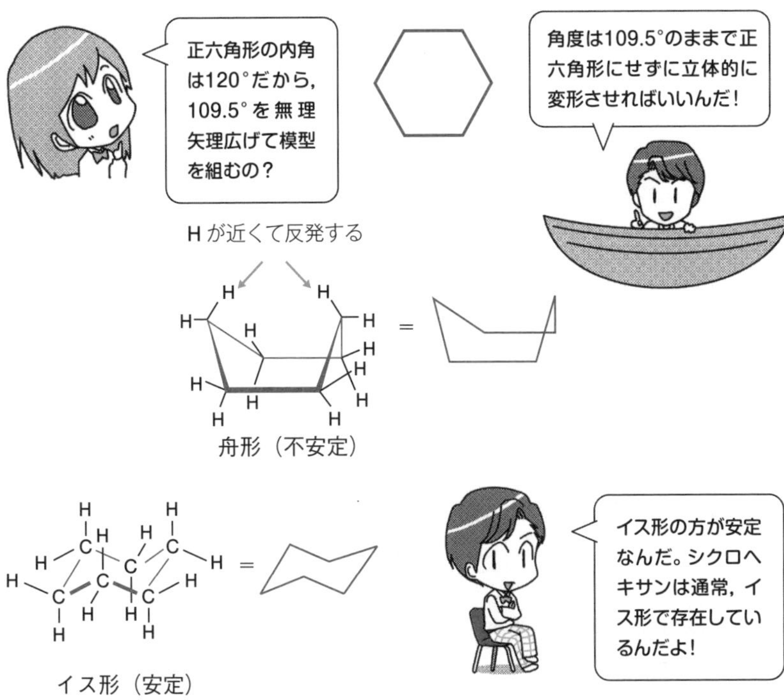

正六角形の内角は120°だから，109.5°を無理矢理広げて模型を組むの？
角度は109.5°のままで正六角形にせずに立体的に変形させればいいんだ！
Hが近くて反発する
H
H
H
H
H
H
H
H
H
H
H
H
舟形（不安定）
H
H
C
H
H
C
C
H
H
C
C
C
H
H
H
H
H
H
イス形（安定）
イス形の方が安定なんだ。シクロヘキサンは通常，イス形で存在しているんだよ！

このように炭素などの原子６個で構成される環構造を**六員環**というんだけど，**五員環**や**六員環**は自然界には多く存在しているんだ。例えば天然のショ糖（砂糖）は五員環と六員環でできているんだよ。

(2) シクロアルカンの立体異性体

シクロアルカンの立体構造では，立体配座だけ気をつければいいんですか?

いやいや，もっと気をつけなければならないことがあるんだ。それは，**立体異性体**なんだよ。シクロアルカンの環をつくる炭素から出ている2本の結合は約110°で上下に出ているから，**シス－トランス異性体が存在する**場合があるんだ。1,2-ジメチルシクロプロパンを例に見てみよう。

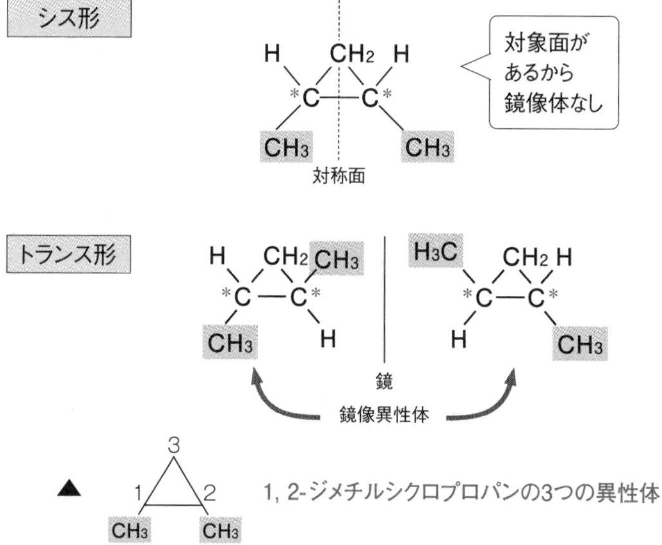

シス形
H
CH2
H
C—C
CH3
CH3
対称面
対象面があるから鏡像体なし
トランス形
H
CH2
CH3
C—C
CH3
H
H3C
CH2
H
C—C
H
CH3
鏡
鏡像異性体
3
1
2
CH3
CH3

▲ 1, 2-ジメチルシクロプロパンの3つの異性体

シス形は対称面があるから，鏡像異性体は存在しないけど，トランス形は対称面がないので，さらに鏡像異性体も存在するよ。構造式だけではわからなかった1,2-ジメチルシクロプロパンの立体異性体がこれでわかったね。シス形が1つトランス形が2つで全部で3つあるんだ。これがわかればシクロアルカンの立体異性体は完璧だよ！

story 3 アルカンのハロゲン置換体

クロロとかブロモってよく聞くけど何を指すんですか？

それは，**水素がハロゲンに置換された場合の命名**なんだよ。次の表でバッチリだよ。

▼ハロゲン置換体の命名

ハロゲン	名称	ハロゲン置換体の名称	
F－	fluoro	フルオロ〜	フッ化〜
Cl－	chloro	クロロ〜	塩化〜
Br－	bromo	ブロモ〜	臭化〜
I－	iodo	ヨード〜	ヨウ化〜

基本的には「**フルオロ，クロロ，ブロモ，ヨード**」を使って命名することが多いんだけど，アルキル基を使って命名する場合は「**フッ化，塩化，臭化，ヨウ化**」を使うんだ。2つとも正式な名称だから覚えると便利だよ。あと，ハロゲンが2個以上ついていたら数詞（2：ジ，3：トリ，4：テトラ……）を使うから例を見て慣れていこう。

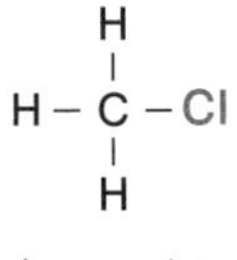
H
H－C－Cl
H

クロロメタン
（塩化メチル）

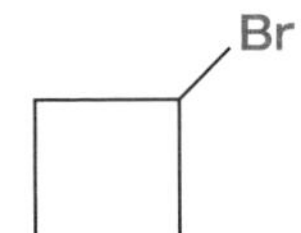
Br

ブロモシクロブタン

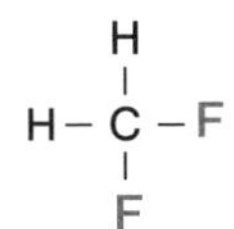
H
H－C－F
F

ジフルオロメタン

1,2－ジブロモプロパン

メタンの４個の水素のうち３個がハロゲンに置換された三置換体は，特別な慣用名がついているから，それもついでに覚えてしまおう。

▼ハロゲンの三置換体の名称

分子式	CHF_3	$CHCl_3$	$CHBr_3$	CHI_3
構造式	H I F−C−F I F	H I Cl−C−Cl I Cl	H I Br−C−Br I Br	H I I−C−I I I
正式な名称	トリフルオロメタン	トリクロロメタン	トリブロモメタン	トリヨードメタン
慣用名	フルオロ**ホルム**	クロロ**ホルム**	ブロモ**ホルム**	ヨード**ホルム**

あ〜っ！　ヨードホルム反応のヨードホルムだ！

そうそう，その通り！　ヨードホルム（CHI_3）の正式な名称はトリヨードメタンなんだよ。一般的にはこれらの三置換体はハロゲンのハロ（halo）を使って，慣用名で**ハロホルム**（**haloform**）とよばれているんだ。

また一つ賢くなったね。有機化学の命名はわかると楽しいね。

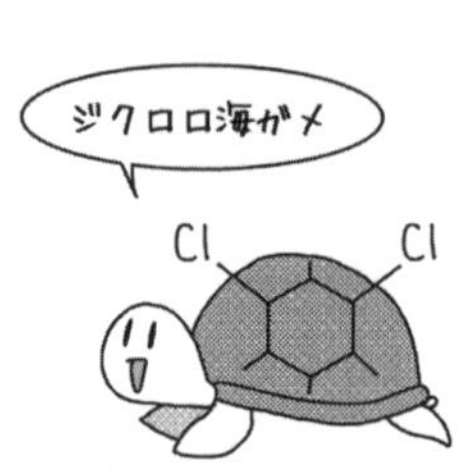
ジクロロ海ガメ
Cl
Cl

骨格式って便利！

確認問題

1　次のシクロアルカンの名称を答えよ。

(1)　(2)　(3)

解答

(1)　シクロペンタン
(2)　シクロヘキサン
(3)　シクロオクタン

2　次のシクロアルカンの名称を答えよ。

(1) CH_2-CH_3

(2) 1, 2, 3, 4, 5, 6 CH_3 CH_3

(3) CH_3 $CH-CH_3$

(4) 1, 2, 3, 4, 5 C_2H_5 C_2H_5

(1)　エチルシクロブタン
(2)　1,2-ジメチルシクロヘキサン
(3)　イソプロピルシクロプロパン
(4)　1,2-ジエチルシクロペンタン

3　1,2-ジメチルシクロプロパンの立体異性体は全部でいくつあるか?

3つ

4　次のハロゲン化炭化水素の名称を答えよ。

(1)　CH_3Br　(2)　$CHBr_3$　(3)　CBr_4

(1)　ブロモメタン（臭化メチル）
(2)　トリブロモメタン（ブロモホルム）
(3)　テトラブロモメタン（四臭化炭素）

5　次のハロゲン化炭化水素の名称を答えよ。

(1)
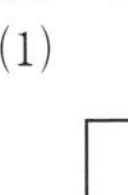
Cl

(2)
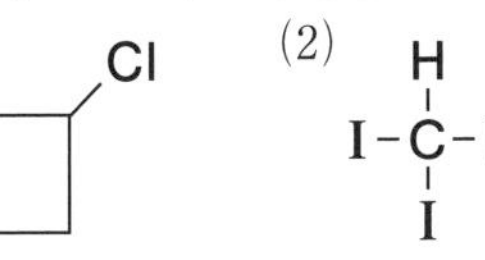
H
I−C−I
I

(3)
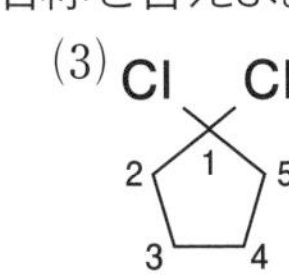
Cl Cl
1
2
5
3
4

(1)　クロロシクロブタン
(2)　トリヨードメタン（ヨードホルム）
(3)　1,1-ジクロロシクロペンタン

第
7
章

アルケン(エチレン系炭化水素)

真面目にやれよ！
C
C
Br

▶ 二重結合の一本は切れやすく，他の物質と付加反応する。

story 1 アルケンの命名と構造

 (1) アルケンの命名

アルケンの名称って難しい気がする〜!

アルケンは，炭素間に二重結合が1つある炭化水素の総称なんだ。アルケンの名称は，アルカンの名前さえ覚えていれば，すぐにわかるよ！ **IUPACの命名ではアルカン（alkane）の語尾の〜ane を〜ene に変えればオッケー**なんだよ。だから，アルケン alkene というんだね。

よく見ると，alkane と alkene は一文字違いだから本当に簡単なんだ。横文字がわかれば，日本語も本当に簡単だよ。

▼アルケンの名称

分子式 C_nH_{2n}	IUPACの名称 alkene	日本語の名称	昔の慣用名
C_2H_4	ethene	エテン	エチレン (ethylene)
C_3H_6	propene	プロペン	プロピレン (propylene)
C_4H_8	butene	ブテン	ブチレン (butylene)
C_5H_{10}	pentene	ペンテン	
C_6H_{12}	hexene	ヘキセン	
C_7H_{14}	heptene	ヘプテン	
C_8H_{16}	octene	オクテン	
C_9H_{18}	nonene	ノネン	
$C_{10}H_{20}$	decene	デセン	

慣用名

正式にはアルケンの慣用名は使わないんだ! でも工業界などの現場ではバンバン使われているから覚えておくといいよ!

アルカンの名前を覚えていれば，アルケンは超簡単!

Alkane

(2) 二重結合

命名が簡単なことがわかったら，今度は構造を詳しく見てみよう。アルケンの二重結合は，詳しく見ると二重結合の２本の手は同じ種類の結合ではないんだよ。

炭素原子というのは，最外殻であるＬ殻に電子が４つあって，その４つが結合に関与するんだ。また，水素原子は電子が１つしかないけど，その１つが結合に関与するんだ。そもそも通常の**共有結合というのは，電子を１つずつ出し合って結合をつくっているんだ**。電子を，肉まんやあんまんだと思えば，水素原子が出した肉まんと炭素分子が出したあんまんの合計２個で結合ができていると言えよう。

炭素原子１個と水素原子４個でメタンをつくってみたら次のようになるよ。

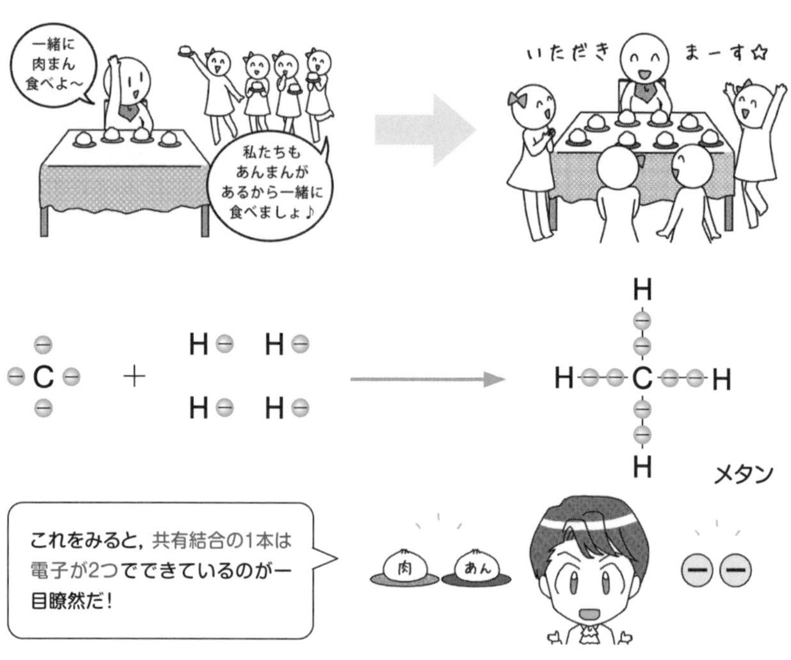
一緒に
肉まん
食べよ～
私たちも
あんまんが
あるから一緒に
食べましょ♪
いただき
まーす☆
C
H
H
H
H
H
H
H
H
C
メタン
これをみると，共有結合の1本は
電子が2つでできているのが一
目瞭然だ！
肉
あん

次に，アルケンで一番簡単なエテン（エチレン）を考えてみよう。

2 C ＋ H H H H → H H C C H H

構造式に電子を重ねて表記してみるとわかりやすいでしょ。

ところが22ページでも勉強したけど，炭素原子間の二重結合（C＝C）のうち１本目は**σ結合**と言って切れにくい結合なんだけど，２本目以降は不安定な結合（π結合）だったね。π結合は非常に切れやすい結合なんだ。

π結合の形だけ表してみると右図のようになるんだ。電子２つから構成される結合が広く広がっているのがわかるだろう。いかにも切れやすい感じだね。実際，π結合は簡単に切れて**付加反応**（ふかはんのう）という反応を起こすんだ。

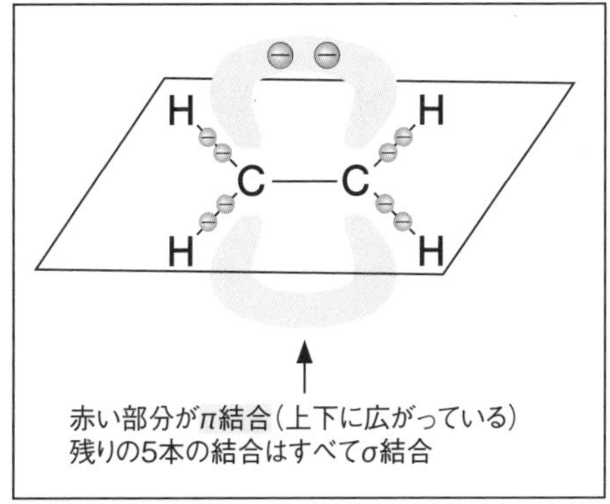
H
H
C—C
H
H
赤い部分がπ結合（上下に広がっている）
残りの5本の結合はすべてσ結合

▲エテン（エチレン）の結合

Point! 共有結合の種類

σ結合 ➡ 各原子間を結ぶ１本目の結合（安定な結合）

π結合 ➡ 各原子間を結ぶ２本目以降の結合（不安定で切れやすい結合）

(3) 二重結合とシス-トランス異性体

また，二重結合は回転できないんだ（単結合は回転できる）。

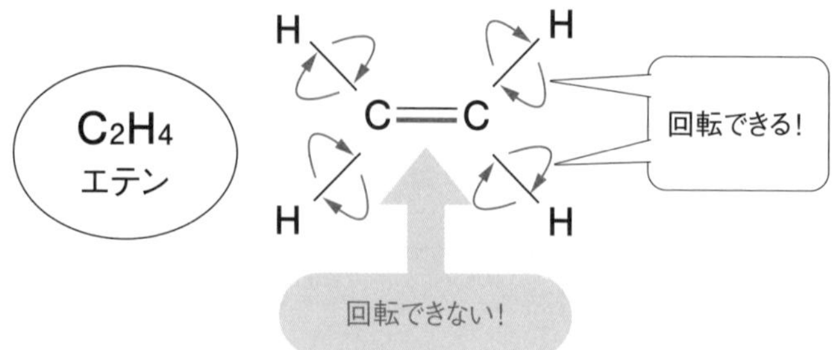

C_2H_4
エテン
H
H
C═C
H
H
回転できる！
回転できない！

プロペン C_3H_6 の構造を立体的にみると，π 結合のせいで **C=C** が回転出来ないのがわかるね。

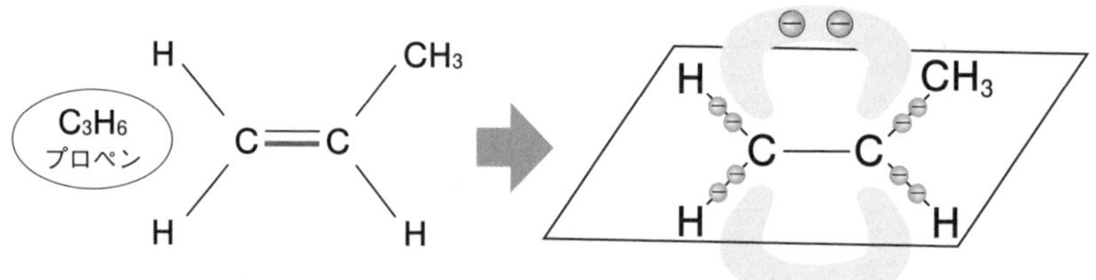

C_3H_6
プロペン
H
CH3
C═C
H
H
H
CH_3
C—C
H
H

ブテン C_4H_8 は構造異性体が３つあるけど，2-ブテンには**シス-トランス異性体**があるんだ。C=C を挟んで，同種の原子や原子団が同じ側にあるものをシス形，反対側にあるものをトランス形というよ。2-ブテンには**シス**-2-ブテンと**トランス**-2-ブテンが存在するので，分子式 C_4H_8 で二重結合をもつ異性体は合計４つだね。

1と2の炭素の間が二重結合の場合，1の炭素が二重結合と考えて，名前は1-ブテンとなるよ。

2と3の間が二重結合だから，2-ブテンだ！

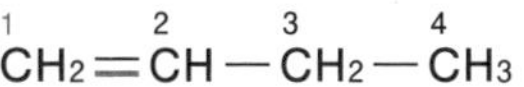
1 2 3 4
CH2＝CH－CH2－CH3

1-ブテン

1 2 3 4
$CH_3-CH=CH-CH_3$

2-ブテン

C_4H_8
ブテン

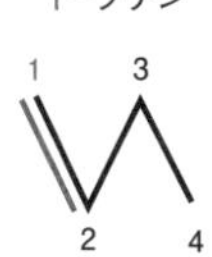
1
3
2
4

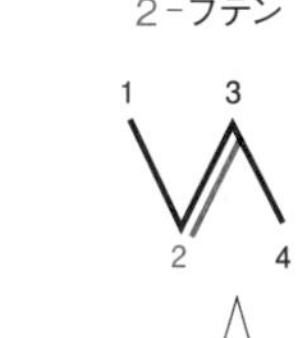
1
3
2
4

1 2 3
$CH_2=C-CH_3$
$|$
CH_3

2-メチルプロペン
（メチルプロペン）

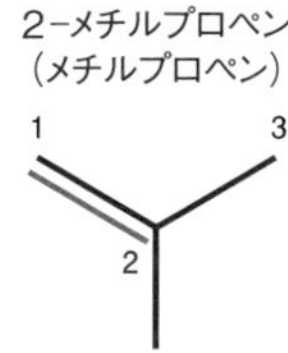
1
3
2

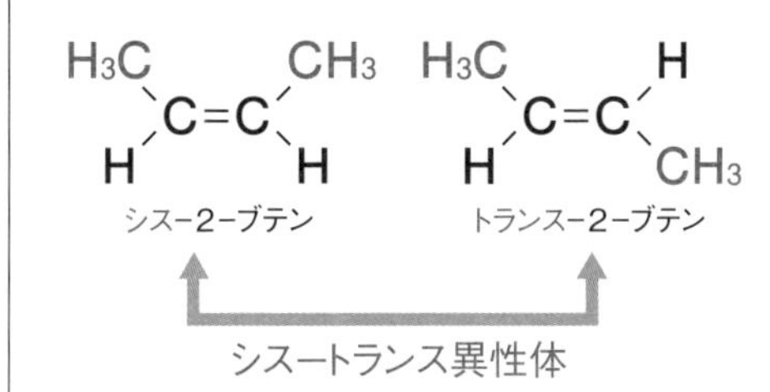
H3C
CH3
C=C
H
H
シス-2-ブテン
H3C
H
C=C
H
CH3
トランス-2-ブテン
シス-トランス異性体

2番目の炭素にメチル基がついていると2-メチルプロペンだよ！炭素の番号は主鎖だけで，赤のメチル基にはつけないよ！

シス-トランス異性体を見逃さないようにするコツは**二重結合している炭素Cから出ている結合を120°の角度にして書く**ことだよ。

問題 1　ブテンの異性体

ブテンの異性体である C_4H_8 の分子式をもつ化合物は全部でいくつあるか答えよ。

解説

炭素数が4のとき水素が飽和していれば C_4H_{10} （C_nH_{2n+2}）だから C_4H_8 は水素が飽和に対して2個足りないよね。だから不飽和度 $U=1$ となり，ring×1 か，π×1 と考えられるね。

つまり，**シクロアルカンとアルケンは分子式がともに C_nH_{2n} で異性体**なんだ。炭素数4のシクロアルカンは2つあるから，ブテンの異性体と合わせて全部で**6つ**が正解だよ。

C_4H_8 → $U=1$ → ring×1 ／ π結合×1

ring×1：□ と △-CH_3 の2つ

π結合×1：

$$\mathrm{H_2C{=}CH{-}CH_2{-}CH_3}$$
$$\mathrm{H_2C{=}C(CH_3)_2}$$
$$\mathrm{\mathit{cis}\text{-}H_3C{-}CH{=}CH{-}CH_3}$$
$$\mathrm{\mathit{trans}\text{-}H_3C{-}CH{=}CH{-}CH_3}$$

の4つ

解答

6つ

ぼく達を
忘れないでね!!

story 2 アルケンの製法

エテン（エチレン）ってどうやってつくるんですか？

エテン（エチレン）とプロペン（プロピレン）は工業界では非常に重要で，例えば多くのプラスチックの原料になっているんだ。

エチレンやプロペンは工業界では石油からつくるんだよ。原油は分留してそれぞれ使われるんだけど，30℃～180℃くらいで蒸留された成分を**ナフサ**といい，それが原料になるよ。原油の分留で何が生成するのかを見てみよう。

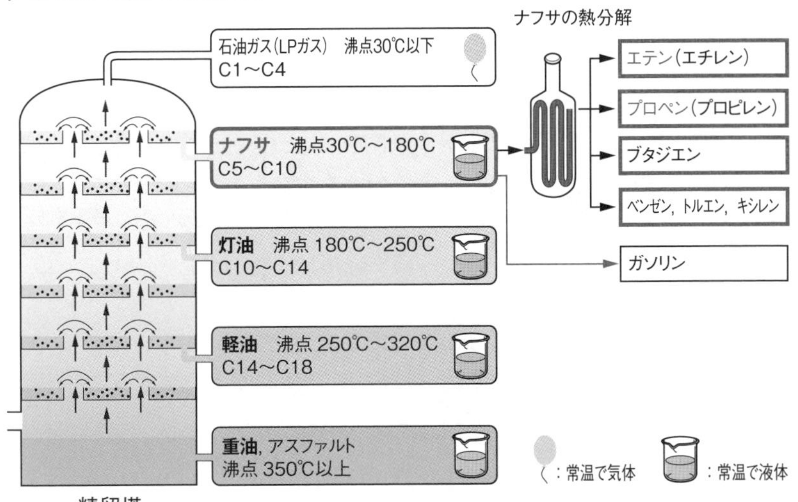
ナフサの熱分解
石油ガス(LPガス)　沸点30℃以下
C1～C4
ナフサ　沸点30℃～180℃
C5～C10
灯油　沸点 180℃～250℃
C10～C14
軽油　沸点 250℃～320℃
C14～C18
重油, アスファルト
沸点 350℃以上
エテン(エチレン)
プロペン(プロピレン)
ブタジエン
ベンゼン, トルエン, キシレン
ガソリン
：常温で気体
：常温で液体
精留塔

▲ **原油の分留**

このように原油は炭化水素を主成分にしているんだが，分留して成分をおおざっぱに分けて使っているんだ。使い道は簡単にいえば，次のような感じだ。

ナフサを熱分解したもの  プラスチック, ゴム, 繊維へ

石油ガス, ガソリン, 灯油, 軽油, 重油  燃料として燃やされる 

アスファルト  道路へ

これでプラスチックの原料であるエチレンが**ナフサ**からつくられていることがわかったね。プラスチックやゴムの原料であるナフサは，原油を国外から買って日本でもつくられているんだけど，使用するナフサのおよそ半分は輸入しているんだよ。化学がわかると新聞を読んでもわかることが多くなるんだよ！

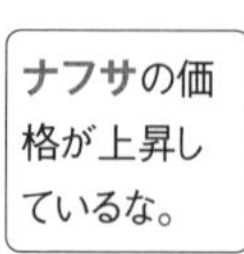
ナフサの価格が上昇しているな。

NEWS

ナフサの価格が長期的に上がると，プラスチックやゴム製品の値段が上昇するかもね！

? ?
ナフサってなんだ？ 食べ物かな？ もっと化学を勉強していればよかった。

実験室でエテン（エチレン）をつくるにはエタノールを濃硫酸で脱水する方法が有名だよ。このときの温度は重要だから覚えてね。温度が低いと別の物質が生成するよ（▶ P.108）。

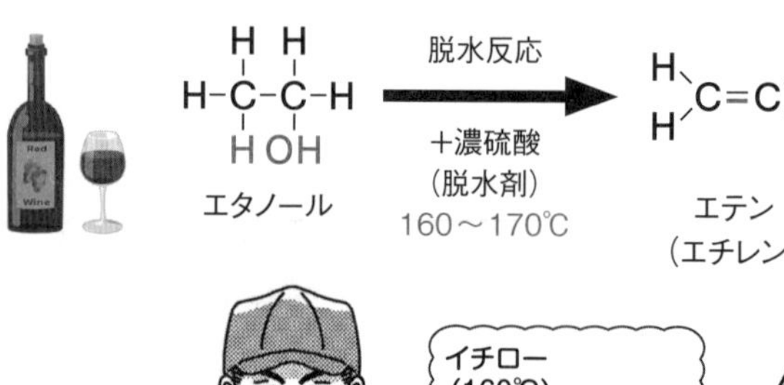
Red Wine
脱水反応
+濃硫酸
（脱水剤）
160～170℃
エタノール
エテン
（エチレン）

$$\mathrm{CH_3CH_2OH} \xrightarrow[\text{160〜170℃}]{\text{脱水反応 / ＋濃硫酸（脱水剤）}} \mathrm{CH_2{=}CH_2} + H_2O$$

イチロー
（160℃）
駅弁，
（エチレン）
いいな
（170℃）

story 3 アルケンの反応

(1) 付加反応

付加反応って，難しいんですか？

いやいや有機化学の反応の中で最も簡単な反応が**付加反応**(ふかはんのう)だよ。二重結合の1つは切れやすい***π*結合**だから，*π*結合を切ってそこに原子や原子団を付けるだけなんだ。

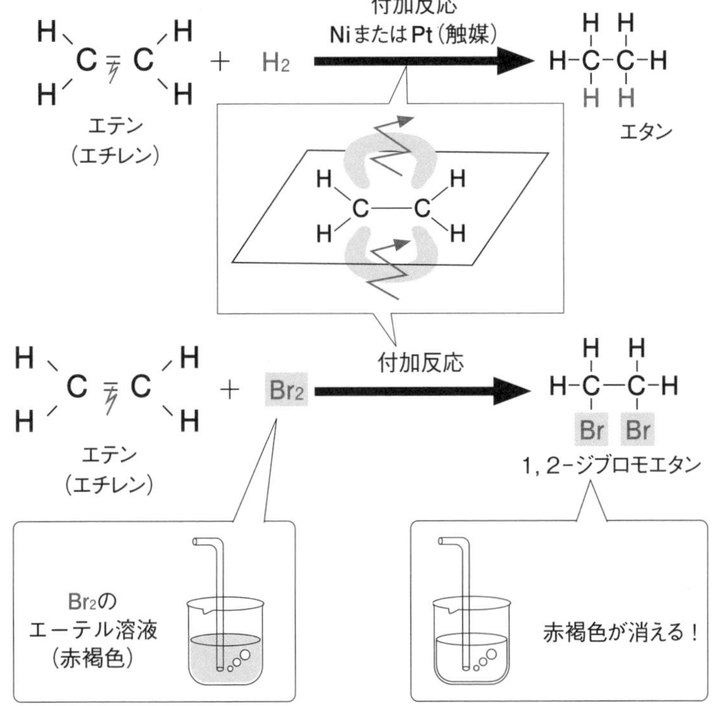

付加反応
Niまたは Pt（触媒）
H
C
H
H
C
H
+ H_2
H H
H−C−C−H
H H
エテン
（エチレン）
エタン
H
C
H
H
C
H
付加反応
+ Br_2
H H
H−C−C−H
Br Br
エテン
（エチレン）
1, 2−ジブロモエタン
Br_2の
エーテル溶液
（赤褐色）
赤褐色が消える！

臭素 Br_2 の付加反応では，臭素水（赤褐色）のエーテル溶液にエテン（エチレン）のガスを通すと，臭素が付加されて赤褐色が消える現象が起こるんだ。この反応は炭素間に*π*結合があるかどうかの確認に使われているよ。

また，エテン（エチレン）に水 H_2O を付加させエタノールをつくることもできるけど，気体であるエテンを水にブクブク通すだけでは駄目で，触媒に硫酸などの酸が必要だよ。

エテン
（エチレン）
+ H_2O
希硫酸（触媒）
付加反応
エタノール

(2) 酸化反応

アルケンとオゾンや過マンガン酸カリウムの反応ってどんな反応ですか?

オゾン（O_3）や**過マンガン酸カリウム**（$KMnO_4$）は**非常に強い酸化剤**で，アルケンやアルキンなどはπ結合を中心に酸化されてしまうんだ。下図のように強い条件で酸化すると炭素間二重結合の真ん中で切断されて**酸素原子**が入るんだ。さらに $=CH_2$ という構造があると，CO_2 にまで酸化が進むことが多いよ。

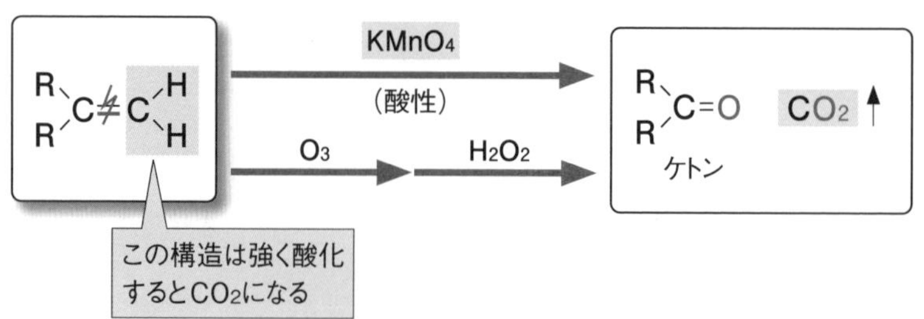

$KMnO_4$
（酸性）
O_3
H_2O_2
ケトン
CO_2
この構造は強く酸化するとCO2になる

詳しくまとめると次図のようになるよ。“考え方”を参考に整理してね。一番上の反応の $KMnO_4$ の**赤紫色**が脱色するので，炭素間二重結合や三重結合の確認にも使われるよ。

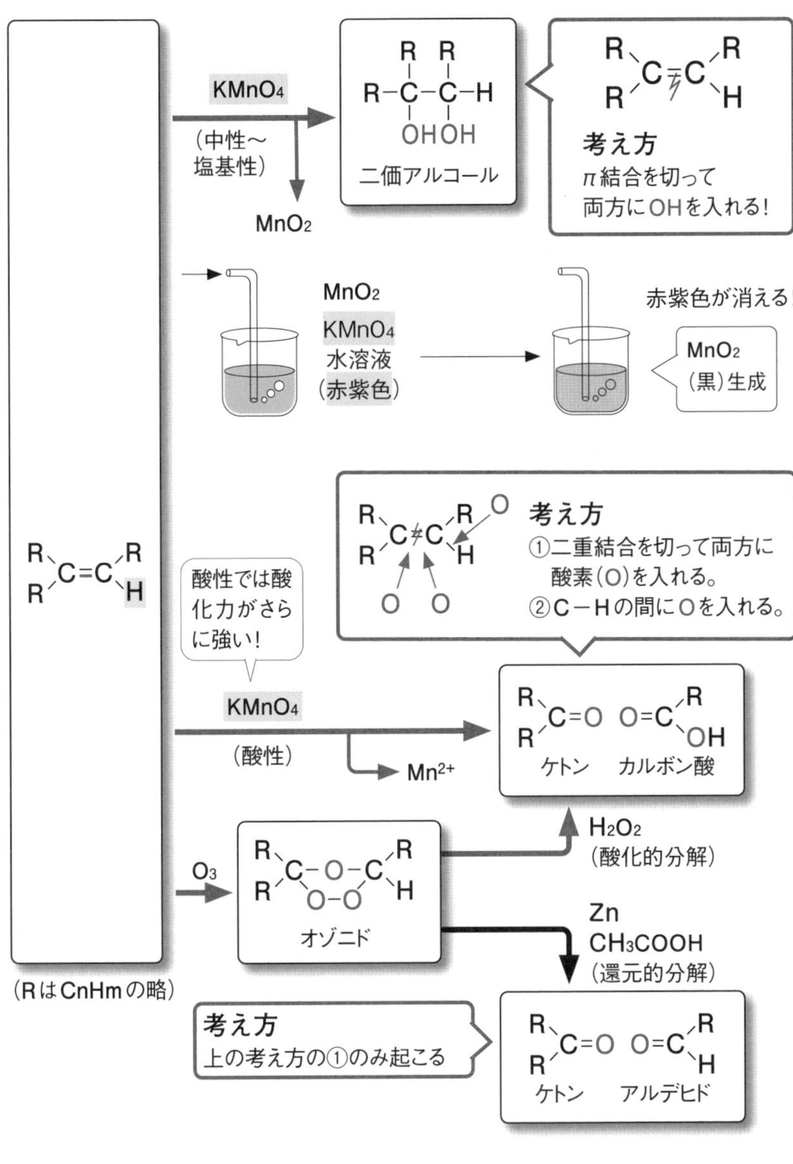
$KMnO_4$
(中性～塩基性)
MnO_2
二価アルコール
考え方
π結合を切って両方にOHを入れる!
MnO_2
$KMnO_4$水溶液(赤紫色)
赤紫色が消える!
MnO_2(黒)生成
考え方
①二重結合を切って両方に酸素(O)を入れる。
②C－Hの間にOを入れる。
酸性では酸化力がさらに強い!
$KMnO_4$
(酸性)
Mn^{2+}
ケトン
カルボン酸
H_2O_2
(酸化的分解)
O_3
オゾニド
Zn
CH_3COOH
(還元的分解)
(RはCnHmの略)
考え方
上の考え方の①のみ起こる
ケトン
アルデヒド

▲アルケンのO_3, $KMnO_4$による酸化

● ワッカー酸化

それから，**ワッカー酸化**という有名な酸化反応があるから，ぜひ覚えてほしい。エテン（エチレン）C_2H_4 を塩化パラジウム（Ⅱ）$PdCl_2$ と塩化銅（Ⅱ）$CuCl_2$ を触媒にして酸化すると，アセトアルデヒド $CH_3-\underset{\underset{O}{\|}}{C}-H$ になるんだ。

この方法で生成したアセトアルデヒドは，さらに酸化して酢酸 CH_3COOH にしてから工業的に広く利用されているんだ。この反応では特に**触媒の塩化パラジウム（Ⅱ）**$PdCl_2$ **を覚えて**ね。

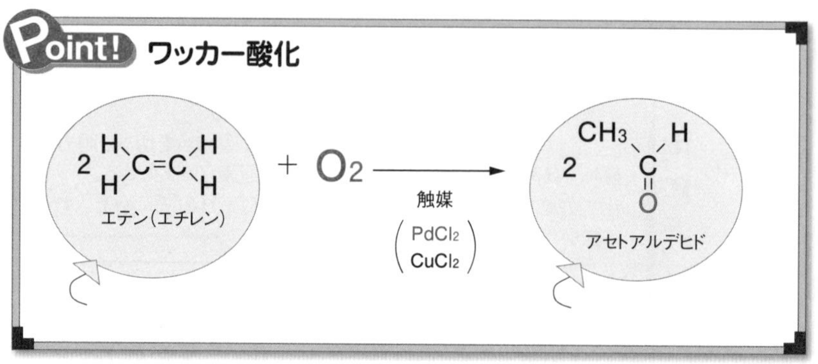
Point! ワッカー酸化
2 H H C=C H H
エテン（エチレン）
+ O2
触媒
PdCl2
CuCl2
2 CH3 H C O
アセトアルデヒド

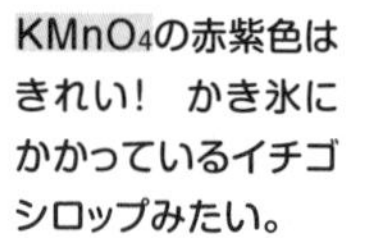
KMnO4の赤紫色はきれい！ かき氷にかかっているイチゴシロップみたい。

最強レベルの酸化剤なんだぞ！
そんなものを食べたら死んでしまうぞ〜。

(3) 付加重合

ポリエチレンの袋のつくり方を教えてください！

そうだね。それは**付加重合**という反応で合成されているんだ。この反応はエテン（エチレン）どうしがつながって大きな分子になる反応で，付加してつながっていくことから付加重合というんだよ。

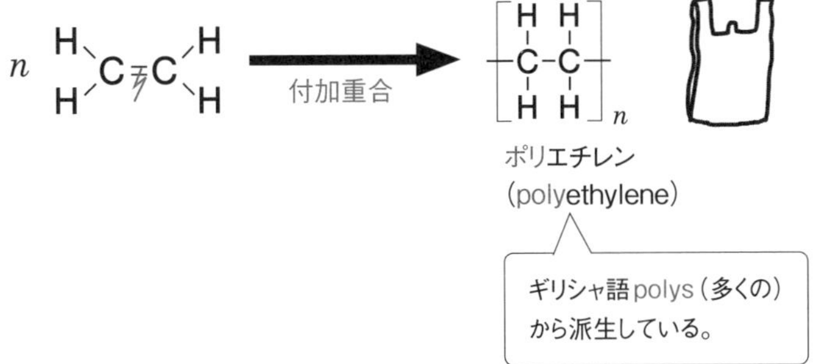

n H H C=C H H
付加重合
H H
-C-C-
H H n
ポリエチレン
(polyethylene)
ギリシャ語polys（多くの）から派生している。

ポリエチレンはポリエチレン袋としてスーパーなどで広く利用されているね。分子量が約１万以上の化合物を**高分子化合物**というんだけど，重合する前の分子量の小さい物質を**単量体**（**モノマー**：monomer）といい，高分子化合物の方を**重合体**（**ポリマー**：polymer）とよぶんだ（▶ P.274）。

単量体
モノマー：monomer
重合
重合体
ポリマー：polymer
高分子化合物

もう一つ有名な重合体を教えておこう。それは**ポリ塩化ビニル**で，日本では略して**塩ビ**とよばれることが多く，パイプや壁紙などとして，広く工業界で利用されているんだよ。そして，この塩ビは次の図のようにエテン（エチレン）から合成されているんだ。

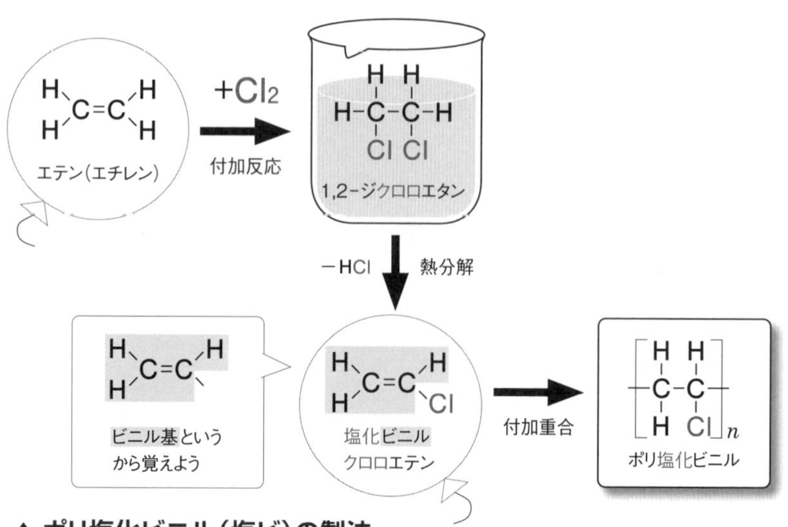

エテン（エチレン）
$+Cl_2$
付加反応
1,2-ジクロロエタン
−HCl
熱分解
ビニル基という
から覚えよう
塩化ビニル
クロロエテン
付加重合
ポリ塩化ビニル

▲ **ポリ塩化ビニル（塩ビ）の製法**

塩ビは水道管など
のパイプに使われ
ているよ！
跳びなわも塩ビ製だ！

確認問題

1　次のアルケンの名称を答えよ。

(1)
$$\mathrm{H} \diagdown \mathrm{C}=\mathrm{C} \diagup \mathrm{CH_3}$$
$$\mathrm{H} \diagup \qquad \diagdown \mathrm{H}$$

(2)
$$\mathrm{H} \diagdown \mathrm{C}=\mathrm{C} \diagup \mathrm{CH_2-CH_3}$$
$$\mathrm{H} \diagup \qquad \diagdown \mathrm{H}$$

(3)
$$\mathrm{CH_3} \diagdown \mathrm{C}=\mathrm{C} \diagup \mathrm{CH_3}$$
$$\mathrm{H} \diagup \qquad \diagdown \mathrm{H}$$

2　一般式 C_nH_{2n} の炭化水素について述べた①～④の文から正しいものをすべて選べ。

① アルカンより水素が2個少ない。

② 臭素を付加するものがある。

③ 異性体はアルケンかシクロアルカンのみである。

④ 過マンガン酸カリウム $KMnO_4$ と反応する物質は存在しない。

3　分子式が C_4H_8 である化合物で，シス-トランス異性体の関係にあるものを構造がわかるように示せ。

4　エテン（エチレン）やプロペン（プロピレン）の原料となる原油の30℃～180℃付近の分留成分の名称を答えよ。

解答

1 (1) プロペン　(2) 1-ブテン　(3) シス-2-ブテン

2 ①②③

3
$$\mathrm{CH_3} \diagdown \mathrm{C}=\mathrm{C} \diagup \mathrm{CH_3}$$
$$\mathrm{H} \diagup \qquad \diagdown \mathrm{H}$$

$$\mathrm{CH_3} \diagdown \mathrm{C}=\mathrm{C} \diagup \mathrm{H}$$
$$\mathrm{H} \diagup \qquad \diagdown \mathrm{CH_3}$$

4 ナフサ

5 エタノールと濃硫酸からエテン（エチレン）をつくる反応について答えよ。
(1) 反応の温度は何℃ぐらいか。
(2) この反応は付加反応か，脱水反応か。
(3) 濃硫酸の働きは何か。

解答
(1) 160～170℃
(2) 脱水反応
(3) 脱水剤（触媒）

6 エテン（エチレン）に，過マンガン酸カリウム $KMnO_4$ の水溶液を中性で作用させて生成する物質を構造式で表せ。

```
   H  H
   |  |
H－C－C－H
   |  |
  OH OH
```

7 2-ブテンに，過マンガン酸カリウム $KMnO_4$ の水溶液を酸性で作用させて生成する物質を示性式で表せ。

CH_3COOH

8 エテン（エチレン）に，硫酸を触媒にして，水を付加させて生成する物質を構造式で表せ。

```
   H  H
   |  |
H－C－C－H
   |  |
   H  OH
```

9 エテン（エチレン）を，塩化パラジウム $PdCl_2$ と塩化銅（Ⅱ）$CuCl_2$ を触媒にして，酸素で酸化することにより生成する物質を構造式で表せ。

```
CH3   H
   \ /
    C
    ‖
    O
```

C－C
アルケンは反応の宝庫だろ!!
π結合は切れやすいからですね！

アルキン(アセチレン系炭化水素)

アセチレン
バーナーの
剣かい!
アイアン
マスク
覚悟!!

▶ アセチレンバーナーは3000℃くらいの高温が得られる。鉄の融点は1500℃程度なので切断できる。

story 1 アルキンの命名と構造

(1) アルキンの命名

アルキンの命名もひょっとして簡単ですか?

アルキンは炭素間に三重結合が1つある炭化水素なんだ。アルカンの命名さえわかっていれば**アルキン**の命名も5秒で終わりだよ! **IUPACの命名ではアルカン(alkane)の語尾の～ane を～yne に変えればオッケー**なんだよ。だから,アルキン alkyne というんだ。

よく見ると,alkane と alkyne は一文字違いだから本当に簡単なんだ。横文字がわかれば,日本語も簡単だね。

▼アルキンの命名

分子式 C_nH_{2n-2}	IUPACの名称 alkyne	日本語の名称	慣用名
C_2H_2	ethyne	エチン	アセチレン (acetylene)
C_3H_4	propyne	プロピン	
C_4H_6	butyne	ブチン	
C_5H_8	pentyne	ペンチン	
C_6H_{10}	hexyne	ヘキシン	
C_7H_{12}	heptyne	ヘプチン	
C_8H_{14}	octyne	オクチン	
C_9H_{16}	nonyne	ノニン	
$C_{10}H_{18}$	decyne	デシン	

アルキンの慣用名はアセチレンだけなんだ!

アルカンの名前を覚えていれば,アルキンは超簡単!
～yne

(2) 三重結合

命名がわかったら，今度は構造を詳しく見てみよう。**σ結合**という安定な結合は各原子間に１本しかないから，アルキンの三重結合のうち１本はσ結合だけど，残りの２本は**π結合**という切れやすい結合なんだ。

炭素原子２個と水素原子２個の最外殻電子で結合をつくってみよう。アルケンのときと同様に構造式に電子を重ねて表記してみるよ。

2 ⊖C⊖ (上下に⊖) ＋ H⊖ H⊖ ⟶ H⊖⊖C⊖⊖C⊖⊖H (C–C間は上下にも⊖⊖)

三重結合のうち２本の結合はπ結合（１本はσ結合）

２本のπ結合だけ形を表してみると右図のようなイメージになるんだ。電子が２つ入る結合（電子軌道）が大きく広がっているのがわかるだろう。これが切れやすいため，アルケンと同様に**付加反応**を起こすんだよ。また図の通り**三重結合している炭素に直接結合する原子は同一直線上にある**のがわかるね。

π結合
H C C H
σ結合
π結合

▲エチン（アセチレン）の結合

プロピンやブチンの構造をみればさらにわかるよ。

$$\mathrm{H-C\equiv C-\underset{H}{\overset{H}{C}}-H}$$

プロピン C_3H_4

赤い部分が同一直線上

$$\mathrm{H-C^{1}\equiv C^{2}-\underset{H}{\overset{H}{C^{3}}}-\underset{H}{\overset{H}{C^{4}}}-H}$$

1－ブチン C_4H_6

赤い部分が同一直線上（ブチンは2つの構造異性体がある）

$$\mathrm{H-\underset{H}{\overset{H}{C^{1}}}-C^{2}\equiv C^{3}-\underset{H}{\overset{H}{C^{4}}}-H}$$

2－ブチン C_4H_6

story 2 アルキンの製法

アルキンも石油からつくるんですか?

アルキンの代表アセチレンは石油からもつくれるけれど，石油を熱分解してもできるし，天然ガスの主成分であるメタンからも合成できるんだ。

$$2\,CH_4 \xrightarrow{\triangle} H-C\equiv C-H + 3H_2$$

実験室では炭化カルシウム CaC_2 に水を入れてもできるよ。

●アセチレンの製法

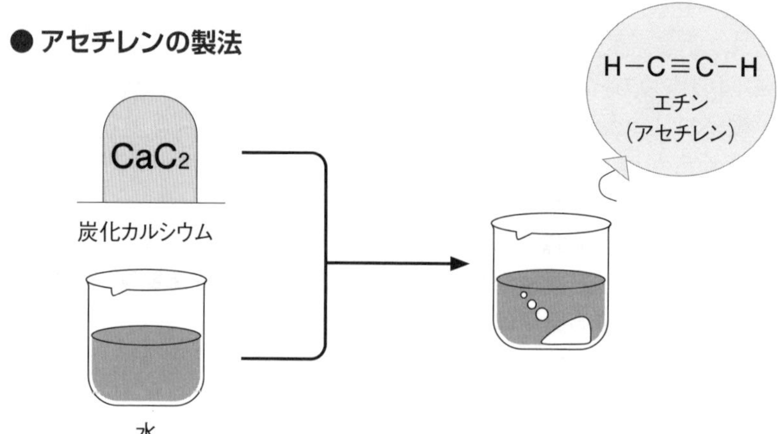
CaC_2
炭化カルシウム
水
H−C≡C−H
エチン
(アセチレン)

ここで登場する炭化カルシウム CaC_2 という物質は大変興味深いよ。イオン結合の物質なので各イオンに分けてみると意外な陰イオンが登場するんだ。

$$CaC_2 \longrightarrow Ca^{2+} + C_2^{\,2-} \longleftarrow [-C{\equiv}C-]^{2-}$$

炭化カルシウム　カルシウムイオン　炭化物イオン

この炭化物イオンはアセチレンから H を２個取った形のイオンで，水中では安定に存在できないんだ。それは水中に存在するわずかな H^+ と反応して，あっという間にアセチレンになってしまうからなんだよ。

$$\begin{array}{lcll} & CaC_2 & \longrightarrow & Ca^{2+} + [-C{\equiv}C-]^{2-} \\ +) & 2H_2O & \rightleftarrows & 2OH^- + 2H^+ \\ \hline & CaC_2 + 2H_2O & \longrightarrow & Ca(OH)_2 + H-C{\equiv}C-H \end{array}$$

H−C≡C−H

アセチレンは炭化カルシウムと水からつくられるのね!

story 3 アルキンの反応

(1) 付加反応

アルキンも付加反応しますか?

アルケンと同様に切れやすい**π結合**があるから，もちろん**付加反応**をするよ！

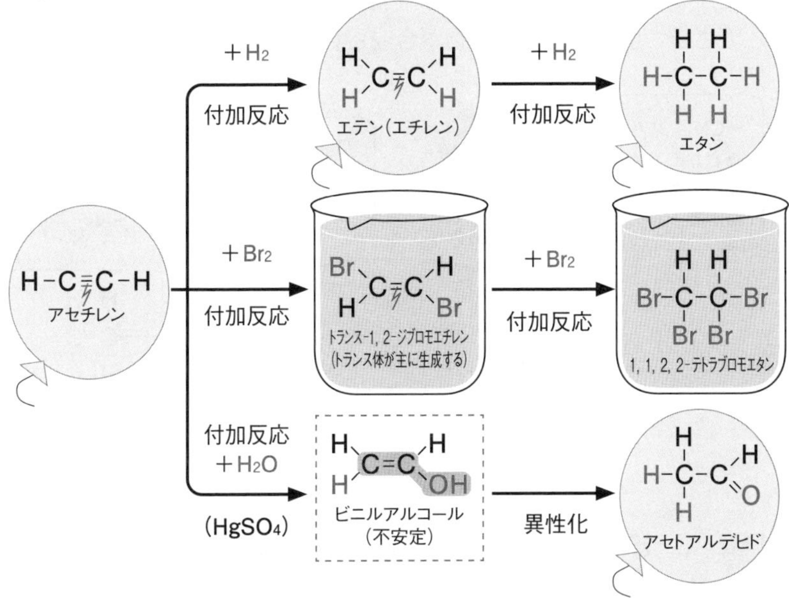
H−C≡C−H
アセチレン
＋H2
付加反応
エテン(エチレン)
＋H2
付加反応
エタン
＋Br2
付加反応
トランス-1, 2-ジブロモエチレン
(トランス体が主に生成する)
＋Br2
付加反応
1, 1, 2, 2-テトラブロモエタン
付加反応
＋H2O
(HgSO4)
ビニルアルコール
(不安定)
異性化
アセトアルデヒド

ビニルアルコールのように二重結合している炭素に直接結合している－OH は**エノール性ヒドロキシ基**といって大変不安定なんだ！エノールとはアルケンのアルコール⇒ alk**enol** からとって **enol** というんだよ。

カルボニル基になる

$$\mathrm{>C=C<OH} \longrightarrow \mathrm{-\overset{|}{\underset{H}{C}}-C{\overset{/}{\underset{\backslash\backslash}{}}}O}$$

だから－OH は直ちに異性化してカルボニル基になるんだ！ “π結合が酸素側に移動” と覚えるといいよ！

不安定
C=C OH
エノール性
−OH
カルボニル基になる
−C−C=O
H

(2) 付加重合

アセチレンにいろいろなものを付加反応をしたあとに，付加重合することでさまざまな高分子化合物が合成されているんだ。

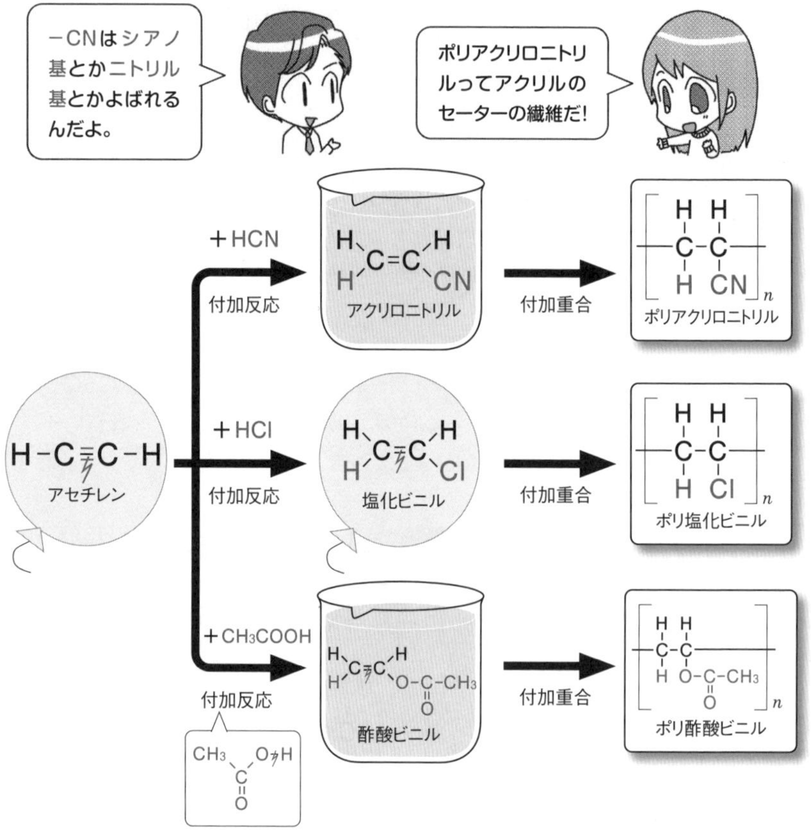

−CNはシアノ基とかニトリル基とかよばれるんだよ。

ポリアクリロニトリルってアクリルのセーターの繊維だ！

H−C≡C−H
アセチレン

+HCN
付加反応
$CH_2=CH-CN$
アクリロニトリル
付加重合
$[-CH_2-CH(CN)-]_n$
ポリアクリロニトリル

+HCl
付加反応
$CH_2=CH-Cl$
塩化ビニル
付加重合
$[-CH_2-CH(Cl)-]_n$
ポリ塩化ビニル

$+CH_3COOH$
付加反応
$CH_3-C(=O)-O-H$
$CH_2=CH-O-C(=O)-CH_3$
酢酸ビニル
付加重合
$[-CH_2-CH(O-C(=O)-CH_3)-]_n$
ポリ酢酸ビニル

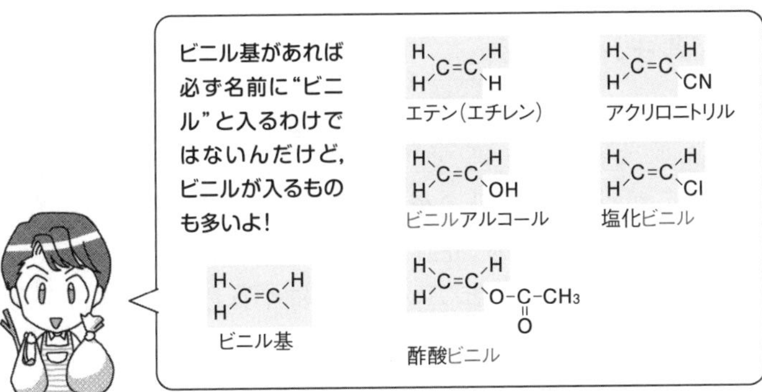
ビニル基があれば必ず名前に"ビニル"と入るわけではないんだけど，ビニルが入るものも多いよ！
エテン(エチレン)
アクリロニトリル
ビニルアルコール
塩化ビニル
ビニル基
酢酸ビニル

(3) 三分子重合

アセチレンからベンゼンができるって本当ですか？

そうなんだよ。鉄のパイプを真っ赤になるまで加熱して，そこにアセチレンガスを通すとベンゼンが生成するんだよ。構造式を書いてみるとわかりやすいよ。

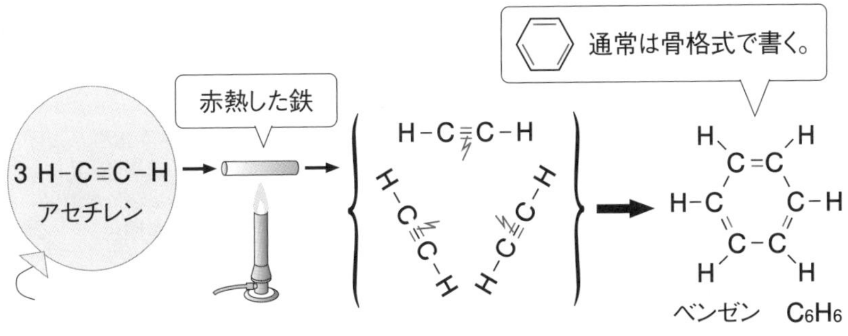
3 H−C≡C−H
アセチレン
赤熱した鉄
通常は骨格式で書く。
ベンゼン　C_6H_6

3 分子のアセチレンがくっついたから**重合反応**だね。

(4) アルキンの確認

アルキンの確認反応を教えてください!

そうだね。アセチレンの確認はアンモニア性硝酸銀溶液に通すと銀アセチリドの白色沈殿が生成することで確認できるんだ。でも生成した銀アセチリドは不安定で、加熱や衝撃で爆発するから気をつけてね。

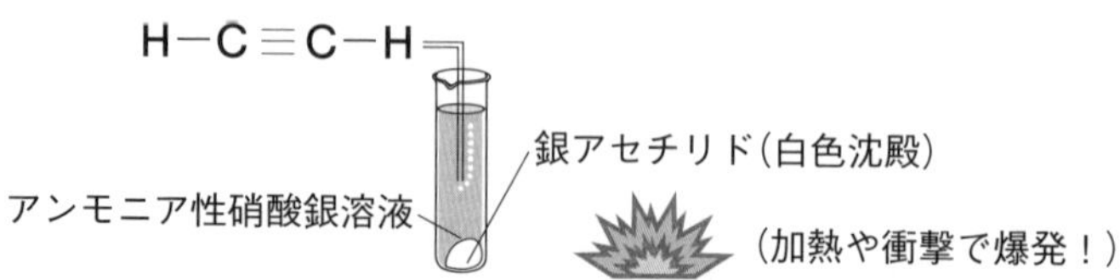

H−C≡C−H
銀アセチリド(白色沈殿)
アンモニア性硝酸銀溶液
(加熱や衝撃で爆発!)

他にも，87 ページや90 ページで説明したけれど，アルケンやアルキンにある炭素−炭素間の π 結合の確認に臭素水や**過マンガン酸カリウム KMnO4 水溶液**が利用されるよ。

臭素 Br_2 は付加反応で，**KMnO4** は酸化反応だ。

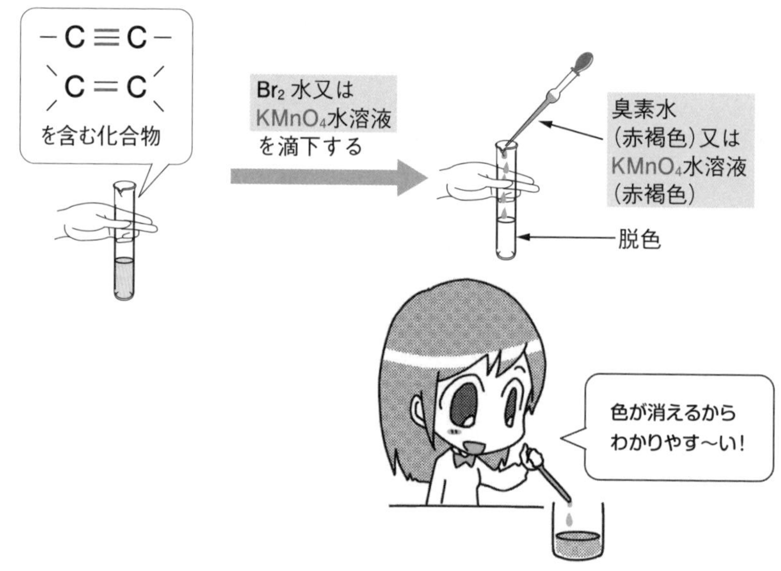

−C≡C−
C=C
を含む化合物
Br2 水又は
KMnO4水溶液
を滴下する
臭素水
(赤褐色)又は
KMnO4水溶液
(赤褐色)
脱色
色が消えるから
わかりやす〜い!

確認問題

1 次のアルキンの名称を答えよ。

(1) $H-C\equiv C-CH_3$
(2) $CH_3-C\equiv C-CH_3$
(3) $H-C\equiv C-CH_2-CH_3$
(4) $CH_3-C\equiv C-CH_2-CH_3$

解答

(1) プロピン
(2) 2-ブチン
(3) 1-ブチン
(4) 2-ペンチン

2 次の①～④の炭化水素のうち，すべての炭素が同一直線上にあるものを選べ。

① $H-C\equiv C-CH_2-CH_3$
② $CH_3-C\equiv C-CH_2-CH_3$
③ $CH_3-C\equiv C-CH_3$
④ $CH_3-C\equiv C-CH=CH_2$

③

3 炭化カルシウムを水に入れたときの反応式を書け。

$CaC_2+2H_2O \longrightarrow Ca(OH)_2+C_2H_2$

4 アセチレン1分子に臭素を2分子付加させて生成する化合物の名称を答えよ。

1, 1, 2, 2-テトラブロモエタン

5 アセチレンに水を付加させてできる安定な物質の構造式を書け。

```
CH3   H
   \ /
    C
    ‖
    O
```

6 アセチレンに水を付加させるときの触媒を化学式で答えよ。

$HgSO_4$

7 アセチレン1分子にシアン化水素 HCN を1分子付加させてできる化合物の名称を答えよ。

アクリロニトリル

8 アセチレン1分子に酢酸1分子を付加させてできる化合物の名称を答えよ。

酢酸ビニル

9　右の化合物の物質名を答えよ。また，この物質は不安定ですぐに異性化するが，異性化したあとの物質名を答えよ。

H＼C=C／H
H／　　＼OH

解答

物質名：ビニルアルコール
異性化後：アセトアルデヒド

10　アセチレンを赤熱した鉄のパイプに通すと生成する化合物の名称と分子式を答えよ。

ベンゼン
分子式：C_6H_6

11　気体Aをアンモニア性硝酸銀水溶液に通したら爆発性のある白色沈殿が生成した。気体Aとして最も適当だと思われるものを①～⑤から1つ選べ。

①メタン　②アセチレン
③ジメチルエーテル　④アンモニア
⑤エテン

②

きちんと復習して，
確認問題やんなきゃ!

III

酸素を含む有機化合物

第
9
章

エーテル

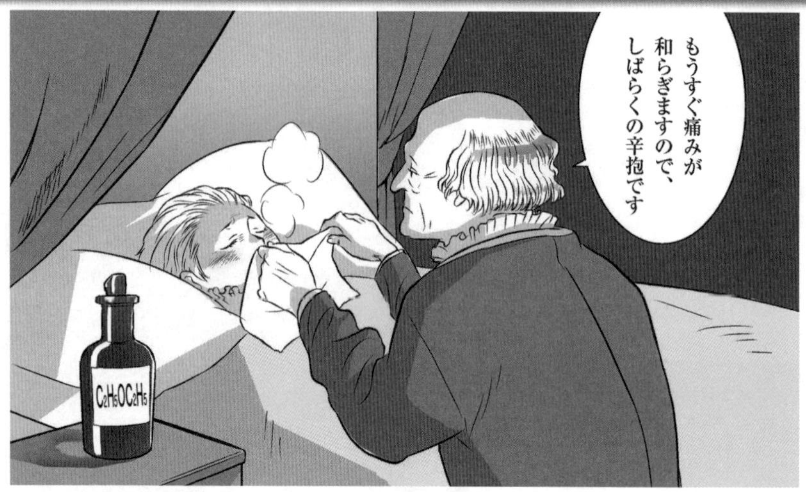
もうすぐ痛みが
和らぎますので、
しばらくの辛抱です
C2H5OC2H5

▶ヨーロッパでは昔，ジエチルエーテルが麻酔に使われていた。

story 1 エーテルの命名

エーテルの名前は，～エーテルって言えばいいですか？

そうなんだよ。エーテル結合－O－をもつ化合物R－O－R′をエーテルといい，**IUPAC**（**国際純正・応用化学連合**）が決めた命名法の中に**基官能名**（きかんのうめい）というのがあるんだけど，簡単なエーテルはよくこの命名法が使われるんだ。

エーテルの一般式　R— O — R′　名称 RR′エーテル

エーテル結合（官能基）

この基官能名は官能基以外のRとR′を先に読んで，その後「**～エーテル**」という物質の種類名をつけるんだ。ほかにも基官能名で命名されるものをあげてみるよ。基官能名のつけ方がよくわかるね。

▼基官能名の方法

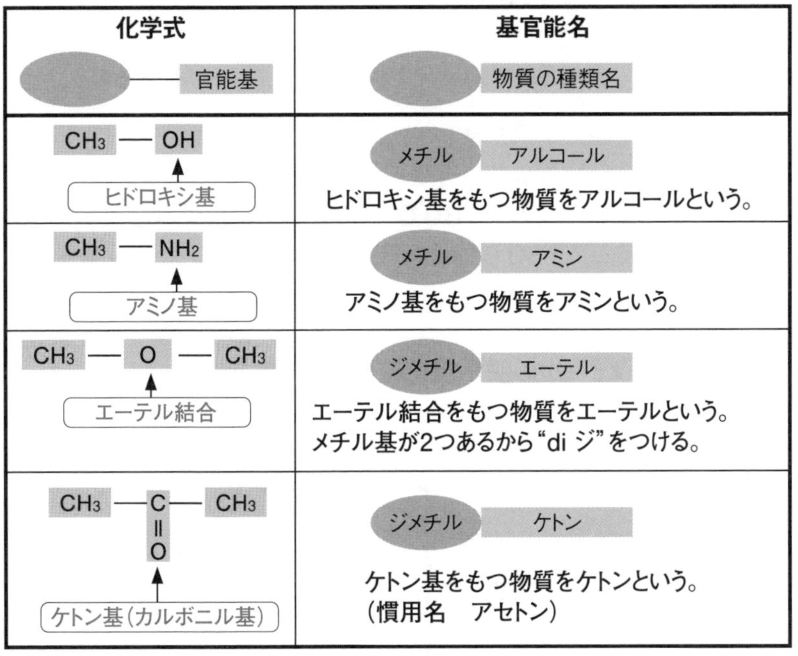

化学式	基官能名
○—官能基	○物質の種類名
CH_3 — OH ↑ ヒドロキシ基	メチル アルコール ヒドロキシ基をもつ物質をアルコールという。
CH_3 — NH_2 ↑ アミノ基	メチル アミン アミノ基をもつ物質をアミンという。
CH_3 — O — CH_3 ↑ エーテル結合	ジメチル エーテル エーテル結合をもつ物質をエーテルという。 メチル基が2つあるから“di ジ”をつける。
CH_3 —C— CH_3 ‖ O ↑ ケトン基(カルボニル基)	ジメチル ケトン ケトン基をもつ物質をケトンという。 (慣用名　アセトン)

規則を覚えてしまえば簡単だ。また，エーテル結合やケトン基をもつ物質は両側に異なる基がつくことがあるけど，その場合はアルファベット順に並べることになっているんだ。

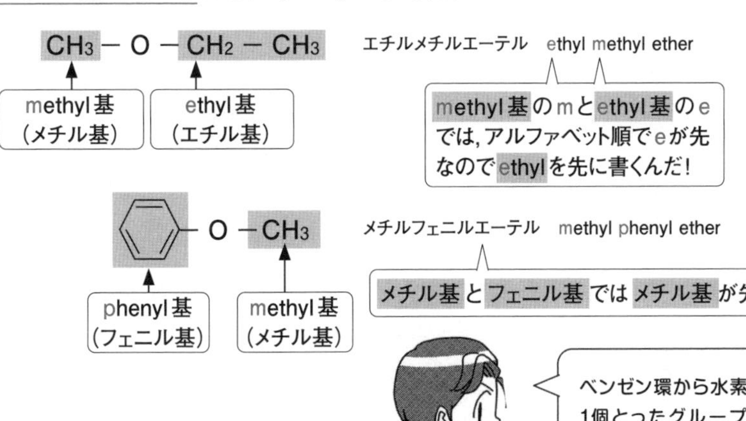

CH_3 − O − CH_2 − CH_3
methyl基
(メチル基)
ethyl基
(エチル基)
エチルメチルエーテル　ethyl methyl ether
methyl基のmとethyl基のeでは，アルファベット順でeが先なのでethylを先に書くんだ！
O − CH_3
phenyl基
(フェニル基)
methyl基
(メチル基)
メチルフェニルエーテル　methyl phenyl ether
メチル基とフェニル基ではメチル基が先！
ベンゼン環から水素を1個とったグループをフェニル基というよ！

story 2 エーテルの製法

エタノールを濃硫酸で脱水するとエーテルになるの？

エタノールを濃硫酸で脱水するとエテン（エチレン）が生じる反応はアルケンの製法でやったけど，この反応は温度が非常に重要なんだ。**160℃～170℃で脱水するとエテン（エチレン）が生成**し，**130℃～140℃で脱水するとジエチルエーテルが生成**するよ。

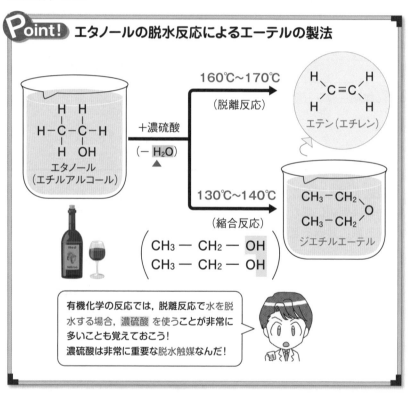

Point! エタノールの脱水反応によるエーテルの製法

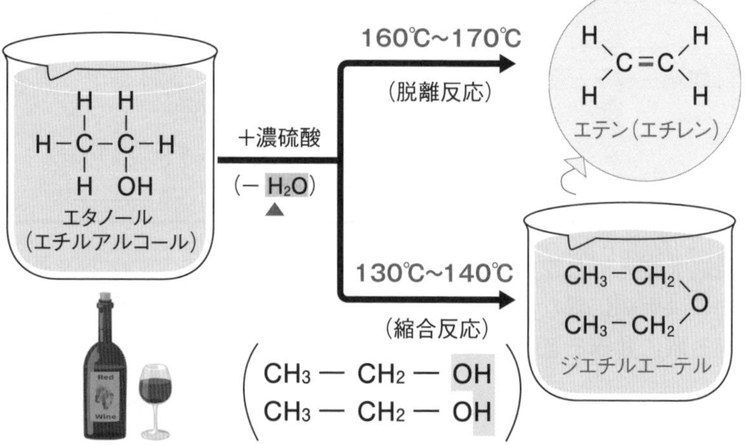

エタノール（エチルアルコール）

$$CH_3-CH_2-OH$$

＋濃硫酸（－ H_2O）

160℃～170℃（脱離反応）→ エテン（エチレン） $CH_2=CH_2$

130℃～140℃（縮合反応）→ ジエチルエーテル $CH_3-CH_2-O-CH_2-CH_3$

$$\left(\begin{array}{l} CH_3-CH_2-OH \\ CH_3-CH_2-OH \end{array}\right)$$

有機化学の反応では，脱離反応で水を脱水する場合，濃硫酸を使うことが非常に多いことも覚えておこう！
濃硫酸は非常に重要な脱水触媒なんだ！

また，この反応は両方とも脱水反応ではあるんだけど，次のような反応の分類もあるから覚えておこう。

脱離反応　分子 → +

1分子から H_2O などの小さな分子が取れる反応

縮合反応　分子 + 分子 → 分子 分子 +

2分子から H_2O などの小さな分子が取れて1分子になる反応

▲脱離反応と縮合反応

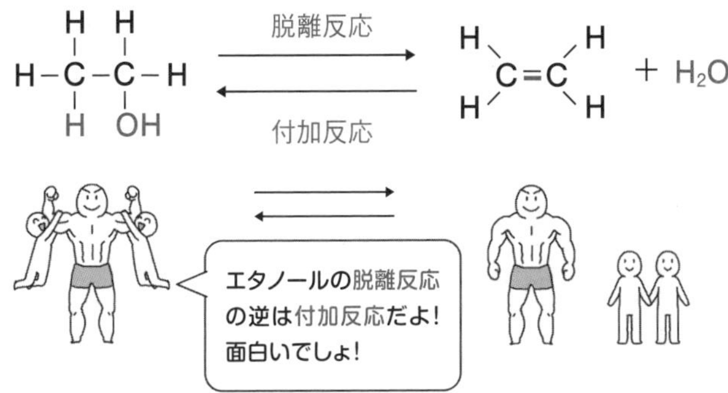
脱離反応
付加反応
+ H_2O
エタノールの脱離反応の逆は付加反応だよ！面白いでしょ！

story 3　エーテルの性質

エーテルって揮発しやすくて，臭いがきついです!!

たしかにエーテルは揮発しやすいね。それは異性体であるアルコールよりも沸点がかなり低いからなんだ。

ブタノールとジエチルエーテルは**異性体**で，同じ分子式 $C_4H_{10}O$ で表されるけど，沸点は驚くほど違うんだよ。これは**アルコールはヒドロキシ基−OHをもち，分子間で水素結合を形成する**のに対して，エーテルは**水素結合**しないからなんだ。アルコールである1-ブタノールは117℃にしないと沸騰しないけど，異性体のジエチルエーテルは少し温めただけで沸騰寸前までいくんだ。

あとエーテルとアルコールでは，ナトリウム Na との反応も異なるよ。アルコールは Na と反応するけれど，エーテルは Na とは反応しないよ。

▼ 1-ブタノールとジエチルエーテルの違い

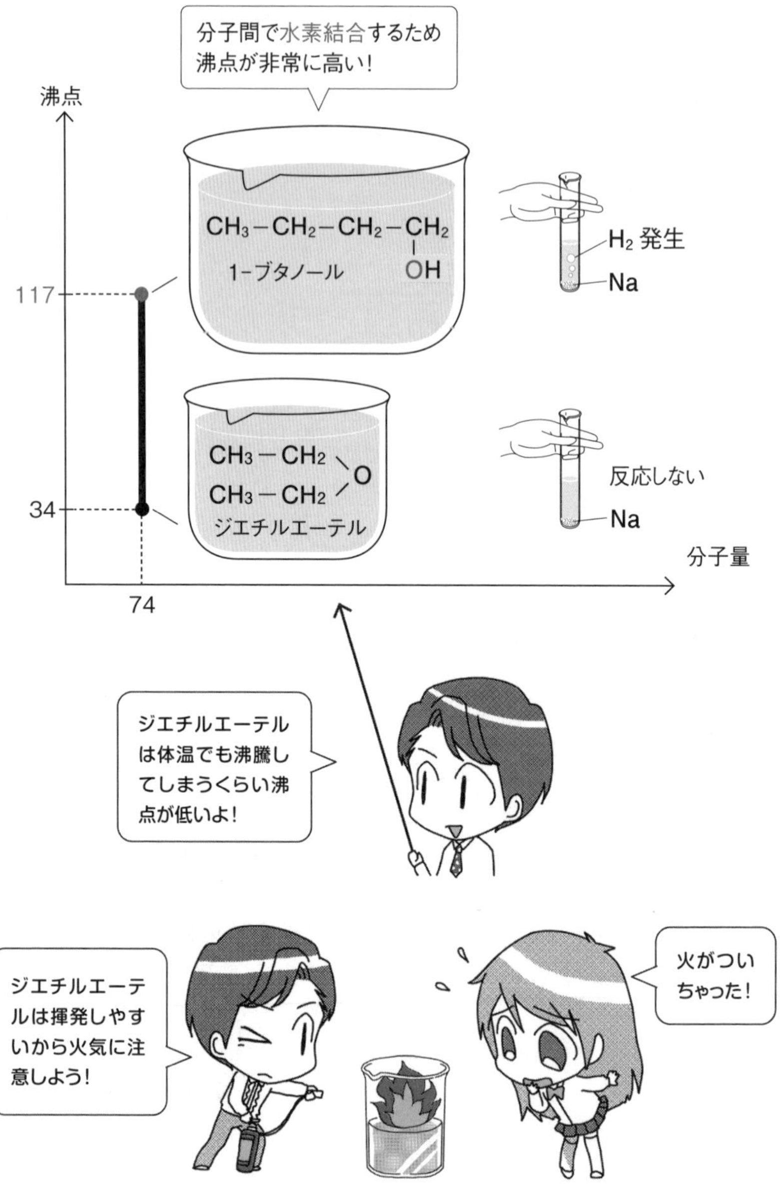

分子間で水素結合するため
沸点が非常に高い！
沸点
117
34
74
分子量
CH3－CH2－CH2－CH2
OH
1-ブタノール
CH3－CH2
O
CH3－CH2
ジエチルエーテル
H2 発生
Na
反応しない
Na
ジエチルエーテルは体温でも沸騰してしまうくらい沸点が低いよ！
ジエチルエーテルは揮発しやすいから火気に注意しよう！
火がついちゃった！

確認問題

1 次の(1)~(5)のエーテルの名称を答えよ。

(1) CH_3-O-CH_3

(2) $CH_3-O-CH_2-CH_3$

(3)
```
CH3 − CH − O − CH − CH3
      |         |
      CH3       CH3
```

(4) $CH_3-CH_2-O-CH_2-CH_2-CH_3$

(5) $C_6H_5-O-CH_3$

解答

(1) ジメチルエーテル
(2) エチルメチルエーテル
(3) ジイソプロピルエーエル
(4) エチルプロピルエーテル
(5) メチルフェニルエーテル

2 エタノールに濃硫酸を加えて170℃に加熱したときに起こる化学変化を化学反応式で示せ。

解答 $C_2H_5OH \longrightarrow H_2O + CH_2=CH_2$

3 エタノールに濃硫酸を加えて130℃に加熱したときに起こる化学変化を化学反応式で示せ。

解答 $2C_2H_5OH \longrightarrow H_2O + (C_2H_5)_2O$

4 次の①~④の反応から脱離反応を選べ。

① エタノールを脱水してジエチルエーテルをつくる。
② アセチレンに水を付加させてアセトアルデヒドをつくる。
③ 炭化カルシウムに水を入れてアセチレンをつくる。
④ エタノールを脱水してエテンをつくる。

解答 ④

5 エタノールとジメチルエーテルではどちらが沸点が低いか。

解答 ジメチルエーテル

6 エタノール2分子から脱水縮合してできる物質の名称を答えよ。

7 次の①~④の化合物のうち，ナトリウム Na と反応しないのはどれか。

① エタノール　② ジエチルエーテル
③ 水　④ 酢酸

解答

ジエチルエーテル

②

真夏日はジエチル
エーテルが沸騰す
るわ！
ジエチルエーテル(沸点34℃)

第10章

カルボニル化合物

糖があれば赤くなるのじゃ!

▶ドイツの化学者ヘルマン・フォン・フェーリングが開発したフェーリング液は，糖類などの還元性物質の検出に用いられる。

story 1 カルボニル化合物の命名

カルボニル化合物って，いったい何者ですか？

カルボニル基 −C(=O)− をもつ化合物が，**カルボニル化合物**だよ。カルボニル基の両端が炭化水素基の**ケトン**と，ホルミル基をもつ**アルデヒド**が代表的なカルボニル化合物なんだ。

両側が炭化水素基の場合を特にケトン基という

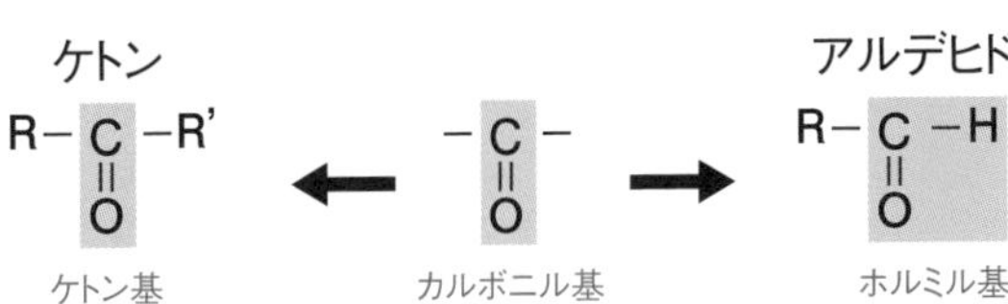
ケトン
R−C(=O)−R'
ケトン基
−C(=O)−
カルボニル基
アルデヒド
R−C(=O)−H
ホルミル基

(1) ケトンの命名

簡略化した構造式 $R-\underset{\underset{O}{\|}}{C}-R'$	名称	状態
$CH_3-\underset{\underset{O}{\|}}{C}-CH_3$	ジメチルケトン dimethyl **ketone** （慣用名　アセトン acetone）	液体
$CH_3-\underset{\underset{O}{\|}}{C}-CH_2-CH_3$	エチルメチルケトン ethyl methyl **ketone**	
$CH_3-CH_2-\underset{\underset{O}{\|}}{C}-CH_2-CH_3$	ジエチルケトン diethyl **ketone**	
$CH_3-\underset{\underset{CH_3}{\vert}}{CH}-\underset{\underset{O}{\|}}{C}-\underset{\underset{CH_3}{\vert}}{CH}-CH_3$	ジイソプロピルケトン diisopropyl **ketone**	
$CH_3-CH_2-\underset{\underset{O}{\|}}{C}-CH_2-CH_2-CH_3$	エチルプロピルケトン ethyl propyl **ketone**	
$C_6H_5-\underset{\underset{O}{\|}}{C}-CH_3$	メチルフェニルケトン methyl phenyl **ketone**	

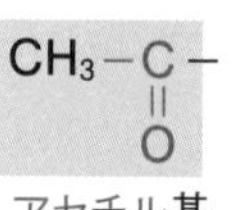

アセチル基
acetyl group

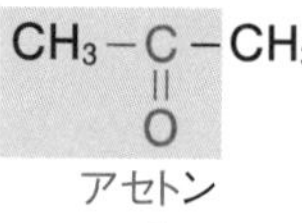

アセトン
acetone

（汗散る）

この官能基をアセチル基というよ。慣用名のときはよくacetylのylをとってacet～ということが多いんだ。
あと、アセチル基をもつケトンやアルデヒドはヨードホルム反応陽性だよ。

$CH_3-\underset{\underset{O}{\|}}{C}-H$

アセトアルデヒド
acetaldehyde

(2) アルデヒドの名称

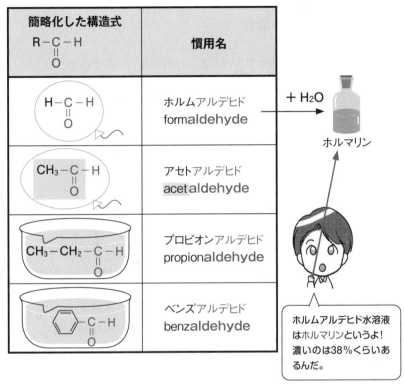

簡略化した構造式 $\mathrm{R-C(=O)-H}$	慣用名
$\mathrm{H-C(=O)-H}$	ホルムアルデヒド formaldehyde
$\mathrm{CH_3-C(=O)-H}$	アセトアルデヒド acetaldehyde
$\mathrm{CH_3-CH_2-C(=O)-H}$	プロピオンアルデヒド propionaldehyde
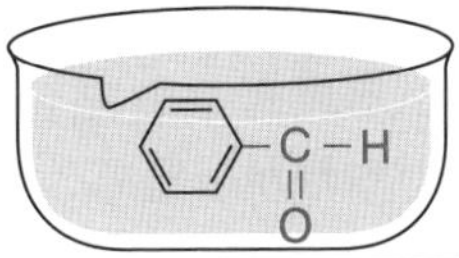 $\mathrm{C_6H_5-C(=O)-H}$	ベンズアルデヒド benzaldehyde

＋ H_2O → ホルマリン

ホルムアルデヒド水溶液はホルマリンというよ！濃いのは38％くらいあるんだ。

ホルマリン漬けの
ホルマリンね！

story 2 カルボニル化合物の製法

(1) アルコールの酸化

アルデヒドやケトンは，どちらもアルコールからできるの？

そうなんだ。**アルデヒドやケトンの一番有名な製法がアルコールの酸化**だよ。ここで重要なのは，**酸化**と**還元**なんだ。酸素とくっつくことを酸化というけど，水素をとることも酸化というでしょ。アルコールの酸化の場合は水素をとるんだよ。

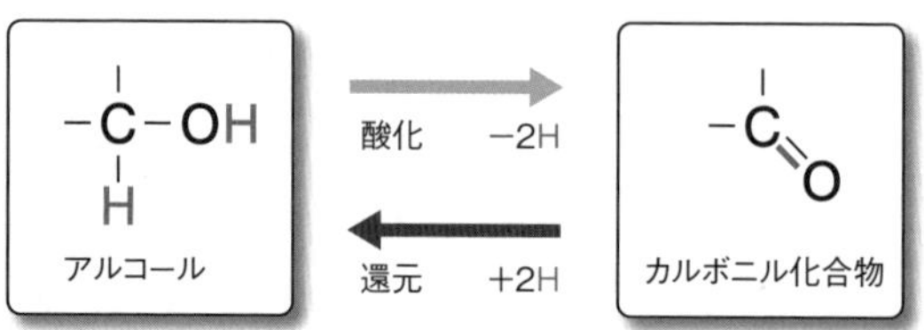
–C–OH
H
アルコール
酸化　–2H
還元　+2H
–C=O
カルボニル化合物

これを見ると，–OH の H と–OH がついている炭素 C と結合している H を２個とればカルボニル化合物になるのがわかったでしょ。さてここで，メタノールを酸化する実験を見てもらおう。

水素が取れちゃうのも
酸化だった！
H
H

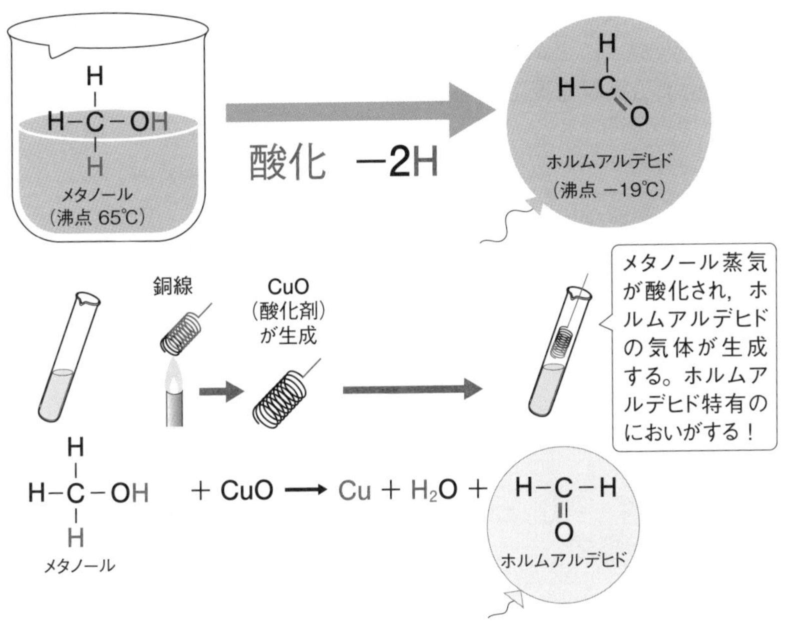
H
H−C−OH
H
メタノール
(沸点 65℃)
酸化 −2H
H
H−C=O
ホルムアルデヒド
(沸点 −19℃)
銅線
CuO
(酸化剤)
が生成
メタノール蒸気が酸化され，ホルムアルデヒドの気体が生成する。ホルムアルデヒド特有のにおいがする！
H−C−OH + CuO ⟶ Cu + H₂O + H−C−H
メタノール
ホルムアルデヒド

▲ **メタノールの酸化実験**

この場合，酸化剤は酸化銅（Ⅱ）CuO だけど，他にも次のような酸化剤がよく使われるんだ。

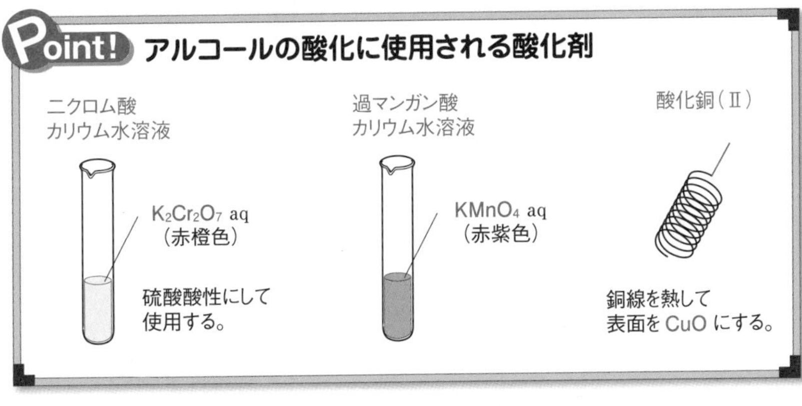
Point! アルコールの酸化に使用される酸化剤
ニクロム酸
カリウム水溶液
K₂Cr₂O₇ aq
(赤橙色)
硫酸酸性にして
使用する。
過マンガン酸
カリウム水溶液
KMnO₄ aq
(赤紫色)
酸化銅（Ⅱ）
銅線を熱して
表面を CuO にする。

最も頻繁に入試に出てくるのが **ニクロム酸カリウム $K_2Cr_2O_7$** の硫酸酸性溶液だよ。この酸化剤を使って，エタノールと2-プロパノールを酸化する実験を見てもらうよ。

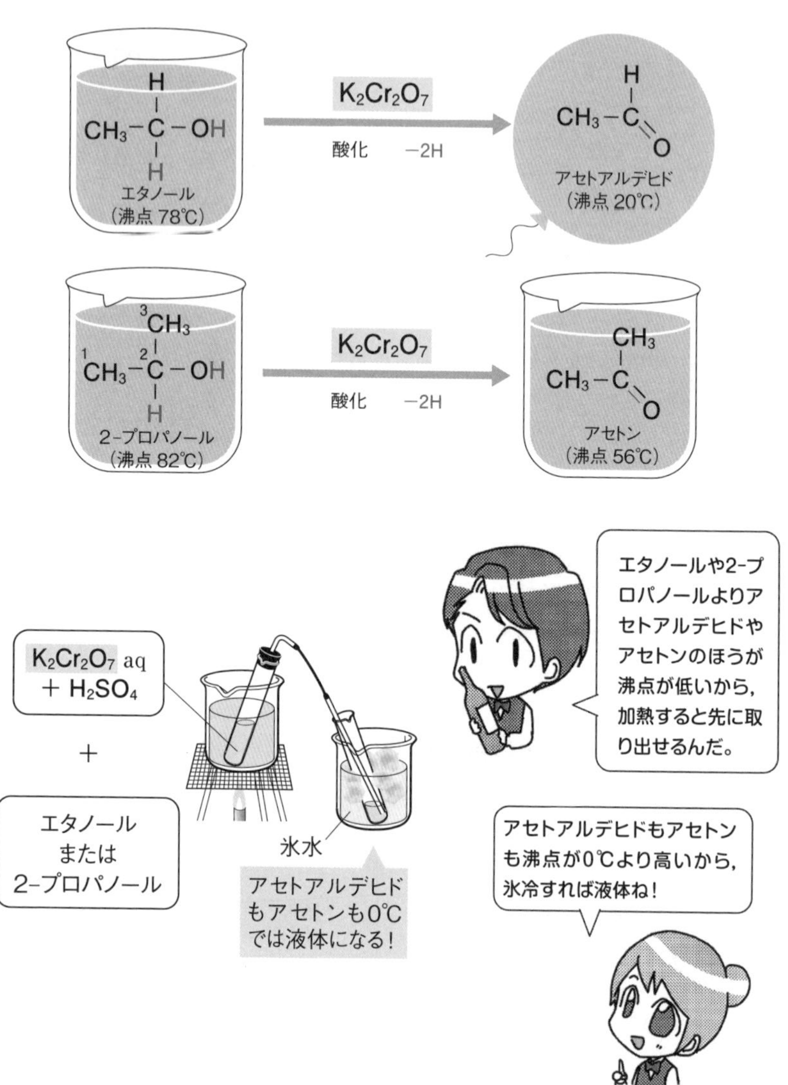

$K_2Cr_2O_7$
酸化　−2H
エタノール
（沸点 78℃）
アセトアルデヒド
（沸点 20℃）
2-プロパノール
（沸点 82℃）
アセトン
（沸点 56℃）
$K_2Cr_2O_7$ aq + H_2SO_4
+
エタノール または 2-プロパノール
氷水
アセトアルデヒドもアセトンも0℃では液体になる！
エタノールや2-プロパノールよりアセトアルデヒドやアセトンのほうが沸点が低いから，加熱すると先に取り出せるんだ。
アセトアルデヒドもアセトンも沸点が0℃より高いから，氷冷すれば液体ね！

▲エタノール，2-プロパノールの酸化実験

(2) アセトンの製法 ― カルボン酸塩の乾留 ―

乾留って，普通の加熱と何が違うんですか？

乾留（かんりゅう）というのは**空気を遮断して固体物質を加熱して分解すること**なんだ。**熱分解**といってもいいよ。有機物の場合，空気を入れて加熱したら燃焼してしまうからね。カルボン酸塩の乾留で一番重要なのは酢酸カルシウムの乾留によるアセトンの製法だ。

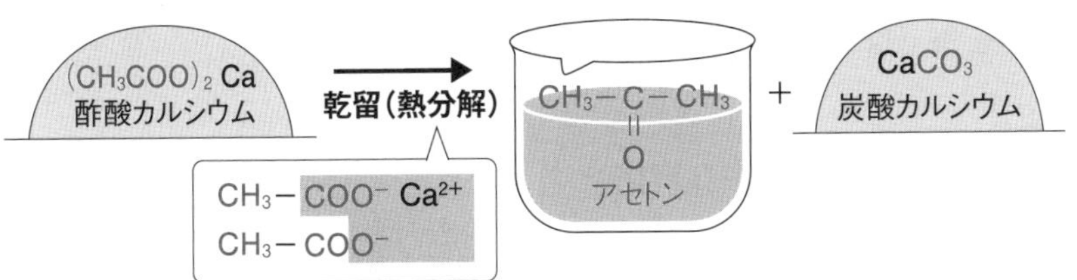

$(CH_3COO)_2Ca$
酢酸カルシウム
乾留（熱分解）
CH_3-COO^- Ca^{2+}
CH_3-COO^-
CH_3-C-CH_3
O
アセトン
+
$CaCO_3$
炭酸カルシウム

▲ **酢酸カルシウムの乾留**

(3) アセトアルデヒドの工業的製法

あと，アセトアルデヒドの工業的製法としては「第７章　アルケン（エチレン系炭化水素）」の90ページと「第８章　アルキン（アセチレン系炭化水素）」の99ページで教えた方法があるよ。復習しよう。

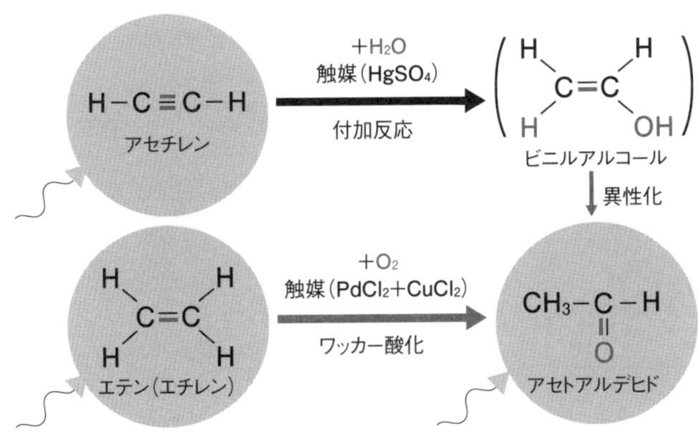

H−C≡C−H
アセチレン
$+H_2O$
触媒（$HgSO_4$）
付加反応
H　H
C=C
H　OH
ビニルアルコール
異性化
H　H
C=C
H　H
エテン（エチレン）
$+O_2$
触媒（$PdCl_2+CuCl_2$）
ワッカー酸化
CH_3-C-H
O
アセトアルデヒド

story 3 カルボニル化合物の反応

(1) ヨードホルム反応

どんな物質がヨードホルム反応するか覚えられない!

それは大変。**ヨードホルム反応**は構造決定に使うので，どんな構造をもつ物質が反応するかが最も重要だよ。結論からいうと**アセチル基か，それを還元したアルコールの構造のどちらか**をもてばヨードホルム反応するんだ。

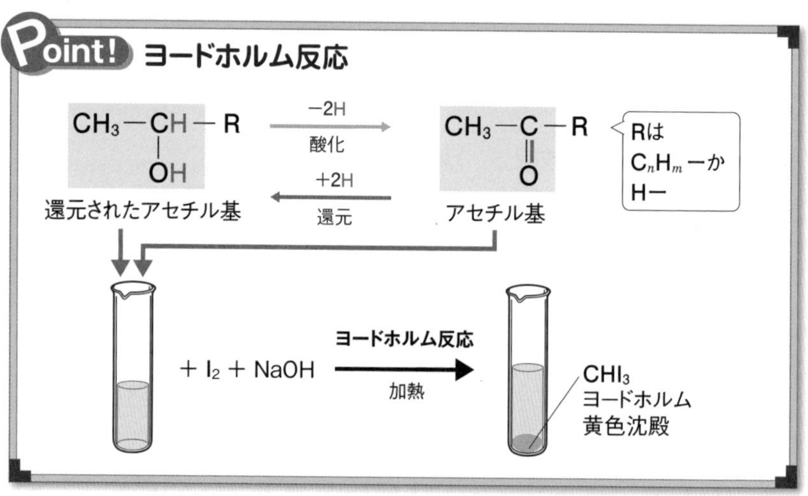

Point! ヨードホルム反応
CH₃—CH—R
OH
還元されたアセチル基
−2H
酸化
+2H
還元
CH₃—C—R
O
アセチル基
Rは
CₙHₘ—か
H—
+ I₂ + NaOH
ヨードホルム反応
加熱
CHI₃
ヨードホルム
黄色沈殿

具体的なヨードホルム反応をする物質の構造を見てみるともっとわかりやすいよ。

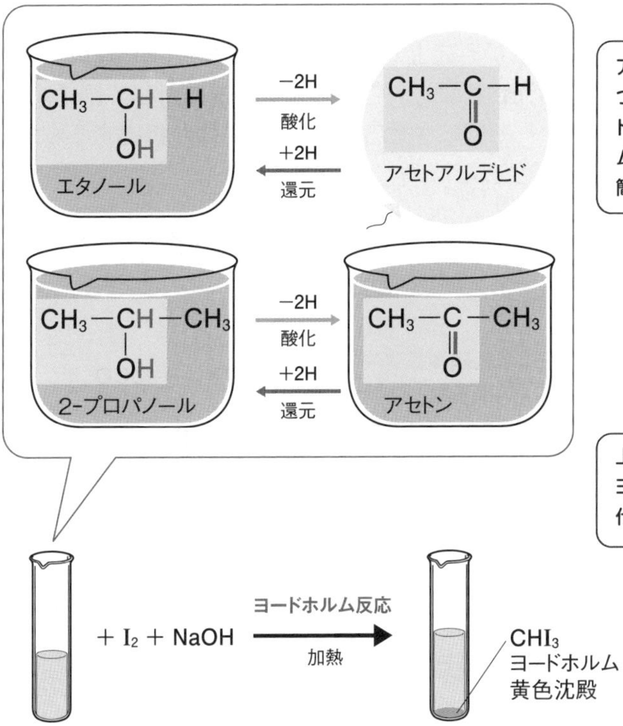

$$CH_3-\underset{\underset{OH}{|}}{CH}-H \xrightarrow[\text{還元 } +2H]{-2H \text{ 酸化}} CH_3-\underset{\underset{O}{\|}}{C}-H$$

エタノール　　　　アセトアルデヒド

$$CH_3-\underset{\underset{OH}{|}}{CH}-CH_3 \xrightarrow[\text{還元 } +2H]{-2H \text{ 酸化}} CH_3-\underset{\underset{O}{\|}}{C}-CH_3$$

2-プロパノール　　　　アセトン

アセチル基をもつアルデヒドやケトンはヨードホルム反応陽性だ～！簡単～！

$$+ I_2 + NaOH \xrightarrow[\text{加熱}]{\text{ヨードホルム反応}}$$

CHI_3
ヨードホルム
黄色沈殿

上の4つの物質はヨードホルム反応の代表選手だ！

上の４つの物質はヨードホルム反応の代表選手だ！　**アセチル基**とその**還元型アルコール**と覚えれば完璧だよ!!

(2) アルデヒドの還元性試験

銀鏡反応って美しいけど，何やってるんですか？

ヨードホルム反応のほかにアルデヒドの還元性試験も構造決定に役立つ確認試験だね。その中で，最も有名なのは**銀鏡反応**(ぎんきょう)なんだ。まず基本から言えば，アルデヒドは次のような反応によって電子を出す物質，つまり還元剤だよ。

$$R-\underset{\underset{O}{\|}}{C}-H + 3OH^- \longrightarrow R-COO^- + 2H_2O + 2e^-$$

アルデヒド（還元剤）

その物質が還元剤だということを「**還元性がある**」というけど，アルデヒドは代表的な**還元性物質**だ。このアルデヒドに対して銀イオン Ag^+を含んだ溶液を入れて反応させると銀 Ag の単体が析出するんだ。これは Ag^+が酸化剤だからだね。

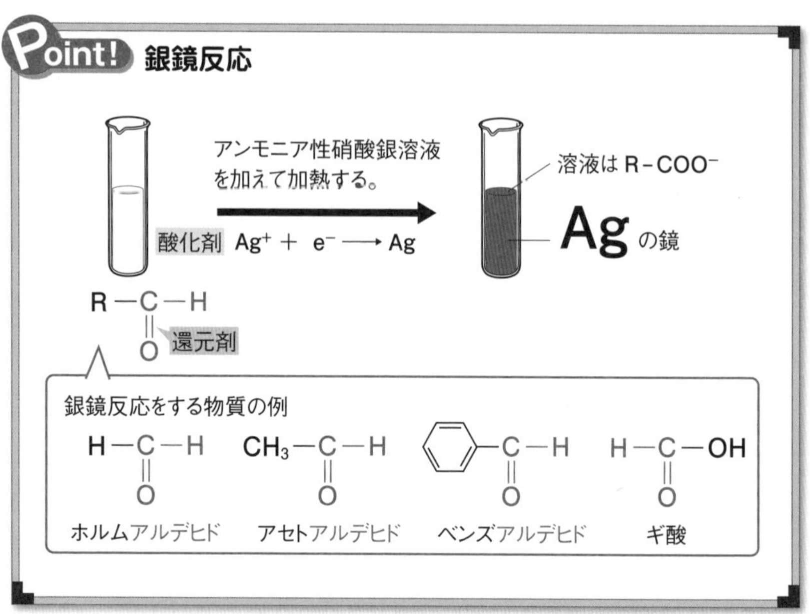
Point! 銀鏡反応
アンモニア性硝酸銀溶液を加えて加熱する。
酸化剤 Ag⁺ ＋ e⁻ ⟶ Ag
溶液は R−COO⁻
Ag の鏡
R−C−H
O
還元剤
銀鏡反応をする物質の例
H−C−H
O
ホルムアルデヒド
CH₃−C−H
O
アセトアルデヒド
C−H
O
ベンズアルデヒド
H−C−OH
O
ギ酸

フェーリング液の還元もアルデヒド特有の反応なの？

そうだよ。フェーリング液は簡単に言うと Cu^{2+} が入っている溶液なんだ。銀鏡反応のときには酸化剤が Ag^+ だったけど，今度は Cu^{2+} が酸化剤だよ。条件がそろえば銅鏡も一部できるけど，通常は**酸化銅（Ⅰ）Cu_2O** の赤い沈殿が生成するんだ。

△　$Cu^{2+} + 2e^- \longrightarrow Cu$（銅鏡）

○　$2Cu^{2+} + 2OH^- + 2e^- \longrightarrow Cu_2O \downarrow + H_2O$
（赤色沈殿）

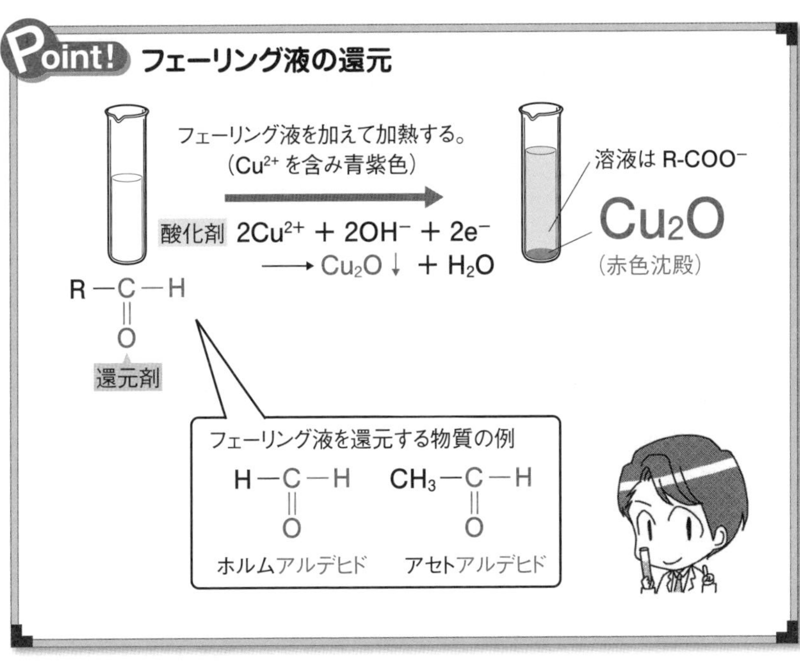
Point! フェーリング液の還元
フェーリング液を加えて加熱する。
(Cu²⁺を含み青紫色)
酸化剤 2Cu²⁺ ＋ 2OH⁻ ＋ 2e⁻
⟶ Cu₂O↓ ＋ H₂O
溶液は R-COO⁻
Cu₂O
(赤色沈殿)
R—C—H
O
還元剤
フェーリング液を還元する物質の例
H—C—H
O
CH₃—C—H
O
ホルムアルデヒド
アセトアルデヒド

フェーリング液はアンモニア性硝酸銀溶液より塩基性が強いため副反応を起こすことがあるんだ。そのため**ベンズアルデヒドなどはフェーリング液を還元しない**から一応覚えておこう。フェーリング液は，一般に糖の検出に使う試薬なんだ。

問題 1 アルデヒドの構造決定

化合物Aは分子式 C_2H_4O で，銀鏡反応陽性でかつヨードホルム反応も陽性である。化合物Aの構造式を書け。

解説

ヨードホルム反応陽性だからアセチル基か，その還元型アルコールをもつことがわかるね。

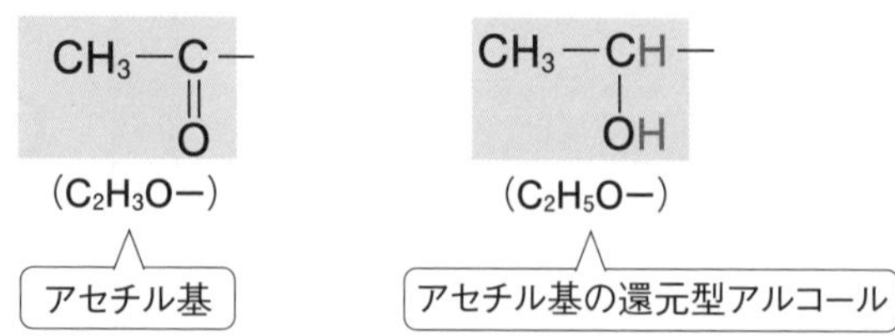
CH3—C—
O
(C2H3O−)
アセチル基
CH3—CH—
OH
(C2H5O−)
アセチル基の還元型アルコール

分子式で書いてみるとアセチル基の還元型アルコールは C_2H_5O- で，化合物 A の分子式 C_2H_4O より H 原子が多くなってしまうため間違いとわかる。よって，アセチル基をもち，かつ銀鏡反応陽性のホルミル基をもつのはアセトアルデヒドであるとわかるね。

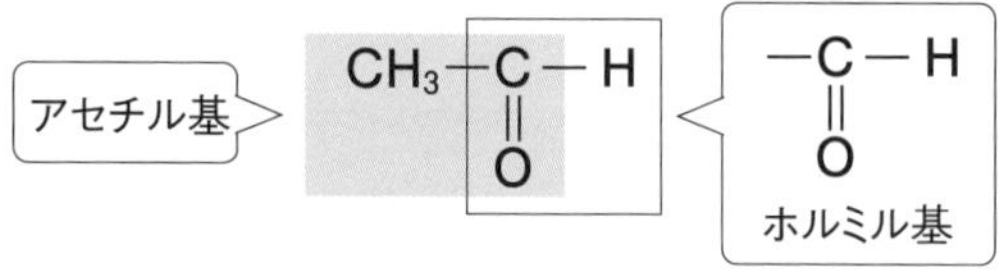
アセチル基
CH3—C—H
O
—C—H
O
ホルミル基

解答

$$\mathrm{CH_3{-}C{-}H}\ \ (\mathrm{C{=}O})$$

ヨードホルム反応といえば、アセチル基とその還元型アルコールね！
わかっちゃった！

確認問題

1　次のケトンの名称を答えよ。

(1) $\mathrm{CH_3-C(=O)-CH_3}$　(2) $\mathrm{C_6H_5-C(=O)-C_6H_5}$

(3) $\mathrm{CH_3-C(=O)-C_2H_5}$　(4) $\mathrm{C_6H_5-C(=O)-C_2H_5}$

解答

(1) ジメチルケトン（アセトン）
(2) ジフェニルケトン
(3) エチルメチルケトン
(4) エチルフェニルケトン

2　次のアルデヒドの名称を答えよ。

(1) $\mathrm{H-C(=O)-H}$　(2) $\mathrm{CH_3-C(=O)-H}$

(3) $\mathrm{C_6H_5-C(=O)-H}$

(1) ホルムアルデヒド
(2) アセトアルデヒド
(3) ベンズアルデヒド

3　エタノールを酸化銅（Ⅱ）で酸化して得られるアルデヒドの名称を答えよ。

アセトアルデヒド

4　2-プロパノールをニクロム酸カリウム $K_2Cr_2O_7$ の硫酸酸性溶液で酸化して得られるケトンを化学式で表せ。

$\mathrm{CH_3-C(=O)-CH_3}$

5　次の化合物①～⑧からヨードホルム反応が陽性である物質をすべて選べ。

① メタノール　② エタノール
③ 1-プロパノール　④ 2-プロパノール
⑤ ホルムアルデヒド　⑥ アセトアルデヒド
⑦ アセトン　⑧ ジエチルケトン

② ④ ⑥ ⑦

6　ヨードホルムの化学式と色を答えよ。

7　フェーリング液とアルデヒドが反応して生成する赤色沈殿の化学式を答えよ。

8　次の化合物①〜⑦から銀鏡反応が陽性である物質をすべて選べ。

① ホルムアルデヒド　② アセトアルデヒド
③ ベンズアルデヒド　④ ギ酸
⑤ 酢酸　⑥ アセトン
⑦ メチルフェニルケトン

解答

CHI_3　黄色

Cu_2O

①②③④

ヨードホルムは昔,
殺菌剤（消毒剤）や
防腐剤に使われて
いたんだよ！

第11章 アルコール

化粧水

▶化粧水にはグリセリン，お酒にはエタノール，PET ボトルの原料にはエチレングリコールが使われ，アルコールは日常たくさん使われている。

story 1 アルコールの命名

アルコールの級数って，どうやって決まるんですか？

それでは，アルコールの基本から教えるね。アルコールは $-OH$ という官能基がついているものを指すんだ。$-OH$ は**ヒドロキシ基**とよばれるよ。

$R-OH$ ＜ヒドロキシ基

アルコールの一般式

水素 hydrogen と酸素 oxygen を合体させたら hydroxy group（ヒドロキシ基）になるよ！

次に**炭素の級数**について説明しよう。炭素だけの結合を見たとき，次のように結合している炭素の数によって，級数が決まっているんだ。真ん中の赤い**C**の級数を表してみたよ。

この分類に基づいて－OH **がついている炭素の級数でアルコールの級数が決定する**んだよ。

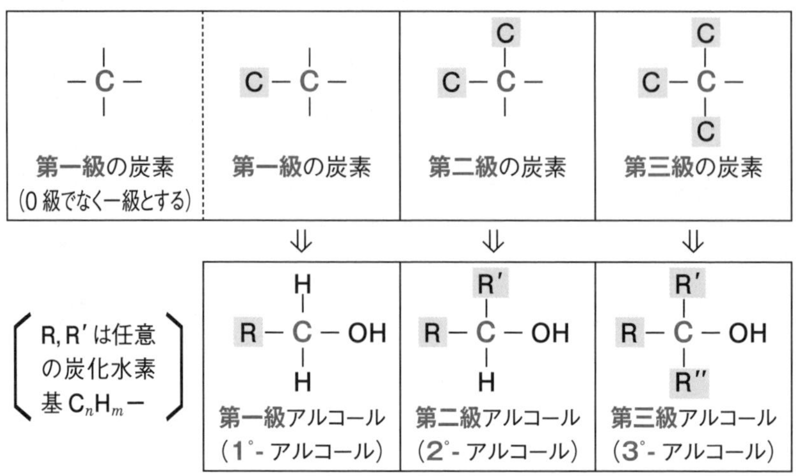

第一級の炭素
（0 級でなく一級とする）
第一級の炭素
第二級の炭素
第三級の炭素
R, R′ は任意の炭化水素基 C_nH_m－
R－C－OH
R′
R″
第一級アルコール
（1°- アルコール）
第二級アルコール
（2°- アルコール）
第三級アルコール
（3°- アルコール）

アルコールの命名は，～アルコールでいいですか？

そうだね。**IUPAC**（**国際純正・応用化学連合**）が決めた**基官能名**（きかんのうめい）の命名法に従えば「～アルコール」になるね。ところが，**IUPAC** は 1 つの化合物に複数の正式な名称を許しているんだ。だから，他にも命名法があって，**置換名**（ちかんめい）という方法では「～ **ol**」になるよ。この置換名は例えば CH_3OH なら，CH_4 の－H の 1 つを－OH に置き換えたとして命名する方法なんだ。

H－C－H（上下に H） → H－C－OH（上下に H）

メタン methane

基官能名
　メチルアルコール methyl alcohol

置換名
　メタノール methanol

(1) 一価アルコールの命名

級数	簡略化された構造式 R − OH	置換名 alkan**ol**	基官能名 alkyl **alcohol**
1°	CH_3-OH	methan**ol** メタノール	methyl **alcohol** メチルアルコール
1°	CH_3-CH_2-OH	ethan**ol** エタノール	ethyl **alcohol** エチルアルコール
1°	$\overset{3}{C}H_3-\overset{2}{C}H_2-\overset{1}{C}H_2-OH$	1−propan**ol** 1−プロパノール	propyl **alcohol** プロピルアルコール
2°	$\overset{1}{C}H_3-\overset{2}{C}H(OH)-\overset{3}{C}H_3$	2−propan**ol** 2− プロパノール	isopropyl **alcohol** イソプロピルアルコール
1°	$\overset{4}{C}H_3-\overset{3}{C}H_2-\overset{2}{C}H_2-\overset{1}{C}H_2-OH$	1−butan**ol** 1−ブタノール	butyl **alcohol** ブチルアルコール
2°	$\overset{4}{C}H_3-\overset{3}{C}H_2-\overset{2}{C}H(OH)-\overset{1}{C}H_3$	2−butan**ol** 2−ブタノール	*sec*−butyl **alcohol** *sec*− ブチルアルコール
1°	$\overset{3}{C}H_3-\overset{2}{C}H(CH_3)-\overset{1}{C}H_2-OH$	2-methyl-1-propan**ol** 2-メチル-1-プロパノール	isobutyl **alcohol** イソブチルアルコール
3°	$\overset{1}{C}H_3-\overset{2}{C}(OH)(CH_3)-\overset{3}{C}H_3$	2-methyl-2-propan**ol** 2-メチル-2-プロパノール	*tert*-butyl **alcohol** *tert*- ブチルアルコール
1°	$C_6H_5-CH_2-OH$	phenylmethan**ol** フェニルメタノール	benzyl **alcohol** ベンジルアルコール

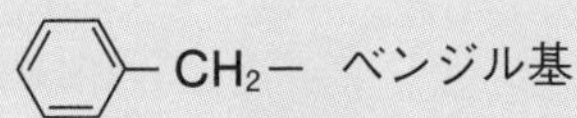
CH2− ベンジル基

(2) アルコールの価数と二価，三価アルコールの命名

あと級数と混同しないようにしたいのが，**アルコールの価数**だよ。これは簡単で，**1つの分子に何個の－OHがついているか**で決まるんだ。

二価，**三価**のアルコールの命名は，何番目の炭素に－OHがついているかをはじめに示し，**二価**のアルコールだったら「～**ジ**オール」，**三価**のアルコールだったら「～**トリ**オール」になるよ。

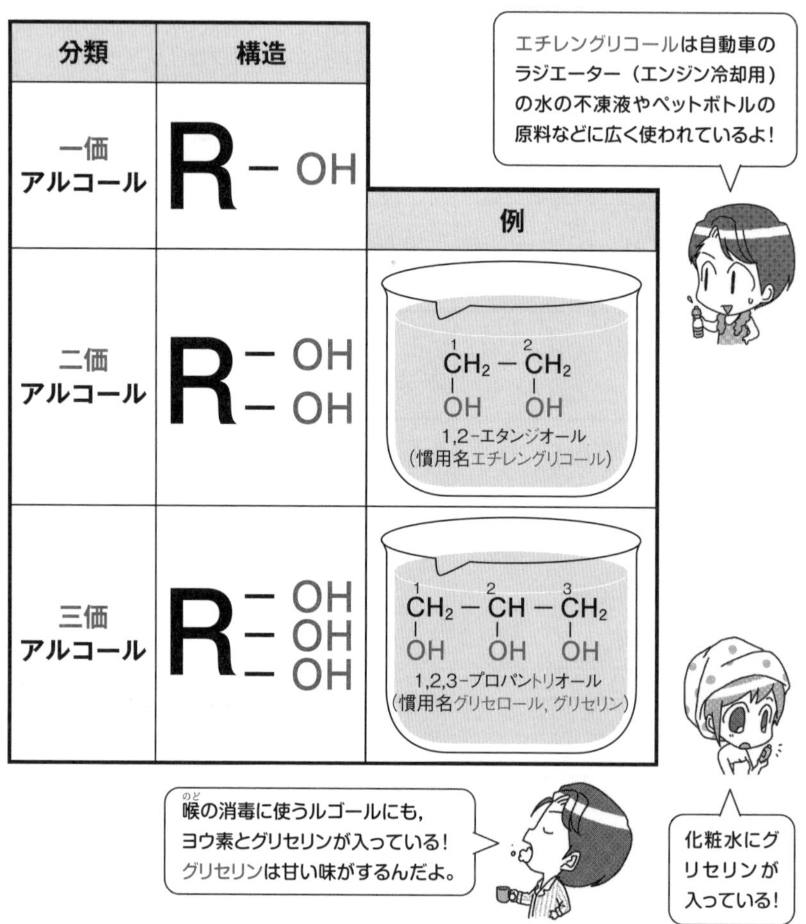

分類	構造	例
一価アルコール	R－OH	
二価アルコール	R(－OH)(－OH)	$\overset{1}{C}H_2-\overset{2}{C}H_2$（各炭素に－OH） 1,2-エタンジオール （慣用名エチレングリコール）
三価アルコール	R(－OH)(－OH)(－OH)	$\overset{1}{C}H_2-\overset{2}{C}H-\overset{3}{C}H_2$（各炭素に－OH） 1,2,3-プロパントリオール （慣用名グリセロール，グリセリン）

エチレングリコールは自動車のラジエーター（エンジン冷却用）の水の不凍液やペットボトルの原料などに広く使われているよ！
喉の消毒に使うルゴールにも，ヨウ素とグリセリンが入っている！グリセリンは甘い味がするんだよ。
化粧水にグリセリンが入っている！

story 2 アルコールの製法

(1) エタノールの製法

お酒の中のアルコールって何というアルコールですか?

お酒の中のアルコールはずばりエタノール C_2H_5-OH だよ。お酒は酵母菌(こうぼ)による**アルコール発酵(はっこう)**でつくられているんだ。ブドウの中のブドウ糖 $C_6H_{12}O_6$ を酵母菌(イースト菌)によって発酵させてつくるワインは有名だね。

また, エタノールは工業的にエテンの水付加などで生産されているんだ。このときの触媒は希硫酸などだよ。この逆反応はアルケンの章でも学んだエテンの製法だから思い出そう。

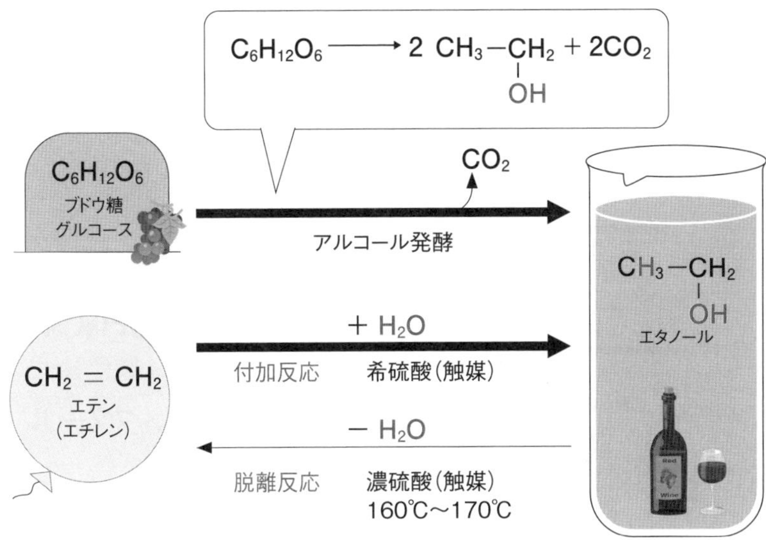

$C_6H_{12}O_6 \longrightarrow 2\ CH_3-CH_2(OH) + 2CO_2$
$C_6H_{12}O_6$
ブドウ糖
グルコース
CO_2
アルコール発酵
CH_3-CH_2-OH
エタノール
$+\ H_2O$
付加反応
希硫酸(触媒)
$CH_2=CH_2$
エテン
(エチレン)
$-\ H_2O$
脱離反応
濃硫酸(触媒)
160℃~170℃
Red
Wine

▲ エタノールの製法

工業的にはエテンを原料にエタノールだけでなく，エチレングリコールも作られるから覚えておくといいよ。エテンを空気中の酸素で酸化した後，加水分解すれば出来るんだ。

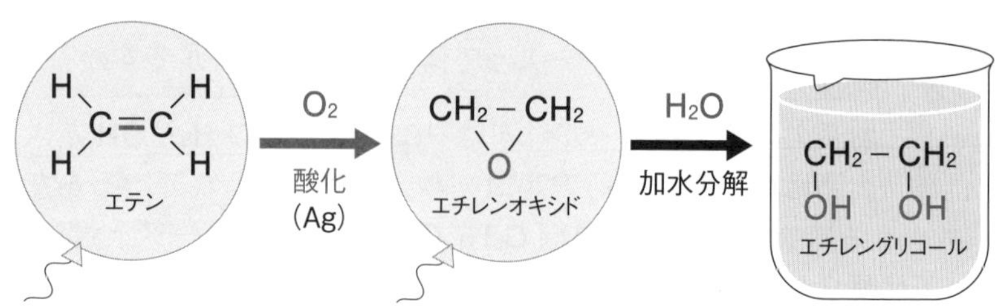

H H C=C H H
エテン
O_2
酸化
(Ag)
CH_2-CH_2
O
エチレンオキシド
H_2O
加水分解
CH_2-CH_2
OH OH
エチレングリコール

(2) メタノールの工業的製法

メタノールはどうやってつくられているの?

メタノールは石炭や天然ガスなどを原料につくられているんだ。それらを水蒸気と反応させ，生成した CO と H_2 の混合ガスと触媒によって生成されているんだ。

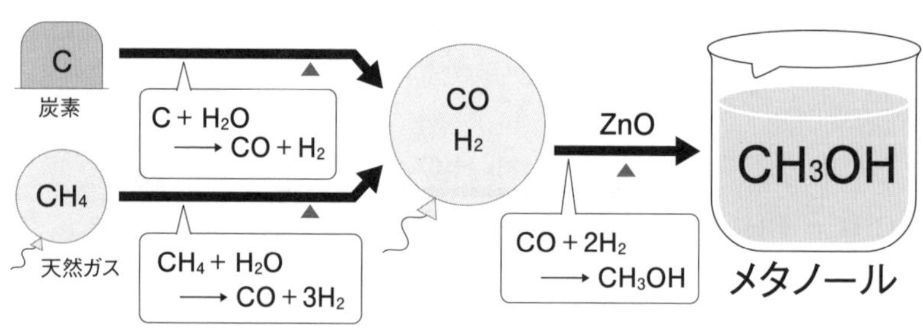

C
炭素
$C + H_2O \longrightarrow CO + H_2$
CH_4
天然ガス
$CH_4 + H_2O \longrightarrow CO + 3H_2$
CO
H_2
ZnO
$CO + 2H_2 \longrightarrow CH_3OH$
CH_3OH
メタノール

実験室のアルコールランプはメタノールね!

story 3 アルコールの性質と反応

(1) 水素結合の生成

どんなアルコールも水に溶けますか?

それは大変いい質問だね。アルコール R-OH にも水 H_2O にもある共通の官能基が **ヒドロキシ基 -OH** なんだ。このヒドロキシ基 -OH は酸素 O の大きな電気陰性度によって強い極性をもっているよ。

水もアルコールも極性の強いヒドロキシ基 −OH をもっているよ!

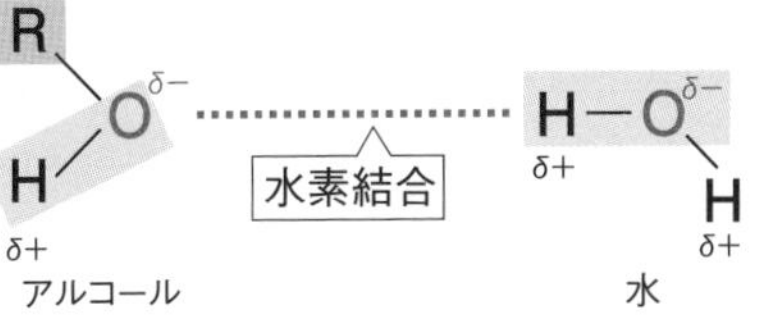

R
O δ−
H
δ+
アルコール
水素結合
H−O δ−
δ+
H
δ+
水

だから，水分子は極性の強い溶媒として知られているけど，アルコールも **R-OH** の R の部分が小さければ，極性の強いヒドロキシ基 **-OH** の割合が大きいため水分子と**水素結合**を形成してよく溶けるんだ。具体的には **炭素数が１～３** のアルコールであれば，水といかなる割合でも溶解するよ。さらに，ヒドロキシ基 **-OH** 以外にも極性の強いアミノ基 **$-NH_2$** やカルボキシ基 **-COOH** をもつ化合物でも同じように考えられるよ。

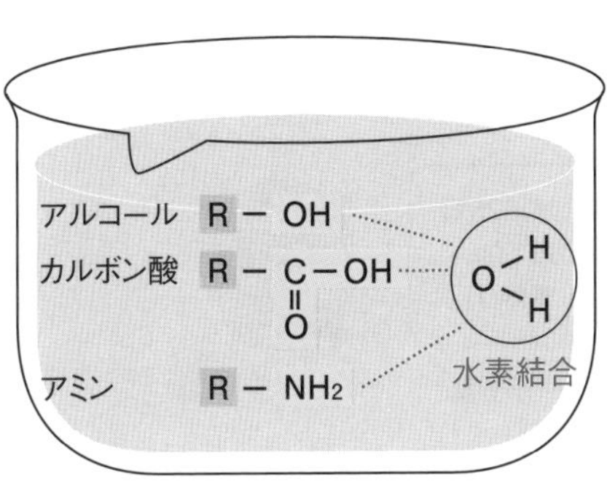

アルコール R − OH
カルボン酸 R − C−OH
O
アミン R − NH2
O H H
水素結合

Rの部分の炭素数が1~3くらい小さければ極性の強い部分の割合が大きいから水によく溶けるよ!

水によく溶ける物質を次のポイントでまとめるよ。極性溶媒である水はイオンや極性の強い分子をよく溶かすんだ。

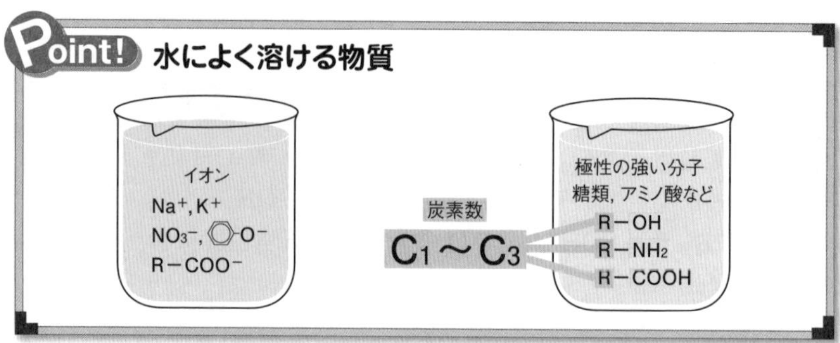
Point! 水によく溶ける物質
イオン
Na+, K+
NO3−, ⌬−O−
R−COO−
炭素数
C1〜C3
極性の強い分子
糖類, アミノ酸など
R−OH
R−NH2
R−COOH

また，アルコール分子どうしも水素結合をしているから，同程度の分子量をもつ炭化水素やエーテル，ケトン，アルデヒドよりも沸点が非常に高いんだよ。

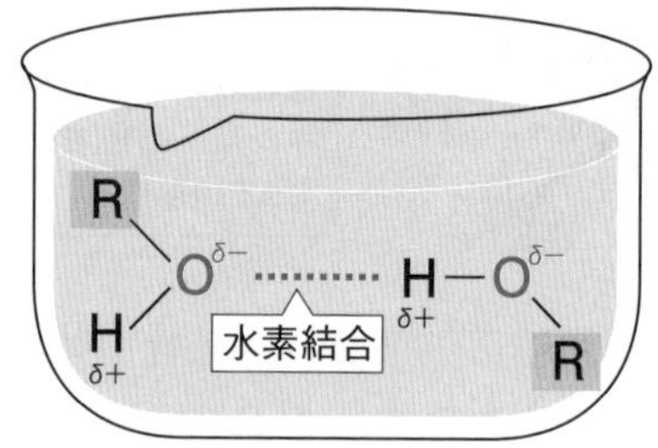
R
O δ−
H δ+
水素結合
H δ+
O δ−
R

例えば，分子式 C_2H_6O で表される異性体のエタノールとジメチルエーテルを比較すると，常温でエタノールは液体なのに，ジメチルエーテルは気体なんだよ。

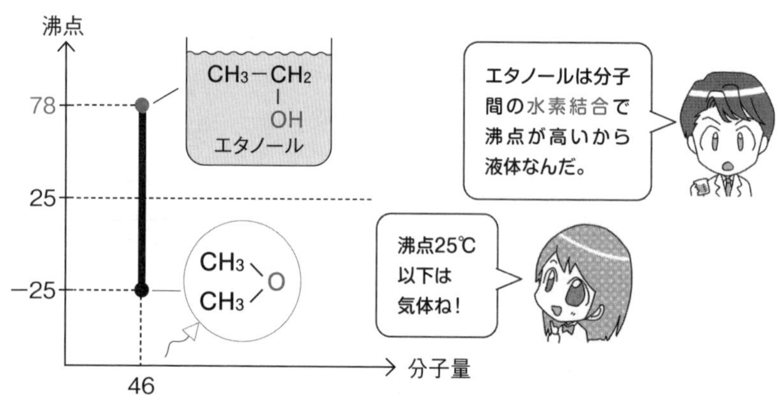
沸点
78
25
−25
46
分子量
CH3−CH2
OH
エタノール
CH3
O
CH3
エタノールは分子間の水素結合で沸点が高いから液体なんだ。
沸点25℃以下は気体ね！

(2) ナトリウムとの反応

なぜアルコールにナトリウムを入れると水素が出るの？

それはアルコールが水素イオン H^+ を出す力があるからなんだよ。ナトリウム Na は非常に強い還元剤で，酸化剤である H^+ を出す物質と次式のように酸化還元反応するんだ。

$$\underset{\text{強い還元剤}}{2Na} + \underset{\text{酸化剤}}{2H^+} \longrightarrow 2Na^+ + H_2 \quad (2e^- : 2Na \to 2H^+)$$

よって，H^+ を出す物質であるカルボン酸，フェノール類，水，アルコールなどがナトリウム Na と反応するわけなんだ。ここで，H^+ を出す物質は“酸”を意味するけど，アルコールのように水より弱い酸は，一般的に酸ではなく“中性物質”に分類されるから注意してね。

酸としての強さ	物質					分類
強	カルボン酸	R−C(=O)−OH	⇄	R−C(=O)−O⁻	+ H^+	酸
	フェノール	C_6H_5−OH	⇄	C_6H_5−O⁻	+ H^+	酸
	水	H−O−H	⇄	OH^-	+ H^+	中性物質
弱	アルコール	R−O−H	⇄	R−O⁻	+ H^+	中性物質

▲ Naと反応する物質

Na とこれらの反応では，Na が還元力が強すぎて，水より弱い酸であるアルコールも反応するのが特徴だよ。アルコールと Na の反応は比較的穏やかだけど，水より強い酸であるフェノール類やカルボン酸では激しく反応するから実験するのは危険なんだ！

$$2Na + 2R-O-H \longrightarrow \underset{\text{ナトリウムアルコキシド}}{2R-ONa} + H_2\uparrow \quad (2e^- : 2Na \to H)$$

Naと反応する代表的な有機物をまとめておいたよ。

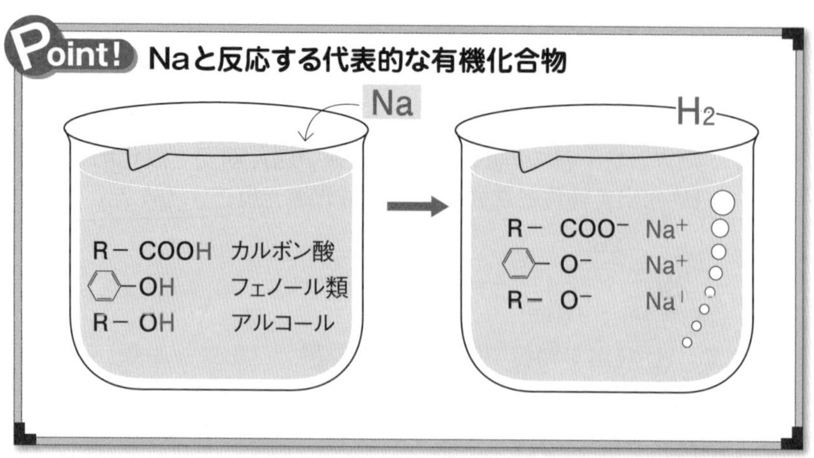
Point! Naと反応する代表的な有機化合物
Na
R− COOH カルボン酸
OH フェノール類
R− OH アルコール
H_2
R− COO⁻ Na⁺
O⁻ Na⁺
R− O⁻ Na⁺

Na
ボッ!!
水

(3) アルコールの酸化

アルコールの酸化をもっと知りたい!

アルコールの酸化は前章のカルボニル化合物の製法でやった(▶ P.116)けど，ここではもっと詳しく勉強しよう。まずは基本的なことから学んでもらうよ。

まず，**第一級アルコールは酸化されるとアルデヒドになり，さらに酸化を続ければ，カルボン酸になる**んだ。これはアルデヒド基に還元性があって，さらに酸化されてカルボキシ基になるせいなんだよ。

第二級アルコールは酸化されると，ケトンになる。

第三級アルコールは酸化されにくいんだ。

Point! アルコールの酸化

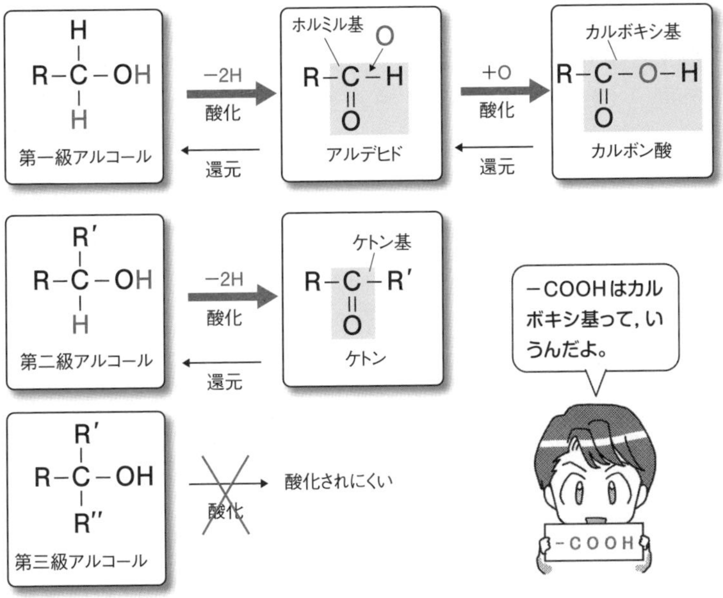

第一級アルコール $R-CH_2-OH$（R−C(H)(H)−OH） ⇄（−2H 酸化／還元） アルデヒド $R-C(=O)-H$（ホルミル基） ⇄（+O 酸化／還元） カルボン酸 $R-C(=O)-O-H$（カルボキシ基）

第二級アルコール R−C(R′)(H)−OH ⇄（−2H 酸化／還元） ケトン $R-C(=O)-R'$（ケトン基）

第三級アルコール R−C(R′)(R″)−OH → 酸化されにくい

−COOHはカルボキシ基って，いうんだよ。

−COOH

では，具体例を見てもらおう！

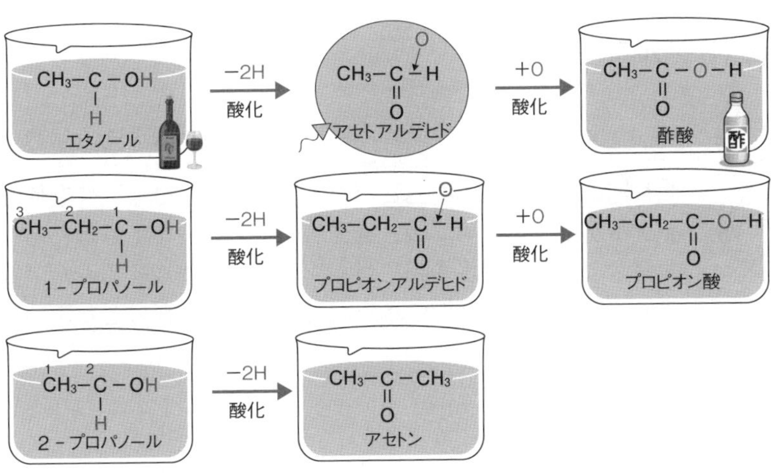

CH₃−C−OH
H
エタノール
−2H
酸化
CH₃−C−H
O
O
アセトアルデヒド
+O
酸化
CH₃−C−O−H
O
酢酸
酢
3 2 1
CH₃−CH₂−C−OH
H
1−プロパノール
−2H
酸化
O
CH₃−CH₂−C−H
O
プロピオンアルデヒド
+O
酸化
CH₃−CH₂−C−O−H
O
プロピオン酸
1 2
CH₃−C−OH
H
2−プロパノール
−2H
酸化
CH₃−C−CH₃
O
アセトン

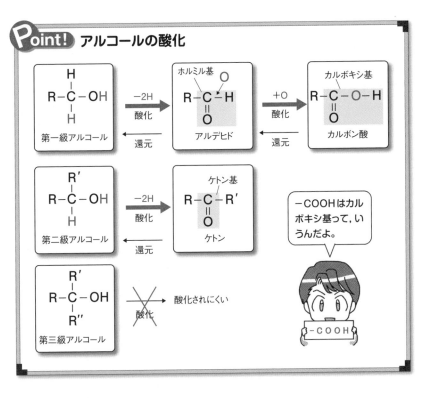

2-プロパノールは第二級アルコールだから通常の酸化ではアセトンでストップしているのがわかるね。ところで，最も単純なアルコールのメタノール CH_3-OH だが，第一級アルコールだから酸化するとギ酸 HCOOH になって終わると思うでしょ。ところがギ酸にはホルミル基 $-CHO$ があるから，さら酸化されて，最終的に CO_2 になるんだ。

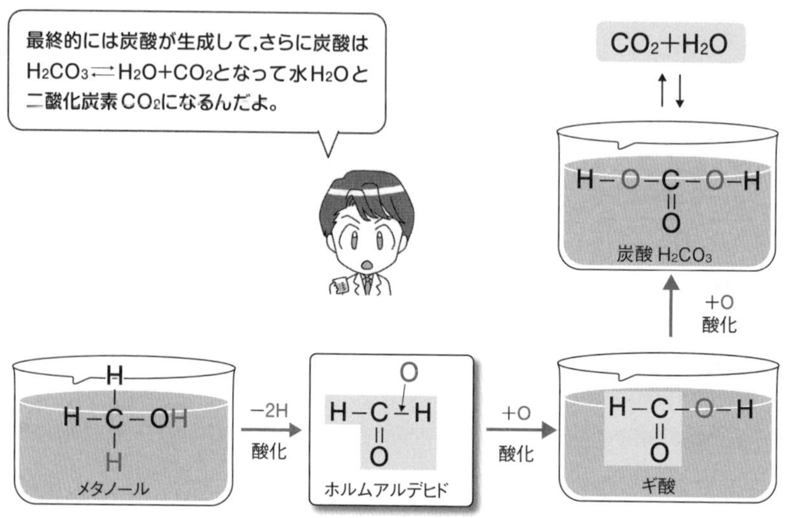
最終的には炭酸が生成して，さらに炭酸は
H2CO3⇄H2O+CO2となって水H2Oと
二酸化炭素CO2になるんだよ。
CO2+H2O
H−O−C−O−H
O
炭酸 H2CO3
+O
酸化
H
H−C−OH
H
メタノール
−2H
酸化
O
H−C−H
O
ホルムアルデヒド
+O
酸化
H−C−O−H
O
ギ酸

(4) アルコールの脱水

2-ブタノールの脱水では何が生成するんですか?

それはよく試験に出る内容だね。アルコールは濃硫酸を使って脱水するけど，第二級，第三級のアルコールではほとんどの場合，分子内脱水が起こってアルケンが生成するんだ。第一級アルコールは低温で分子間脱水も起こるから注意だけどね。

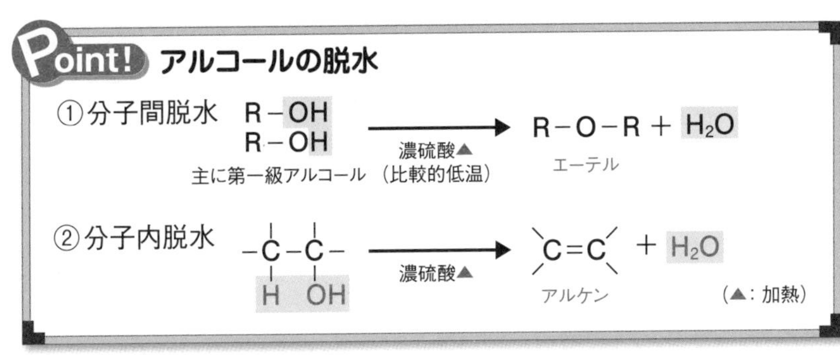
Point! アルコールの脱水
①分子間脱水
R－OH
R－OH
主に第一級アルコール
濃硫酸▲
（比較的低温）
R－O－R ＋ H_2O
エーテル
②分子内脱水
－C－C－
H　OH
濃硫酸▲
C＝C ＋ H_2O
アルケン
（▲：加熱）

だから第二級アルコールの2-ブタノールに濃硫酸を入れて加熱すれば，アルケンが生成するんだ。

シス-トランス異性体も生成するから注意してね。

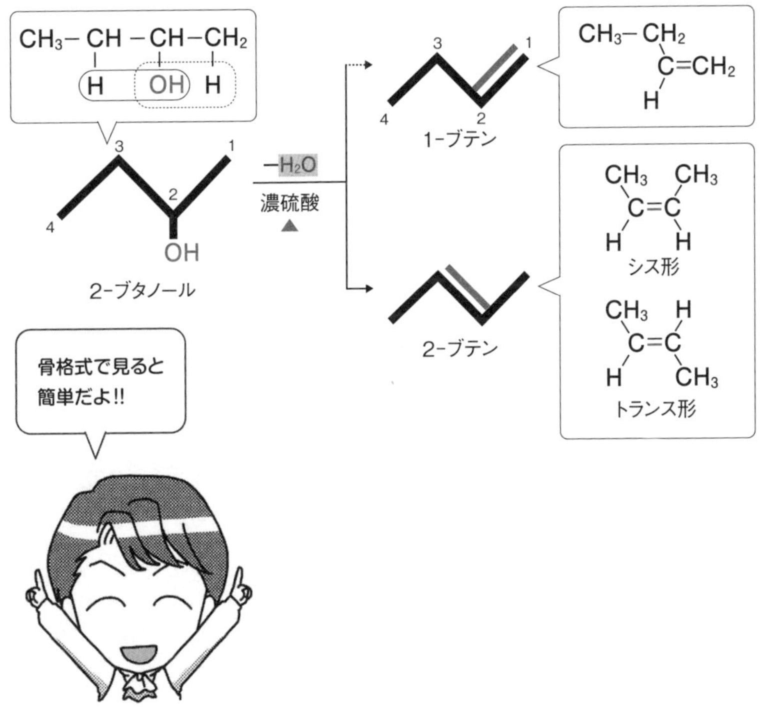
CH_3－CH－CH－CH_2
H　OH　H
3
1
2
4
OH
2-ブタノール
－H_2O
濃硫酸
▲
3
1
4
2
1-ブテン
CH_3－CH_2
C＝CH_2
H
2-ブテン
CH_3　CH_3
C＝C
H　H
シス形
CH_3　H
C＝C
H　CH_3
トランス形
骨格式で見ると
簡単だよ!!

確認問題

1 次のアルコールの名称を置換名で答えよ。

(1) CH_3-OH

(2) $CH_3-CH_2-CH_2-OH$

(3) $\overset{4}{C}H_3-\overset{3}{C}H_2-\overset{2}{C}H(OH)-\overset{1}{C}H_3$

(4) $\overset{3}{C}H_3-\overset{2}{C}(OH)(CH_3)-\overset{1}{C}H_3$

解答

(1) メタノール
(2) 1-プロパノール
(3) 2-ブタノール
(4) 2-メチル-2-プロパノール

2 次のアルコールの名称を基官能名で答えよ。

(1) C_2H_5-OH

(2) $C_6H_5-CH_2-OH$（ベンゼン環）

(3) $CH_3-CH_2-CH_2(OH)$

(4) $CH_2=C(H)(OH)$

解答

(1) エチルアルコール
(2) ベンジルアルコール
(3) プロピルアルコール
(4) ビニルアルコール

3 ペットボトルの原料になる二価アルコールの名称を答えよ。

解答 1,2-エタンジオール（エチレングリコール）

4 喉の消毒薬ルゴールに入っている三価アルコールの名称を答えよ。

解答 1,2,3-プロパントリオール（グリセリン，グリセロール）

5 ブドウ糖からアルコール発酵により，エタノールができる反応を化学反応式で表せ。

解答 $C_6H_{12}O_6 \longrightarrow 2C_2H_5OH+2CO_2$

6　一酸化炭素 CO と水素 H_2 からメタノールが生成する反応を化学反応式で表せ。

7　エタノールとジメチルエーテルはどちらが沸点が高いか，化学式で答えよ。

8　次の①～⑨の化合物から水への溶解度が無限大であるものをすべて答えよ。

① メタノール　② エタノール
③ 1-プロパノール　④ 1-ブタノール
⑤ 1-ペンタノール　⑥ 1-ヘキサノール
⑦ ベンジルアルコール　⑧ グリセリン
⑨ エチレングリコール

9　メタノールとナトリウムの反応を化学反応式で表せ。

10　エタノールを硫酸酸性のニクロム酸カリウムで酸化してできるカルボン酸を化学式で答えよ。

解答

$CO + 2H_2 \longrightarrow CH_3OH$

C_2H_5OH

①②③⑧⑨

$2CH_3OH + 2Na \rightarrow 2CH_3ONa + H_2$

CH_3COOH

アルコールって
面白～い！
OH

第12章 カルボン酸

このワインは君と同い年なんだよ！
このワイン酢酸になってる…
うえ～っ

▶ 英語の酢（Vinegar）は，フランス語のvin（ワイン）とaigre（酸っぱい）が語源。お酒を酢酸発酵させればお酢になる。

story 1 カルボン酸の命名

カルボン酸の名前が多くてパニックです！

たしかにたくさんあるから基本からやろう！　まず，**カルボン酸**とは**カルボキシ基−COOH** をもつ分子だよ。

$$\mathrm{R-\underset{\displaystyle \overset{\|}{O}}{C}-O-H}$$

カルボキシ基

分子内にカルボキシ基が１個なら**一価カルボン酸**（**モノカルボン酸**），２個なら**二価カルボン酸**（**ジカルボン酸**），３個なら**三価カルボン酸**（**トリカルボン酸**）というんだ。また，ヒドロキシ基（**−OH**）をもつカルボン酸を**ヒドロキシ酸**というよ。順番に名前を教えるよ。

まず，一価カルボン酸からだけど，ベンゼン環のない，つまり脂肪族化合物の一価カルボン酸を，特に**脂肪酸**とよんでいるんだ。炭素数が少ないものを**低級脂肪酸**，多いものを**高級脂肪酸**とよぶよ。それから，R－COOH の R の部分が水素で飽和していれば**飽和脂肪酸**，飽和していなければ**不飽和脂肪酸**とよぶんだ。

(1) 一価カルボン酸（モノカルボン酸） R－COOH

Rの部分が水素で飽和していれば飽和脂肪酸ね！

Rの部分が水素で飽和していなければ不飽和脂肪酸ね！

少ない♪

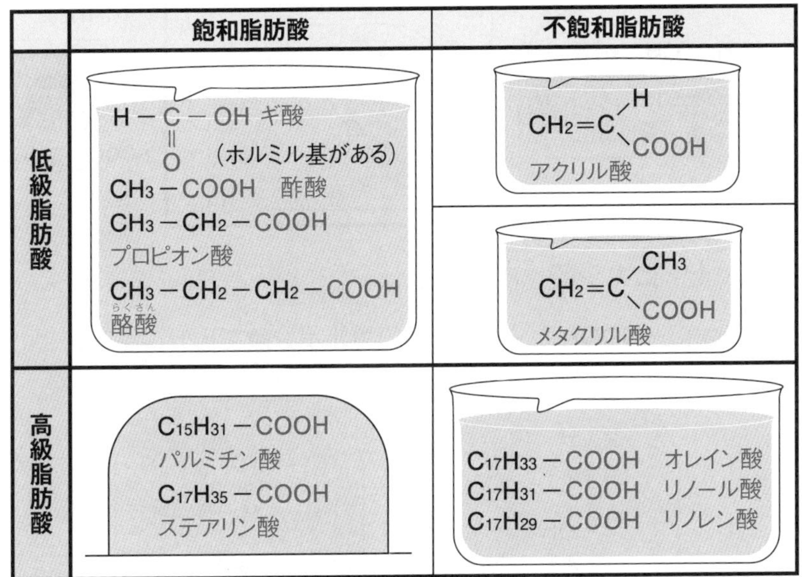

	飽和脂肪酸	不飽和脂肪酸
低級脂肪酸	H－C(=O)－OH ギ酸（ホルミル基がある） CH_3-COOH 酢酸 CH_3-CH_2-COOH プロピオン酸 $CH_3-CH_2-CH_2-COOH$ 酪酸（らくさん）	$CH_2=C(H)COOH$ アクリル酸 $CH_2=C(CH_3)COOH$ メタクリル酸
高級脂肪酸	$C_{15}H_{31}-COOH$ パルミチン酸 $C_{17}H_{35}-COOH$ ステアリン酸	$C_{17}H_{33}-COOH$ オレイン酸 $C_{17}H_{31}-COOH$ リノール酸 $C_{17}H_{29}-COOH$ リノレン酸

高級な脂肪たっぷりの松坂牛あるよ！安くしておくよ！

本日特売

高級と低級ってそういうことじゃないわ！

⑵ 二価カルボン酸（ジカルボン酸）　R(COOH)(COOH)

二価カルボン酸はジカルボン酸ともいい，分子内に－COOH が2個あるよ。

飽和ジカルボン酸	不飽和ジカルボン酸
COOH－COOH　シュウ酸	H(COOH)C＝C(COOH)H　マレイン酸（シス形）
CH_2－COOH ｜ CH_2－COOH　コハク酸	$C_4H_4O_4$
CH_2－CH_2－COOH ｜ CH_2－CH_2－COOH　アジピン酸	H(COOH)C＝C(H)HOOC　フマル酸（トランス形）

マレイン酸とフマル酸はシス-トランス異性体だよ!
HOOC
COOH

⑶ ヒドロキシ酸　R(COOH)(OH)

分子内に－COOH と－OH をもつカルボン酸をヒドロキシ酸という。

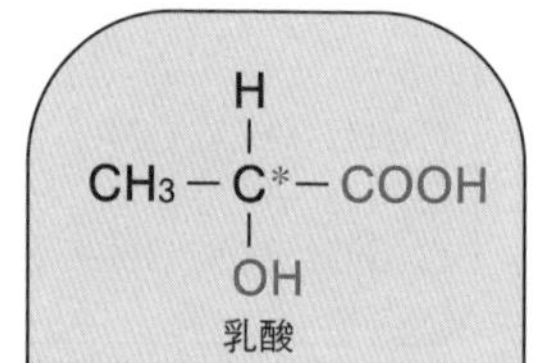
H
CH_3－C*－COOH
OH
乳酸

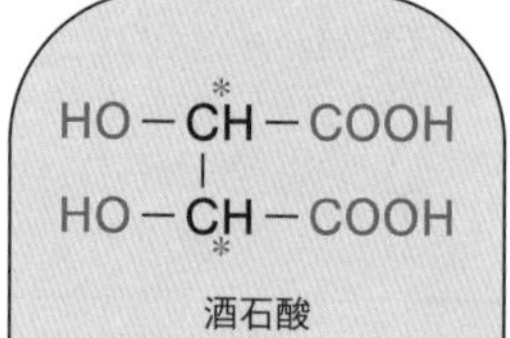
HO－C*H－COOH
HO－C*H－COOH
酒石酸

乳酸はヨーグルトに入っている酸だ!!

酒石酸はカリウム塩としてワイン樽の底に沈んでいるんだ!!　たまにボトルの底にちょっとあったりするよ!

story 2 カルボン酸の製法

(1) 第一級アルコールの酸化

カルボン酸はどうやってつくるんですか？

カルボン酸の製法で一番最初に思いだしてほしいのは**第一級アルコールの酸化**（▶ P.136）だよ。

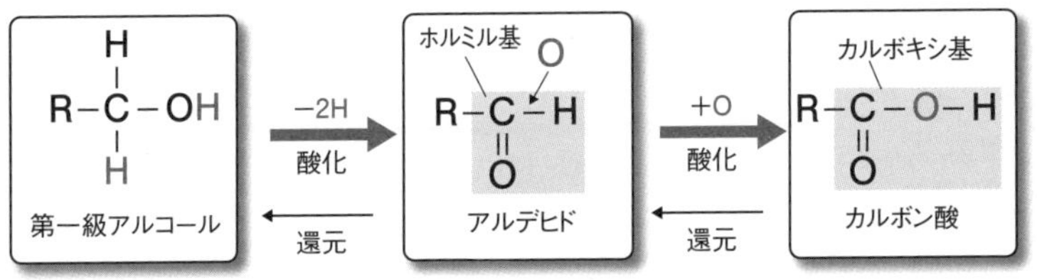
H
R−C−OH
H
第一級アルコール
−2H
酸化
還元
ホルミル基
O
R−C−H
O
アルデヒド
+O
酸化
還元
カルボキシ基
R−C−O−H
O
カルボン酸

(2) 酢酸の製法

お酢ってどうやって作るの？

料理に使う酢酸は**酢酸発酵**で作るんだよ。まず，グルコース（ブドウ糖）をアルコール発酵させてエタノール（お酒）を作り，次に酢酸菌によって発酵させれば酢酸が出来るんだ。（次ページの図中の①→③）

また，エテンの水付加で得たエタノールを酸素で酸化しても得られるよ。（次ページの図中の②→③）

現在，工業的に主流の方法はメタノールと一酸化炭素 CO を原料に触媒を使って直接合成する方法なんだ。（次ページの図中の④）

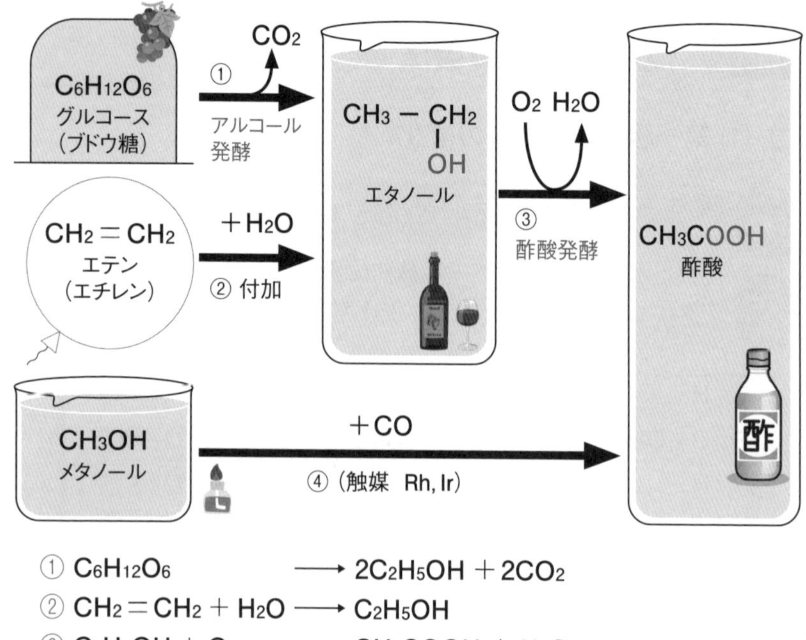
$C_6H_{12}O_6$
グルコース
（ブドウ糖）
① CO_2
アルコール発酵
CH_3-CH_2
OH
エタノール
O_2 H_2O
③ 酢酸発酵
$CH_2=CH_2$
エテン
（エチレン）
$+H_2O$
② 付加
CH_3COOH
酢酸
酢
CH_3OH
メタノール
$+CO$
④（触媒 Rh, Ir）

① $C_6H_{12}O_6 \longrightarrow 2C_2H_5OH + 2CO_2$

② $CH_2=CH_2 + H_2O \longrightarrow C_2H_5OH$

③ $C_2H_5OH + O_2 \longrightarrow CH_3COOH + H_2O$

④ $CH_3OH + CO \longrightarrow CH_3COOH$

▲酢酸の製法

このようにして生成した酢酸はアセチレンに付加させ，重合して接着剤の原料のポリ酢酸ビニルをつくったりしているんだ。

酢酸からポリ酢酸ビニルっていうボンドができるのね！
BOND

(3) カルボン酸誘導体の加水分解

カルボン酸無水物やカルボン酸エステルのようなカルボン酸誘導体と呼ばれる物質の**加水分解**でもカルボン酸が生じるよ。加水分解のときは水をいれるだけでなく，薄い酸か塩基が触媒になることが多いんだ。無水酢酸の方が反応性が大きいことも参考に覚えておいてね。

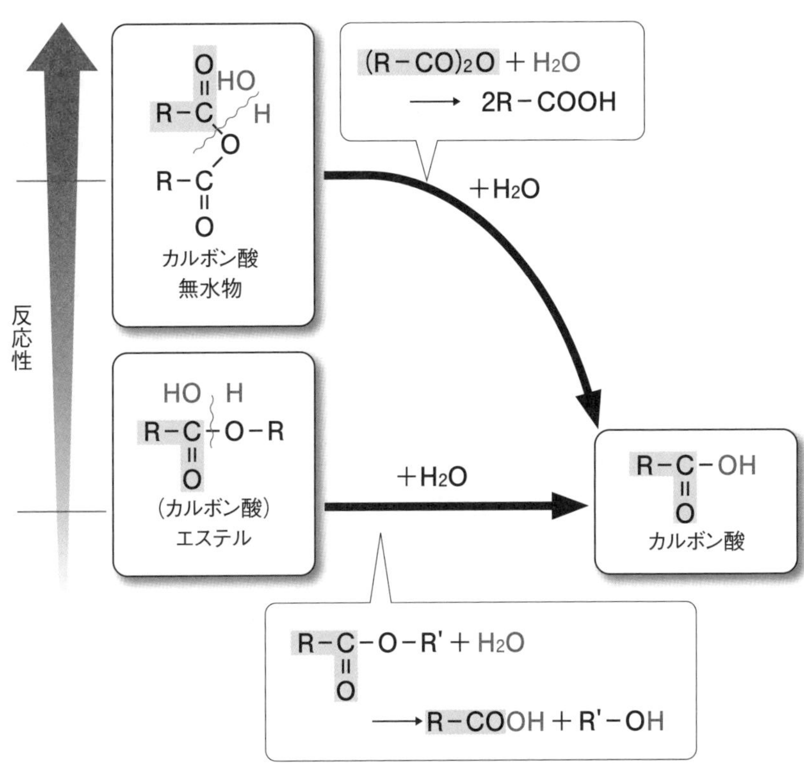

反応性
カルボン酸
無水物
(R−CO)2O ＋ H2O
⟶ 2R−COOH
＋H2O
（カルボン酸）
エステル
＋H2O
カルボン酸
R−C−O−R' ＋ H2O
⟶R−COOH ＋ R'−OH

story 3 カルボン酸の性質

(1) 水素結合による二量体の生成

カルボン酸は沸点が高いんですか？

カルボン酸は分子間で水素結合して二量体をつくる（会合（かいごう））ものが多く，見かけの分子量が大きくなるんだ。だから，**沸点がアルデヒドやケトンと比較すると高い**のが特徴だよ。

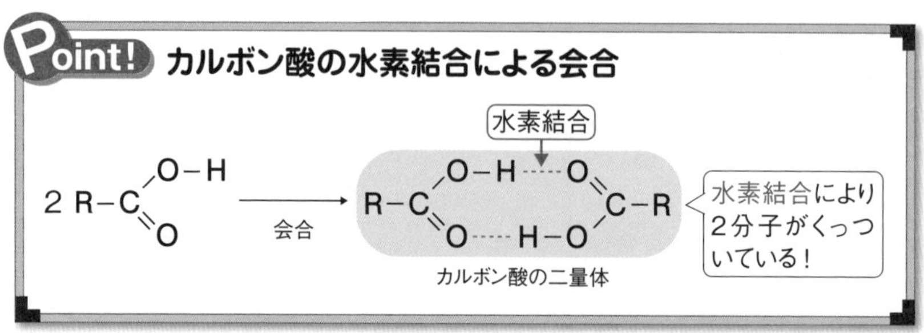

Point! カルボン酸の水素結合による会合
水素結合
2 R−C(=O)−O−H
会合
R−C(=O)−O−H ···· O=C(−R)−O−H ···· O
水素結合により2分子がくっついている！
カルボン酸の二量体

例えば，エタノールとそれを酸化して生成する物質の沸点を比較すると，**エタノールと酢酸は分子間で水素結合する**から沸点が高いよ！

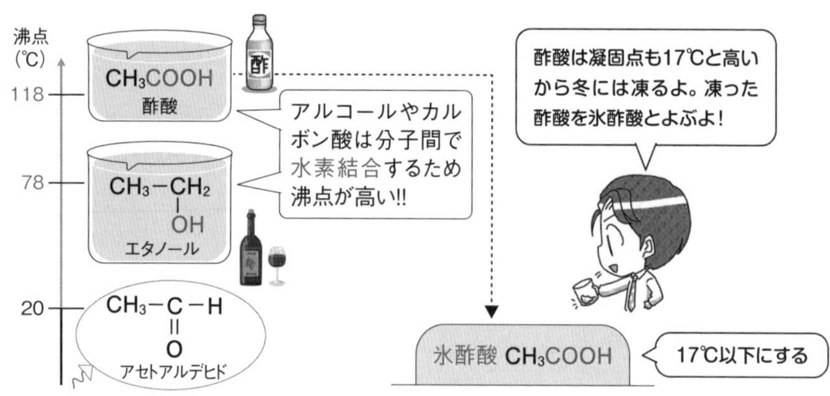

沸点（℃）
118
78
20
CH₃COOH
酢酸
酢
CH₃−CH₂
OH
エタノール
CH₃−C−H
O
アセトアルデヒド
アルコールやカルボン酸は分子間で水素結合するため沸点が高い!!
酢酸は凝固点も17℃と高いから冬には凍るよ。凍った酢酸を氷酢酸とよぶよ！
氷酢酸 CH₃COOH
17℃以下にする

(2) 弱酸としての性質

じゃあ，市販のお酢の中では酢酸が二量体になっているの？

いやいや，お酢のような薄い水溶液中では酢酸分子どうしがなかなか近づけないから，会合（かいごう）して二量体をつくれないんだ。水中では酢酸は分子や酢酸イオンで存在しているんだよ。

$CH_3COOH + H_2O$
酢酸
$\downarrow\uparrow$
$CH_3COO^- + H_3O^+$
酢酸イオン

また，カルボン酸は強塩基と中和反応して，カルボン酸イオンが生成するし，炭酸より強い酸だから，炭酸水素イオン HCO_3^- と反応して二酸化炭素を発生するんだ。

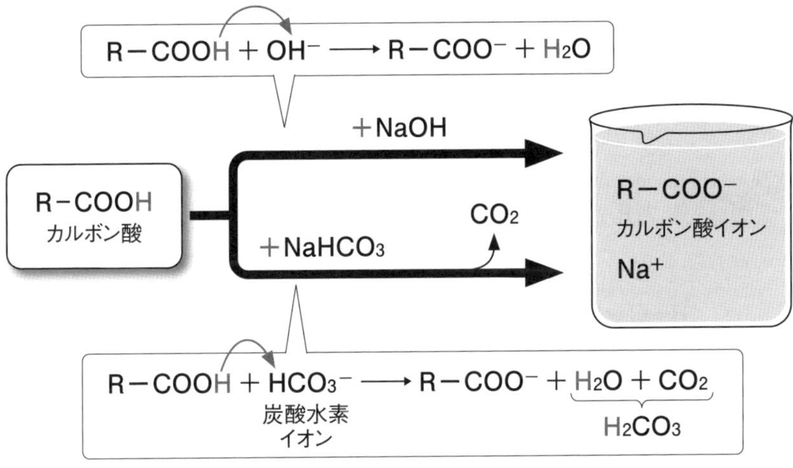

R－COOH ＋ OH⁻ ⟶ R－COO⁻ ＋ H2O
＋NaOH
R－COOH
カルボン酸
CO2
＋NaHCO3
R－COO⁻
カルボン酸イオン
Na⁺
R－COOH ＋ HCO3⁻ ⟶ R－COO⁻ ＋ H2O ＋ CO2
炭酸水素
イオン
H2CO3

(3) カルボン酸無水物の生成

無水酢酸は，水の入っていない酢酸ですか？

無水酢酸（むすいさくさん）は水の入っていない酢酸ではなくて，酢酸２分子から水分子を１つとったものなんだ。酢酸に十酸化四リン P_4O_{10} という脱水剤を入れて加熱してつくるよ。

$$CH_3-C(=O)-OH + CH_3-C(=O)-OH \xrightarrow[\text{加熱}\ \blacktriangle]{P_4O_{10}} (CH_3-C(=O))_2O + H_2O$$

酢酸　　　無水酢酸

一般にカルボン酸を P_4O_{10} などで脱水すると**カルボン酸無水物**が生成するんだ。無水酢酸を生成する反応式と同じだからしっかり覚えておこう！

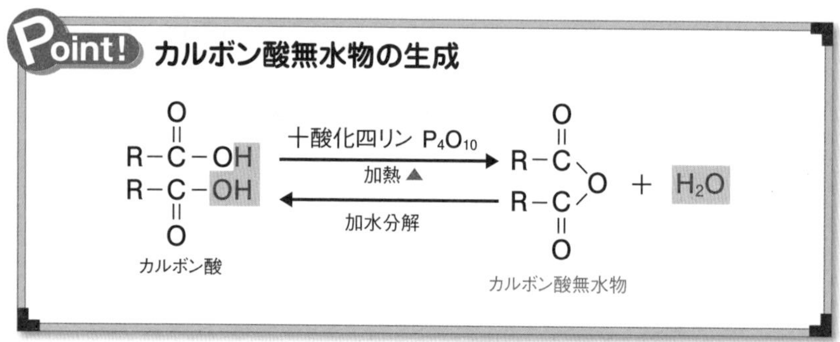
Point!
カルボン酸無水物の生成
R−C−OH
R−C−OH
十酸化四リン P₄O₁₀
加熱▲
加水分解
R−C
O
R−C
+ H₂O
カルボン酸
カルボン酸無水物

このようにしてできた**カルボン酸無水物はカルボキシ基がないから中性**なんだ。でも，水と徐々に反応してカルボン酸になるよ（加水分解）。この反応はちょうど脱水するときと逆の反応だね。

また，マレイン酸やフタル酸など，分子内で２つのカルボキシ基

－COOH が近くにあるカルボン酸は，加熱のみで脱水されるものがあるよ。これは試験などで非常によく出る内容だから例を覚えてね。

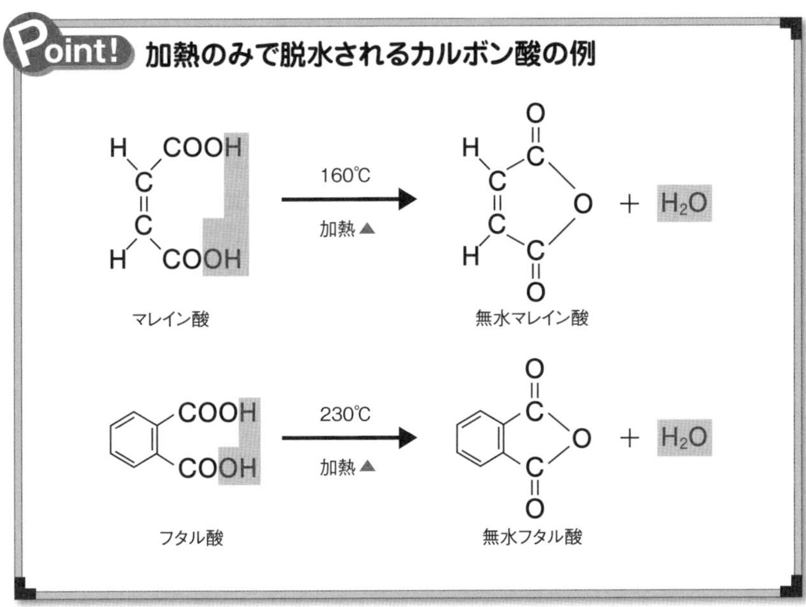

Point!
加熱のみで脱水されるカルボン酸の例
H COOH
C
C
H COOH
160℃
加熱
O
C
H
C
O
C
H
C
O
+ H_2O
マレイン酸
無水マレイン酸
COOH
COOH
230℃
加熱
O
C
O
C
O
+ H_2O
フタル酸
無水フタル酸

マレイン酸を加熱すると，脱水されて無水マレイン酸になるけど，マレイン酸のシス－トランス異性体のフマル酸は－COOH どうしが離れているから，加熱しても脱水されないことも重要だからね。

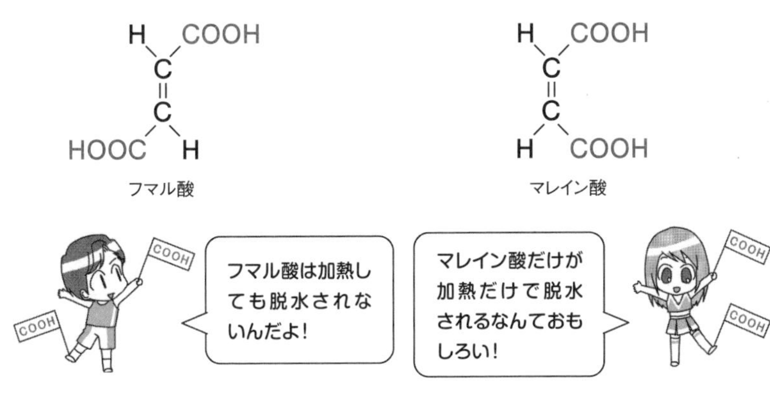

H COOH
C
C
HOOC H
フマル酸
H COOH
C
C
H COOH
マレイン酸
COOH
COOH
フマル酸は加熱しても脱水されないんだよ！
マレイン酸だけが加熱だけで脱水されるなんておもしろい！
COOH
COOH

●ゴロ合わせ暗記

トラにフマれてマレに死す。

トランス体 フマル酸 マレイン酸 シス体

フマル酸は加熱しても脱水されないんだよ!

確認問題

1 次のカルボン酸の名称を答えよ。

(1) $HCOOH$

(2) CH_3-CH_2-COOH

(3) $CH_3-CH_2-CH_2-COOH$

(4) $HOOC-COOH$

(5) $HOOC-(CH_2)_4-COOH$

(6) $CH_2=C(H)(COOH)$　（Cに H と COOH が結合）

(7) $CH_2=C(CH_3)(COOH)$　（Cに CH_3 と COOH が結合）

(8) $H(COOH)C=C(HOOC)H$　（上のCに H と COOH、下のCに HOOC と H が結合）

解答

(1) ギ酸
(2) プロピオン酸
(3) 酪酸
(4) シュウ酸
(5) アジピン酸
(6) アクリル酸
(7) メタクリル酸
(8) フマル酸

2 次の物質の構造式を書け。

(1) 酢酸

(2) 無水酢酸

解答

(1) $CH_3-C(=O)-OH$

(2) $CH_3-C(=O)-O-C(=O)-CH_3$　（2つの $CH_3-C(=O)-$ が O を介して結合）

3 エタノールを ニクロム酸カリウム の硫酸酸性溶液で酸化して得られるカルボン酸の名称を答えよ。

解答 酢酸

4 次の①～③の物質から最も沸点が高いものを選べ。

① エタノール　　② アセトアルデヒド
③ 酢酸

解答 ③

解答

5 100%の酢酸の液体中で酢酸が分子間で水素結合しているようすを化学式を用いて表せ。

水素結合

```
      O-H‥‥O
     /        \\
CH3-C          C-CH3
     \\        /
      O‥‥H-O
```

6 酢酸ナトリウムと塩酸の反応を化学反応式で表せ。

$HCl + CH_3COONa \longrightarrow NaCl + CH_3COOH$

7 炭酸水素ナトリウムと酢酸の反応を化学反応式で表せ。

$CH_3COOH + NaHCO_3 \longrightarrow CH_3COONa + H_2O + CO_2$

8 次の①〜⑥のカルボン酸から加熱のみで脱水されるものをすべて選べ。

① ギ酸　② 酢酸
③ アクリル酸　④ マレイン酸
⑤ フマル酸　⑥ 酪酸

④

9 カルボン酸に十酸化四リン P_4O_{10} を入れて加熱脱水してできる化合物の名称を答えよ。

カルボン酸無水物（無水カルボン酸ではないから注意）

ファイト!
Vinegar

第13章 カルボン酸と無機酸の誘導体

エステルマニア
jasmine tea

▶ 果物の香りはカルボン酸エステルが多い。ジャスミン茶もジャスモン酸メチルというエステル，ろうそくのろうもエステルである。

story 1 カルボン酸誘導体の命名

(1) カルボン酸とカルボン酸誘導体

エステルとかアミドとか，カルボン酸無水物とかって，なんだかごちゃごちゃで頭が混乱します〜!

確かに（カルボン酸）エステル，（カルボン酸）アミドやカルボン酸無水物はすべて**カルボン酸誘導体**といって，構造が似ているから頭が混乱しがちだね。でも，分類してまとめてみると，すっきりするよ。カルボン酸誘導体というのはカルボン酸の仲間みたいなもので，**$\mathrm{R{-}C({=}O){-}OH}$ の端にある $\mathrm{-OH}$ を C，H，金属以外の物質に変えたものをいう**んだ。つまり，共通の構造は $\mathrm{R{-}C({=}O){-}}$ ということになるんだ。この基を**アシル基**というよ。

カルボン酸誘導体の分類と一緒に反応性の大小をポイントにまとめたよ。一般に反応性が高いものから低いものへの合成が簡単だから，覚えておくと便利だよ。

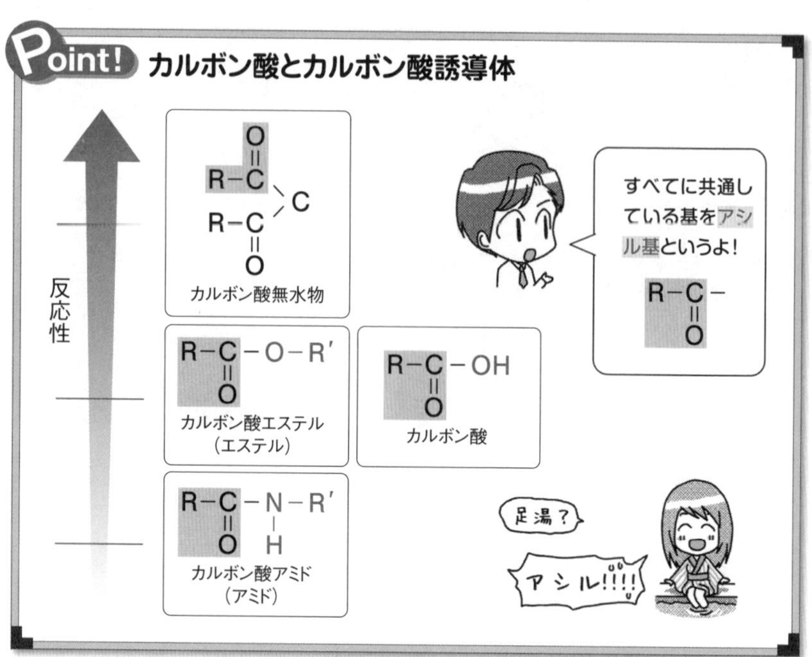
Point!
カルボン酸とカルボン酸誘導体
反応性
カルボン酸無水物
カルボン酸エステル
（エステル）
カルボン酸
カルボン酸アミド
（アミド）
すべてに共通している基をアシル基というよ!
足湯？
アシル!!!!

エステルを一発で見分ける方法を教えて下さい!

オッケー！　それは簡単で，エステルというのは酸の－Hを炭化水素基－Rで置き換えただけなんだ。だから酸の構造がわかればエステルは一発だよ。そしてカルボン酸だけでなく，硝酸や硫酸にもエステルがあって，名称は「～酸**アルキル**」となるんだよ。（硫酸モノエステルだけはHが残っているから硫酸**水素アルキル**になるよ）。

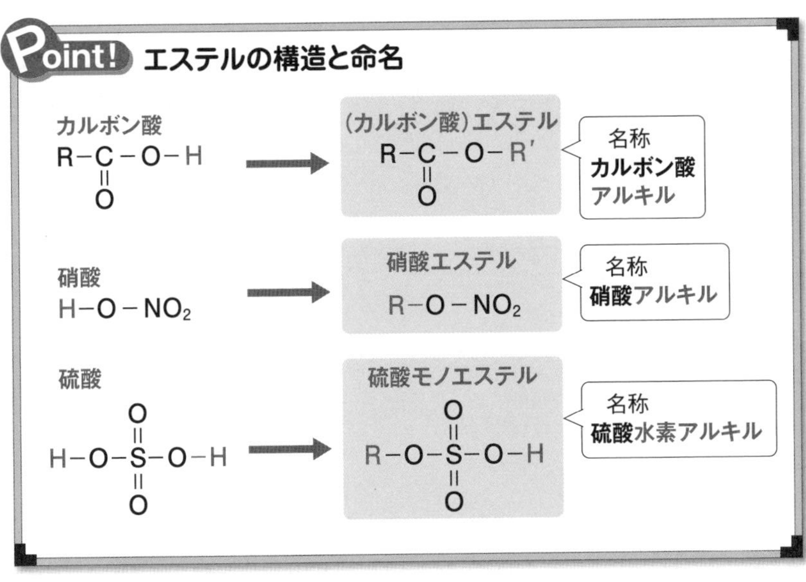
Point! エステルの構造と命名
カルボン酸
R−C−O−H
O
(カルボン酸)エステル
R−C−O−R′
O
名称
カルボン酸
アルキル
硝酸
H−O−NO2
硝酸エステル
R−O−NO2
名称
硝酸アルキル
硫酸
O
H−O−S−O−H
O
硫酸モノエステル
O
R−O−S−O−H
O
名称
硫酸水素アルキル

では，さっそく，エステルの名称の例を見てみよう。ベンゼンから水素を1個とった官能基は**フェニル基**というからそれだけ新しく覚えてね。

フェニル基
C6H5−と書くこともあるよ！

▼いろいろなエステルの名称

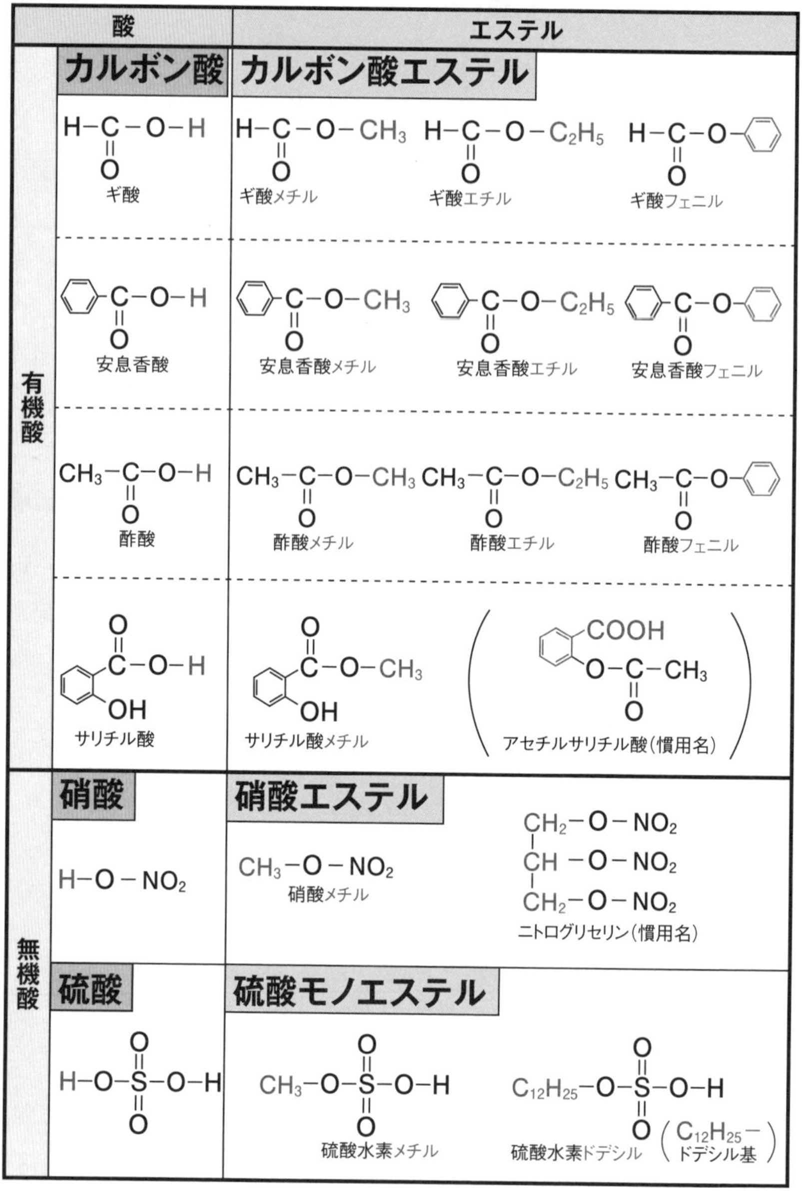

	酸	エステル		
有機酸	**カルボン酸**	**カルボン酸エステル**		
	$H-C(=O)-O-H$ ギ酸	$H-C(=O)-O-CH_3$ ギ酸メチル	$H-C(=O)-O-C_2H_5$ ギ酸エチル	$H-C(=O)-O-C_6H_5$ ギ酸フェニル
	$C_6H_5-C(=O)-O-H$ 安息香酸	$C_6H_5-C(=O)-O-CH_3$ 安息香酸メチル	$C_6H_5-C(=O)-O-C_2H_5$ 安息香酸エチル	$C_6H_5-C(=O)-O-C_6H_5$ 安息香酸フェニル
	$CH_3-C(=O)-O-H$ 酢酸	$CH_3-C(=O)-O-CH_3$ 酢酸メチル	$CH_3-C(=O)-O-C_2H_5$ 酢酸エチル	$CH_3-C(=O)-O-C_6H_5$ 酢酸フェニル
	$C_6H_4(OH)-C(=O)-O-H$ サリチル酸	$C_6H_4(OH)-C(=O)-O-CH_3$ サリチル酸メチル	($C_6H_4(COOH)-O-C(=O)-CH_3$ アセチルサリチル酸(慣用名))	
無機酸	**硝酸**	**硝酸エステル**		
	$H-O-NO_2$	CH_3-O-NO_2 硝酸メチル	CH_2-O-NO_2 $CH-O-NO_2$ CH_2-O-NO_2 ニトログリセリン(慣用名)	
	硫酸	**硫酸モノエステル**		
	$H-O-S(=O)_2-O-H$	$CH_3-O-S(=O)_2-O-H$ 硫酸水素メチル	$C_{12}H_{25}-O-S(=O)_2-O-H$ 硫酸水素ドデシル ($C_{12}H_{25}-$ ドデシル基)	

さあ，これでエステルの名称は完璧だね。単に“エステル”といったらカルボン酸エステルを指すことが多いので次の構造を**エステル結合**とよぶからこれも覚えておこう。

$$R-\underset{\underset{O}{\|}}{C}-O-R'$$

エステル結合

(3) アミドの命名

次にアミド（カルボン酸アミド）の命名法も少しだけ覚えてもらおう。酢酸のアミドはアセチル基をもつから**「アセト～」**とよぶことが多いんだ。

$$CH_3-\underset{\underset{O}{\|}}{C}-\underset{\underset{H}{|}}{N}-H \qquad CH_3-\underset{\underset{O}{\|}}{C}-\underset{\underset{H}{|}}{N}-C_6H_5$$

アセトアミド　　アセトアニリド

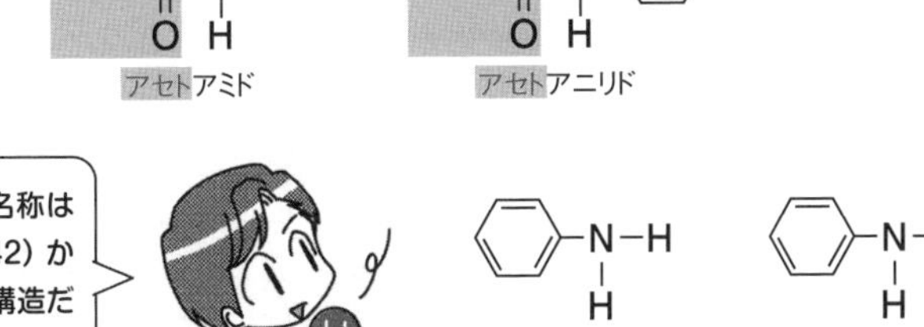

アニリドという名称はアニリン(P.242)から水素をとった構造だからそうよぶんだよ！
H
N−H
H
アニリン
N−
H
アニリド

また，アミドには次のような**アミド結合**とよばれる結合もあるから覚えておいてね。

$$R-\underset{\underset{O}{\|}}{C}-\underset{\underset{H}{|}}{N}-R'$$

アミド結合

story 2 カルボン酸と無機酸の誘導体の製法

(1) カルボン酸からのエステルの製法

エステル化とかアセチル化とかいろんな反応があって頭が混乱します。助けてください！

いい方法があるよ。それは反応性を考えるんだ。反応性の高い物質から低い物質を合成するのが効率的な合成なんだ。カルボン酸誘導体の種類が少ないから簡単だよ。

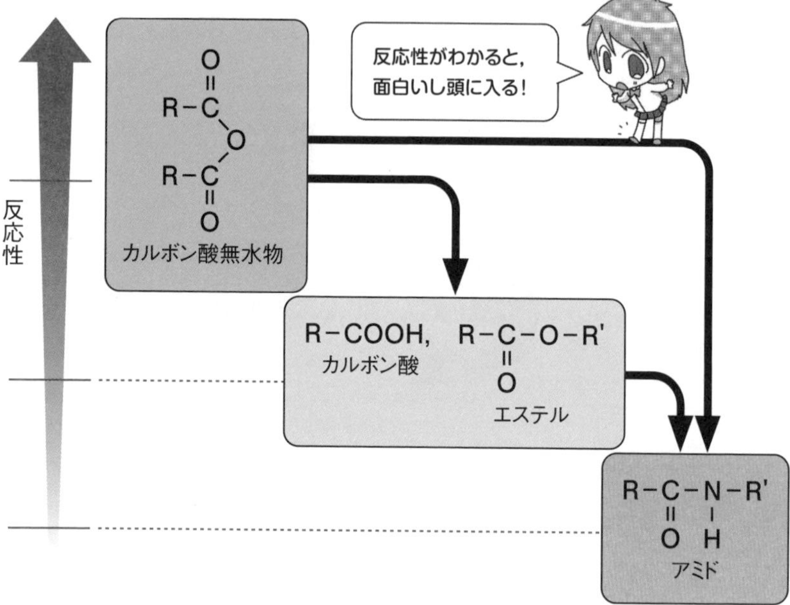

反応性がわかると，
面白いし頭に入る！
反応性
R−C(=O)−O−C(=O)−R
カルボン酸無水物
R−COOH,
カルボン酸
R−C(=O)−O−R'
エステル
R−C(=O)−N(H)−R'
アミド

▲ カルボン酸誘導体合成の考え方

この考え方を使ってエステル（カルボン酸エステル）を合成してみると次のようになるよ。この反応は**エステル化**ともいうし，アルコールの水素をアシル基に置き換えているので**アシル化**ともよばれるんだ。また，エステル化の触媒には濃硫酸がよく使われることも覚えておいてね。

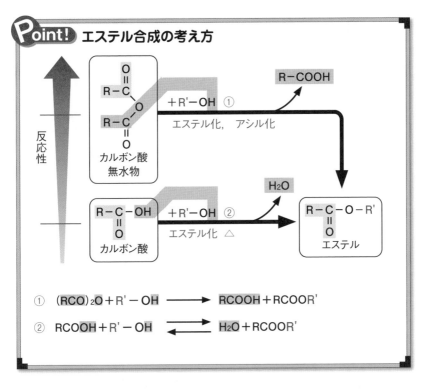

Point! エステル合成の考え方

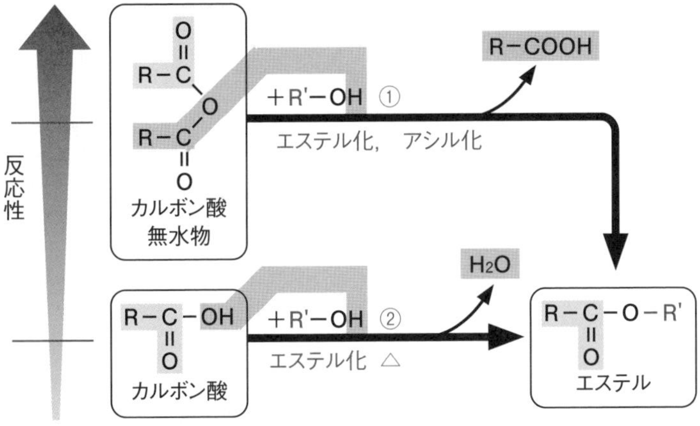

反応性

カルボン酸無水物（R−CO−O−CO−R）＋R'−OH ①　→（エステル化，アシル化）→ R−COOH ＋ エステル

カルボン酸（R−CO−OH）＋R'−OH ②　→（エステル化 △）→ H_2O ＋ エステル

エステル（R−C(=O)−O−R'）

① $(RCO)_2O + R'-OH \longrightarrow RCOOH + RCOOR'$

② $RCOOH + R'-OH \rightleftarrows H_2O + RCOOR'$

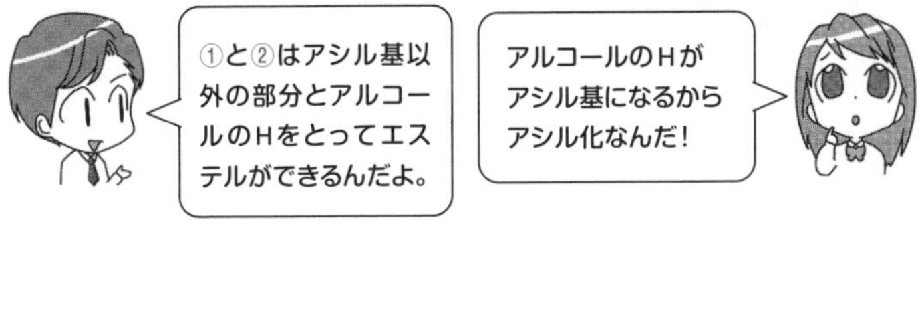

①と②はアシル基以外の部分とアルコールのHをとってエステルができるんだよ。

アルコールのHがアシル基になるからアシル化なんだ！

この基本原理がわかれば，酢酸エチルの合成は，無水酢酸からでも，酢酸からでもできることがわかるね。この反応は**エステル化**ともいうし，エタノールの水素をアセチル基に置き換えているので**アセチル化**とも呼ばれるんだ。

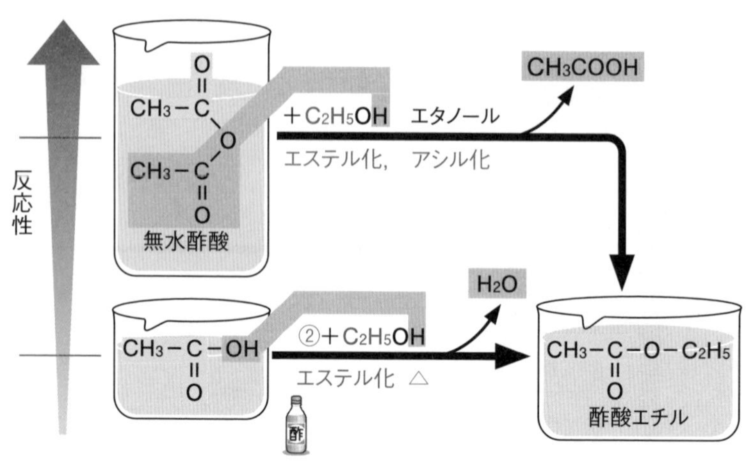
反応性
O
CH3−C
O
CH3−C
O
無水酢酸
＋C2H5OH　エタノール
エステル化，　アシル化
CH3COOH
CH3−C−OH
O
②＋C2H5OH
エステル化　△
H2O
酢
CH3−C−O−C2H5
O
酢酸エチル

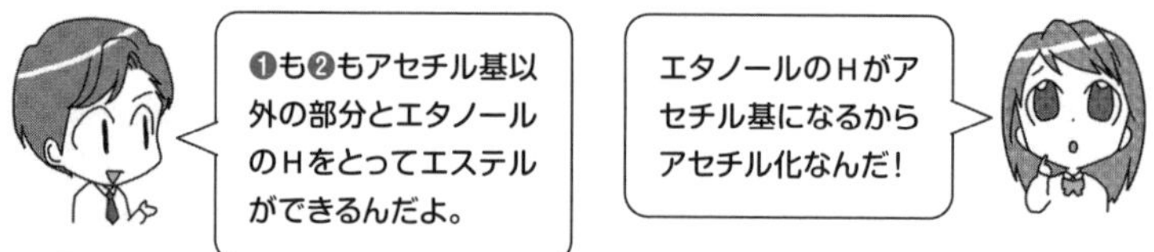
① (CH3CO)2O＋C2H5−OH ⟶ CH3COOH＋CH3COOC2H5
② CH3COOH＋C2H5−OH ⇄ H2O＋CH3COOC2H5

❶も❷もアセチル基以外の部分とエタノールのＨをとってエステルができるんだよ。

エタノールのＨがアセチル基になるからアセチル化なんだ！

(2) 不飽和炭化水素へのカルボン酸の付加

エステルの製法ってこれで終わりですよね。

いや，カルボン酸やカルボン酸誘導体からだけでなく，アルケンやアルキンに酢酸を付加させてもエステルはできるよ。酢酸エチルと酢酸ビニルの例を見て確認してね。

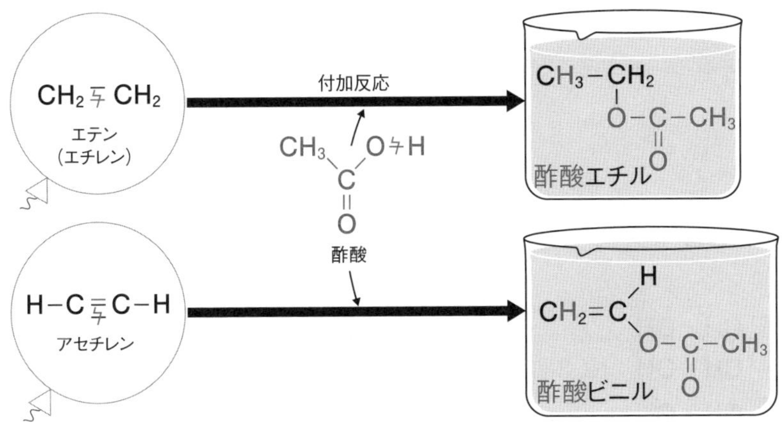

CH₂ = CH₂
エテン
（エチレン）
付加反応
CH₃ O H
C
O
酢酸
H−C≡C−H
アセチレン
CH₃−CH₂
O−C−CH₃
O
酢酸エチル
H
CH₂=C
O−C−CH₃
O
酢酸ビニル

(3) 硝酸エステル，硫酸エステルの製法

硝酸エステルや硫酸エステルの製法も教えてください！

簡単な方法は硝酸や硫酸とアルコールから水を脱水して生成する方法だよ。

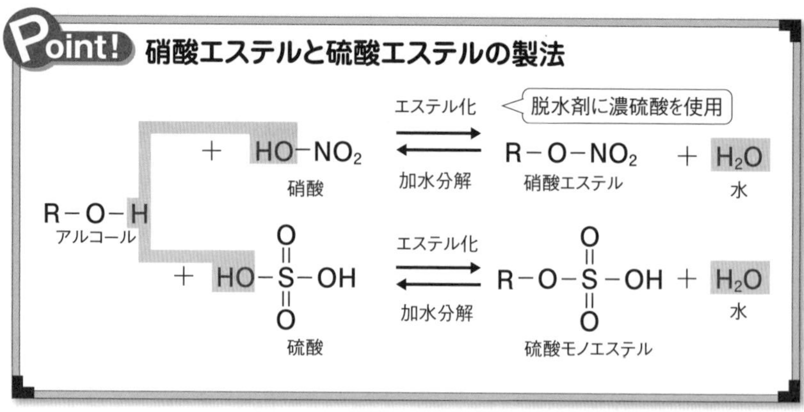
Point! 硝酸エステルと硫酸エステルの製法
エステル化
脱水剤に濃硫酸を使用
R－O－H
アルコール
＋ HO－NO2
硝酸
加水分解
R－O－NO2 ＋ H2O
硝酸エステル
水
エステル化
＋ HO－S(=O)(=O)－OH
硫酸
加水分解
R－O－S(=O)(=O)－OH ＋ H2O
硫酸モノエステル
水

例

① $CH_3-O-H + HO-NO_2 \rightleftarrows CH_3-O-NO_2 + H_2O$

メタノール　硝酸　（右向き：エステル化／左向き：加水分解）　硝酸メチル

② グリセリン $\begin{matrix} CH_2-OH \\ CH-OH \\ CH_2-OH \end{matrix}$ $+ \ 3HO-NO_2 \rightleftarrows$ $\begin{matrix} CH_2-O-NO_2 \\ CH-O-NO_2 \\ CH_2-O-NO_2 \end{matrix}$ $+ \ 3H_2O$

グリセリン　硝酸　（右向き：エステル化／左向き：加水分解）　ニトログリセリン

ニトログリセリンは爆薬や狭心症の薬として利用されているよ！

③ $C_{12}H_{25}-OH + HO-SO_2-OH \rightleftarrows C_{12}H_{25}-O-SO_2-OH + H_2O$

ドデカノール　硫酸　（右向き：エステル化／左向き：加水分解）　硫酸水素ドデシル

story 3 カルボン酸誘導体の性質と反応

(1) アミドの分子間水素結合形成

カルボン酸エステルは液体のイメージで良いですか？

カルボン酸エステルは分子間で水素結合をしないから，低分子のものだと確かに**液体が多い**んだ。それと比較してアミドは**固体が多い**んだよ。これは**アミドはアルコールやカルボン酸みたいに分子間で水素結合をする**からだよ。

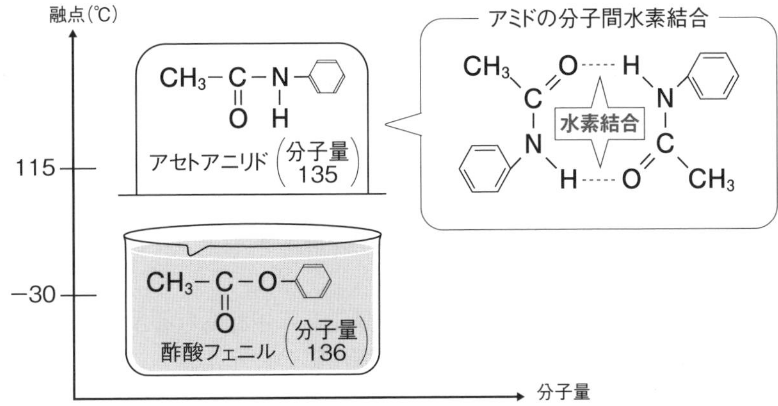

融点(℃)
115
−30
分子量
$CH_3-C(=O)-NH-C_6H_5$
アセトアニリド（分子量 135）
$CH_3-C(=O)-O-C_6H_5$
酢酸フェニル（分子量 136）
アミドの分子間水素結合
CH_3 C O H N C N H O CH_3
水素結合

エステルは液体が多いだけでなく，蒸気圧が高いものが多いから，特有の臭いのするものが多いんだよ！

酢酸エチルってパイナップルみたいな香りがする。

(2) エステルのけん化

エステルは加水分解されやすいんですか？

エステルは水に溶けにくいし，水を入れて加熱してもなかなか反応しないんだ。

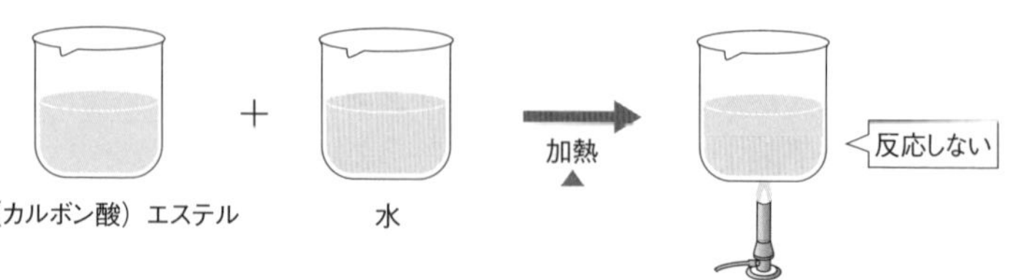
（カルボン酸）エステル
水
加熱
反応しない

ところが，カルボン酸エステルに**水酸化ナトリウム水溶液を加えて加熱するとカルボン酸とアルコールに加水分解される**んだ。これは次のように説明できるんだよ。

まず，カルボン酸エステルの加水分解はなかなか反応しないんだけど，ほんの少し加水分解されてカルボン酸とアルコールが生成しているんだ。

生成したカルボン酸が水酸化ナトリウムに中和される反応は非常に起こりやすいから，全体的に反応が進んでいくんだ。

$$\mathrm{R{-}C({=}O){-}O{-}R' + \cancel{H_2O} \longrightarrow \cancel{R{-}C({=}O){-}OH} + R'{-}O{-}H}$$

$$\mathrm{\cancel{R{-}C({=}O){-}OH} + NaOH \xrightarrow{\text{中和}} R{-}C({=}O){-}ONa + \cancel{H_2O}}$$

+)

$$\underset{\text{カルボン酸エステル}}{\mathrm{R{-}C({=}O){-}O{-}R'}} + \mathrm{NaOH} \xrightarrow[\triangle]{\text{けん化}} \underset{\text{カルボン酸の塩}}{\mathrm{R{-}C({=}O){-}ONa}} + \underset{\text{アルコール}}{\mathrm{R'{-}O{-}H}}$$

このようにエステルに**塩基を加えて加水分解すること**を**けん化**というんだ。エステルを分解してアルコールを得るには，たいていこのけん化を行うから覚えておいてね。

例

① $$\underset{\text{酢酸エチル}}{CH_3-\underset{\underset{O}{\|}}{C}-O-C_2H_5} + NaOH \xrightarrow[\triangle]{\text{けん化}} \underset{\text{酢酸ナトリウム}}{CH_3-\underset{\underset{O}{\|}}{C}-ONa} + \underset{\text{エタノール}}{C_2H_5-OH}$$

生成した酢酸ナトリウムは，実際には電離して水に溶けていて，生成したエタノールも水溶性のため，液は２層にならずに１層になるよ。

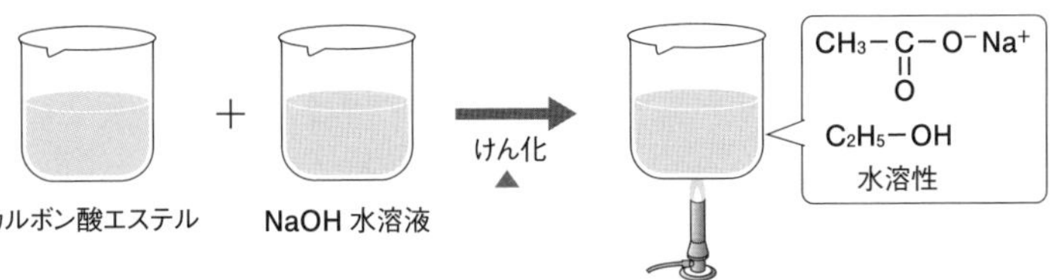
カルボン酸エステル
NaOH 水溶液
けん化
CH3−C−O⁻Na⁺
O
C2H5−OH
水溶性

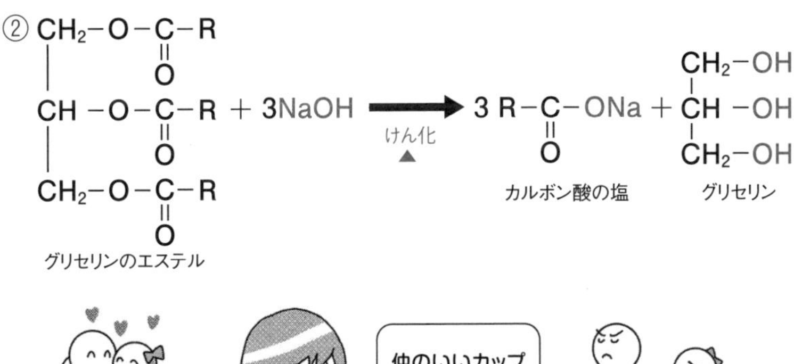
②
CH2−O−C−R
CH −O−C−R + 3NaOH
CH2−O−C−R
グリセリンのエステル
けん化
3 R−C−ONa
カルボン酸の塩
CH2−OH
CH −OH
CH2−OH
グリセリン

仲のいいカップルもけんかすると別れるんだ！
エステル
けんか
けんかして分解！

確認問題

1 次のカルボン酸誘導体の名称を答えよ。

(1) $R-\underset{\underset{O}{\|}}{C}-O-\underset{\underset{O}{\|}}{C}-R$　　(2) $R-\underset{\underset{O}{\|}}{C}-O-R'$

2 次のエステルの名称を答えよ。

(1) $H-\underset{\underset{O}{\|}}{C}-O-CH_3$　　(2) $C_6H_4(OH)-\overset{\overset{O}{\|}}{C}-O-CH_3$（オルト位に OH）

(3) $CH_3-\underset{\underset{O}{\|}}{C}-O-CH_2-CH_2-CH_3$

(4) $CH_3-\underset{\underset{O}{\|}}{C}-O-C_6H_5$

(5) $C_6H_5-\underset{\underset{O}{\|}}{C}-O-\underset{\underset{CH_3}{|}}{CH}-CH_3$

(6) $CH_3-CH_2-\underset{\underset{O}{\|}}{C}-O-C_6H_5$

3 酢酸とエタノールに濃硫酸を入れてエステルを生成する反応を化学反応式で表せ。

4 無水酢酸とエタノールに濃硫酸を入れてエステルを生成する反応を化学反応式で表せ。

解答

1
(1) カルボン酸無水物
(2) カルボン酸エステル

2
(1) ギ酸メチル
(2) サリチル酸メチル
(3) 酢酸プロピル
(4) 酢酸フェニル
(5) 安息香酸イソプロピル
(6) プロピオン酸フェニル

3
$CH_3COOH + C_2H_5OH \longrightarrow H_2O + CH_3-\underset{\underset{O}{\|}}{C}-O-C_2H_5$

4
$(CH_3CO)_2O + C_2H_5OH \longrightarrow CH_3COOH + CH_3-\underset{\underset{O}{\|}}{C}-O-C_2H_5$

5 アセチレンに酢酸を付加して生成するエステルの名称を答えよ。

解答 酢酸ビニル

6 酢酸エチルを水酸化ナトリウムでけん化したときに得られる水以外の物質を化学式で答えよ。

解答 CH_3COONa, C_2H_5OH

7 次の①~⑥の化合物から分子間で水素結合しているものをすべて選べ。

① エタノール　　② アセトアルデヒド
③ 酢酸　　　　　④ 酢酸エチル
⑤ 無水酢酸　　　⑥ アセトアニリド

解答 ① ③ ⑥

アルコールもカルボン酸も－OHがあるから水素結合するよ!

R － OH

R － C － OH
　　‖
　　O

第14章 油脂とセッケン，界面活性剤

顔の油汚れを石鹸で落として
乳液(油)をつけるって…
?
乳液

▶顔の油汚れにも乳液にも油脂が含まれるが，その汚れを取るのも油脂からできたセッケンである。

story 1 油脂の構造と性質

(1) 油脂の構造

油脂って液体ですか，固体ですか？

そうだね，簡単に言えば常温で液体なのが**油** oil で，固体が**脂** fat というんだ。だから２つを合わせて**油脂** oil & fat だね。

正確には**液体のものを脂肪油**，**固体を脂肪という**からきちんと覚えよう。

Point! 油脂の分類

油脂 ┬ **脂肪油**…常温で液体(油) 
　　 └ **脂肪**……常温で固体(脂) 

油脂は**高級脂肪酸とグリセリン**（**グリセロール**）**のエステル**で，加水分解すると高級脂肪酸とグリセリンになるんだ。

$$\begin{array}{l} CH_2-O-\underset{\parallel}{C}-R_1 \\ \qquad\quad\;\; O \\ CH-O-\underset{\parallel}{C}-R_2 \\ \qquad\quad\;\; O \\ CH_2-O-\underset{\parallel}{C}-R_3 \\ \qquad\quad\;\; O \end{array} + 3H_2O \underset{\text{エステル化（縮合）}}{\overset{\text{加水分解}}{\rightleftarrows}} \begin{array}{l} CH_2-OH \\ | \\ CH-OH \\ | \\ CH_2-OH \end{array} + \begin{array}{l} R_1-COOH \\ R_2-COOH \\ R_3-COOH \end{array}$$

油脂　　グリセリン（グリセロール）　　高級脂肪酸

炭素数の多い一価カルボン酸

だから，化粧水などに使うグリセリンは天然の油脂を加水分解してつくられることが多いんだよ。

(2) 油脂を構成する高級脂肪酸

高級脂肪酸は炭素数の多い一価カルボン酸のことで，炭素数で見ると次のようなものが多いよ。

炭素数16 ⇒パルミチン酸

炭素数18 ⇒ステアリン酸，オレイン酸，リノール酸，リノレン酸

それから，構造式を見るとわかるけど，**オレイン酸**，**リノール酸**，**リノレン酸の炭素間の二重結合はすべてシス体**なので，同じ炭素数のステアリン酸に比べて**分子の表面積が小さく**，**分子間力も小さい**んだ。だから，ステアリン酸は固体だけどオレイン酸，リノール酸，リノレン酸は液体なんだよ。

ステアリン酸
オレイン酸
リノール酸
リノレン酸
大
表面積
小

▼高級脂肪酸の構造

酸	炭素数	飽和脂肪酸	不飽和脂肪酸
高級脂肪酸	16	$C_{15}H_{31}-COOH$ パルミチン酸	
	18	$C_{17}H_{35}-COOH$ ステアリン酸	$C_{17}H_{33}-COOH$ オレイン酸　C=C ×1
			$C_{17}H_{31}-COOH$ リノール酸　C=C ×2
			$C_{17}H_{29}-COOH$ リノレン酸　C=C ×3
表面積		大きい	小さい
分子間力		大きい	小さい

●ゴロ合わせ暗記

16 色っぽい　**パルミチン酸** ハルミちゃんに，　**18** 「イヤッ！」と　**ステアリン酸** ステられ，　**飽和脂肪酸** 放心状態

炭素数18の高級脂肪酸の覚え方

ステアリン酸 捨てるな　**オレイン酸** 俺を　**リノール酸** 利尿で

リノレン酸 眠れん

すてるな…
WC

(3) 油脂の性質

油脂は構成している高級脂肪酸の種類でその性質が決まるんだ。

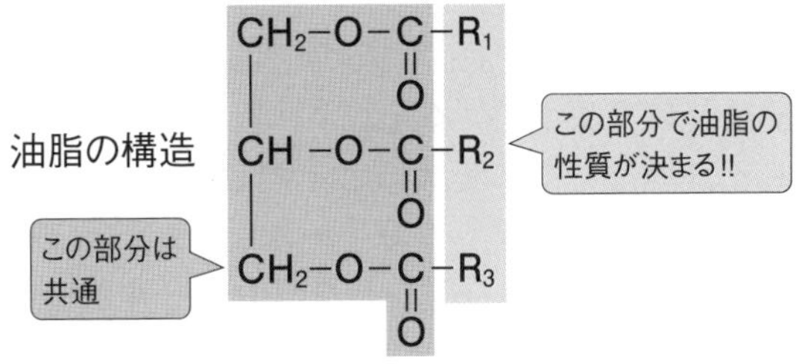

油脂の構造
$CH_2-O-C(=O)-R_1$
$CH-O-C(=O)-R_2$
$CH_2-O-C(=O)-R_3$
この部分で油脂の性質が決まる!!
この部分は共通

つまり，植物油脂も動物油脂も構造式中にある炭化水素基 R_1，R_2，R_3 以外はすべて同じで，この R_1 ～ R_3 の構造で油脂の性質が決まるんだよ。パルミチン酸やステアリン酸などの飽和高級脂肪酸は１分子で固体だから，油脂中でこれら**固体の脂肪酸が多ければ固体の脂肪になる**よ。脂肪と脂肪油のイメージを見て，頭に叩き込んでおいてね。

▼**脂肪と脂肪油**

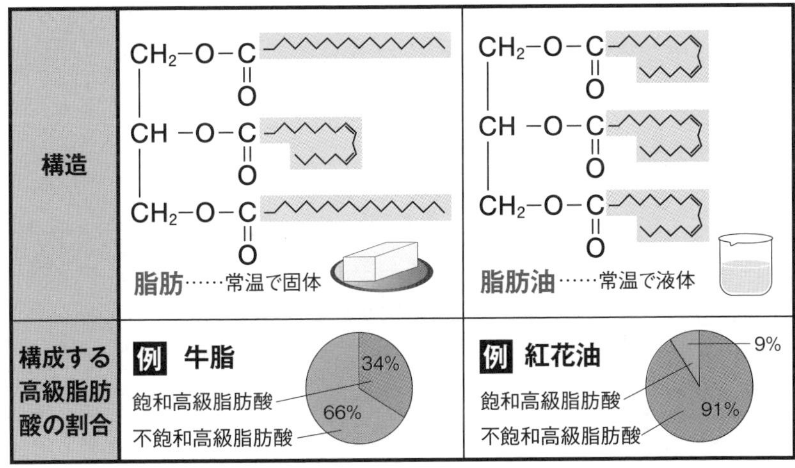

構造	$CH_2-O-C(=O)-$（飽和） $CH-O-C(=O)-$（不飽和） $CH_2-O-C(=O)-$（飽和） **脂肪**……常温で固体	$CH_2-O-C(=O)-$（不飽和） $CH-O-C(=O)-$（不飽和） $CH_2-O-C(=O)-$（不飽和） **脂肪油**……常温で液体
構成する高級脂肪酸の割合	**例 牛脂** 飽和高級脂肪酸 34% 不飽和高級脂肪酸 66%	**例 紅花油** 飽和高級脂肪酸 9% 不飽和高級脂肪酸 91%

OLIVE

動物の油脂は固体の脂肪が多いんだけど，植物の油脂は液体の脂肪油が多く含まれているんだよ！

story 2 油脂の製法

油脂の製法を教えてください。

油脂は工場で化学合成されているのではなく，植物や動物からとって精製して使っているんだよ。我々も体の中で食べ物に含まれる油脂を分解して吸収し，再び合成しているんだ。ところで，油脂は化学構造からアシル基（▶ P.155）を３つもっているだろう。だから油脂のことを**トリアシルグリセロール**というんだ。

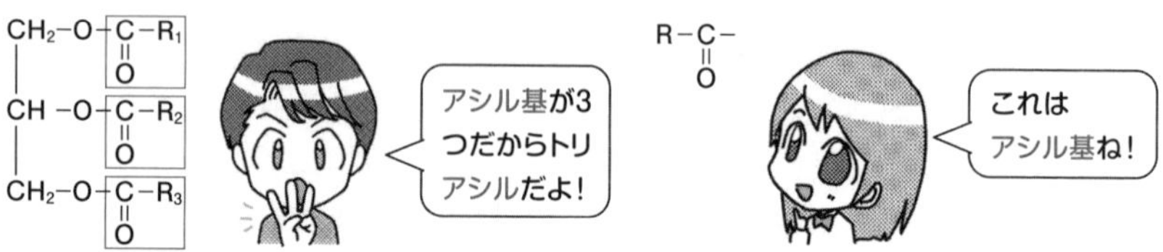

CH_2−O−C−R_1
CH −O−C−R_2
CH_2−O−C−R_3
アシル基が3つだからトリアシルだよ！
R−C−
O
これはアシル基ね！

君がバターを食べたら，このトリアシルグリセロールが小腸で**リパーゼ**という酵素で分解されて，脂肪酸と**モノアシルグリセロール**になるんだ。小さい分子にして腸壁を通過したら，再びトリアシルグリセロールになってリンパ管や血管を通って全身へ運ばれているんだよ。

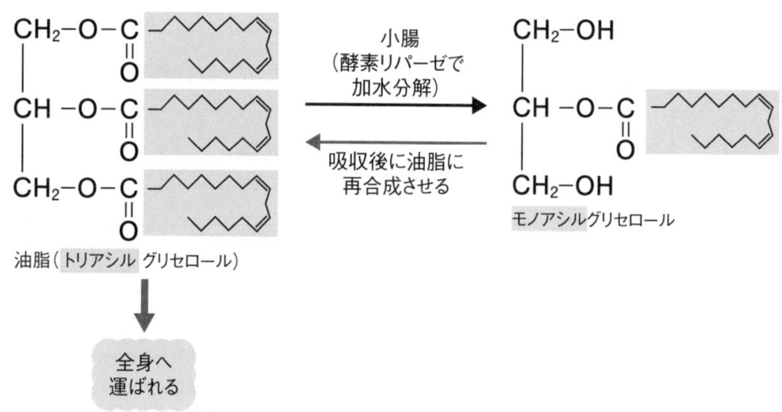

CH_2−O−C
CH −O−C
CH_2−O−C
油脂（トリアシル グリセロール）
小腸（酵素リパーゼで加水分解）
吸収後に油脂に再合成させる
CH_2−OH
CH −O−C
CH_2−OH
モノアシルグリセロール
全身へ運ばれる

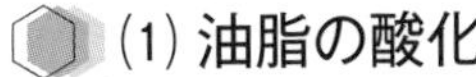

story 3 油脂の性質と反応

(1) 油脂の酸化

植物油って，食品になるだけですよね。

いやいや，油脂は顔料を溶かしてペンキのような塗料をつくる溶剤としても使われているよ。その場合は酸化されやすい油脂を使うんだ。**乾性油**（かんせいゆ）とよばれるこの油は，はじめは液体でも空気中の酸素によって**酸化されて固体になる**んだ。まさに乾いて固まる感じだね。乾性油は油脂を構成する脂肪酸としてリノール酸やリノレン酸のような**不飽和度の高い脂肪酸が比較的多いため，酸素によって酸化されて，隣の分子とくっついて重合してしまう**んだ。重合すると大きな分子になるから固体になるんだね。この反応を利用して固化させているんだよ。

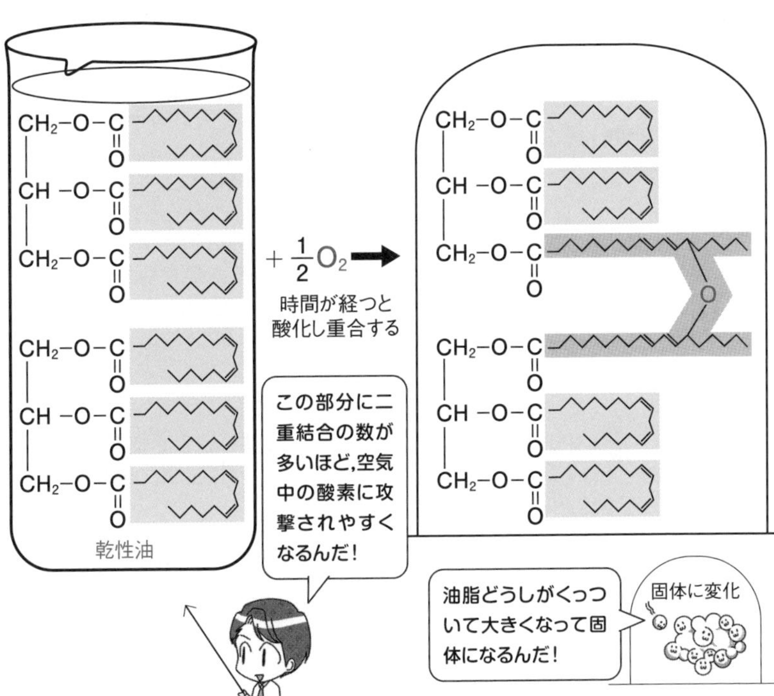

CH_2–O–C(=O)
CH –O–C(=O)
CH_2–O–C(=O)
CH_2–O–C(=O)
CH –O–C(=O)
CH_2–O–C(=O)
乾性油
$+\frac{1}{2}O_2$
時間が経つと
酸化し重合する
O
この部分に二重結合の数が多いほど,空気中の酸素に攻撃されやすくなるんだ!
油脂どうしがくっついて大きくなって固体になるんだ!
固体に変化

ところで，油脂の中の二重結合を調べるのに，**ヨウ素価**という数値を用いることがあるんだ。

ヨウ素価 ⇨ **油脂100gに付加するヨウ素I_2のグラム数**

ヨウ素が多く付加する油は炭素間の二重結合が多いので，空気中の酸素で酸化されやすいということになるね。一般にヨウ素価が130以上のものを**乾性油**といって，ペンキ，油性インクなどに使うんだ。ヨウ素価が130 ～ 100のものは**半乾性油**，100以下のものは**不乾性油**というよ。次のPoint!に分類をまとめておいたよ。

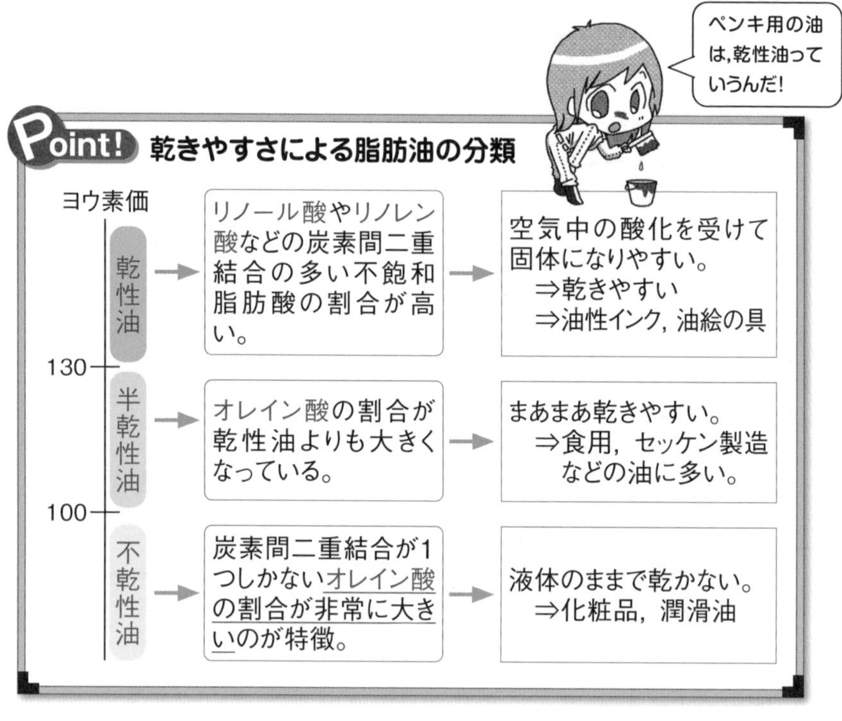
ペンキ用の油は,乾性油っていうんだ!
Point! 乾きやすさによる脂肪油の分類
ヨウ素価
乾性油
リノール酸やリノレン酸などの炭素間二重結合の多い不飽和脂肪酸の割合が高い。
空気中の酸化を受けて固体になりやすい。
⇒乾きやすい
⇒油性インク，油絵の具
130
半乾性油
オレイン酸の割合が乾性油よりも大きくなっている。
まあまあ乾きやすい。
⇒食用，セッケン製造などの油に多い。
100
不乾性油
炭素間二重結合が1つしかないオレイン酸の割合が非常に大きいのが特徴。
液体のままで乾かない。
⇒化粧品，潤滑油

世界的に生産量の多い四大植物油はパーム油，大豆油，菜種油，ひまわり油で，名前は“油”なのだけれども，このうちパーム油だけは固体の脂肪だよ。パーム脂肪といいたいところだけれど，一般名称はなかなか変えられないから，「アブラヤシ（パームヤシ）から採れる脂肪」が“パーム油”と覚えてね。あと，大豆油は不飽和のリノール酸やリノレン酸の含有量がかなり多いので，乾性油に分類されることもあるんだ。次の表を見ると納得だね。

▼ 油脂の分類

分類		例	飽和脂肪酸	不飽和脂肪酸（オレイン酸）	不飽和脂肪酸（リノール酸，リノレン酸，その他）
脂肪油	乾性油	あまに油	9%	15%	76%
		ひまわり油	11%	22%	67%
	半乾性油	大豆油	15%	24%	61%
		ゴマ油	14%	39%	47%
	不乾性油	菜種油	6%	61%	33%
		オリーブ油	13%	74%	13%
硬化油		マーガリン	33%	58%	9%
脂肪		ラード	41%	48%	11%
		パーム油	50%	40%	10%
		牛脂	52%	44%	4%
		バター	66%	30%	4%

0　20　40　60　80　100

カルビおいしい♡
飽和脂肪酸が多いと固体なんだ！
ドレッシング
不飽和脂肪酸が多いと乾性油になるんだよ！

(2) 硬化油

硬化油って，硬まっちゃってる変な油ですか？

変な油どころか食用になっているよ。**硬化油**（こうかゆ）というのは，脂肪油，**主に植物油に水素を付加させて固体にしたもの**なんだ。次の構造をみて参考にしてね。

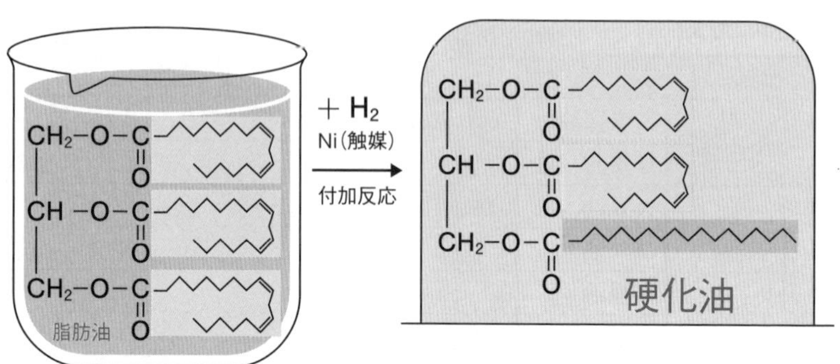

CH₂−O−C−
CH −O−C−
CH₂−O−C−
脂肪油
＋ H₂
Ni（触媒）
付加反応
硬化油

まさに**固めた油だから**，**硬化油**というんだ。硬化油を原料につくられているのが，**マーガリン**や**ショートニング**なんだよ。硬化油は食感がやわらかくて食べたときになめらかな舌ざわりになるのでパンに塗って食べたり，お菓子に使ったりするんだよ。食品界の潤滑剤（じゅんかつざい）みたいな役割をしているんだ。

バターは脂肪だけど，マーガリンは植物性油脂の硬化油だったんだ！
よく菓子パンの成分表示にファットスプレッドと書かれているけど，あれもマーガリンの仲間なんだよ！

story 4 セッケン

 (1) けん化とセッケンの製法

セッケンも油脂からつくるんですか？

そうなんだ。一般的な**セッケンは高級脂肪酸のナトリウム塩**なんだよ。だから，高圧の水蒸気で油脂を加水分解して生成した高級脂肪酸を水酸化ナトリウムで中和するか，油脂を直接**けん化**して得られるんだ。

けん化は，エステルに水酸化ナトリウムのような強塩基の水溶液を加えると，カルボン酸の塩とアルコールができる反応だよ（▶ P.166）。

だから，セッケンはどんな油脂からでも生成できるんだ。**石鹸**（せっけん）をつくるから**鹸化**（けんか）というわけだね。また，油脂をけん化するときには NaOH 以外に，水酸化カリウム KOH も使われるんだ。R−COOK という構造をもつ石鹸は**カリ石鹸**といわれているよ。

soap
私の家のセッケンは
ヤシ油からできてた！

Point! セッケンの製法

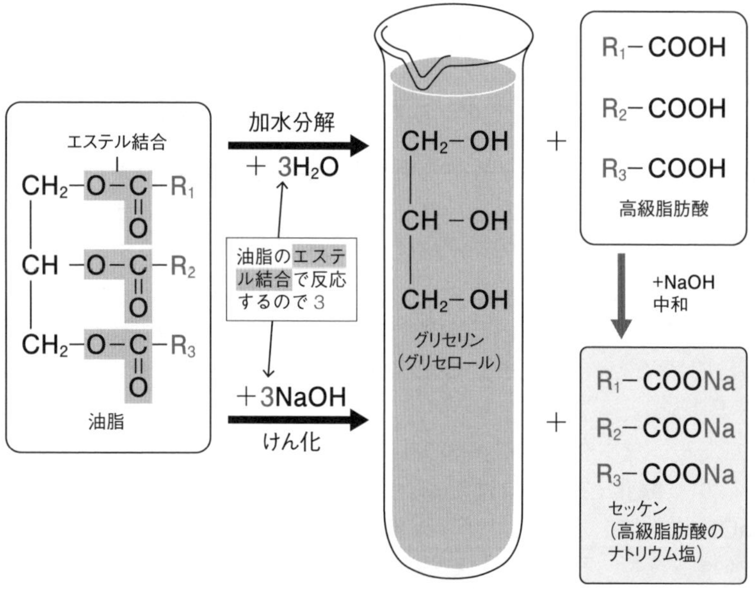

エステル結合

$$
\begin{array}{l}
CH_2-O-C(=O)-R_1 \\
| \\
CH-O-C(=O)-R_2 \\
| \\
CH_2-O-C(=O)-R_3
\end{array}
$$

油脂

加水分解 ＋ $3H_2O$ →

油脂のエステル結合で反応するので３

＋$3NaOH$ → けん化

$$
\begin{array}{l}
CH_2-OH \\
| \\
CH-OH \\
| \\
CH_2-OH
\end{array}
$$

グリセリン
（グリセロール）

＋

R_1-COOH
R_2-COOH
R_3-COOH
高級脂肪酸

+NaOH
中和

＋

$R_1-COONa$
$R_2-COONa$
$R_3-COONa$
セッケン
（高級脂肪酸のナトリウム塩）

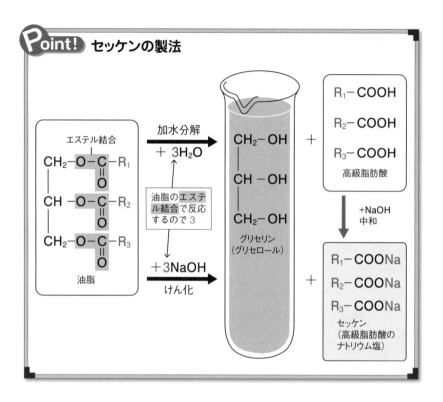

油脂の分子量を計算できる数値にけん化価というものがあるけど，次のように定義されているんだ。

けん化価
Sv
油脂1gをけん化するのに必要なKOHのミリグラム数
Sv＝168000/M

油脂（トリアシルグリセロール）はエステル結合が３つあるので，油脂1molにつき **KOH** は3mol必要だね。モル質量 $\boldsymbol{M}$（g/mol）の油脂1gをけん化するのに必要な **KOH**（モル質量56g/mol）のミリグラム数は次のように計算できるよ。

$$Sv = \overbrace{\frac{1\,(\text{g})}{\underbrace{M\,(\text{g/mol})}_{}}}^{\text{油脂の物質量}} \times 3 \times 56\,(\text{g/mol}) \times 1000\,(\text{mg/g}) = \frac{168000}{M}\,(\text{mg})$$

（下括弧：KOHの物質量）

実験によって，けん化価Svがわかれば，逆に油脂の分子量がわかるという訳なんだ。　$M = \dfrac{168000}{Sv}$

問題 1　油脂の計算問題

二重結合のみを含む1種類の脂肪酸から構成される油脂A 3.33gをけん化するのに452mgの水酸化ナトリウム NaOH が必要であった。このとき生成したのはアルコールBと脂肪酸のナトリウム塩Cであった。また，油脂A100gに付加するヨウ素の質量は86.2gであった。次の問いに答えよ。ただし，原子量は H=1.00，C=12.0，O=16.0，Na=23.0，I=127 とし，計算の結果は有効数字3桁とせよ。

(1)　油脂Aの分子量を答えよ。
(2)　アルコールBの名称を答えよ。
(3)　脂肪酸のナトリウム塩Cの式量を答えよ。
(4)　脂肪酸のナトリウム塩Cに塩酸を加えたときの化学反応式を書け。また，このとき遊離する脂肪酸の名称を答えよ。
(5)　この油脂の分子式を書け。

解説

(1)　油脂のけん化に関する計算問題で最大のポイントは**“どんな油脂でも，必ず油脂の物質量の３倍のNaOHが必要”**だということなんだ。だから，油脂の分子量をMとすると，次の式が成立するね。

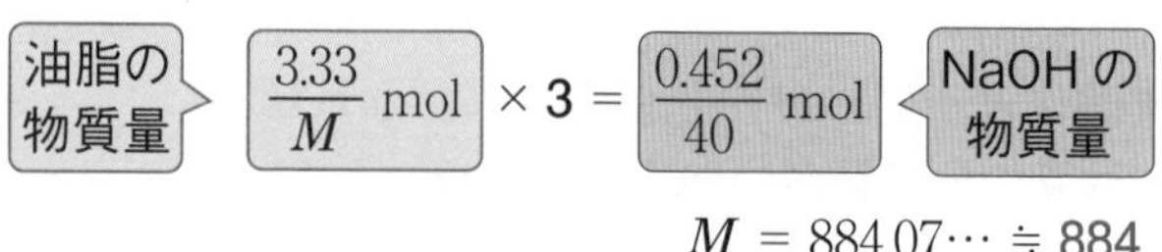

油脂の物質量
3.33/M mol
× 3 =
0.452/40 mol
NaOH の物質量

$$\frac{3.33}{M}\ \text{mol} \times 3 = \frac{0.452}{40}\ \text{mol}$$

$M = 884.07\cdots \fallingdotseq 884$

(3)　油脂Aをけん化したときの反応を物質名で書いて，その下に式量を書けば簡単に計算できるよ。脂肪酸のナトリウム塩Cの式量をxとするね。

油脂A ＋ 3NaOH ⟶ グリセリン ＋ 3ナトリウム塩C

$884 + 3 \times 40 = 92 + 3x$

$x = 304$

(4)　油脂Aを構成する脂肪酸の炭素間にy個の二重結合があるとしたら，油脂Aには$3y$個の炭素間二重結合があることになるね。だから次の式が成立するよ。

油脂の物質量　$\frac{100}{884}\ \text{mol} \times 3y = \frac{86.2}{254}\ \text{mol}$　I_2の物質量

$\therefore\ y = 1.00\cdots \fallingdotseq 1$

よって脂肪酸の一般式からナトリウム塩Cの化学式を考えるんだ。

飽和脂肪酸 → $C_nH_{2n+1}-COOH$
油脂Aを構成する脂肪酸 → $C_nH_{2n-1}-COOH$
脂肪酸のナトリウム塩C → $C_nH_{2n-1}-COONa$
（式量$14n+66$）

二重結合が1つだから水素Hを2つ引く!

だから，(3) でナトリウム塩Cの式量が出ているから，

$$14n + 66 = 304$$
$$n = 17$$

よって，ナトリウム塩Cの化学式は $C_{17}H_{33}-COONa$ となり，塩酸との反応式は

$$C_{17}H_{33}-COONa + HCl \longrightarrow NaCl + \underset{\text{オレイン酸}}{C_{17}H_{33}-COOH}$$

となって，化学式からオレイン酸とわかるね。

(5) 脂肪酸とグリセリンの分子式がわかったから，油脂Aの分子式は比較的簡単にわかるよ。

$$\underset{\text{オレイン酸}}{3C_{18}H_{34}O_2} + \underset{\text{グリセリン}}{C_3H_8O_3} \longrightarrow \text{油脂A} + \underset{\text{水}}{3H_2O}$$

の式が成立するから次のように計算するんだ。

$C_{54}H_{102}O_6$ ← $C_{18}H_{34}O_2 \times 3$
$+ \quad C_3H_8O_3$ ← グリセリン
$- \quad H_6O_3$ ← $H_2O \times 3$
$C_{57}H_{104}O_6$ ← 油脂A

解答

(1) 884
(2) グリセリン（グリセロール，1,2,3-プロパントリオール）
(3) 304
(4) 化学反応式：$C_{17}H_{33}COONa + HCl \longrightarrow NaCl + C_{17}H_{33}COOH$
脂肪酸の名称：オレイン酸
(5) $C_{57}H_{104}O_6$

有機化学の基礎
脂肪族炭化水素
酸素を含む有機化合物
芳香族化合物
高分子化合物の基本と天然高分子化合物
合成高分子化合物

(2) 界面活性剤

界面活性剤って，超カッコイイ名前ですが何でしょう？

界面活性剤（かいめんかっせいざい）**というのは表面張力を低下させる物質**のことだよ。この作用は**界面活性作用**とよばれているんだ。まず，表面張力について簡単に説明するね。

水を一滴だけ葉っぱの上に垂らすと，水が玉状になっていることがあるね。あれが表面張力のなせる技（わざ）なんだ。水分子の多い内側に向かって，表面積をより小さくするような力が働くんだ。

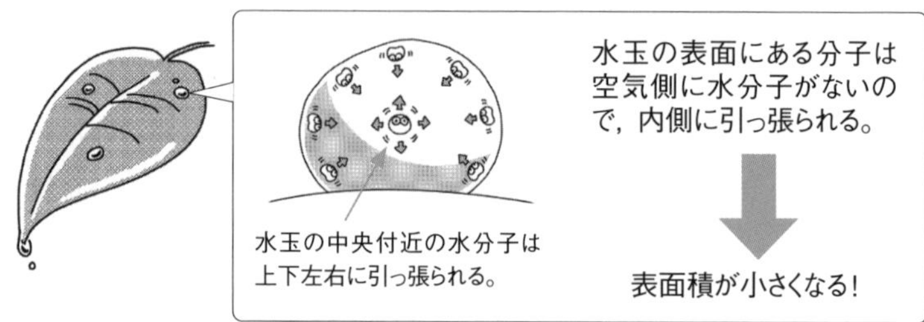
水玉の表面にある分子は
空気側に水分子がないので，内側に引っ張られる。
水玉の中央付近の水分子は
上下左右に引っ張られる。
表面積が小さくなる！

ところでセッケンの分子は**高級脂肪酸のナトリウム塩**だよね。セッケンの電離により生成した $R-COO^-$ をさらによく見てみると $R-$ と $-COO^-$ の２つの部分からできているんだ。末端の $-COO^-$ のイオンの部分は水となじみやすいから**親水基**，炭化水素 $R-$ の部分は水とはなじみにくいから**疎水基**（そすいき）**（親油基）**とよばれるよ。**界面活性剤**とはこのような**親水基と疎水基の両方をもっている物質**のことをいうんだ。

次のPoint!に，セッケン分子の構造を書いたけど，このようなマッチ棒みたいな構造なんだ。**疎水基である炭化水素基はある程度の長さが必要で，炭素数でいうと，８個以上が必要**だと言われているよ。

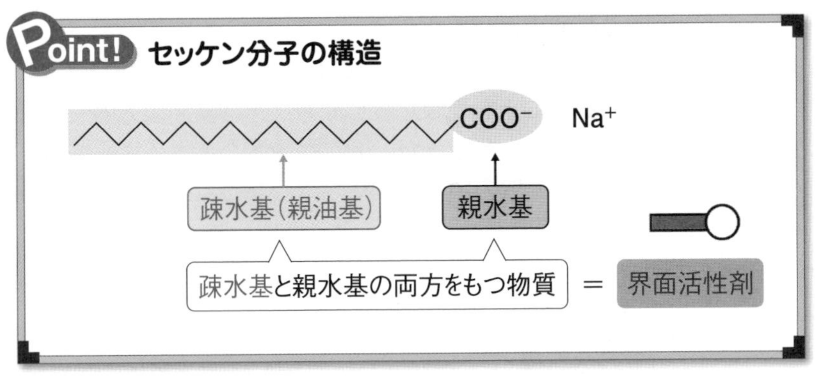
Point! セッケン分子の構造
COO⁻
Na⁺
疎水基（親油基）
親水基
疎水基と親水基の両方をもつ物質
＝
界面活性剤

では，界面活性剤が入ると水の表面はどうなるのかを，簡単に説明しよう。界面活性剤は水と空気の界面に，親水基を水側に向け，疎水基を空気側に向けて配置されるんだ。親水基は水を引っ張るから，水分子が内側に向かう力，つまり**表面張力が低下して水分子は広がってしまう**んだ。

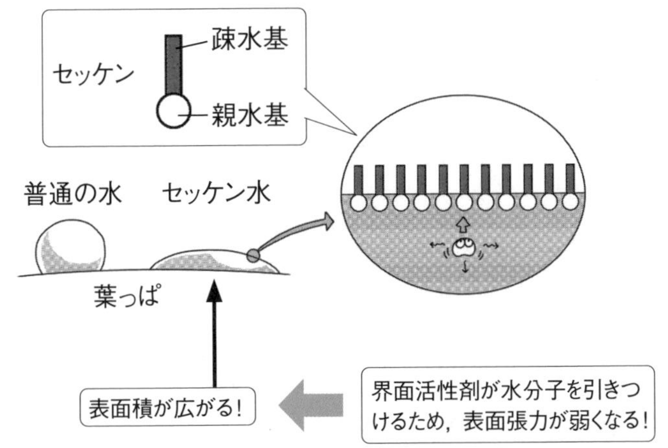
セッケン
疎水基
親水基
普通の水
セッケン水
葉っぱ
表面積が広がる！
界面活性剤が水分子を引きつけるため，表面張力が弱くなる！

界面活性剤は水と空気の界面にたくさん配置されていくので，表面は界面活性剤だらけになるよね。イメージ的にも，界面活性剤がどんどん表面に配置されていけば，表面積が大きくなるのもうなずけるよね。まさに**界面を活性化させる**んだ。

例えば，厚さ 1 mm のプラスチックの板に直径 1 mm の穴を開けるよね。その穴の真上に水を 1 滴たらしても，水は表面張力のせいで穴の中には入れないんだ。ところが，セッケン水だと水の表面張力が小さくなっているから，穴の中に入り込んでしまうよ。

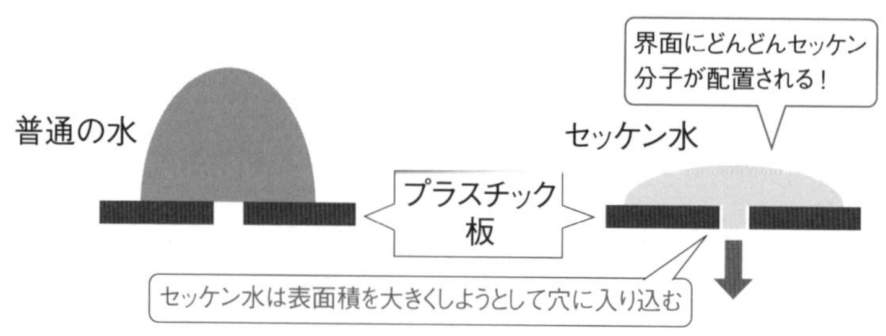
界面にどんどんセッケン
分子が配置される！
普通の水
セッケン水
プラスチック
板
セッケン水は表面積を大きくしようとして穴に入り込む

(3) 乳化作用

小さな穴に入り込むのはわかったけど，どうして界面活性剤が油汚れを取るんですか？

それは大変よい質問だね。セッケン水を考えたとき，界面活性剤であるセッケンは空気と水の界面に配置されたよね。界面活性剤は単分子の膜になるから，少量でも空気と水の界面いっぱいに広がるんだ。残った界面活性剤は水中で，**疎水基を内側に親水基を外側にして集まっている**んだ。この集まった粒子を**ミセル**とよぶよ。

セッケン
疎水基
親水基
セッケン水
この塊をミセル
というんだ！
セッケン水中の
ミセルは親水基
を外側に疎水基
を内側に集まっ
ているんだよ！

▲ **界面活性剤の水溶液中のミセル**

さて，ここからが本題だよ。油で汚れたハンカチがあったとしよう。これを水の中に入れても油汚れはとれないよね。ところが，セッケン水に入れると，**セッケンは疎水基（親油基）をもつから油と水の界面に集まってきて，油をハンカチからはぎ取ってしまう**んだ。はぎ取られた油のまわりにセッケンが配置されて新たなミセルをつくるんだ。

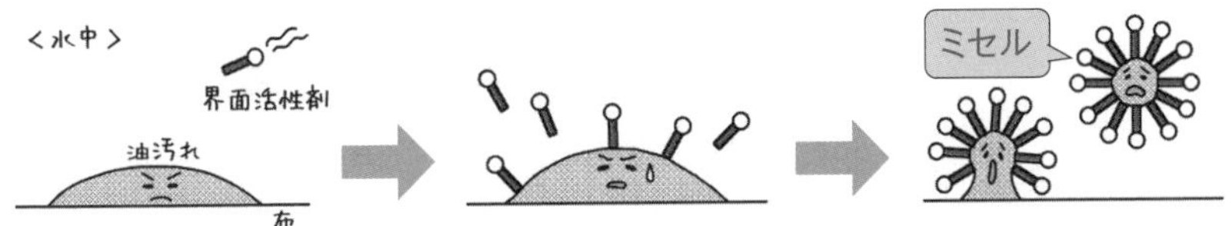
<水中>
界面活性剤
油汚れ
布
ミセル

▲ **界面活性剤の乳化作用のイメージ**

このように油を水に分散させる作用を**乳化作用**（にゅうか）といい，生成した溶液を**乳濁液**（にゅうだくえき）というんだ。また，このような作用をする界面活性剤を**乳化剤**（にゅうかざい）というから覚えておいてね！

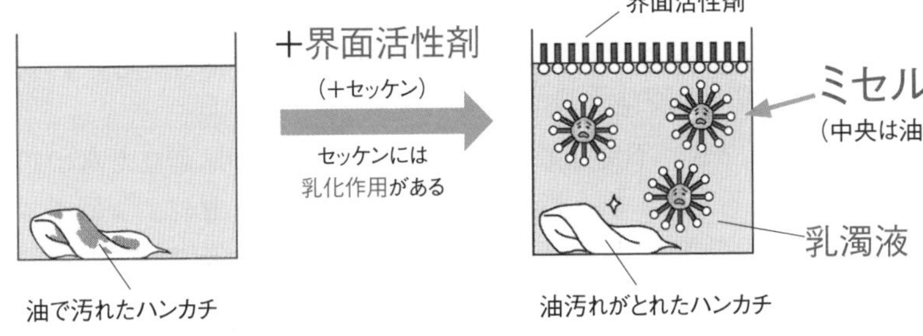
+界面活性剤
（+セッケン）
セッケンには
乳化作用がある
界面活性剤
ミセル
（中央は油）
乳濁液
油で汚れたハンカチ
油汚れがとれたハンカチ

▲ **界面活性剤の乳化作用**

(4) セッケンの性質

セッケンは私のボディシャンプーと同じ弱酸性ですか？

弱酸性に調整されたボディーシャンプーもあるけど，一般に**セッケンは弱塩基性なんだ**よ。これは，高級脂肪酸が水中で加水分解するせいなんだ。

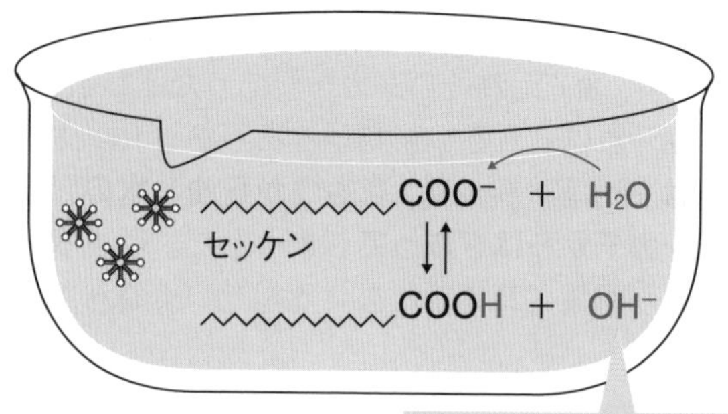
セッケン
COO⁻ + H₂O
COOH + OH⁻

加水分解して，少しだけ水酸化物イオンが生じるため弱塩基性になる！

塩基性の溶液はタンパク質を溶かす性質があるから，タンパク質が含まれた油汚れを落とすには，セッケンがいいんだよ。だけど，**タンパク質の繊維である絹や羊毛は塩基性に弱くゴワゴワになってしまう**から注意だね。もちろん髪の毛もタンパク質だからセッケンで洗うとゴワゴワになるよ。

以前，温泉でセッケンが泡立たないことがあったんですが，そのセッケン不良品ですか？

いやいや，不良品ではなく，温泉のお湯では泡立たないこともあるんだ。例えば、強酸性の温泉だと，セッケンのイオン $R-COO^-$ が $R-COOH$ になり，親水基を失い疎水基だけになってしまうよ。また，**硬水**といって**カルシウムイオン Ca^{2+} やマグネシウムイオン Mg^{2+} を含む水溶液**中では，水に難溶の塩である $(R-COO)_2Ca$ や $(R-COO)_2Mg$ を生成するためやはり親水基を失うんだ。親水基を失えば，ミセルが作れず洗浄力も低下するし，界面活性作用も低下するという具合だ。界面活性作用を失えば泡立たないし，疎水基だけの分子や塩のせいでヌルヌルするだけの感じになるよ。

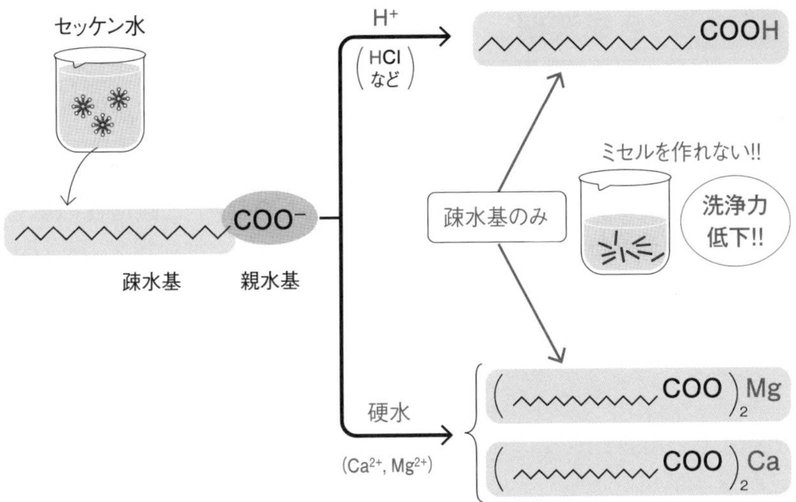
セッケン水
COO^-
疎水基
親水基
H^+
(HCl など)
COOH
ミセルを作れない!!
疎水基のみ
洗浄力低下!!
硬水
(Ca^{2+}, Mg^{2+})
$(\text{COO})_2Mg$
$(\text{COO})_2Ca$

ぬるぬるするばかりで
汚れが落ちな～い!

story 5 合成洗剤

硬水中では汚れを落とせないってことですか？

セッケンでは難しいね。**セッケンはカルボン酸の塩**であり，**カルボン酸イオンが硬水中の Ca^{2+} や Mg^{2+} と難溶性の塩をつくるから洗浄力が落ちる**んだけど，難溶性の塩をつくりにくい界面活性剤もあるんだよ。石油などから合成されるので**合成洗剤**と呼ばれるんだ。身近なもの２種類を紹介するよ。

① 高級アルコール系洗剤

1-ドデカノールのように炭素数の多い高級アルコールを濃硫酸と加熱すると硫酸モノエステルである硫酸水素ドデシルが生成するよ。これを水酸化ナトリウム NaOH と中和すれば**硫酸ドデシルナトリウム**とよばれる**高級アルコール系洗剤**が生成するんだ。この洗剤は主にシャンプーなどに使われているよ。

② ABS 洗剤

炭素数の多いアルキル基のついたベンゼンを濃硫酸でスルホン化した後，水酸化ナトリウム NaOH と中和すれば**アルキンベンゼンスルホン酸ナトリウム（ABS 洗剤）**が生成するよ。これは洗濯用の洗剤などに利用されているんだ。

どちらの**合成洗剤も強酸と強塩基からできた塩で中性なので**，**中性洗剤**と呼ばれているんだ。これらは強酸中でも硬水中でも洗浄力が低下しにくいから，どんな水でも汚れが落ちるという特長があるよ。

SENZAI
シャンプーは硫酸ドデシルナトリウム、洗濯用の洗剤はABS洗剤だったわ！
Shampoo

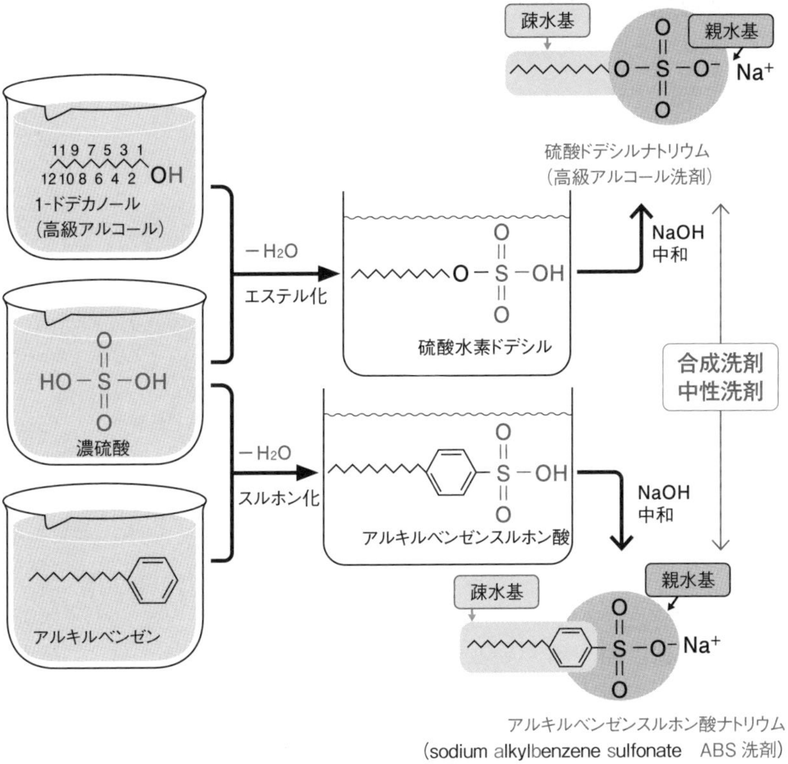

疎水基
親水基
$CH_3(CH_2)_{11}-O-SO_3^-\ Na^+$
硫酸ドデシルナトリウム
（高級アルコール洗剤）

1-ドデカノール
（高級アルコール）

$HO-SO_2-OH$
濃硫酸

アルキルベンゼン

$-H_2O$
エステル化

$-H_2O$
スルホン化

$CH_3(CH_2)_{11}-O-SO_2-OH$
硫酸水素ドデシル

アルキルベンゼンスルホン酸

NaOH
中和

NaOH
中和

合成洗剤
中性洗剤

疎水基
親水基
$-SO_3^-\ Na^+$
アルキルベンゼンスルホン酸ナトリウム
（sodium alkylbenzene sulfonate　ABS 洗剤）

▲ 合成洗剤の製法

界面活性剤って身近なものに入っているんだ！
乳液

確認問題

1 次の①～⑤の高級脂肪酸に関する問いに答えよ。
① パルミチン酸　② オレイン酸　③ リノレン酸
④ ステアリン酸　⑤ リノール酸

(1) ①～⑤の各高級脂肪酸の示性式を（ア）～（オ）から1つずつ選べ。
（ア）$C_{15}H_{31}COOH$　（イ）$C_{17}H_{35}COOH$
（ウ）$C_{17}H_{33}COOH$　（エ）$C_{17}H_{31}COOH$
（オ）$C_{17}H_{29}COOH$
(2) 常温で固体であるものをすべて選べ。
(3) 分子の表面積が最も小さいものを選べ。
(4) 二重結合の数が最も多いものを選べ。

2 次の油脂とセッケンに関する問いに答えよ。
(1) 次の①～④の植物油から乾性油を1つ選べ。
① ゴマ油　② オリーブ油
③ あまに油　④ パーム油
(2) 脂肪油に水素を付加して固体にしたものを何というか。
(3) 液体の油脂を何というか。
(4) 油脂をけん化すると何が得られるか。
(5) セッケンは弱酸性か中性か，弱塩基性か。
(6) セッケンのように表面張力を下げる物質を何というか。
(7) 油と水にセッケンを入れると白濁して，油が水に分散するが，このセッケンの作用を何というか。
(8) セッケン水は水中で集合した粒子をつくるが，この粒子を何というか。また，この粒子の外側は疎水基か，親水基か。
(9) 硬水とは何を含む水か。

解答

1
(1) ①（ア）②（ウ）③（オ）④（イ）⑤（エ）
(2) ① ④
(3) ③
(4) ③

2
(1) ③
(2) 硬化油
(3) 脂肪油
(4) グリセリンとセッケン
(5) 弱塩基性
(6) 界面活性剤
(7) 乳化作用
(8) ミセル
親水基
(9) Ca^{2+} や Mg^{2+}

(10)　セッケンの汚れを落とす働きが最も低下しにくい水を次の①~③から選べ。

① 軟水　② 硬水　③ 酸性の温泉水

(11)　高級アルコール系洗剤や ABS 洗剤などの合成洗剤は水に溶かすと，弱酸性，中性，弱塩基性のどの性質になるか。

解答

(10)　①

(11)　中性

セッケンも洗剤も
シャンプーも全部，
高校で習うんだ！
化学って面白ーい！
セッケン
洗濯用洗剤
シャンプー

IV

芳香族化合物

第15章 芳香族炭化水素

君のマーク
いびつだな～

▶ 炭素間の二重結合は単結合より距離が短いが，ベンゼンは正六角形で6つのすべての結合の距離が同じであることが知られている。

story 1 芳香族炭化水素の命名

ベンゼンの結合は，単結合と二重結合が交互になっているんですよね。

それは非常に重要なことで，ベンゼンの分子式が C_6H_6 とわかってから，その構造は謎だったんだ。1865 年にドイツのケクレは有名な次のような単結合と二重結合が交互になった構造（ケクレ構造）を提唱したんだよ。

(1) ケクレ構造と芳香族炭化水素

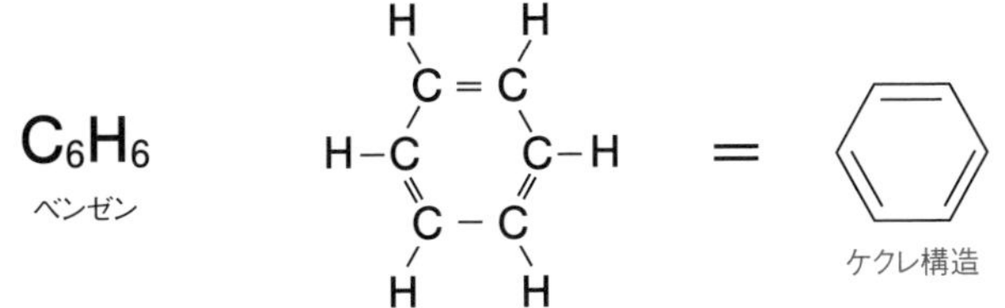
C_6H_6
ベンゼン
H H
C = C
H−C C−H
C − C
H H
=
ケクレ構造

ケクレ構造は，当時はすばらしい発見だったんだ。彼はこの構造を1匹の蛇が自身の尻尾に噛み付きながら回っている夢を見て思いついたと言っているんだよ。

z z z
がばっ

ところで，**ベンゼン環をもつ炭化水素は芳香族**(ほうこうぞく)**炭化水素**とよばれるよ。芳香族炭化水素の中で，**常温で液体**の物質の例をあげるね。

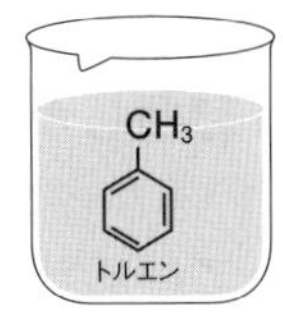
CH_3
トルエン

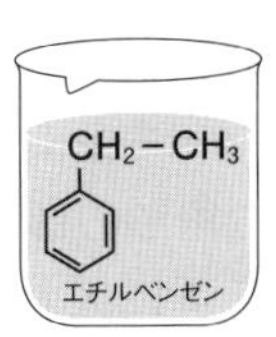
CH_2-CH_3
エチルベンゼン

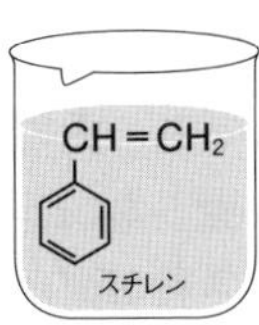
$CH=CH_2$
スチレン

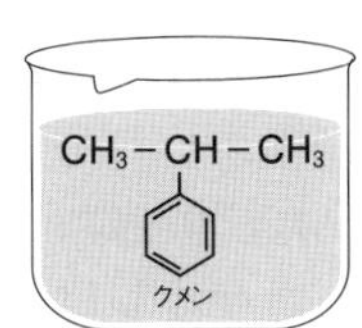
$CH_3-CH-CH_3$
クメン

また，ベンゼン環が重なった構造をしている次の炭化水素も覚えておこう。ちなみに2つとも**常温で固体**なんだ。

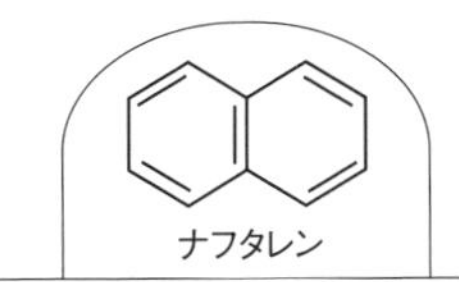
ナフタレン

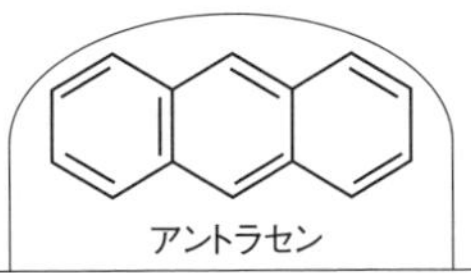
アントラセン

(2) ケクレ構造の矛盾

この，ケクレの考えた構造式（ケクレ構造式）は現在でも多く使われているよね。でも，単結合と二重結合では二重結合の方が短いはずだから，ベンゼンは次のようないびつな形だと考えられているんだ。

もし，ベンゼンがこのような構造をしているとなると，キシレンという化合物では困ったことが起こるよ。ケクレ構造式で書いてみるとキシレンには４種類が考えられるんだ。

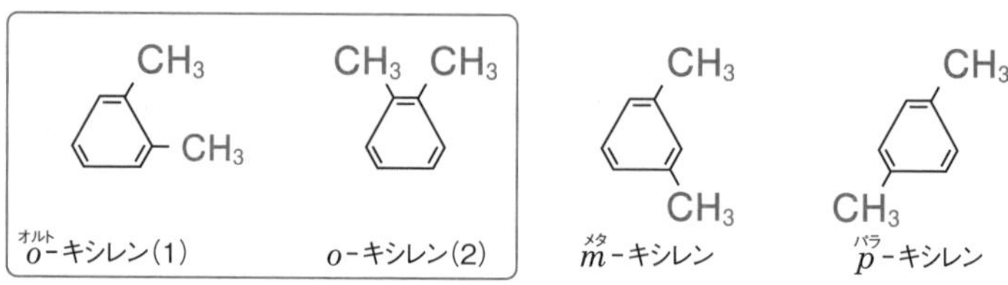
CH3
CH3
o-キシレン(1)
CH3 CH3
o-キシレン(2)
CH3
CH3
m-キシレン
CH3
CH3
p-キシレン

問題は左の２つで，ベンゼン環に隣接する２つのメチル基があるとき，単結合をしている炭素をはさんでメチル基がつくのか，二重結合をしている炭素をはさんでメチル基がつくのかで *o*-キシレンは２種類が考えられるよね。でも，**実際には，*o*-キシレンは１種類しかない**んだ。なぜなら，ベンゼンは本当は正六角形の形をしているからだ。困ったケクレはこれを２種類の構造が交互に入れ換わっている状態で，ベンゼンが存在していると考えたんだ。

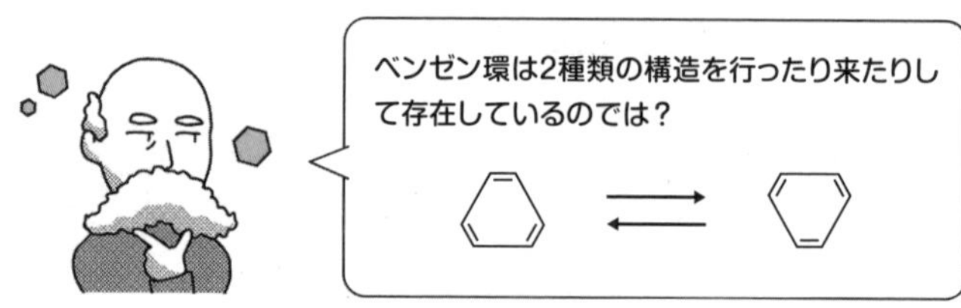
ベンゼン環は2種類の構造を行ったり来たりして存在しているのでは？

(3) ベンゼン環の共鳴

でも，現在では，入れ換わっているのではなく，ベンゼンの炭素間結合はすべて，**単結合と二重結合の中間状態だ**と考えられているんだ。この状態を**共鳴**(きょうめい)と言うよ。つまり**ベンゼン環の炭素間は 1.5 重結合みたいな感じで結合しているから正六角形だということ**なんだ。

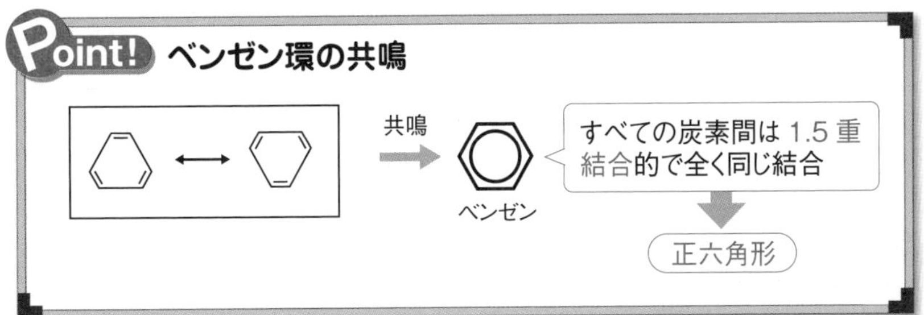
Point!
ベンゼン環の共鳴
共鳴
ベンゼン
すべての炭素間は 1.5 重結合的で全く同じ結合
正六角形

炭素間の結合距離は次のようになっていることが知られているよ。結合距離から見ても，ベンゼン環の炭素間結合は 1.5 重結合だと考えられるね。

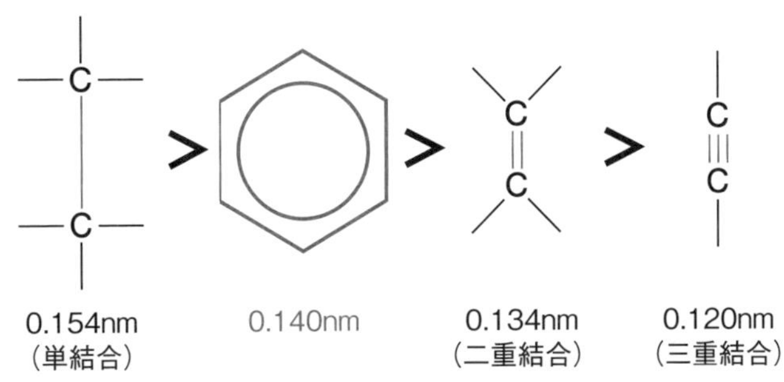
C
C
>
>
C
C
>
C
C
0.154nm
（単結合）
0.140nm
0.134nm
（二重結合）
0.120nm
（三重結合）

▲ **炭素間の結合距離**

だから，学校や塾の先生たちはベンゼン環をよく六角形の内側に○を書いた骨格式で書くんだ。ただ慣習的にはケクレ構造で表されることも多いから，どちらでもわかるようにしたほうがいいね。この本でも両方出てくるけど，早く慣れてね。

どちらも同じベンゼンを表す！

ケクレ構造　　共鳴した構造

これでようやくキシレンの構造が理解できたね。正六角形に2つのメチル基をつけるんだから，構造異性体は3種類ということになるんだ。次の Point! の右側の簡略化された表記を覚えておくと便利だよ。

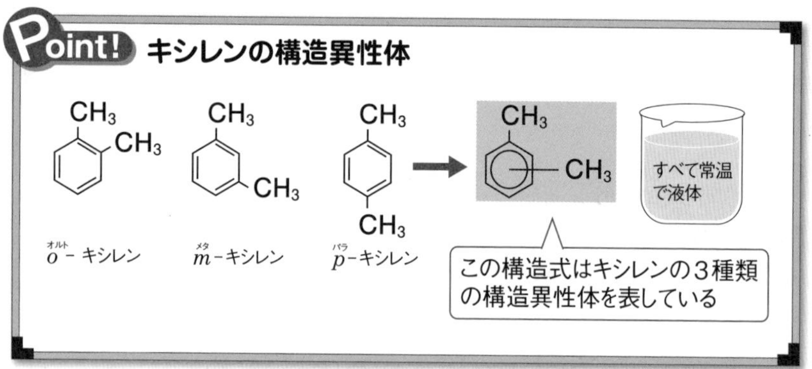
Point! キシレンの構造異性体
CH3
CH3
CH3
CH3
CH3
CH3
CH3
CH3
オルト o－キシレン
メタ m－キシレン
パラ p－キシレン
すべて常温で液体
この構造式はキシレンの3種類の構造異性体を表している

ところで，ベンゼン環が2個重なったナフタレンの10個の炭素には水素がついていないものがあるから注意してね。

$C_{10}H_8$
ナフタレン

赤の炭素は4本の手が出ているから水素は結合していない！

ナフタレンは防虫剤として有名なんだよ。ナフタレンの固体は昇華してタンス中に充満するんだ!

story 2 芳香族炭化水素の製法

エチルベンゼンやクメンの作り方を教えてください。

そうだね，高校生として知っておく必要がある芳香族炭化水素の製法としては「第８章　アルキン（アセチレン系炭化水素）」(P.97) でやった**アセチレンの三分子重合**による**ベンゼンの合成**があるね。

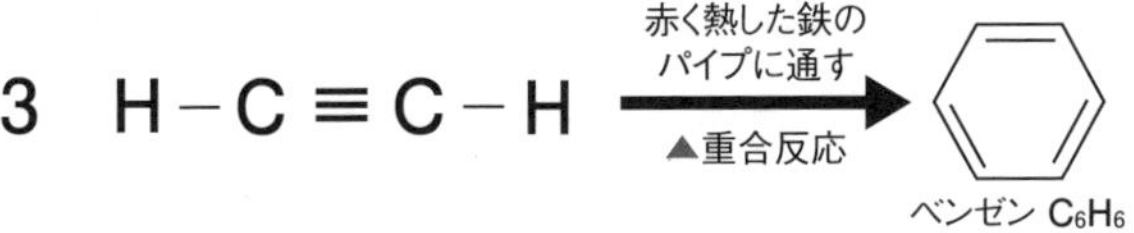

3 H−C≡C−H
赤く熱した鉄のパイプに通す
▲重合反応
ベンゼン C_6H_6

また，**アルケンへのベンゼンの付加**という方法があるよ（**ベンゼンから見たら置換反応**だから注意）。工業的にはエチルベンゼンに触媒を入れて水素を脱離することでスチレンを得ているんだよ。ベンゼンは結合が切れる場所がわかりにくいから，１か所だけ水素を表記してあるよ。

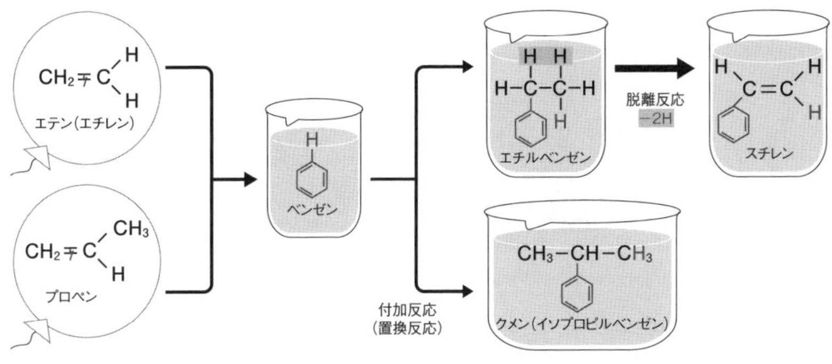

$CH_2=C$ H H
エテン（エチレン）
$CH_2=C$ CH_3 H
プロペン
H
ベンゼン
付加反応
（置換反応）
H H
H−C−C−H
H
エチルベンゼン
脱離反応
−2H
H C=C H H
スチレン
$CH_3-CH-CH_3$
クメン（イソプロピルベンゼン）

story 3　芳香族炭化水素の反応

(1) 置換反応

芳香族化合物の反応って何を覚えたらいいですか?

それはもちろん**置換反応**だよ！　ベンゼン環の炭素間の不飽和結合はなかなか切れないんだが，水素を置換することは比較的簡単なんだ。3つの反応を見てもらおう。わかりやすいように，ベンゼンの6つの水素のうち1か所だけを表記してあるよ。

Point!　ベンゼンの三大置換反応

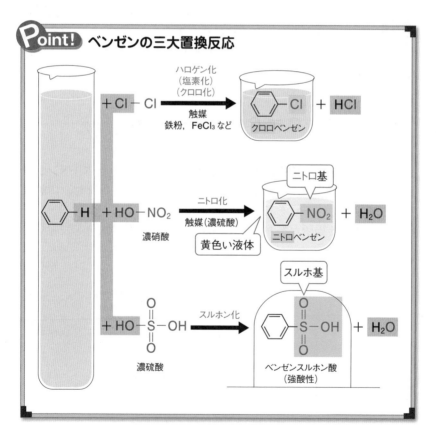

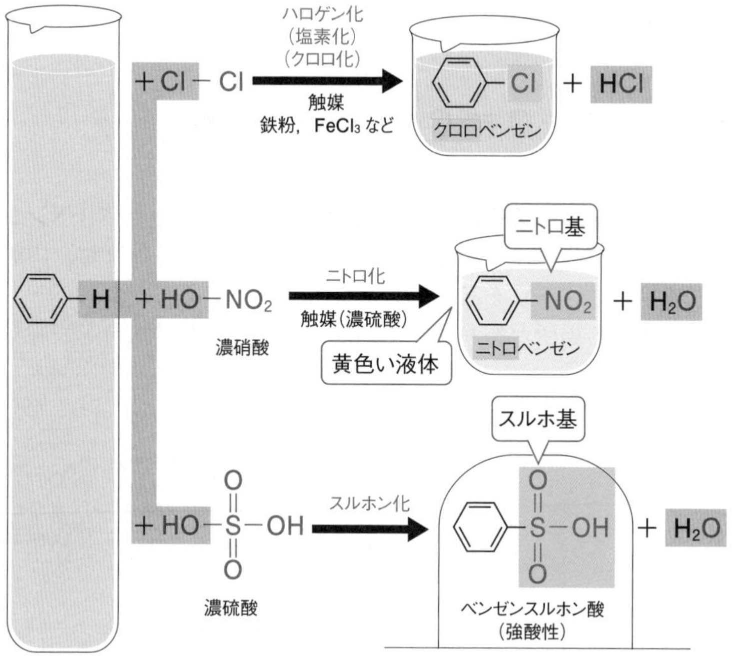

C_6H_5-H + Cl－Cl →（ハロゲン化（塩素化）（クロロ化）／触媒 鉄粉，$FeCl_3$ など）C_6H_5-Cl（クロロベンゼン）+ HCl

C_6H_5-H + HO－NO_2（濃硝酸）→（ニトロ化／触媒（濃硫酸））$C_6H_5-NO_2$（ニトロベンゼン）+ H_2O

ニトロ基

黄色い液体

C_6H_5-H + HO－SO_2－OH（濃硫酸）→（スルホン化）$C_6H_5-SO_2-OH$（ベンゼンスルホン酸（強酸性））+ H_2O

スルホ基

どれも**ベンゼンの－H が－Cl や－NO_2（ニトロ基），－SO_3H（スルホ基）に置き換わっているから置換反応**なんだ。

この置換反応の実験で特に重要なのは，ベンゼンのニトロ化の実験だよ。温度もいっしょに覚えてね。

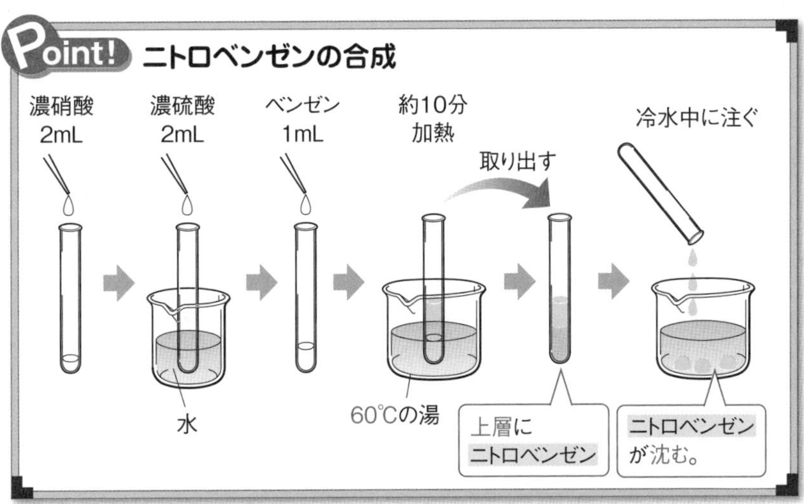
Point! ニトロベンゼンの合成
濃硝酸
2mL
濃硫酸
2mL
ベンゼン
1mL
約10分
加熱
取り出す
冷水中に注ぐ
水
60℃の湯
上層に
ニトロベンゼン
ニトロベンゼン
が沈む。

ニトロベンゼンは親水基をもたないため水に溶けないんだ。このニトロベンゼンが上に浮くか，下に沈むかはよく試験で問われるから要注意だよ。

濃硫酸と濃硝酸の混合溶液（**混酸**（こんさん））中ではニトロベンゼンは上層に浮いているけど，多量の冷水中に注ぐと混酸が薄まって，密度が$1.0 g/cm^3$に近づくためニトロベンゼンは下に沈むんだ。

溶液	密度
水	$1.0\ g/cm^3$
ニトロベンゼン	$1.2\ g/cm^3$
濃硝酸＋濃硫酸（混酸） （同体積ずつ混合）	$1.4\ g/cm^3$

ニトロベンゼンは水より重く，混酸より軽いよ！

ニトロベンゼンは有毒だから保護メガネをつけて，蒸気を吸わないようにね！

また，**トルエンはベンゼンより置換反応されやすく**，**オルトとパラの位置が特に置換を受けやすい**んだ。だから，常温でニトロ化するとオルトかパラの位置にニトロ基が１つ入るけど，加熱してニトロ化するとニトロ基が３つも入るよ。

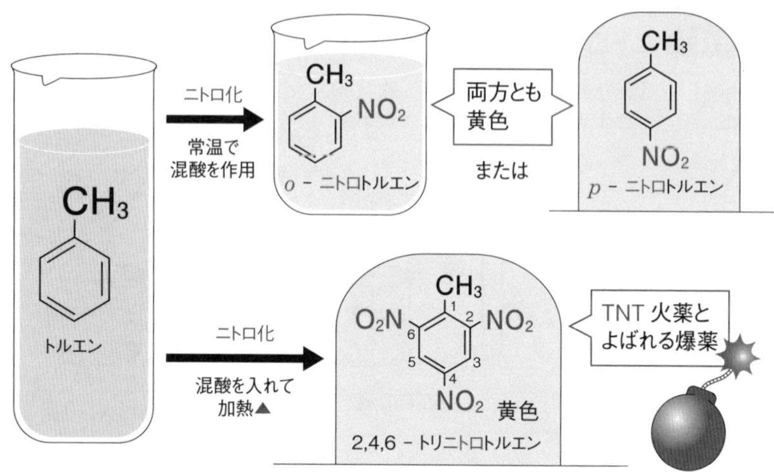

CH_3
トルエン
ニトロ化
常温で
混酸を作用
CH_3
NO_2
o − ニトロトルエン
両方とも
黄色
または
CH_3
NO_2
p − ニトロトルエン
ニトロ化
混酸を入れて
加熱▲
CH_3
O_2N
NO_2
1
2
3
4
5
6
NO_2
黄色
2,4,6 − トリニトロトルエン
TNT 火薬と
よばれる爆薬

▲トルエンのニトロ化

2, 4, 6 -トリ**ニトロ**トルエン（**2, 4, 6** - **t**ri**n**itro**t**oluene）はその頭文字をとって **TNT** と略されるよ。世界一有名な火薬と言っても過言ではないよ。

爆弾の威力を
「この新型爆弾はTNT
火薬～トン分に相当」と
言うくらいなんだ。

トルエンやフェノールやクロロベンゼンなど，ベンゼン環に直接結合している原子が非共有電子対をもっていたり，アルキル基だったりすると，オルトとパラの位置が置換されやすくなるんだ。

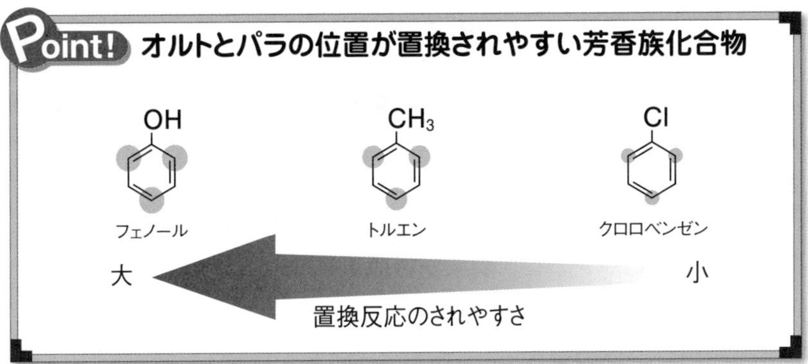
Point! オルトとパラの位置が置換されやすい芳香族化合物
OH
CH3
Cl
フェノール
トルエン
クロロベンゼン
大
小
置換反応のされやすさ

よって，クロロベンゼンにハロゲン化をさらに行えば，オルトまたはパラの位置が塩素に置換されるよ。

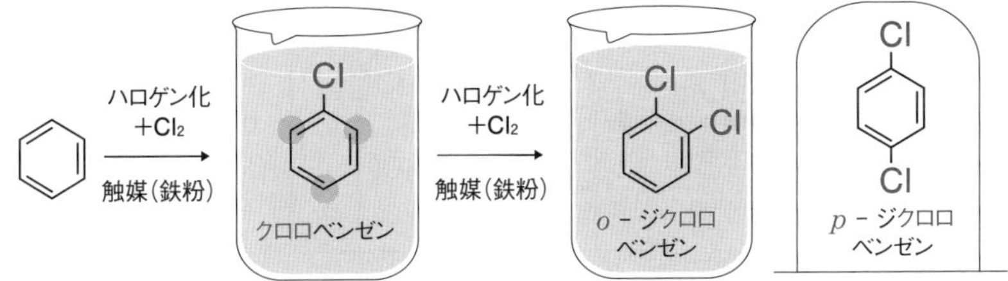
ハロゲン化
+Cl2
触媒（鉄粉）
Cl
クロロベンゼン
ハロゲン化
+Cl2
触媒（鉄粉）
Cl
Cl
o－ジクロロ
ベンゼン
Cl
Cl
p－ジクロロ
ベンゼン

▲ ベンゼンのハロゲン化

この反応は *o*-ジクロロベンゼンよりも *p*-ジクロロベンゼンが主生成物であることが知られているんだ。生成した ***p*-ジクロロベンゼンは昇華性のある固体で防虫剤として有名**な物質だよ。

(2) 付加反応

ベンゼンは付加反応はしないんですか？

ベンゼン環の不飽和結合は安定しているため，付加反応を起こしにくいんだ。でもがんばれば付加させることができるよ。例えば，**ベンゼンに水素を付加させるには触媒のニッケル Ni や白金 Pt が必要なだけでなく，水素を加圧して加える必要がある**んだ。そうすればシクロヘキサン C_6H_{12} が生成するよ。

また，ベンゼンに塩素を加えただけでは，付加反応しないけど，**紫外線を当てるとベンゼンに塩素が付加する**んだ。

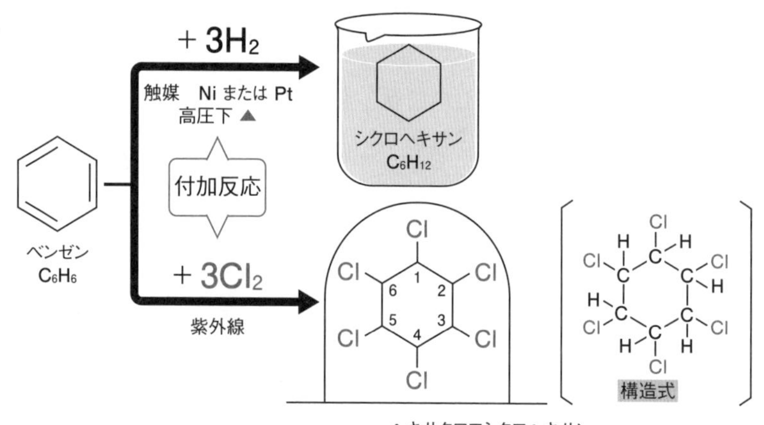

+ 3H2
触媒　Ni または Pt
高圧下 ▲
シクロヘキサン
C6H12
付加反応
ベンゼン
C6H6
+ 3Cl2
紫外線
Cl
構造式
ヘキサクロロシクロヘキサン
（正式名　1,2,3,4,5,6－ヘキサクロロシクロヘキサン）C6H6Cl6

この２つの付加反応が重要だよ。しっかりマスターしてね！

問題 1　ベンゼン環の置換反応と付加反応

トルエンに対して次の実験を行った。この実験で得られる化合物A~Eの構造を書け。

実験1　トルエンを常温でニトロ化したら，ベンゼンの2置換体である**A**と**B**が主に得られた。また**A**と**B**をさらに加熱してニトロ化するとベンゼンの4置換体である**C**が得られた。

実験2　トルエンに鉄粉を触媒として塩素を作用させると，ベンゼンの2置換体である**D**と**E**が主に得られた。

実験3　トルエンにニッケルを触媒にして水素を高圧下で作用させたら，環式飽和炭化水素である**F**が得られた。

解説

トルエンはオルトとパラの位置が反応しやすいことがわかっていれば，簡単にわかるよ。

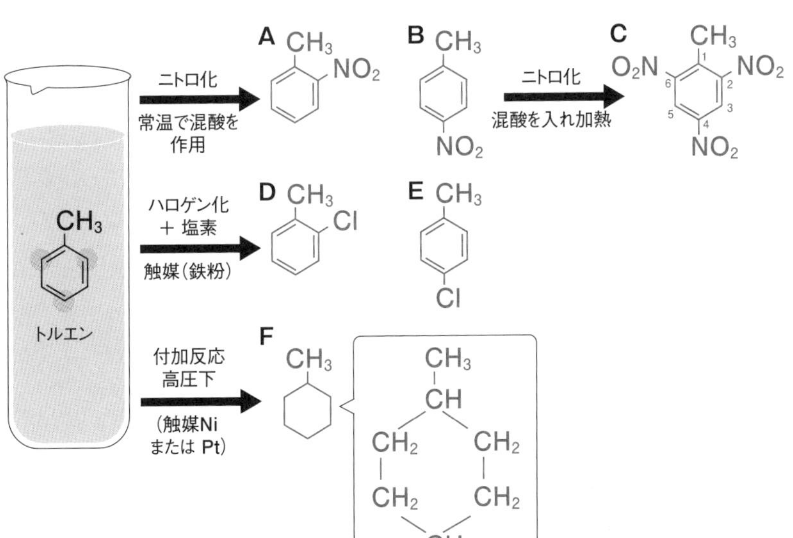

A
CH3
NO2
B
CH3
NO2
ニトロ化
常温で混酸を
作用
ニトロ化
混酸を入れ加熱
C
CH3
O2N
NO2
NO2
1
2
3
4
5
6
CH3
トルエン
ハロゲン化
＋ 塩素
触媒（鉄粉）
D
CH3
Cl
E
CH3
Cl
付加反応
高圧下
（触媒Ni
または Pt）
F
CH3
CH3
CH
CH2
CH2
CH2
CH2
CH2

解答

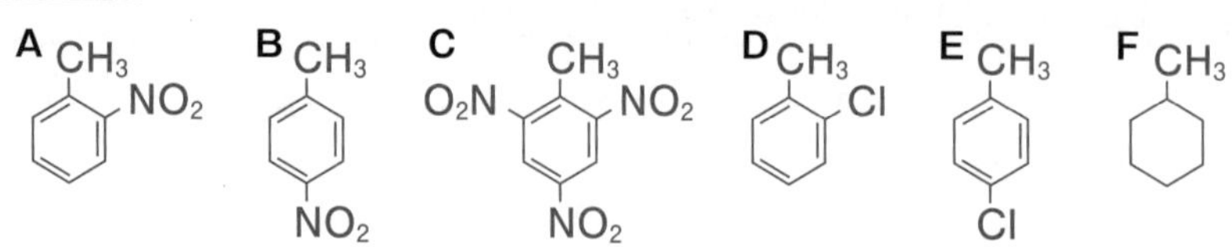

A
CH_3
NO_2
B
CH_3
NO_2
C
CH_3
O_2N
NO_2
NO_2
D
CH_3
Cl
E
CH_3
Cl
F
CH_3

A と B，D と E は順不同

F はメチルシクロヘキサン
というよ！
CH_3

確認問題

1 次の芳香族化合物の名称を答えよ。

(1)

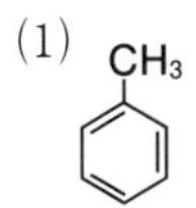

CH_3

(2) $CH=CH_2$

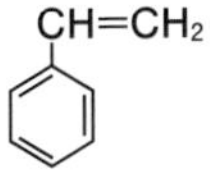

(3) CH_3 – CH – CH_3

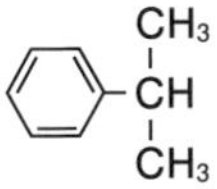

(4) CH_3 CH_3

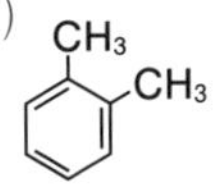

(5) CH_3 – – CH_3

(6) CH_3 NO_2

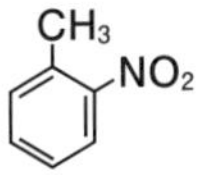

(7) CH_3 O_2N NO_2 NO_2

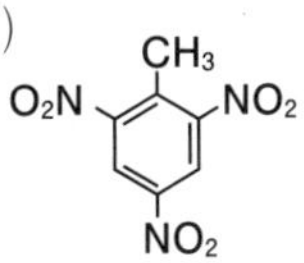

(8) Cl

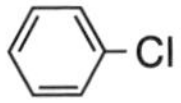

(9) SO_3H

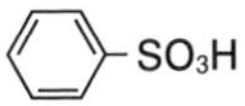

(10)

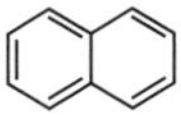

(11)

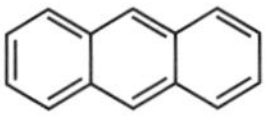

解答

(1) トルエン
(2) スチレン
(3) クメン
(4) *o*- キシレン
(5) *p*- キシレン
(6) *o*- ニトロトルエン
(7) 2,4,6- トリニトロトルエン
(8) クロロベンゼン
(9) ベンゼンスルホン酸
(10) ナフタレン
(11) アントラセン

2 ベンゼンをニトロ化してニトロベンゼンを合成するときの温度として最も適当なものを，次の①~④から選べ。

① −10℃　② 0℃　③ 5℃　④ 60℃

解答　④

3 ニトロベンゼンの密度を，次の①~③から選べ。

① 0.89g/cm³　② 1.0g/cm³
③ 1.2g/cm³

解答　③

4 ベンゼンと塩素から鉄粉を触媒にしてクロロベンゼンを合成する反応を化学反応式で示せ。

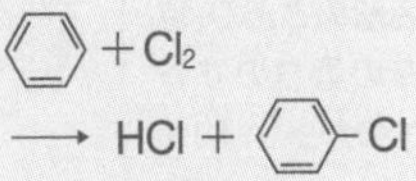

解答　（ベンゼン）+ Cl_2 ⟶ HCl + （ベンゼン環）– Cl

5 エテン（エチレン）にベンゼンを付加させてできる化合物は何か，その名称を答えよ。

解答　エチルベンゼン

6 プロペンにベンゼンを付加させてできる主生成物は何か，その名称を答えよ。

解答　クメン

	解答
7 ベンゼンに塩素を加え紫外線照射をすると起こる反応を次の①〜③から選べ。 ① 置換反応　② 付加反応 ③ 脱水反応	②
8 ベンゼンに水素を付加させてできる環式飽和炭化水素の名称を答えよ。	シクロヘキサン
9 ベンゼンに水素を付加させるときに用いる触媒を化学式で答えよ。	Ni または Pt
10 ナフタレンの分子式を書け。	$C_{10}H_8$

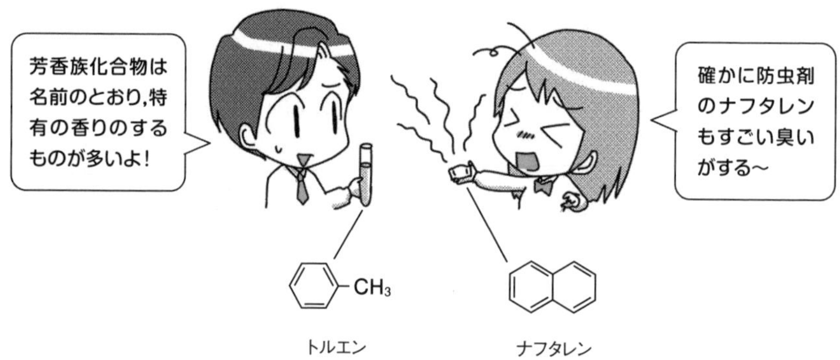
芳香族化合物は名前のとおり,特有の香りのするものが多いよ!
確かに防虫剤のナフタレンもすごい臭いがする〜
CH_3
トルエン
ナフタレン

第
16
章

フェノール類

大晦日はソバ（ルチン）と緑茶（カテキン）に限るな
来年もポリフェノールをよろしく！
カレー（クルクミン）とみかん（ビタミンP）を食べながら年越しできるなんて幸せ～

▶ルチンもクルクミンもカテキンもビタミンPもフェノール類（ポリフェノール）である。

story 1 フェノール類の命名と構造

よく耳にするポリフェノールって，何ですか?

“ポリ（poly）” は “たくさん” という意味で，１つの分子内にたくさんのフェノール性ヒドロキシ基をもつ物質だよ。**フェノール性ヒドロキシ基というのはベンゼン環に直接ヒドロキシ基がついているもの**なんだ。お茶に入っているポリフェノールである茶カテキンの一種の構造式を見ると，１つの分子に多くのフェノール性ヒドロキシ基がついているのがわかるだろう。植物がつくり出すポリフェノールは最近，健康によいと話題になっているね。

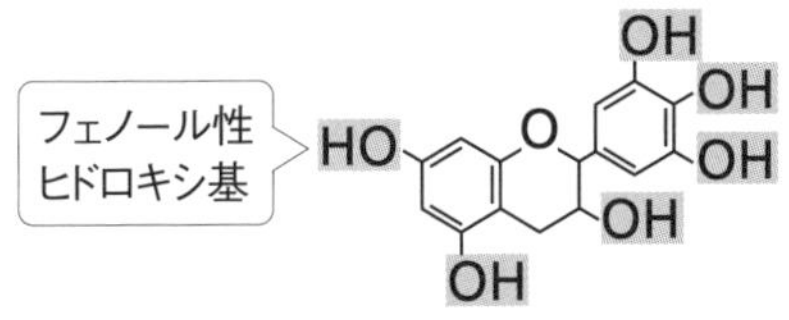
フェノール性
ヒドロキシ基
HO
O
OH
OH
OH
OH
OH

▲ **茶カテキンの一種**

(1) 主なフェノール類

さて，ポリフェノールではなくて，まずはベンゼン環にフェノール性ヒドロキシ基が１つだけついている化合物をしっかりマスターしようね。**フェノール性ヒドロキシ基をもつ化合物を**フェノール類とよぶよ。

▼ **主なフェノール類**

名称	構造	名称	構造
フェノール	OH	サリチル酸	OH COOH
o-クレゾール	CH_3 OH	サリチル酸メチル	OH $C-O-CH_3$ O
m-クレゾール	CH_3 OH	1-ナフトール	OH 8 1 7 2 6 3 5 4
p-クレゾール	CH_3 OH	2-ナフトール	8 1 OH 7 2 6 3 5 4
ピクリン酸	OH O_2N NO_2 （黄色の固体） NO_2	2, 4, 6-トリブロモフェノール	OH Br 1 2 Br 6 5 3 4 Br

消毒液の原料になるクレゾールには３種類の異性体（*o*- クレゾール，*m*- クレゾール，*p*- クレゾール）があるけど，このクレゾールの異性体とセッケン液との混合物は**クレゾール石けんとよばれている**んだ。手指の消毒に用いられるよ。

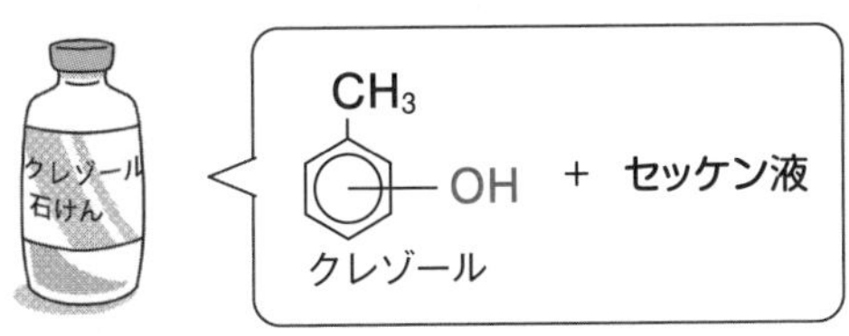
クレゾール石けん
CH_3
OH
＋ セッケン液
クレゾール

(2) 炭素の位置番号

ここでベンゼン環の炭素の位置番号について確認してみよう。まず，ベンゼン環に－OH がついている物質だと，**－OH がついている炭素が１番の炭素になる**んだ。

だからピクリン酸なら下のような位置番号になるよ。

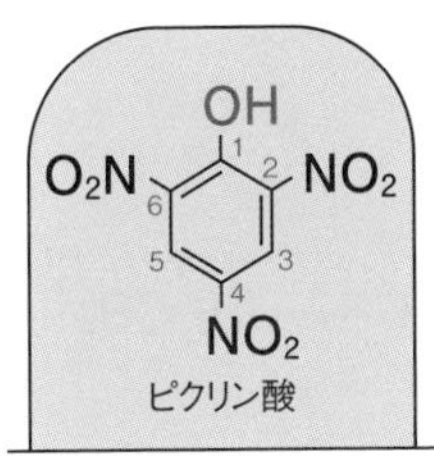
OH
O_2N
NO_2
1 2 3 4 5 6
NO_2
ピクリン酸

OH

－OH がついているところは偉いから1番なんだ。ピクリン酸は実は慣用名で，ちゃんとした名称は
2, 4, 6-トリニトロフェノールだよ！

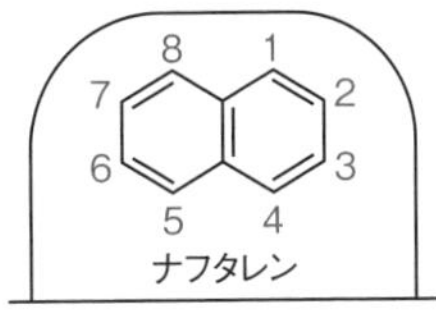
1 2 3 4 5 6 7 8
ナフタレン

次に，ナフタレンの場合は**水素をもっていない真ん中の炭素には番号をつけず**，左のようになるんだ。だから，ナフトールには２種類の異性体1-ナフトールと2-ナフトールがあるんだよ（▶前ページの表）。

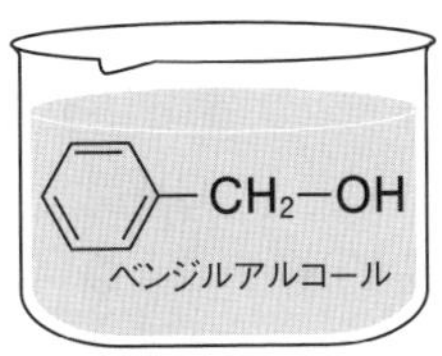
CH_2－OH
ベンジルアルコール

位置番号とは関係ないけど，ベンジルアルコールはベンゼン環に直接ついた－OH がなく，フェノール類ではないので要注意だよ。アルコールに分類してね。

story 2 フェノールの製法

フェノールって，何に使われるんですか?

フェノールはそれだけで製品になるというよりは，いろいろな製品の原料になっているんだ。薬や染料，樹脂，農薬，繊維などに幅広く利用されているよ。とても需要が多いので，高校の化学でも詳しく製法が説明されているんだよ。

ここでは，フェノールの製法を勉強しよう。まずは，現在，主流となっているフェノールの製法を覚えてもらうよ。

(1) クメン法

クメン法はクメンを経由することからこうよばれるんだ。プロペンにベンゼンを付加してクメンをつくることがスタートで，この反応は**プロペンを主体にすれば付加反応**となり，**ベンゼンを主体とすれば置換反応**となるから，どちらでもわかるようにしてね。

$$\underset{\text{プロペン}}{H_2C=CH-CH_3} + \underset{\text{ベンゼン}}{C_6H_5-H} \xrightarrow[\text{(プロペンへの付加反応)}]{\text{置換反応}} \underset{\text{クメン(イソプロピルベンゼン)}}{CH_3-CH(C_6H_5)-CH_3}$$

生成したクメンはベンゼン環に直接ついている炭素が酸化されやすく，空気中の酸素で酸化されるんだ。あとは触媒である硫酸で分解すればフェノールが生成するよ。

$$\underset{\text{クメン}}{C_6H_5-C(CH_3)_2-H} \xrightarrow[\text{酸化}]{O_2} \underset{\text{クメンヒドロペルオキシド}}{C_6H_5-C(CH_3)_2-O-O-H} \xrightarrow[\text{分解}]{H_2SO_4} \underset{\text{フェノール}}{C_6H_5-OH} + \underset{\text{アセトン}}{CH_3-C(=O)-CH_3}$$

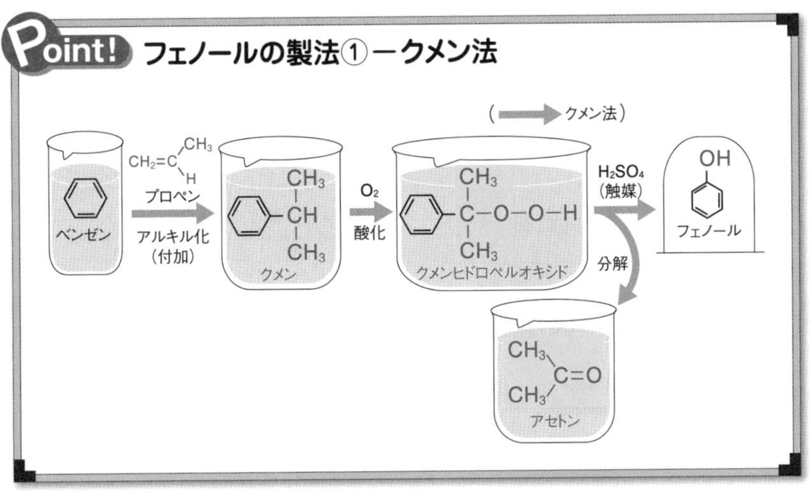
Point! フェノールの製法① ークメン法
(→ クメン法)
ベンゼン
$CH_2=C\langle^{CH_3}_{H}$
プロペン
アルキル化
(付加)
クメン
O_2
酸化
クメンヒドロペルオキシド
H_2SO_4
(触媒)
OH
フェノール
分解
CH_3 $C=O$ CH_3
アセトン

(2) ベンゼンスルホン酸のアルカリ融解による製法

フェノールの工業的製法として最も古いのは1890年に発明された方法で，ベンゼンスルホン酸ナトリウムの**アルカリ融解**(ゆうかい)なんだ。水酸化ナトリウム NaOH などの**強塩基の固体と混合して高温で融解することをアルカリ融解**というんだが，この反応ではまずフェノールが得られるんだ。ところが，生成した**フェノールは酸だから NaOH ですぐに中和される**よ。

$$C_6H_5\text{-}SO_3Na + NaOH \xrightarrow[\triangle]{\text{アルカリ融解}} C_6H_5\text{-}OH + Na_2SO_3$$

$$+)\ C_6H_5\text{-}OH + NaOH \xrightarrow{\text{中和}} C_6H_5\text{-}ONa + H_2O$$

$$C_6H_5\text{-}SO_3Na + 2NaOH \xrightarrow[\triangle]{} C_6H_5\text{-}ONa + Na_2SO_3 + H_2O$$

ベンゼンスルホン酸ナトリウム(固体)　水酸化ナトリウム(固体)　ナトリウムフェノキシド　亜硫酸ナトリウム

生成したナトリウムフェノキシドを塩酸などで酸性にするとフェノールが遊離するというわけなんだ。

$$\mathrm{C_6H_5{-}ONa} + \mathrm{H^+} \xrightarrow{\text{フェノールの遊離}} \mathrm{C_6H_5{-}OH} + \mathrm{Na^+}$$

ナトリウムフェノキシド　　　　フェノール

ベンゼンからの合成経路をフローにするとこんな感じだよ。

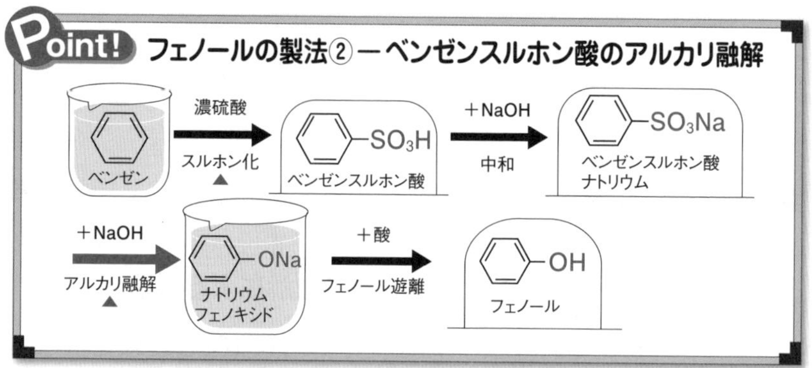

Point!
フェノールの製法②－ベンゼンスルホン酸のアルカリ融解
ベンゼン
濃硫酸
スルホン化
▲
SO3H
ベンゼンスルホン酸
＋NaOH
中和
SO3Na
ベンゼンスルホン酸
ナトリウム
＋NaOH
アルカリ融解
▲
ONa
ナトリウム
フェノキシド
＋酸
フェノール遊離
OH
フェノール

(3) クロロベンゼンの加水分解による製法

フェノールの昔の工業的製法として有名なのがクロロベンゼンの加水分解だ。クロロベンゼンを高温，高圧で NaOH と作用させるとフェノールが生成するんだ。ところが，**生成したフェノールは酸だから**(2)**と同様に NaOH ですぐに中和される**よ。

$$\mathrm{C_6H_5{-}Cl} + \mathrm{NaOH} \xrightarrow[\text{加水分解 } \triangle]{} \mathrm{C_6H_5{-}OH} + \mathrm{NaCl}$$

$$+)\ \mathrm{C_6H_5{-}OH} + \mathrm{NaOH} \xrightarrow[\text{中和}]{} \mathrm{C_6H_5{-}ONa} + \mathrm{H_2O}$$

$$\mathrm{C_6H_5{-}Cl} + \mathrm{2NaOH} \xrightarrow[\triangle]{} \mathrm{C_6H_5{-}ONa} + \mathrm{NaCl} + \mathrm{H_2O}$$

クロロベンゼン　　　　ナトリウムフェノキシド

生成したナトリウムフェノキシドは，(2)と同様に，酸性にするとフェノールが遊離するね。ベンゼンからの合成経路をフローにすると次のようになるよ。

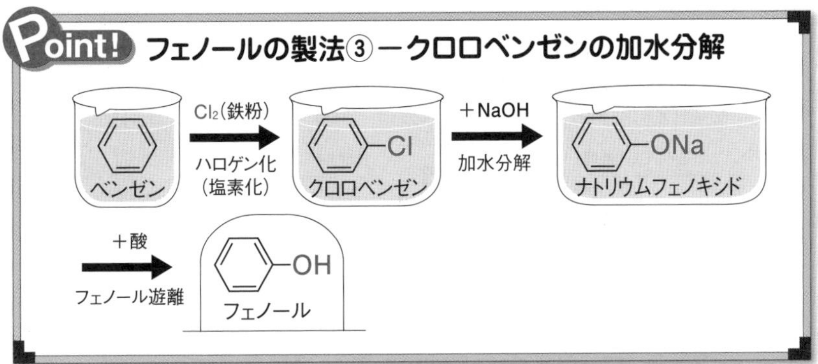
Point!
フェノールの製法③－クロロベンゼンの加水分解
ベンゼン
Cl2(鉄粉)
ハロゲン化
(塩素化)
Cl
クロロベンゼン
＋NaOH
加水分解
ONa
ナトリウムフェノキシド
＋酸
フェノール遊離
OH
フェノール

(4) ベンゼンジアゾニウムイオンの分解による製法

工業的な製法は(1)～(3)なんだけど，ベンゼンジアゾニウムイオンという不安定な化合物を加熱することでも生成するんだ。詳しくは「18章 窒素を含む芳香族化合物と染料」(▶ P.239) を見てね。

$$C_6H_5-N^+{\equiv}N\ Cl^- + H_2O \xrightarrow{5℃以上に加熱} C_6H_5-OH + N_2 + HCl$$

ボクにはポリフェノールが
入っているよ!!

問題 1　フェノールの製法

次の反応経路図について，下の(1)～(5)の問いに答えよ。原子量は H＝1.0，C＝12，N＝14，O＝16 とする。

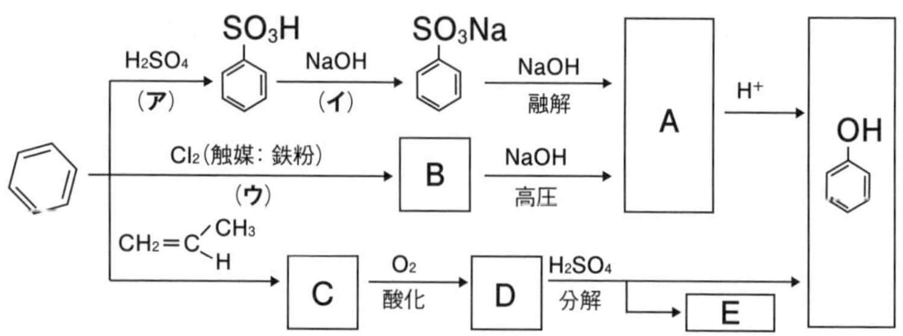

SO3H
SO3Na
H2SO4
(ア)
NaOH
(イ)
NaOH
融解
A
H+
OH
Cl2(触媒：鉄粉)
(ウ)
B
NaOH
高圧
CH2＝C CH3 H
C
O2
酸化
D
H2SO4
分解
E

(1)　**(ア)**～**(ウ)** の反応の名称を次の①～⑦から選べ。

① 中和　② アシル化　③ エステル化　④ ニトロ化
⑤ スルホン化　⑥ アルキル化　⑦ ハロゲン化

(2)　A～Eの物質の化学式と名称を答えよ。

(3)　B→Aの化学反応式を書け。

(4)　C，Dを経由するフェノールの工業的製法は何とよばれているか。

(5)　C，Dを経由する方法で，39.0g のベンゼンから37.6g のフェノールを合成した。この反応の収率を有効数字2桁で計算せよ。

解説

フェノールの製法を示す反応経路図の問題だよ。
芳香族化合物の場合は特に，反応の一つひとつを理解したあと，このような反応経路図で復習するといいね。クメン法以外の経路も重要だからしっかり復習してマスターしよう。

(5) 最初のベンゼンと最後のフェノールだけ考えれば簡単に計算できるよ。分子量はベンゼン C_6H_6 (78)，フェノール C_6H_5OH (94) で収率を100%とすると，フェノールは $\dfrac{39.0}{78}$ mol生成していなければならないよね。

収率をαとすると $\dfrac{39.0}{78}\times\alpha$ mol生成する。

C_6H_6 ⟶ C_6H_5–OH

$$\frac{39.0}{78}\ \text{mol} \qquad \frac{39.0}{78}\times\alpha\ \text{mol}=\frac{37.6}{94}\ \text{mol}$$

よって$\alpha=0.8$となって，80%だ。

解答

(1) **(ア)** ⑤，**(イ)** ①，**(ウ)** ⑦

(2) A ナトリウムフェノキシド　B クロロベンゼン

C_6H_5–ONa　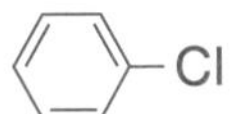

C クメン　D クメンヒドロペルオキシド　E アセトン

C_6H_5–$CH(CH_3)_2$　C_6H_5–$C(CH_3)_2$–O–OH　H_3C–CO–CH_3

(3) $C_6H_5Cl + 2NaOH \longrightarrow C_6H_5ONa + NaCl + H_2O$

(4) クメン法　(5) 80%

story 3 フェノールの性質と反応

(1) 酸としての性質

ナトリウムフェノキシドからフェノールを得るには何を入れたらいいんですか？

そうだね。それを理解するにはフェノールの酸の強さを理解する必要があるんだ。まずは代表的な酸を強さの順に並べてみると次のとおりだよ。

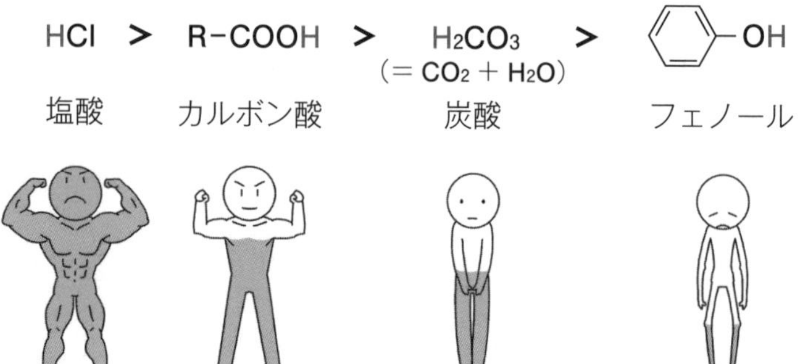
HCl ＞ R−COOH ＞ H2CO3 ＞ ⌬−OH
（＝ CO2 ＋ H2O）
塩酸
カルボン酸
炭酸
フェノール

この順番さえわかってしまえばあとは簡単なんだ。なぜならば，**酸の世界では強いものがイオンになる**からなんだよ。だから，フェノールのイオン（ナトリウムフェノキシドの水溶液）からフェノールを遊離させるためには，フェノールより強い酸を加えればいいんだ。

$$\text{C}_6\text{H}_5\text{-O}^- \xrightarrow{\text{H}^+ \left\{ \begin{array}{l} +\text{HCl} \\ +\text{R-COOH} \\ +\text{H}_2\text{CO}_3\ (\text{CO}_2) \end{array} \right.} \text{C}_6\text{H}_5\text{-OH}$$

ナトリウムフェノキシドからフェノールを遊離させる反応の反応式はよくテストで書かせられるけど，これを理解していれば暗記しなくていいんだよ。

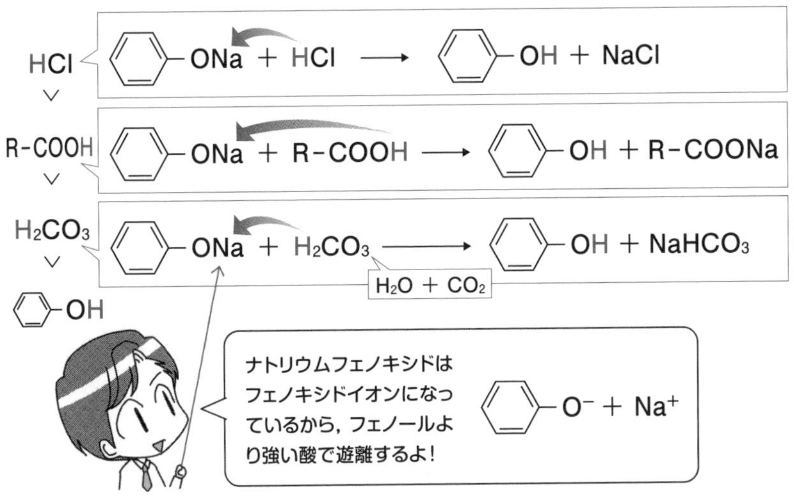
HCl
>
R-COOH
>
H_2CO_3
>
C_6H_5-OH
C_6H_5-ONa + HCl ⟶ C_6H_5-OH + NaCl
C_6H_5-ONa + R-COOH ⟶ C_6H_5-OH + R-COONa
C_6H_5-ONa + H_2CO_3 ⟶ C_6H_5-OH + $NaHCO_3$
H_2O + CO_2
ナトリウムフェノキシドはフェノキシドイオンになっているから，フェノールより強い酸で遊離するよ！
C_6H_5-O^- + Na^+

よく“二酸化炭素 CO_2 を十分に吹き込む”なんて書いてあるけど，これは炭酸を加えたのと同じと考えていいんだ。なぜなら，CO_2 は水中で炭酸になるからね。

$$H_2O + CO_2 \rightleftarrows \underset{\text{炭酸}}{H_2CO_3}$$

炭酸飲料水を飲むと逆反応で CO_2 が出てくるね。

(2) 置換反応

フェノールは置換反応するんですか?

置換反応するなんてもんじゃないよ。フェノールは芳香族化合物の中でもトップクラスの置換されやすい物質なんだ。あまりにも反応しやすくて，触媒も入れずに臭素 Br_2 を入れただけで，あっという間に3か所が置換されるんだ。置換される場所はベンゼン環の2,4,6 の位置，つまりオルト，パラの位置だよ。

$$C_6H_5OH + 3Br_2 \longrightarrow C_6H_2Br_3OH + 3HBr$$

フェノール　　　2,4,6-トリブロモフェノール（白色沈殿）

この反応はフェノールの検出にも使われているんだ。フェノールの溶解度は8.3g/100mL（水）だから，水に少し溶けるんだ。水中にあるわずかなフェノールを検出するのに，臭素水が使われるよ。

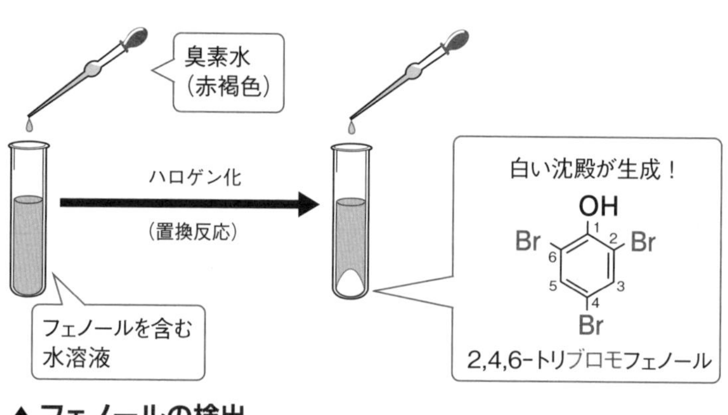
臭素水
（赤褐色）
ハロゲン化
（置換反応）
フェノールを含む
水溶液
白い沈殿が生成！
OH
Br
Br
Br
2,4,6-トリブロモフェノール

▲ **フェノールの検出**

じゃあ，フェノールのニトロ化も無触媒でいいんですか?

そうなんだよ。**ニトロ化も無触媒で進行する**んだ。触媒である濃硫酸を入れずに濃硝酸だけでもベンゼン環の１か所ならニトロ化されるよ。ただ，ニトロ基はベンゼン環を置換反応させにくくするから，常温では１か所がニトロ化されるだけなんだけど，**触媒を入れて加熱すれば３か所すべてがニトロ化される**んだ。

Point! フェノールのニトロ化

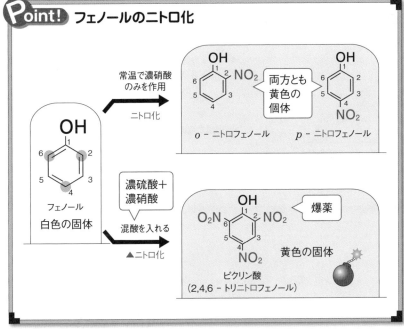

OH
1
6　2
5　3
4
フェノール
白色の固体

常温で濃硝酸のみを作用
→ ニトロ化

OH
1
2 NO_2
6
5
3
4
o － ニトロフェノール

両方とも黄色の個体

OH
1
6　2
5　3
4
NO_2
p － ニトロフェノール

濃硫酸＋濃硝酸
混酸を入れる
→ ▲ニトロ化

OH
1
O_2N　6　2　NO_2
5　3
4
NO_2
ピクリン酸
(2,4,6 － トリニトロフェノール)

爆薬

黄色の固体

注意

ピクリン酸はフェノール類の中では異端児で，強酸だし，塩化鉄（Ⅲ）の呈色反応もしないんだ。例外が多いから注意しよう!

(3) 塩化鉄(Ⅲ)による呈色反応

フェノール類の呈色反応って，何ですか?

呈色反応は，ある試薬が特定の化学物質によって変色することをいうんだ。フェノール類の呈色反応として有名なのが，**塩化鉄（Ⅲ）による紫色～青色の呈色**だよ。

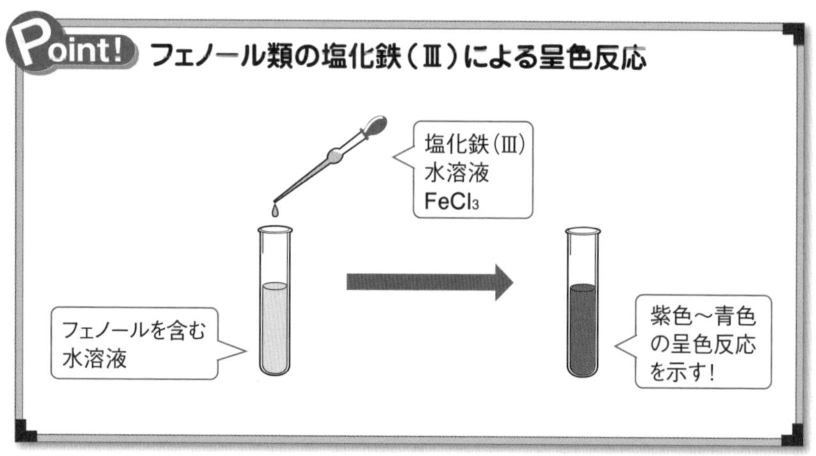
Point! フェノール類の塩化鉄（Ⅲ）による呈色反応
塩化鉄(Ⅲ)
水溶液
FeCl3
フェノールを含む
水溶液
紫色～青色
の呈色反応
を示す!

FeCl3で紫色になったわ!

問題 2　フェノールの置換反応と呈色

フェノール類に関する次の問いに答えよ。

(1)　濃硫酸と濃硝酸を加えて加熱すると，ベンゼンの四置換体Aが生成した。このときの反応式を書け。
(2)　臭素水を加えると白色沈殿Bが生成した。このときの反応式を書け。
(3)　塩化鉄（Ⅲ）水溶液を加えると何色に呈色するか。次の①～⑤から選べ。
　① 赤橙色　② 青白色　③ 黄緑色　④ 淡黄色　⑤ 紫色

解答

(1)

OH（ベンゼン環） ＋ $3HNO_3$ ⟶ $3H_2O$ ＋ OH，O_2N，NO_2，NO_2（ベンゼン環）

(2)

OH（ベンゼン環） ＋ $3Br_2$ ⟶ $3HBr$ ＋ OH，Br，Br，Br（ベンゼン環）

(3)　⑤

(4) アセチル化

あとフェノール類は酢酸とはなかなかエステル化しないけど，無水酢酸とは簡単にエステル化するんだ。

「第13章　カルボン酸の誘導体」(▶ P.162) でやったアセチル化をもう一度復習してみよう！　次のページに，フェノールのアセチル化をまとめたよ。特にサリチル酸のアセチル化は重要だよ。アセチルサリチル酸は有名な解熱鎮痛剤だからね。

Point! フェノール類のアセチル化

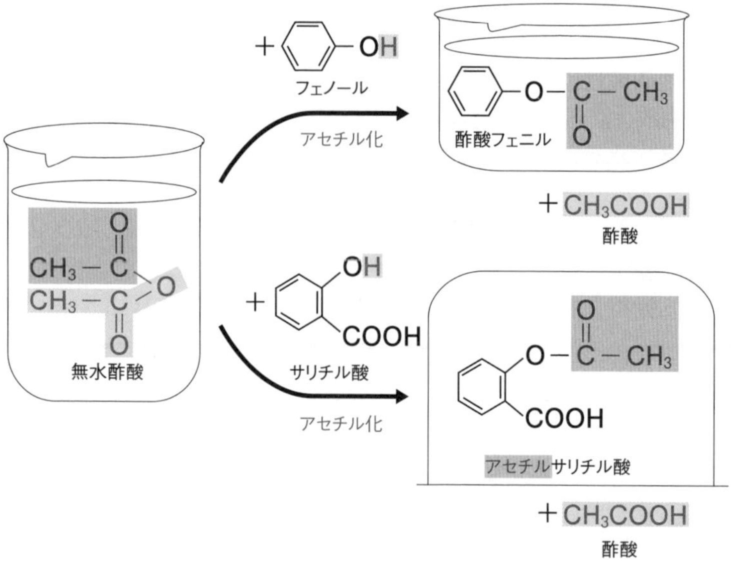

無水酢酸

$(CH_3CO)_2O$

＋ フェノール（C_6H_5-OH）　— アセチル化 →　酢酸フェニル（$C_6H_5-O-CO-CH_3$）＋ CH_3COOH（酢酸）

＋ サリチル酸（OH，COOH）　— アセチル化 →　アセチルサリチル酸（$O-CO-CH_3$，COOH）＋ CH_3COOH（酢酸）

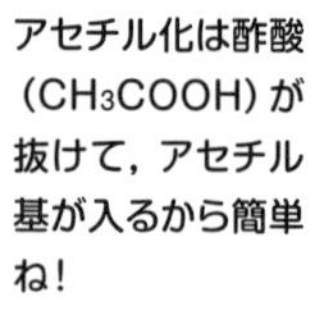
アセチル化は酢酸（CH_3COOH）が抜けて，アセチル基が入るから簡単ね！

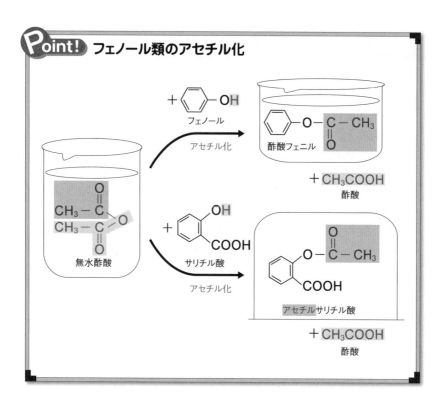

アセチル化された化合物の名称はすべて「アセチル～」というわけではないから注意だよ！

汗散るか～？

確認問題

1　次のフェノール類の名称を答えよ。

(1) OH　(2) CH_3, OH　(3) COOH, OH

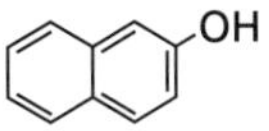

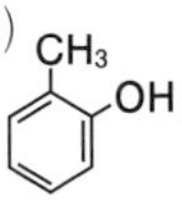

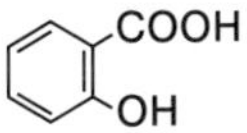

(4) O, C−O−CH_3, OH　(5) OH, Br, Br, Br　(6) OH, O_2N, NO_2, NO_2

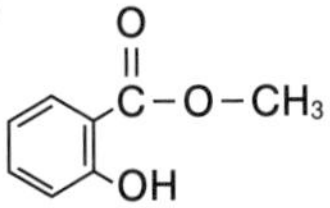

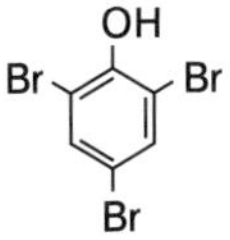

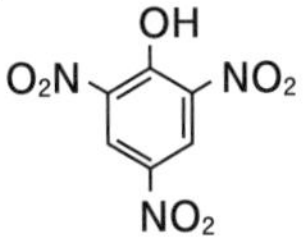

解答

(1) 2-ナフトール
(2) *o*-クレゾール
(3) サリチル酸
(4) サリチル酸メチル
(5) 2,4,6-トリブロモフェノール
(6) ピクリン酸（2,4,6-トリニトロフェノール）

2　クメン法でフェノールとともにできる炭素数3の物質の名称を答えよ。

アセトン

3　クメンを酸素で酸化して得られる過酸化物の名称を答えよ。

クメンヒドロペルオキシド

4　ベンゼンスルホン酸ナトリウムと水酸化ナトリウムの固体の混合物を加熱融解したときに生成する物質をすべて答えよ。

ナトリウムフェノキシド，亜硫酸ナトリウム，水

5　ナトリウムフェノキシドに酢酸を加えたときの反応式を書け。

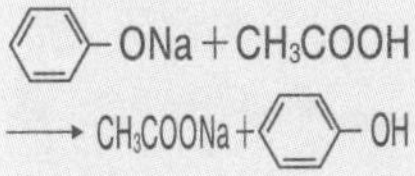

$$C_6H_5\text{-}ONa + CH_3COOH \longrightarrow CH_3COONa + C_6H_5\text{-}OH$$

6　フェノールに臭素水を加えたときの沈殿は何色か。

白色

7　フェノールをニトロ化して生成する物質は何色か。

黄色

8　無水酢酸とフェノールによって生成する芳香族化合物の名称を答えよ。

酢酸フェニル

9　無水酢酸とサリチル酸によって生成する芳香族化合物の名称を答えよ。

解答
アセチルサリチル酸

10　次の①～⑨の化合物から塩化鉄（Ⅲ）水溶液で呈色するものをすべて選べ。

① 1-ナフトール　② サリチル酸
③ フェノール　④ サリチル酸メチル
⑤ アセチルサリチル酸
⑥ 酢酸フェニル　⑦ 安息香酸
⑧ o-クレゾール　⑨ アセトアニリド

解答
①②③④⑧

せんせ～，湿布にFeCl3をたらしたら紫色になった！
それはサリチル酸メチルが入っているからだよ！

第17章 芳香族カルボン酸と医薬品

湿布
サリチル酸メチル
イボ取り薬
サリチル酸
頭痛薬
アセチルサリチル酸
頭痛薬

▶ サリチル酸やサリチル酸のエステルは医薬品として多く使われている。

story 1 芳香族カルボン酸の性質

芳香族カルボン酸と脂肪族カルボン酸はどう違うんですか?

一般的に芳香族カルボン酸はベンゼン環の炭素原子にカルボキシ基−COOH がついた化合物で，カルボン酸としての性質は脂肪族カルボン酸と同じだよ。ただし，脂肪族カルボン酸は炭素数が4以下なら水に任意の割合で溶解するんだけど，**芳香族カルボン酸は基本的に水にあまり溶けない**のが特徴だ。

ベンゼン環を背負っている化合物の多くはあまり水に溶けないんだ!

水の中に入れたらこんな感じだね!

有機化学の基礎
脂肪族炭化水素
酸素を含む有機化合物
芳香族化合物
高分子化合物の基本と天然高分子化合物
合成高分子化合物

▼ 芳香族カルボン酸

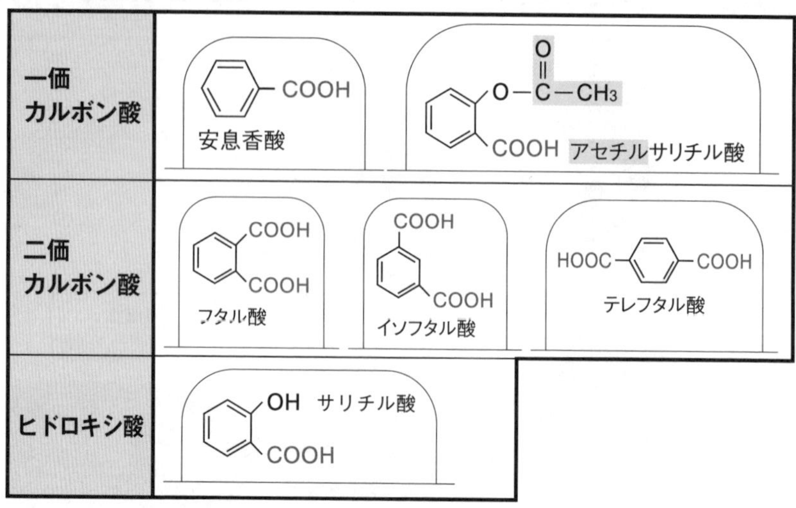

一価カルボン酸
COOH
安息香酸
O
O—C—CH3
COOH アセチルサリチル酸
二価カルボン酸
COOH
COOH
フタル酸
COOH
COOH
イソフタル酸
HOOC
COOH
テレフタル酸
ヒドロキシ酸
OH サリチル酸
COOH

story 2 芳香族カルボン酸の製法

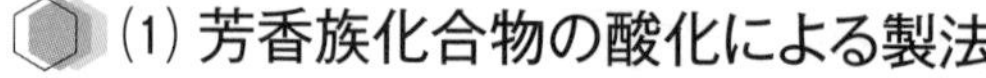

(1) 芳香族化合物の酸化による製法

❶ 側鎖の酸化

トルエンを酸化すると安息香酸になるんですか?

そうなんだ。ベンゼン環は安定だからなかなか酸化されないんだけど，ベンゼン環に結合している側鎖は強い酸化剤で酸化されて**カルボキシ基**になるんだ。ベンゼン環の側鎖を酸化するのに優れている酸化剤は次のとおりだよ。

酸化剤
- 実験室では　**過マンガン酸カリウム** $KMnO_4$
  （穏やかな酸化には，酸化マンガン(Ⅳ) MnO_2）
- 工業的には　**酸素** O_2
  （触媒：酸化バナジウム(Ⅴ) V_2O_5）

ベンゼン環についている側鎖は炭素数が何個あっても，強く酸化すると安息香酸が生成するんだ。

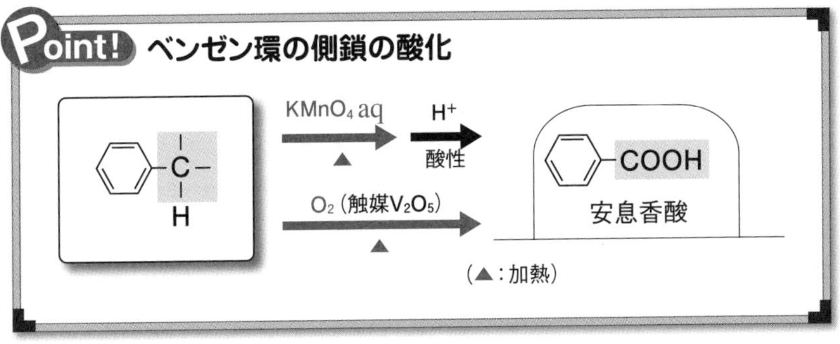
Point! ベンゼン環の側鎖の酸化
C
H
KMnO4 aq
H+
酸性
O2（触媒V2O5）
COOH
安息香酸
（▲：加熱）

$KMnO_4$ を加えて加熱すると，安息香酸カリウムが生成するので，塩酸や硫酸などの強酸を加えて安息香酸にするんだ。V_2O_5 を触媒に O_2 で酸化しても安息香酸が生成するよ。

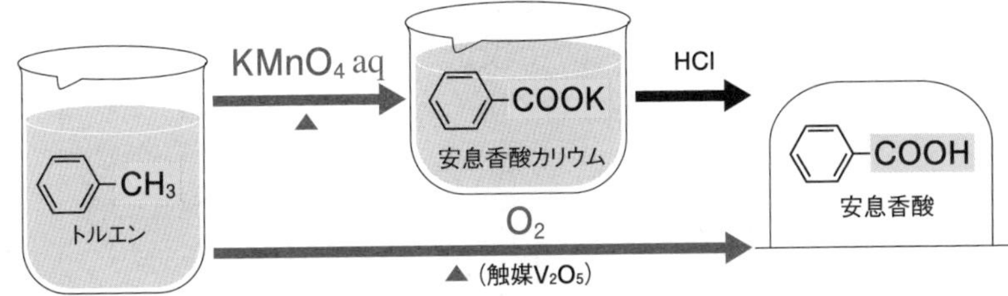
KMnO4 aq
CH3
トルエン
COOK
安息香酸カリウム
HCl
COOH
安息香酸
O2
（触媒V2O5）

❷ フタル酸の製法

フタル酸が生成する問題をよく見るのですが，どうやって作ってるんですか？

入試問題ではフタル酸を加熱脱水して無水フタル酸にする問題が多いので，当然，製法も重要だね。重要な製法は次の3つだよ。

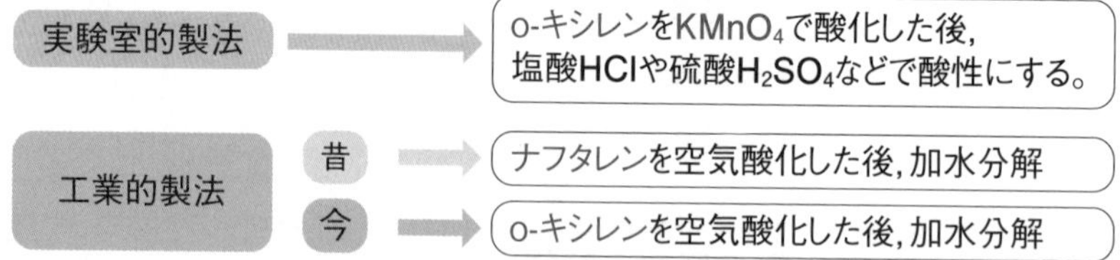
実験室的製法
o-キシレンをKMnO₄で酸化した後，
塩酸HClや硫酸H₂SO₄などで酸性にする。
工業的製法
昔
ナフタレンを空気酸化した後，加水分解
今
o-キシレンを空気酸化した後，加水分解

工業的製法では，V_2O_5 を触媒に空気酸化（酸素で酸化）するけど，加熱しているので脱水されて無水フタル酸が生成するんだ。だから，加水分解してフタル酸にするというわけだ。また，ナフタレンは炭素数10でフタル酸は炭素数8なので数が合わないように思うけど，酸化する途中でシュウ酸が生成して，さらに酸化されて二酸化炭素 CO_2 になると考えれば理解できるよ。

Point! フタル酸の製法

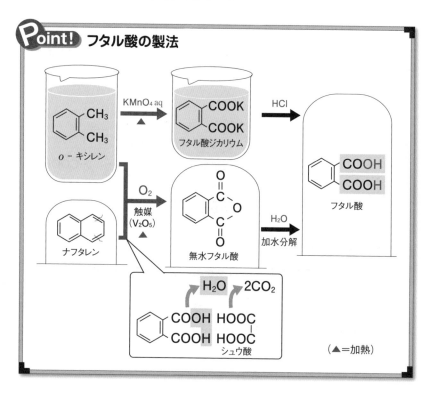

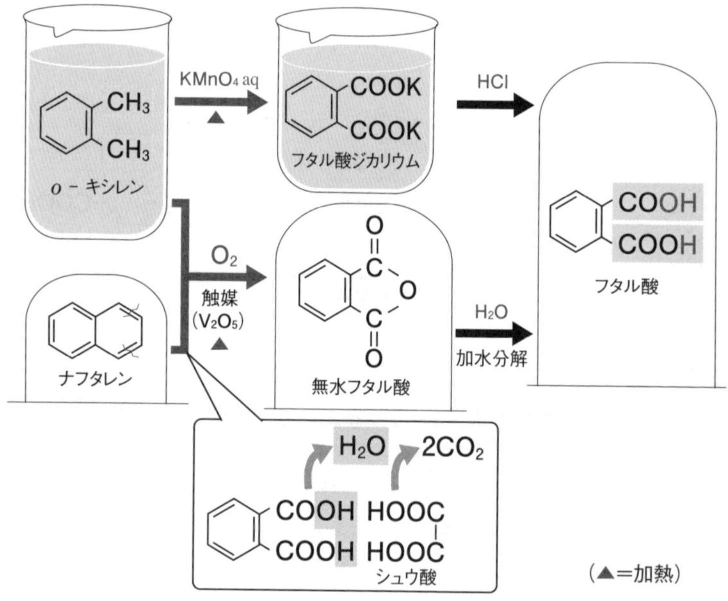

CH_3
CH_3
o－キシレン
$KMnO_4$ aq
▲
COOK
COOK
フタル酸ジカリウム
HCl
ナフタレン
O_2
触媒
（V_2O_5）
▲
無水フタル酸
H_2O
加水分解
COOH
COOH
フタル酸
H_2O　$2CO_2$
COOH　HOOC
COOH　HOOC
シュウ酸
（▲＝加熱）

(2) サリチル酸の製法

サリチル酸の製法を教えて下さい！

サリチル酸はフェノールからつくるんだ。まず，フェノールを水酸化ナトリウム **NaOH** で中和してナトリウムフェノキシドをつくり，CO_2 を高圧で作用させるよ。このとき，フェノールのオルトの位置が CO_2 によって攻撃されて，カルボキシ基が生成するんだ。生成したカルボキシ基の酸性度はフェノール性 **−OH** より強いからそのあと Na^+ と H^+ が交換されてサリチル酸ナトリウムになるという訳なんだ。そのあと，硫酸や塩酸を加えると，弱酸であるサリチル酸が遊離するよ。

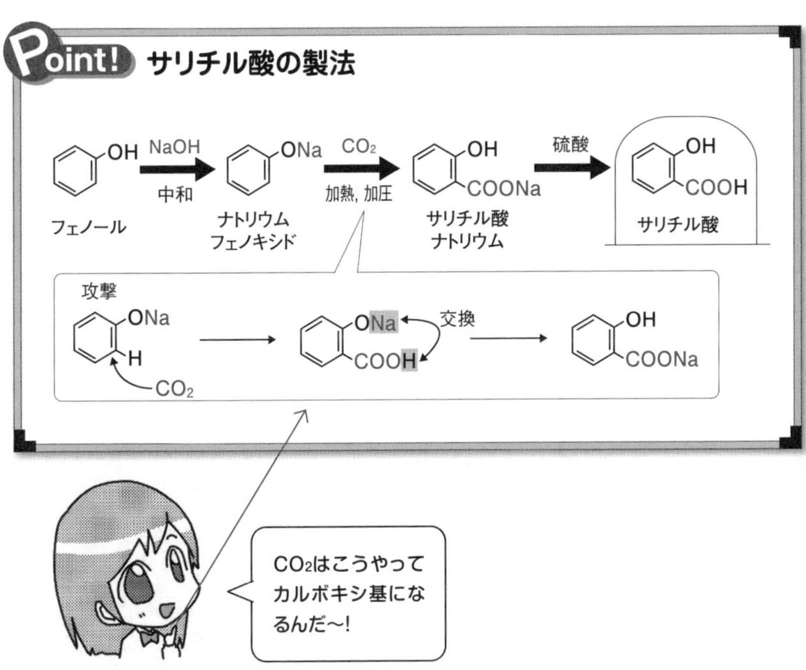
Point! サリチル酸の製法
OH
NaOH
中和
ONa
CO2
加熱, 加圧
OH
COONa
硫酸
OH
COOH
フェノール
ナトリウム
フェノキシド
サリチル酸
ナトリウム
サリチル酸
攻撃
ONa
H
CO2
ONa
COOH
交換
OH
COONa
CO2はこうやって
カルボキシ基にな
るんだ〜!

story 3 芳香族カルボン酸の反応

(1) サリチル酸からの医薬品の合成

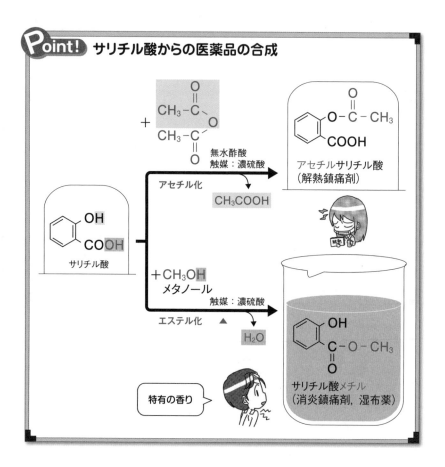

サリチル酸から有名な薬ができるって本当ですか?

その通り。サリチル酸にエステル化やアセチル化を行って医薬品を合成しているんだ。まずは見てもらおう！

Point! サリチル酸からの医薬品の合成

サリチル酸（OH，COOH）

アセチル化：＋ $(CH_3CO)_2O$ 無水酢酸　触媒：濃硫酸　→ CH_3COOH

アセチルサリチル酸（O−CO−CH_3，COOH）
（解熱鎮痛剤）

エステル化：＋ CH_3OH メタノール　触媒：濃硫酸　▲　→ H_2O

サリチル酸メチル（OH，C(=O)−O−CH_3）
（消炎鎮痛剤，湿布薬）

特有の香り

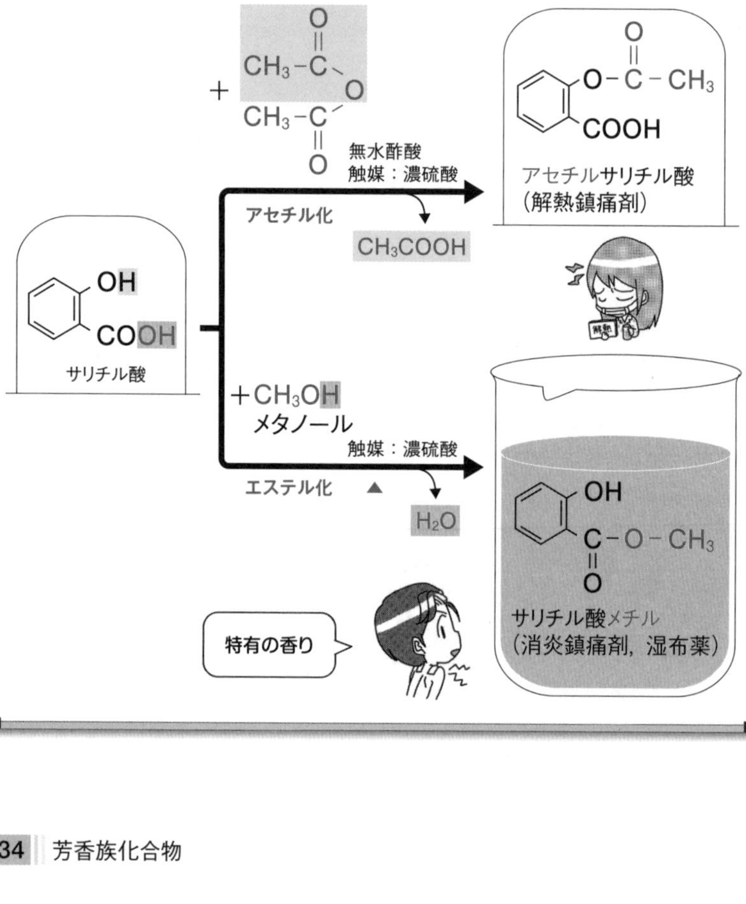

サリチル酸は解熱鎮痛効果があるんだけど，飲むと胃痛が起こることがあるから，アセチル化してアセチルサリチル酸にするんだ。**アセチルサリチル酸**はアスピリンなどの名称で知られる世界一と言っても過言でないくらい有名な解熱鎮痛剤（げねつちんつうざい）だよ。また，メタノールとのエステルである**サリチル酸メチル**は液体で，消炎（しょうえん）**鎮痛剤**として知られているんだ。湿布（しっぷ）薬などに使われているよ。

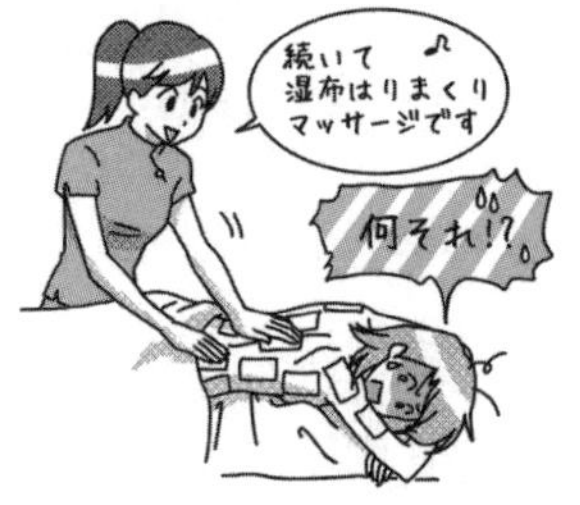

続いて 湿布はりまくり マッサージです ♪
何それ!?

●ゴロ合わせ暗記

サロンはめっちゃ湿布をはり
サリチル酸　メチル　湿布薬

あせったみちるさん発熱
アセチルサリチル酸　解熱鎮痛剤

サリチル酸メチルとアセチルサリチル酸は両方ともエステルだけど，カルボキシ基が残っているアセチルサリチル酸は，分子の極性が強いから常温で固体で，サリチル酸メチルは常温で液体なんだ。細かいことだけど覚えてね。

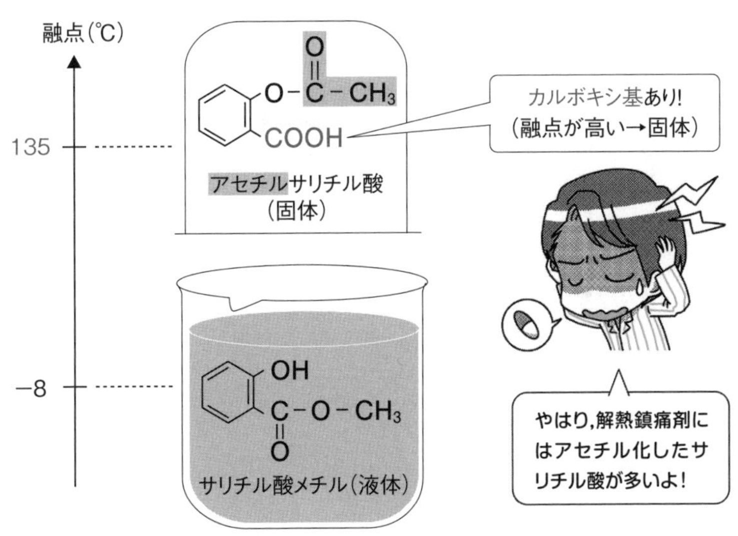

融点(℃)
135
−8
O
O−C−CH3
COOH
アセチルサリチル酸
(固体)
カルボキシ基あり!
(融点が高い→固体)
OH
C−O−CH3
O
サリチル酸メチル(液体)
やはり,解熱鎮痛剤にはアセチル化したサリチル酸が多いよ!

(2) ジカルボン酸の脱水反応

フタル酸は2つのカルボキシ基の位置が近いから，加熱だけで脱水して無水フタル酸を生成するね。

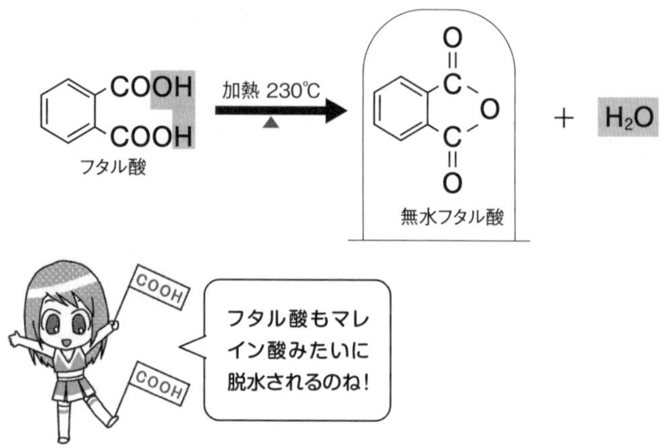
COOH
COOH
フタル酸
加熱 230℃
▲
O
C
O
C
O
無水フタル酸
+ H_2O
COOH
COOH
フタル酸もマレイン酸みたいに脱水されるのね！

生成した無水フタル酸はカルボン酸無水物だから，アルコールと反応させるとエステルができるよ。

無水フタル酸 ＋ CH_3-OH（メタノール） —エステル化→ フタル酸水素メチル（COOH, $C(=O)-O-CH_3$）

確認問題

1 次の芳香族化合物の名称を答えよ。

(1)

HOOC– –COOH

(2)

O, C, O, C, O

(3)

COOH, OH

(4)

O, C–O–CH_3, OH

(5)

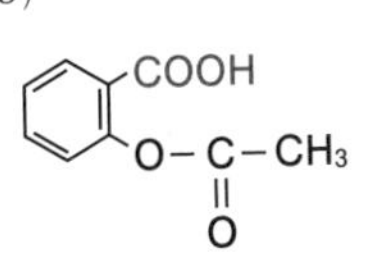
COOH
O–C–CH_3
O

(6)

O, C–O–CH_3, C–O–CH_3, O

解答

(1) テレフタル酸
(2) 無水フタル酸
(3) サリチル酸
(4) サリチル酸メチル
(5) アセチルサリチル酸
(6) フタル酸ジメチル

2 トルエンを過マンガン酸カリウム $KMnO_4$ 水溶液で酸化した後，硫酸を加えて得られるカルボン酸の名称を答えよ。

安息香酸

3 *o*–キシレンを $KMnO_4$ 水溶液で酸化した後，塩酸を加えて得られるカルボン酸の名称を答えよ。

フタル酸

4 *o*–キシレンを酸化バナジウム（V）V_2O_5 を触媒にして O_2 で酸化して得られるカルボン酸無水物の名称を答えよ。

無水フタル酸

5 ナフタレンを V_2O_5 を触媒にして O_2 で酸化して得られるカルボン酸無水物の名称を答えよ。

無水フタル酸

6 *p*–キシレンを $KMnO_4$ 水溶液で酸化した後，塩酸で酸性にして得られるカルボン酸の名称を答えよ。

テレフタル酸

	解答
7 ナトリウムフェノキシドに二酸化炭素 CO_2 を高温，高圧で作用させたあと，硫酸を加えて生成する白色沈殿の化学式を答えよ。	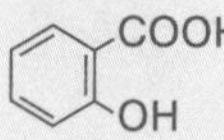
8 サリチル酸に無水酢酸を作用させて生成するエステルの名称を答えよ。	アセチルサリチル酸
9 サリチル酸にメタノールを加え，濃硫酸を触媒にしてエステル化して得られる物質の名称を答えよ。	サリチル酸メチル
10 無水フタル酸とメタノールを同じ物質量ずつとり，作用させて生成する物質の名称を答えよ。	フタル酸水素メチル

試験前だから出るとこだけ教えて〜

勉強には対症療法は駄目だよ。きちんと原因療法を!!

第18章 窒素を含む芳香族化合物と染料

N
N

▶ 人間もカップルができるとバラ色になるように，ベンゼン環もアゾカップリング反応では黄色～赤色の綺麗な色素が生成する。

story 1 窒素を含む芳香族化合物の命名

窒素を含む化合物の名前って難しくて困ってます。

確かに丸暗記は大変だね。でも、順を追って理解すれば大丈夫だよ。まずアンモニア NH_3 の水素を炭化水素で置き換えたものが**アミン**で、ベンゼン環を含むアミンを**芳香族アミン**というんだ。最も単純な芳香族アミンが**アミノ基 $-NH_2$** を持つ**アニリン**だよ。

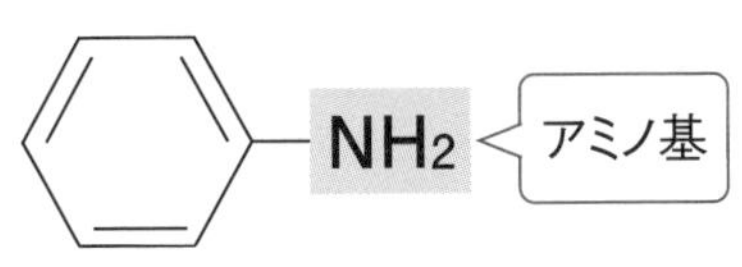
NH_2
アミノ基

アニリン　aniline

有機化学の基礎
脂肪族炭化水素
酸素を含む有機化合物
芳香族化合物
高分子化合物の基本と天然高分子化合物
合成高分子化合物

次に重要なイオンが2つあるから覚えておこう。**窒素から結合の線が4本出ていたら，その窒素は＋に帯電している**と覚えればバッチリだよ！　また，ベンゼンジアゾニウムイオンのジアゾは，Nのことを**アゾ**というから，2つで**ジ**アゾなんだよ。

▼Nを含む芳香族化合物のイオン

アニリニウムイオン	ベンゼンジアゾニウムイオン
$C_6H_5-N^+H_3$ （$C_6H_5-NH_3^+$）	$C_6H_5-N^+{\equiv}N$ （$C_6H_5-N_2^+$）

$-N^+{\equiv}N$
手が4本出ているN（窒素）が＋になっているんだ！
$N^+{\equiv}N$
これがベンゼンジアゾニウムイオンだから，塩化物イオンといっしょにいれば，塩化ベンゼンジアゾニウムになるんだ。
$C_6H_5-N^+{\equiv}N\ Cl^-$

官能基の名前も重要だよ。ニトロ基以外に，**アゾ基**をマスターしてほしいね。**アゾ基をもつ物質をアゾ化合物というよ**。

▼芳香族化合物がもつ窒素を含む官能基

ニトロ基	アミノ基	アミド結合	アゾ基	フェニルアゾ基
$-NO_2$	$-NH_2$	$-NH-CO-$	$-N=N-$	$C_6H_5-N=N-$

アゾ化合物は**フェニルアゾ基**を単位に命名されているものも多いんだ。例を見れば命名法は意外と簡単だよ。

▼アゾ化合物

1-フェニルアゾ-2-ナフトール	4-フェニルアゾ-1-ナフトール
HO, 2, 3, 4, 1, N＝N	3, 2, 4, 1, N＝N, OH
p-フェニルアゾフェノール (*p*-ヒドロキシアゾベンゼン)	メチルオレンジ
N＝N, OH	CH_3−N−, CH_3, N＝N, SO_3Na

ニトロ化合物やアミド結合をもつものは復習になるけど，間違いのないようしっかり覚えよう。

▼アミドとニトロ化合物

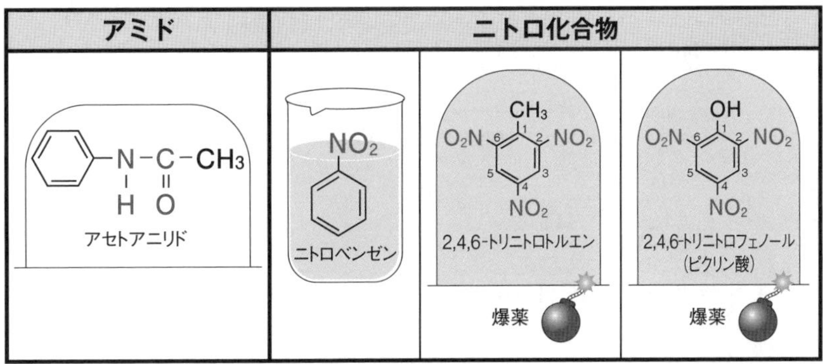
アミド
ニトロ化合物
N−C−CH_3
H O
アセトアニリド
NO_2
ニトロベンゼン
CH_3
O_2N
NO_2
NO_2
2,4,6-トリニトロトルエン
爆薬
OH
O_2N
NO_2
NO_2
2,4,6-トリニトロフェノール
(ピクリン酸)
爆薬

右2つの爆薬は
名前も構造もそっくり！

story 2 アニリンの製法

アニリンってアンモニアとベンゼンからパパッと作れますか?

いやいや，パパッとは作れないけど，普通はベンゼンをスタートにニトロベンゼンを合成してから還元するんだ。酸素を取ることも水素をつけることも還元というから，$-NO_2$を$-NH_2$にするのは，まさに還元だ。工業的にはH_2で還元しているんだ。

実験室では還元剤にはスズ Sn か鉄 Fe を使うんだ。塩酸 HCl は酸性にするために入れられているんだよ。

Point! アニリンの製法

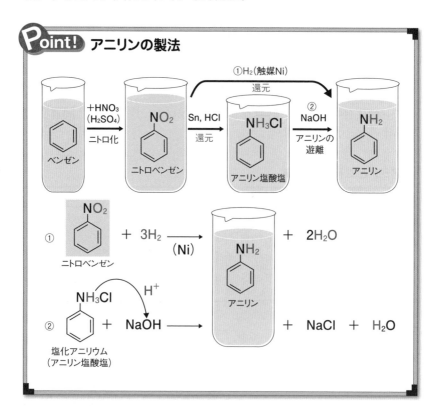

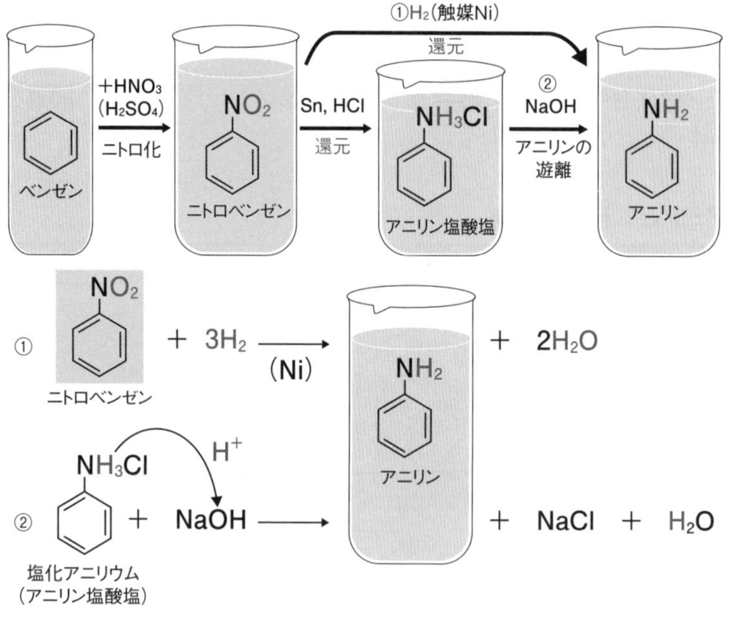

ベンゼン $\xrightarrow[\text{ニトロ化}]{+HNO_3\ (H_2SO_4)}$ ニトロベンゼン($C_6H_5NO_2$) $\xrightarrow[\text{還元}]{\text{Sn, HCl}}$ アニリン塩酸塩($C_6H_5NH_3Cl$) $\xrightarrow[\text{アニリンの遊離}]{②\ NaOH}$ アニリン($C_6H_5NH_2$)

ニトロベンゼン $\xrightarrow[\text{還元}]{①H_2(\text{触媒}Ni)}$ アニリン

① ニトロベンゼン $C_6H_5NO_2 + 3H_2 \xrightarrow{(Ni)} C_6H_5NH_2 + 2H_2O$

② 塩化アニリウム（アニリン塩酸塩） $C_6H_5NH_3Cl + NaOH \longrightarrow C_6H_5NH_2 + NaCl + H_2O$ （H^+）

アニリン

酸素Oをとることを還元と言うよ!
還元剤はSnだよ!

Sn

H
水素Hをつけるのも還元だ!

story 3 アニリンの性質と反応

(1) アニリンの確認

アニリンって，染料のイメージですがどんな物質ですか?

アニリンの最も重要な性質は，ずばり**還元性**だよ。ベンゼン環に何がつくかで芳香族化合物は性質が大きく変わるんだけど，**アミノ基$-NH_2$がつくと，ベンゼン環の水素が置換されやすくなるし，アミノ基自体が酸化されやすくなる**んだ。

アニリンを酸化剤によって酸化すると重合して，昔よく使われていた黒色染料の**アニリンブラック**という混合物ができるんだ。構造は覚えなくてもいいからね。

アニリンにニクロム酸カリウム$K_2Cr_2O_7$を入れたら一発でアニリンブラックができて黒くなるし，さらし粉$CaCl(ClO)$では**赤紫色に変化して，加熱すると黒くなってしまう**んだ。空気中でも**酸素O_2によって徐々に酸化されて褐色に変化**して，長い時間放置するとやはり黒くなるんだ。次のPoint!にまとめたよ。これを見るとアニリンブラックの作り方が一発でわかるよ。

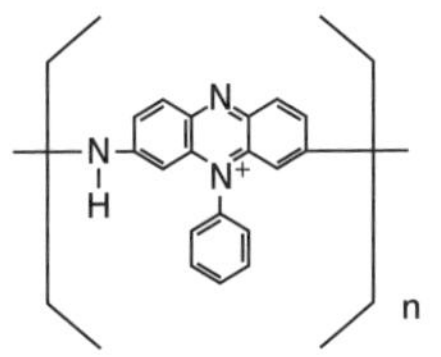
N
N
H
N+
n

▲アニリンブラックの主な構造

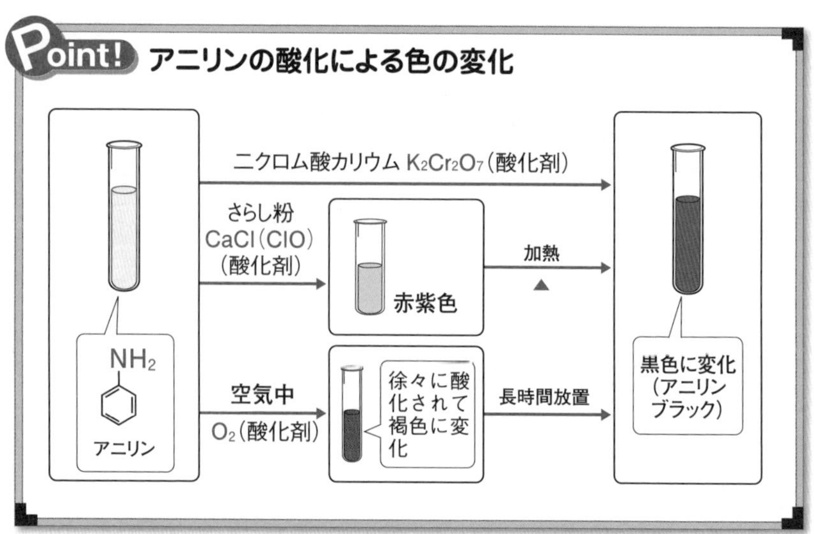
Point!
アニリンの酸化による色の変化
ニクロム酸カリウム K2Cr2O7（酸化剤）
さらし粉
CaCl（ClO）
（酸化剤）
赤紫色
加熱
NH2
アニリン
空気中
O2（酸化剤）
徐々に酸化されて褐色に変化
長時間放置
黒色に変化
（アニリンブラック）

(2) アニリンの弱塩基性

アニリンとアンモニアって似てますよね！

そうなんだ。構造を見てもそっくりだよ。**アンモニアの水素をフェニル基で置き換えたものがアニリン**だからね。アミノ基 $-NH_2$ をもち弱塩基だということも一緒だよ。

構造	類似する性質	異なる性質
H－N－H（N に H）	①アミノ基 $-NH_2$ をもつ ②弱塩基性（アニリンの方が弱い塩基）	水によく溶ける
ベンゼン環－N－H（N に H）		水にほとんど溶けない

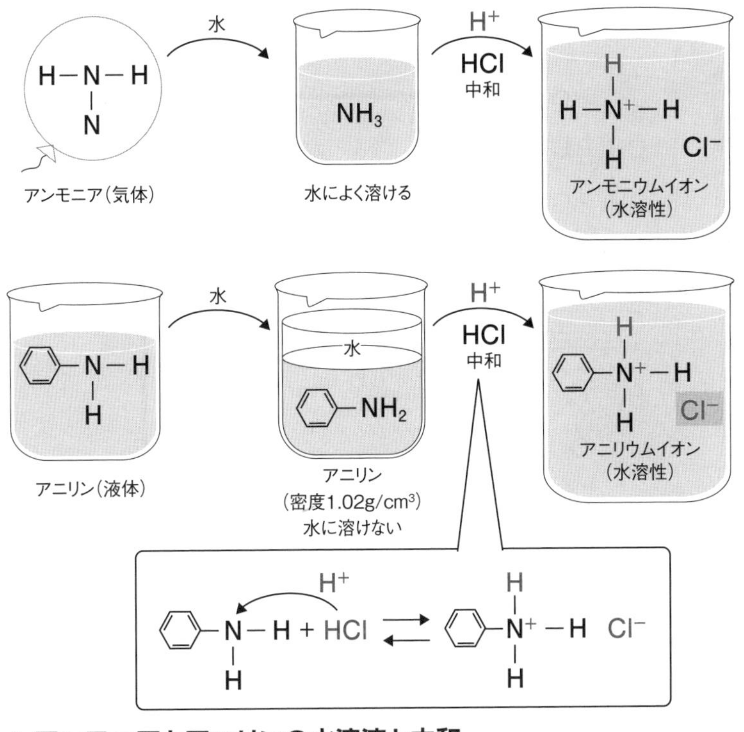

水
H−N−H
N
アンモニア（気体）
NH_3
水によく溶ける
H^+
HCl
中和
H−N⁺−H
Cl⁻
アンモニウムイオン
（水溶性）
N−H
H
アニリン（液体）
水
NH_2
アニリン
（密度$1.02g/cm^3$）
水に溶けない
アニリウムイオン
（水溶性）
N−H + HCl ⇄ N⁺−H Cl⁻

▲アンモニアとアニリンの水溶液と中和

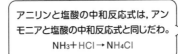

アニリンと塩酸の中和反応式は，アンモニアと塩酸の中和反応式と同じだわ。

$NH_3 + HCl \rightarrow NH_4Cl$

ちゅうわっ

(3) アニリンのアセチル化

アミドであるアセトアニリドはとても安定な化合物なので，反応性が大きい無水酢酸にアニリンを混ぜるだけで反応が進行するんだ。また，純度の高い酢酸に脱水剤として濃硫酸を加えて加熱しても合成できるよ。

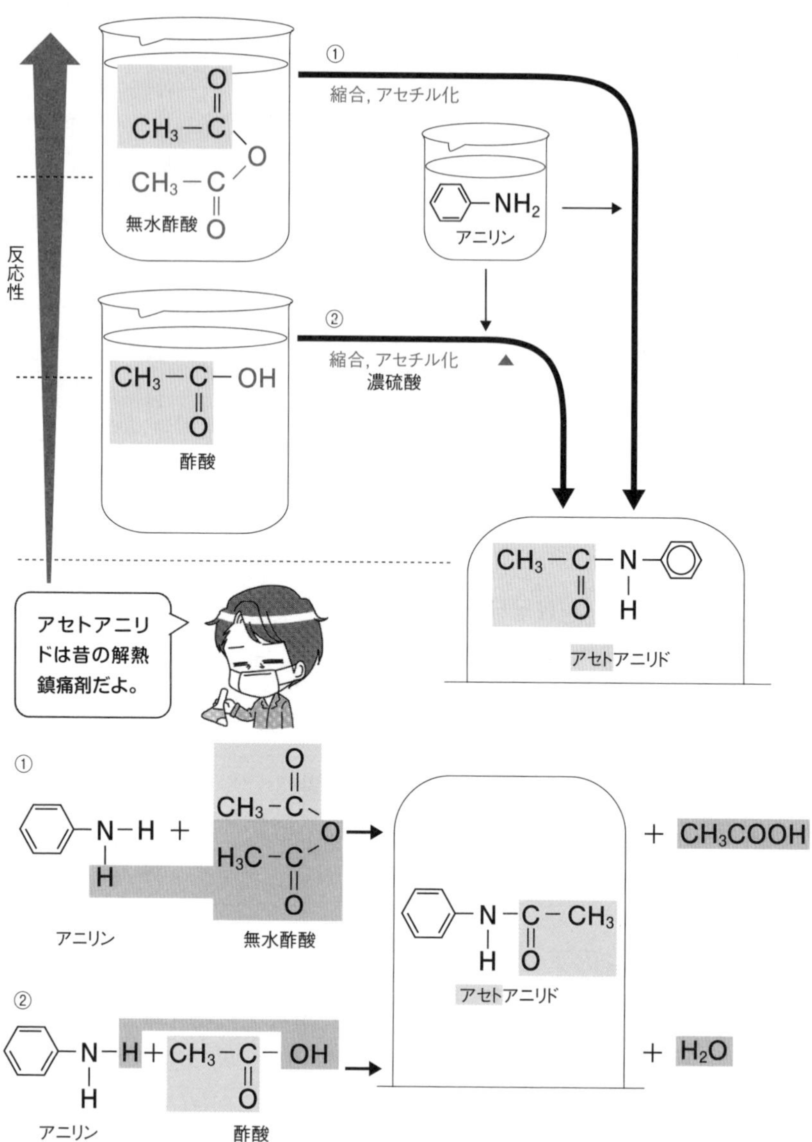
①
縮合, アセチル化
無水酢酸
アニリン
反応性
②
縮合, アセチル化
濃硫酸
酢酸
アセトアニリド
アセトアニリドは昔の解熱鎮痛剤だよ。
①
アニリン
無水酢酸
+ CH₃COOH
アセトアニリド
②
アニリン
酢酸
+ H₂O

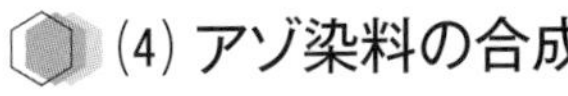

(4) アゾ染料の合成

アゾ染料って何でそんな変な名前なんですか?

アゾ基 −N＝N− をもつ化合物が**アゾ化合物**なんだ。特に芳香族アゾ化合物には特有の発色をするものが多く，染料や色素として利用されているよ。だから，**アゾ染料**とはアゾ基をもつ染料ということだね。また，**azo** とは**窒素**のことで，もともとフランス語から派生した言葉なんだ。窒素という元素を発見したフランスのラボアジエが，窒素気体中で生物は生きていけないから，フランス語で「生命のない」という意味の azote を窒素元素として命名したんだ。まさに窒息してしまうからね。

N2
N2
うーん，窒素だけでは
“生きていけない”
(azote) な！
ラボアジエ

さて，アゾ染料を合成するために欠かせない操作が**ジアゾ化** (diazotization) だ。アニリンは還元性が強いから，弱い酸化剤である亜硝酸ナトリウム **$NaNO_2$** を使って酸化すると，**ジアゾニウムイオン $-N^+{\equiv}N$** をもつ化合物が生成するんだ。

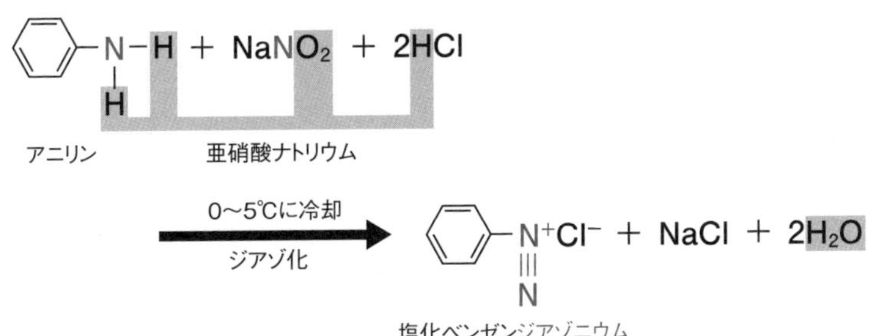
N−H + NaNO2 + 2HCl
H
アニリン
亜硝酸ナトリウム
0〜5℃に冷却
ジアゾ化
N+Cl− + NaCl + 2H2O
N
塩化ベンゼンジアゾニウム

アニリンのアミノ基 $-NH_2$ からジアゾニウムイオン $\mathbf{-\overset{+}{N}\equiv N}$ をつくるとき，**N** が **2** つになるから**ジ**アゾ化というんだよ。生成したベンゼンジアゾニウムイオンは非常に不安定で，必ず氷で冷やしながら行わないと失敗するんだ。5℃より高い温度では塩化ベンゼンジアゾニウムは，次のように徐々にフェノールに分解していくよ。

$$C_6H_5-N^+(\equiv N)Cl^- + H_2O \xrightarrow{5℃以上} C_6H_5-OH + HCl + N_2\uparrow$$

塩化ベンゼンジアゾニウム　　　　フェノール

このベンゼンジアゾニウムイオンが，アゾ染料合成に非常に重要なんだ。このイオンはベンゼン環を攻撃して合体することで，ベンゼン環がカップルになった化合物をつくるけど，これが**カップリング**だ。ジアゾニウムイオン $\mathbf{-N^+\equiv N}$ を介して合体させたから**ジアゾカップリング**（diazo coupling）ともよばれているよ。

例として，塩化ベンゼンジアゾニウムとナトリウムフェノキシドの反応を見てもらおう。ポイントはフェノールはオルト・パラ位が攻撃されやすいけど，特にジアゾニウムイオンのような大きな原子団に攻撃されるときには，$\mathbf{-ONa}$ に邪魔されない反対側のパラ位が優先的に攻撃されるんだ（立体障害という）。

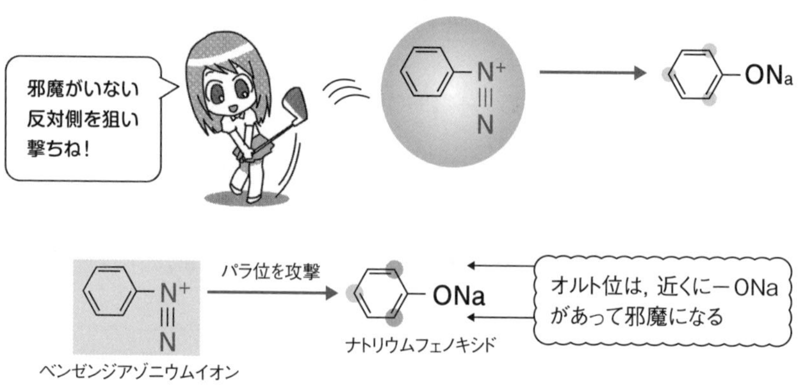
邪魔がいない
反対側を狙い
撃ちね！
N+
N
ONa
パラ位を攻撃
ONa
ナトリウムフェノキシド
ベンゼンジアゾニウムイオン
オルト位は，近くに－ONa
があって邪魔になる

さて，では反応がわかりやすいように，パラ位の水素だけ表記して反応機構を見てみよう。この場合の矢印は電子対の動きだよ。

$C_6H_5-N^+\equiv N + H-C_6H_4-O^- \longrightarrow C_6H_5-N=N-C_6H_4-O^- + H^+$

$\longrightarrow C_6H_5-N=N-C_6H_4-OH$

p-フェニルアゾフェノール
（*p*-ヒドロキシアゾベンゼン）

この両辺に Na^+ と Cl^- を足せば反応式ができあがるよ。

$C_6H_5-N^+\equiv NCl^- + C_6H_5-ONa$

塩化ベンゼンジアゾニウム　　ナトリウムフェノキシド

（ジアゾ）カップリング

$\longrightarrow C_6H_5-N=N-C_6H_4-OH + NaCl$

フェニルアゾ基
phenylazo group

p-フェニルアゾフェノール
（*p*-ヒドロキシアゾベンゼン）

ジアゾニウムイオンに攻撃されるベンゼン環の位置が重要だね。次に1-ナフトールと2-ナフトールのナトリウム塩のカップリングも見てもらうよ。基本的には **−OH** に対してオルトかパラの位置だからしっかり覚えてね！

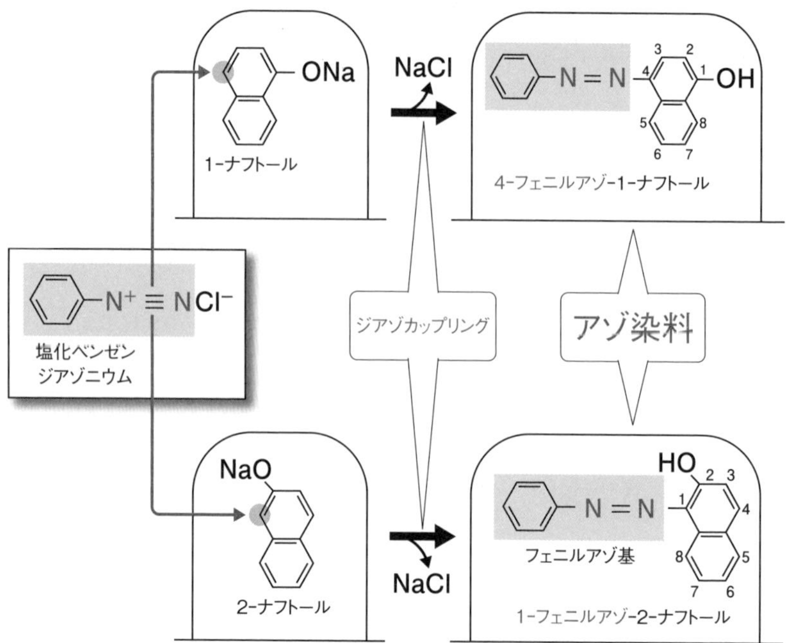
ONa
1-ナフトール
NaCl
N＝N
OH
4-フェニルアゾ-1-ナフトール
N⁺≡NCl⁻
塩化ベンゼン
ジアゾニウム
ジアゾカップリング
アゾ染料
NaO
2-ナフトール
NaCl
HO
N＝N
フェニルアゾ基
1-フェニルアゾ-2-ナフトール

▲ **ナフトールのジアゾカップリング**

このようにしてできたアゾ染料（芳香族アゾ化合物）は美しい黄色～赤色の染料として幅広く使われているんだよ。

アゾ染料って本当に
綺麗な発色ね！

story 4 染料以外のアゾ化合物

アゾ化合物って染料だけですか?

いやいや，薬もあるよ。菌をやっつける薬を**抗菌剤**というけど，抗菌剤のうち**スルファニルアミド（p-アミノベンゼンスルホンアミド）の骨格をもつものをサルファ剤という**んだ。サルファ剤であるプロントジルもアゾ基 **−N=N−** をもつアゾ化合物なんだよ。プロントジルは体内でスルファニルアミドに変化したあと，細菌を攻撃するよ。

H_2N−C₆H₃(NH_2)−N=N−C₆H₄−SO_2−NH_2

プロントジル（サルファ剤）

→ 体内で変化

H_2N−C₆H₄−SO_2−NH_2　細菌を攻撃する

スルファニルアミド
（*p*-アミノベンゼンスルホンアミド）

あと，pH 指示薬として有名なメチルオレンジもアゾ化合物なんだ。酸性と塩基性で構造が少し変化するんだけど，構造の変化が色に反映されるんだ。化学って本当に面白いでしょう。

有機化学の基礎
脂肪族炭化水素
酸素を含む有機化合物
芳香族化合物
高分子化合物の基本と天然高分子化合物
合成高分子化合物

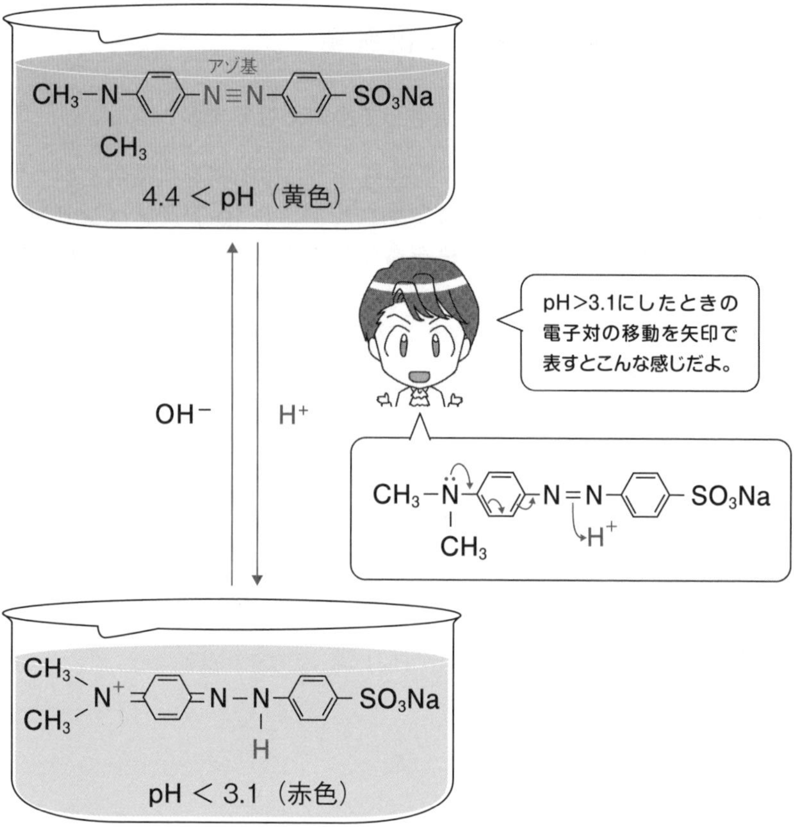

アゾ基

$CH_3-N(CH_3)-C_6H_4-N\equiv N-C_6H_4-SO_3Na$

4.4 ＜ pH（黄色）

OH^- ↑　↓ H^+

pH>3.1にしたときの電子対の移動を矢印で表すとこんな感じだよ。

$CH_3-\ddot{N}(CH_3)-C_6H_4-N=N-C_6H_4-SO_3Na$　→ H^+

$(CH_3)_2N^+=C_6H_4=N-N(H)-C_6H_4-SO_3Na$

pH ＜ 3.1（赤色）

▲ メチルオレンジの構造

メチルオレンジもアゾ染料
特有の黄色〜赤色なんだ！

確認問題

1　次の芳香族化合物の名称を答えよ。

(1) $C_6H_5-NH_2$

(2) $C_6H_5-NH_3Cl$

(3) $C_6H_5-N_2Cl$

(4) $C_6H_5-N(H)-C(=O)-CH_3$

(5) $C_6H_5-N=N-C_6H_4-OH$

(6) $C_6H_5-N=N-$（ナフタレン環の1位），HO（2位）；環の番号 1, 2, 3, 4

解答

(1)　アニリン
(2)　アニリン塩酸塩
(塩化アニリニウム)
(3)　塩化ベンゼンジアゾニウム
(4)　アセトアニリド
(5)　*p*-フェニルアゾフェノール
(*p*-ヒドロキシアゾベンゼン)
(6)　1-フェニルアゾ-2-ナフトール

2　ニトロベンゼンを塩酸酸性溶液中で，スズで還元して得られる化合物の名称を答えよ。

アニリン塩酸塩
(塩化アニリニウム)

3　アニリンにさらし粉溶液を加えると何色になるか。

赤紫色

4　アニリンにニクロム酸カリウム $K_2Cr_2O_7$ の水溶液を加えると何色になるか。

黒色

5　アニリンに無水酢酸を作用させると生成する芳香族化合物の名称を答えよ。

アセトアニリド

6　塩酸酸性のアニリンをジアゾ化するときに加える試薬を次の①～③から選べ。

① 硝酸ナトリウム
② 亜硝酸ナトリウム
③ 亜硫酸ナトリウム

②

	解答
7 アニリンをジアゾ化するときの，温度を①～⑤から1つ選べ。 ① 0～5℃ ② 20～25℃ ③ 55～60℃ ④ 75～80℃ ⑤ 95～100℃	①
8 塩化ベンゼンジアゾニウムを5℃以上にすると生成する芳香族化合物の名称を答えよ。	フェノール
9 ナトリウムフェノキシドと塩化ベンゼンジアゾニウムから p-ヒドロキシアゾベンゼンを生成する反応を何というか。	カップリング (ジアゾカップリング)
10 塩基性の1-ナフトールに低温で塩化ベンゼンジアゾニウムを作用させて生成する化合物の名称を答えよ。	4-フェニルアゾ-1-ナフトール

アゾ染料は赤や
オレンジの色が
多いぞ！

第19章 芳香族化合物の分離

塩基性
中性
酸 性
カルボン酸
フェノール類

▶ 芳香族化合物の分離では酸か塩基か中性物質かの分類が重要である。

story 1 酸・塩基の分類

芳香族化合物の分離で一番重要なことは何ですか?

それはずばり水に溶けるか，どうかなんだ。それには，芳香族化合物を**酸**，**塩基**，**中性物質に分類する**ことが重要だよ。特に酸は非常に弱い酸であるフェノール類を認識することが重要なんだ。そして，基本的に"**芳香族化合物の多くの分子は水に溶けにくい**"ということをしっかり覚えておこう。

ベンゼン環を背負っている化合物の多くはあまり水に溶けないんだ!

水の中に入れたらこんな感じだね!

ベンゼン⬡は無極性分子だけど，このベンゼン環を持つ化合物が芳香族化合物なので，多くの芳香族化合物は極性が小さいんだ。そのため，極性の大きい水には溶けにくいし，極性の小さいエーテルなどには良く溶けるものが多いんだ。

▼**芳香族化合物の酸・塩基による分類**

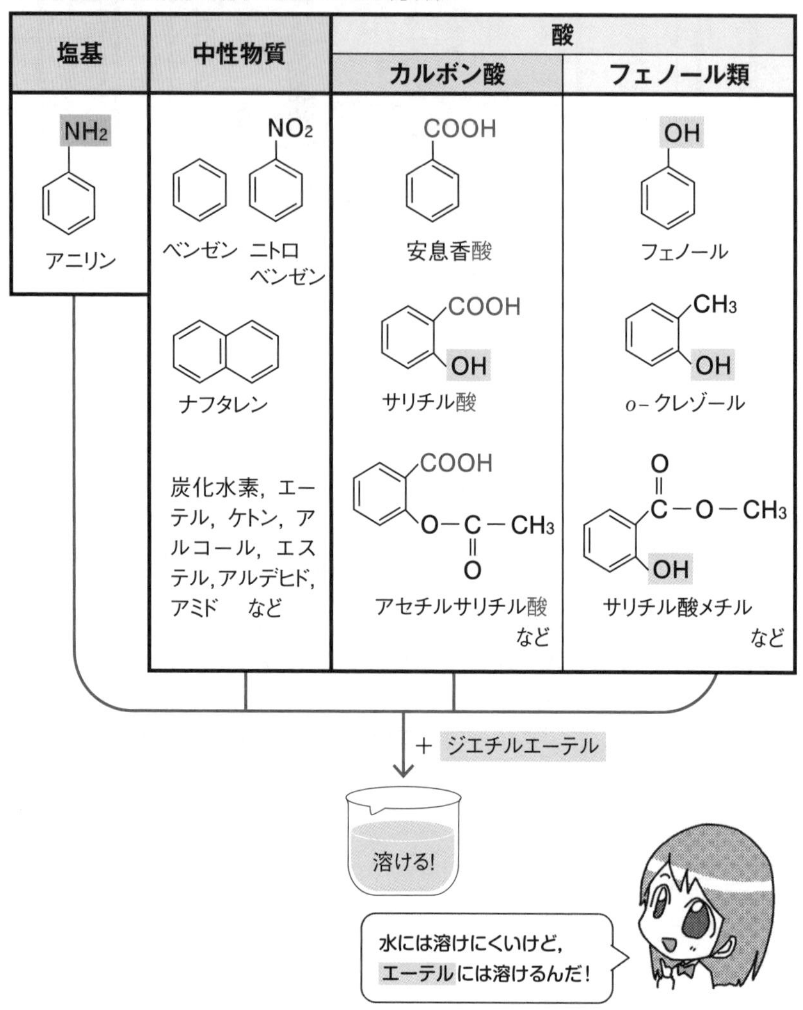

塩基
中性物質
酸
カルボン酸
フェノール類
NH2
アニリン
NO2
ベンゼン
ニトロベンゼン
ナフタレン
炭化水素，エーテル，ケトン，アルコール，エステル，アルデヒド，アミド　など
COOH
安息香酸
COOH
OH
サリチル酸
COOH
O－C－CH3
O
アセチルサリチル酸
など
OH
フェノール
CH3
OH
o－クレゾール
O
C－O－CH3
OH
サリチル酸メチル
など
＋ ジエチルエーテル
溶ける!
水には溶けにくいけど，
エーテルには溶けるんだ!

ここで，具体的にアニリン，ニトロベンゼン，安息香酸，フェノールについて考えるよ。水に溶けにくいものが多いけど，酸や塩基は中和してイオンにすれば極性の大きな水に溶けるんだ。酸でも塩基でもないニトロベンゼンはイオンにできないから無理だけどね。このシンプルな事実が非常に重要だよ。

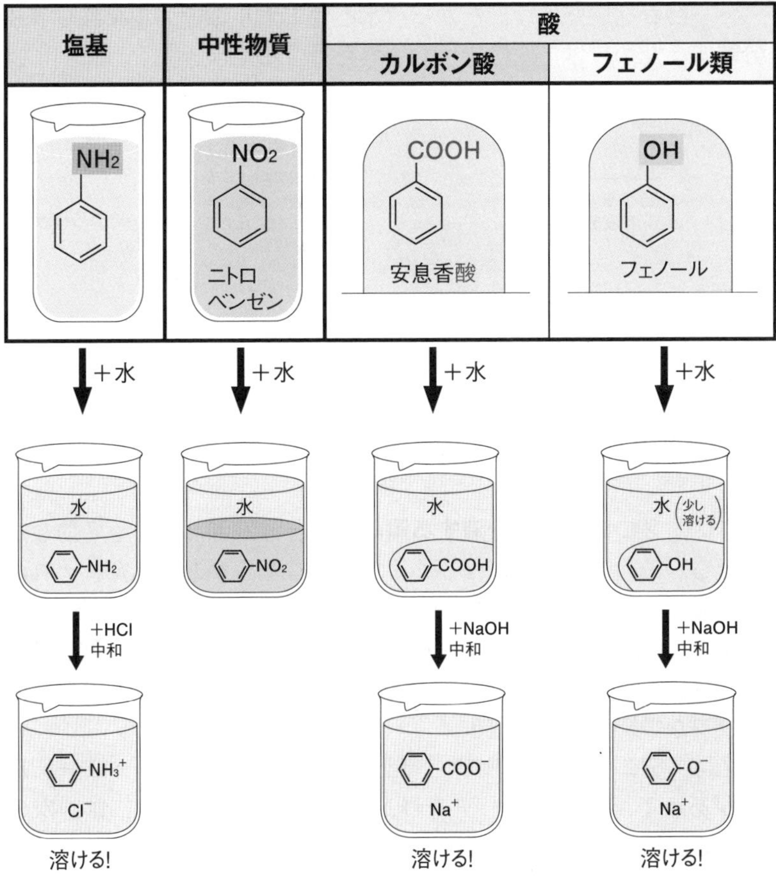

塩基
中性物質
酸
カルボン酸
フェノール類
NH2
NO2
ニトロ
ベンゼン
COOH
安息香酸
OH
フェノール
＋水
＋水
＋水
＋水
水
NH2
水
NO2
水
COOH
水（少し溶ける）
OH
＋HCl
中和
＋NaOH
中和
＋NaOH
中和
NH3+
Cl−
溶ける!
COO−
Na+
溶ける!
O−
Na+
溶ける!

story 2 抽出

分液漏斗って何をする器具ですか?

分液漏斗は**混ざり合わない2つの溶液を分離する**漏斗なんだよ。例えば水とジエチルエーテルは，水と油のように混ざり合わないだろう。だから，水とジエチルエーテルを含む溶液を分離するためには，次のような操作を行うんだよ。

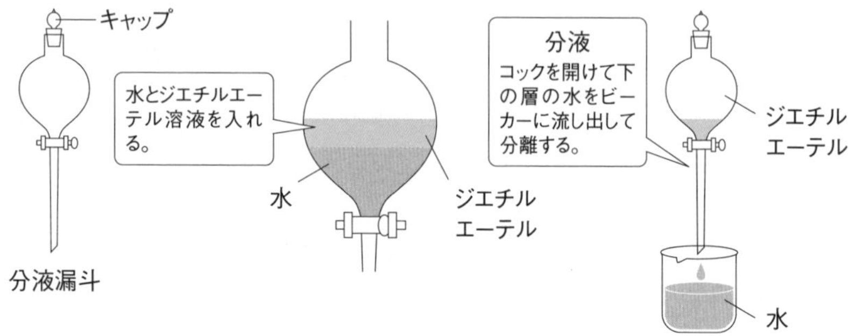

キャップ
分液漏斗
水とジエチルエーテル溶液を入れる。
水
ジエチルエーテル
分液
コックを開けて下の層の水をビーカーに流し出して分離する。
ジエチルエーテル
水

▲分液漏斗による分液

まさに，2つの溶液を**分液する漏斗**だから**分液漏斗**という名前なんだ。でも，この分液漏斗にはもう1つ重要な働きがあるんだ。それは一方の溶液に溶けている物質をもう一方の溶液に抽出するために，シェイクして2つの液を混ぜ合わせることなんだ。だから，**激しく**振とう（激しく振る）する必要があるんだ。振とうするために，上にキャップがついているんだよ。

例えば，アニリンとニトロベンゼンが溶けているジエチルエーテル溶液があって，その中からアニリンだけを抽出するときには，次のページの図のように，まず塩酸と混合するんだ。

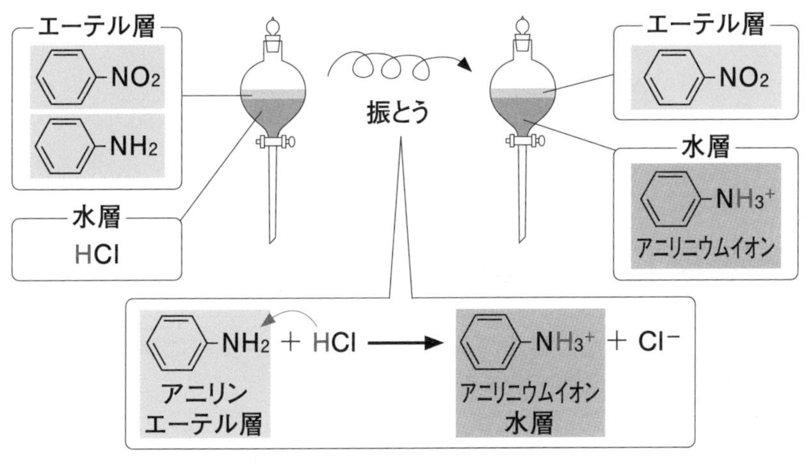
エーテル層
NO_2
NH_2
水層
HCl
振とう
エーテル層
NO_2
水層
NH_3^+
アニリニウムイオン
NH_2 + HCl → NH_3^+ + Cl^-
アニリン
エーテル層
アニリニウムイオン
水層

アニリンは水には溶けにくいけど，中和してアニリニウムイオンにすれば，水溶液中にどんどん溶けていくよ。このとき，エーテルに溶解しているアニリンが塩酸中に移動するのは，2つの液の界面だけだから，激しく振とうして移動をスムーズにする必要があるんだ。その後，分液すれば抽出操作が完了だ。

Point! 分液漏斗による抽出操作

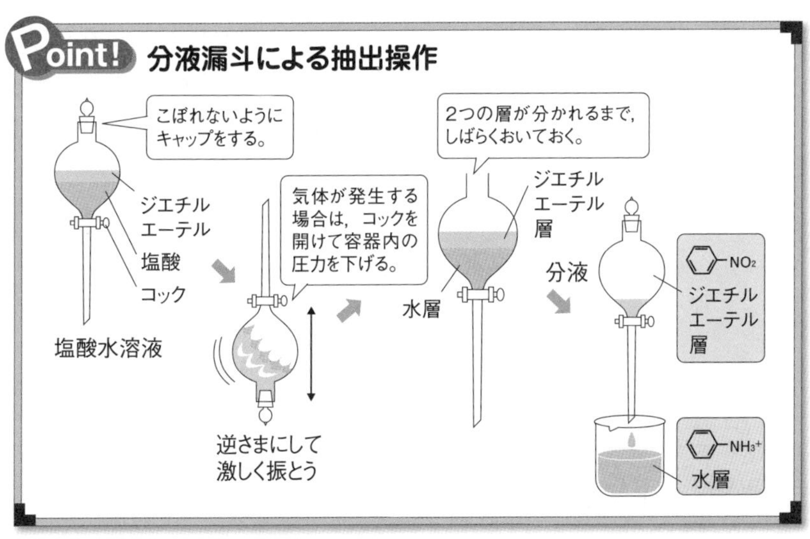
こぼれないようにキャップをする。
ジエチルエーテル
塩酸
コック
塩酸水溶液
気体が発生する場合は，コックを開けて容器内の圧力を下げる。
逆さまにして激しく振とう
2つの層が分かれるまで，しばらくおいておく。
ジエチルエーテル層
水層
分液
NO_2
ジエチルエーテル層
NH_3^+
水層

このようにして抽出操作を行うんだよ。

シャカ
シャカ
逆さにして振るところなんて，カクテルのシェーカーと似ているんだよ！

story 3 複数の芳香族化合物の分離

たくさんの種類の芳香族化合物がエーテルに溶けていても，別々に分離できるんですか？

それができるんだよ。考えた人は本当に頭がいいよ。例えば，次のように４つの芳香族化合物が溶けているエーテル溶液から，その４つを分離する方法がよくテストに出題されているから，原理を説明するよ。

まず，４つの芳香族化合物，アニリン，ニトロベンゼン，安息香酸，フェノールが溶けているジエチルエーテル溶液があるとするよ。４つとも水にはほとんど溶けないから，分液漏斗に水を入れて振とうしても意味がないよね。だから，水ではなく**塩酸を入れる**んだ。そうすればstory 2 で学んだようにアニリンが塩酸中に溶解して分液できて，エーテル層にはアニリン以外の３種類が残るというわけだ。

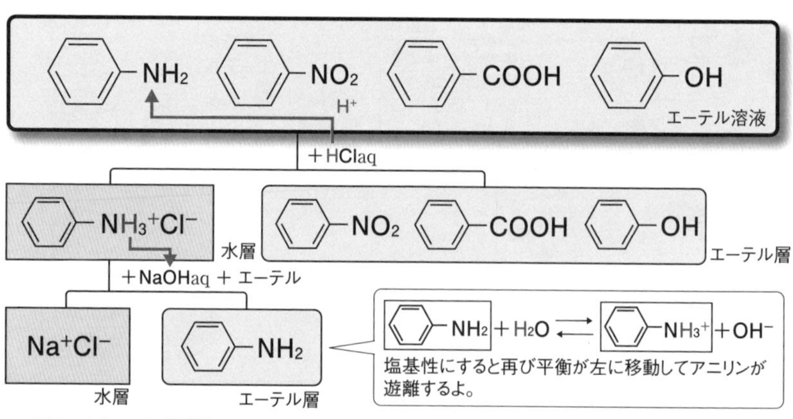
NH₂
NO₂
COOH
OH
H⁺
エーテル溶液
＋HClaq
NH₃⁺Cl⁻
水層
NO₂
COOH
OH
エーテル層
＋NaOHaq ＋ エーテル
Na⁺Cl⁻
水層
NH₂
エーテル層
NH₂ ＋H₂O ⇄ NH₃⁺ ＋OH⁻
塩基性にすると再び平衡が左に移動してアニリンが遊離するよ。

▲ **アニリンの分離**

さて，ここでエーテル層に残った3つの物質のうち安息香酸だけを分離する方法を教えるね。分離に関連する反応はすべてブレンステッド・ローリーの定義における酸塩基反応なので，酸の強さが非常に重要なんだ。酸の強さは次の通りだよ。

HCl ＞ R-COOH ＞ H_2CO_3 ＞ (ベンゼン環)-OH

塩酸　カルボン酸　炭酸　フェノール

強さから考えて，安息香酸はカルボン酸だから HCO_3^- から炭酸 H_2CO_3 を遊離できるけど，フェノールはできないんだ。図解すると次のようになるよ。

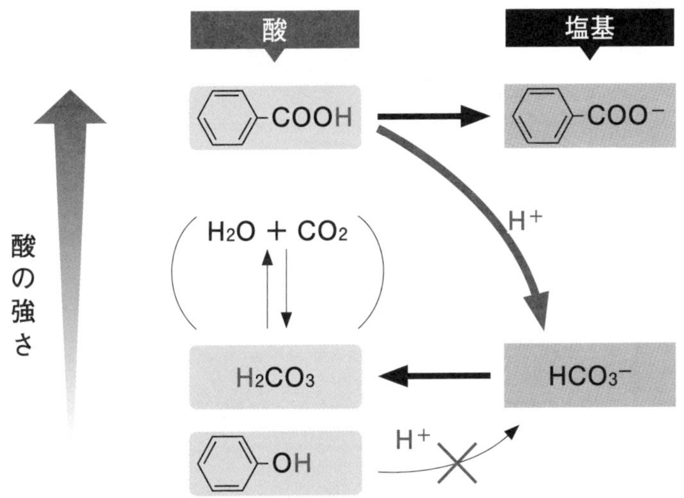

酸
塩基
COOH
COO⁻
H⁺
酸の強さ
H₂O ＋ CO₂
H₂CO₃
HCO₃⁻
OH
H⁺

この性質を利用してエーテル層に残った3つの物質のうち，安息香酸だけを水層に移すことに成功だ。

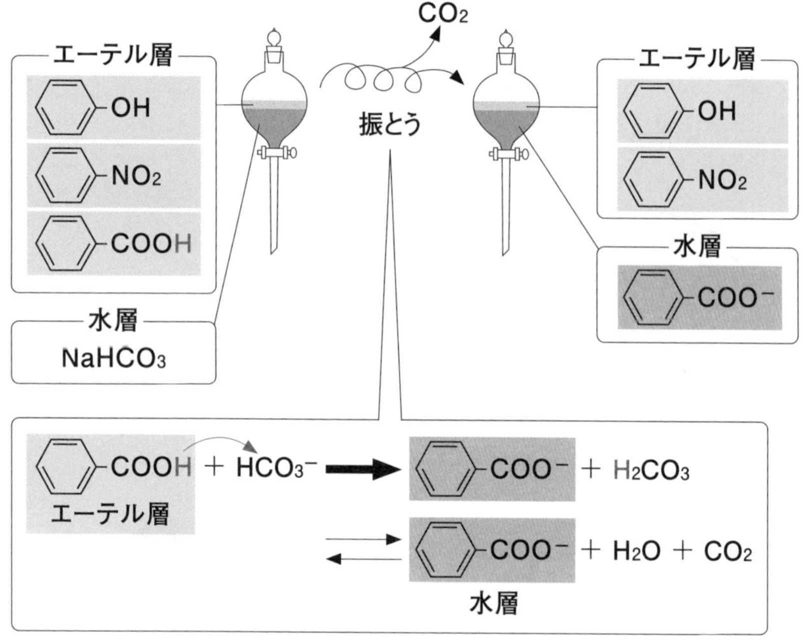
CO2
エーテル層
OH
NO2
COOH
振とう
エーテル層
OH
NO2
水層
COO⁻
水層
NaHCO3
COOH ＋ HCO3⁻
COO⁻ ＋ H2CO3
エーテル層
COO⁻ ＋ H2O ＋ CO2
水層

ここで実験操作上の注意があるんだ。反応によって遊離した炭酸 **H_2CO_3** はすぐに二酸化炭素 **CO_2** と水 **H_2O** に分解するので，発生した **CO_2** のせいで分液漏斗内の内圧が上がってしまうんだ。だから，振とうするときは，**こまめにコックを開けてガス抜きをする必要がある**よ。

コックを開けて発生
した CO2 を抜く

NaHCO3の水溶液に，R-COOH
を入れるとCO2を発生しながら
溶解するのがポイントだよ！

水層に移った安息香酸イオンは，強酸の塩酸 HCl で遊離させれば，安息香酸の白色結晶が得られるよ。

$$C_6H_5\text{-}COO^- + HCl \longrightarrow C_6H_5\text{-}COOH\downarrow + Cl^-$$

沈殿

最後にエーテル層に残ったフェノールとニトロベンゼンは，水酸化ナトリウム NaOH 水溶液と反応させれば，酸であるフェノールが水層に移動するよ。

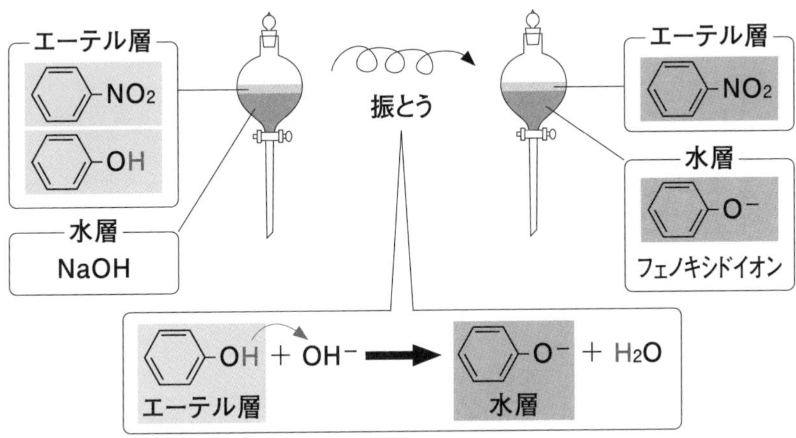

エーテル層
NO2
OH
水層
NaOH
振とう
エーテル層
NO2
水層
O⁻
フェノキシドイオン
OH + OH⁻ → O⁻ + H2O
エーテル層
水層

エーテル層にある安息香酸，フェノール，ニトロベンゼンの分離を次の図にまとめておいたよ。

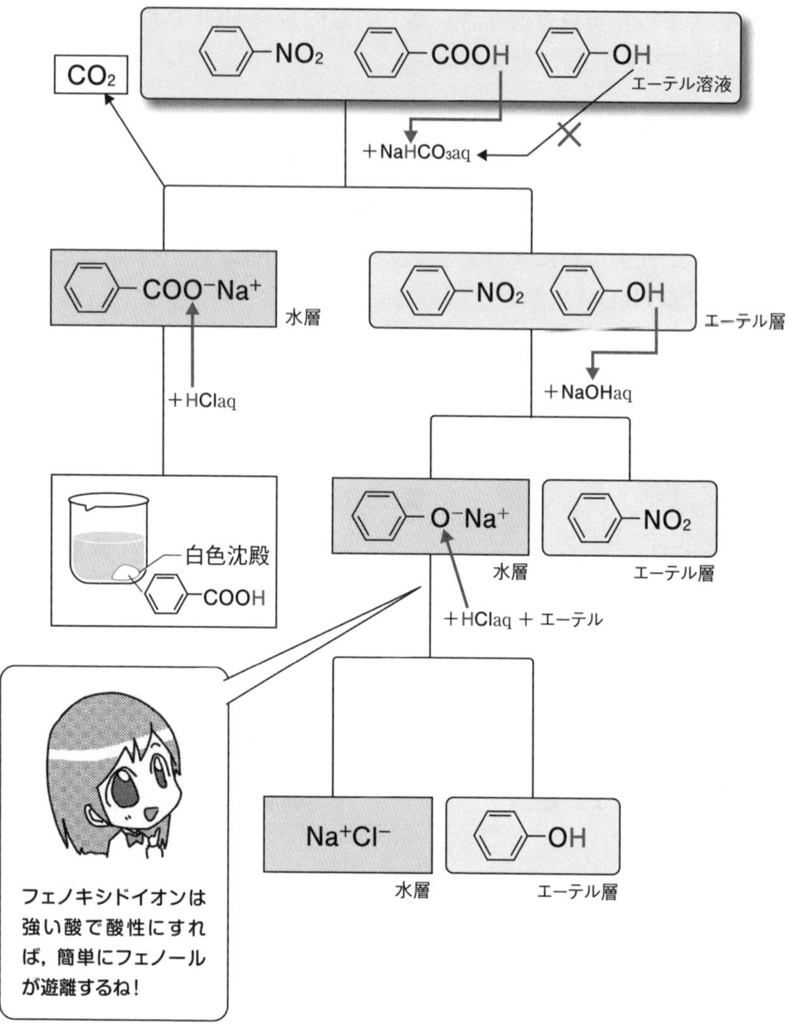
NO2
COOH
OH
エーテル溶液
CO2
＋NaHCO3aq
COO⁻Na⁺
水層
NO2
OH
エーテル層
＋HClaq
＋NaOHaq
白色沈殿
COOH
O⁻Na⁺
水層
NO2
エーテル層
＋HClaq ＋ エーテル
Na⁺Cl⁻
水層
OH
エーテル層
フェノキシドイオンは
強い酸で酸性にすれ
ば，簡単にフェノール
が遊離するね！

▲ **安息香酸，フェノール，ニトロベンゼンの分離**

確認問題

1 ニトロベンゼンとアニリンが溶解しているジエチルエーテル溶液がある。この溶液を分液漏斗に入れ，塩酸を入れて振とうした。このとき，水層に抽出された芳香族化合物のイオンの化学式を書け。

2 トルエンと *o*-クレゾールが溶解しているジエチルエーテル溶液がある。この溶液を分液漏斗に入れ，水酸化ナトリウム水溶液を入れて振とうした。このとき，水層に抽出された芳香族化合物のイオンの化学式を書け。

3 ナフタレンと安息香酸が溶解しているジエチルエーテル溶液がある。この溶液を分液漏斗に入れ，炭酸水素ナトリウム水溶液を入れて振とうした。このとき，水層に抽出された芳香族化合物のイオンの化学式を書け。

4 アセチルサリチル酸とフェノールが溶解しているジエチルエーテル溶液がある。この溶液を分液漏斗に入れ，炭酸水素ナトリウム水溶液を入れて振とうした。このとき，水層に抽出された芳香族化合物のイオンの化学式を書け。

5 ニトロベンゼンとサリチル酸メチルが溶解しているジエチルエーテル溶液がある。この溶液を分液漏斗に入れ，水酸化ナトリウム水溶液を入れて振とうした。このとき，水層に抽出された芳香族化合物のイオンの化学式を書け。ただし，エステルの加水分解はおこらなかったとする。

解答

1 $-NH_3^+$

2 CH_3, $-O^-$

3 $-COO^-$

4 COO^-, $O-\underset{\underset{O}{\|}}{C}-CH_3$

5 O^-, $\underset{\underset{O}{\|}}{C}-O-CH_3$

6 サリチル酸とフェノールが溶解しているジエチルエーテル溶液がある。この溶液を分液漏斗に入れ，炭酸水素ナトリウム水溶液を入れて振とうした。このとき，水層に抽出された芳香族化合物のイオンの化学式を書け。

解答

OH
COO^-

COOH
OH
HCl
分離は酸の強さがポイントね！頑張って！

V

高分子化合物の基本と天然高分子化合物

第20章 高分子化合物の分類

ウール
タンパク質
天然高分子
アクリル製
ポリアクリロニトリル
合成高分子

▶ 我々の身の回りは天然高分子や合成高分子で溢れている。

story 1 高分子化合物の分類

高分子化合物って，プラスチックのことですか？

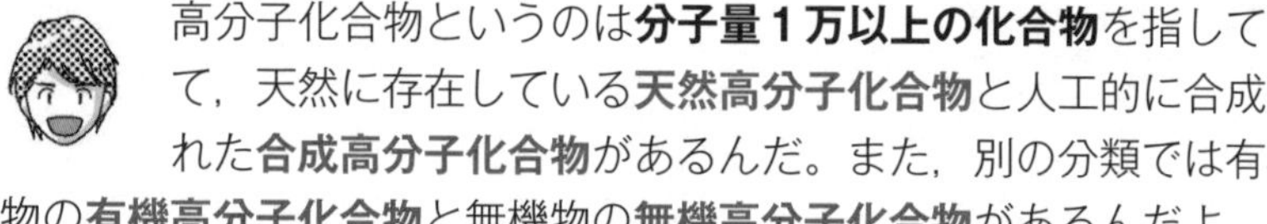

高分子化合物というのは**分子量1万以上の化合物**を指していて，天然に存在している**天然高分子化合物**と人工的に合成された**合成高分子化合物**があるんだ。また，別の分類では有機物の**有機高分子化合物**と無機物の**無機高分子化合物**があるんだよ。

合成された**有機高分子化合物の中で合成ゴム以外の塊状の物質を合成樹脂，またはプラスチックとよんでいる**んだ。高分子化合物全体の分類を見たら一発でわかるよ。

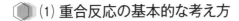

Point! 高分子化合物（高分子）の分類と例

	有機高分子化合物	無機高分子化合物
天然高分子化合物	核酸（ポリヌクレオチド） 多糖類（デンプン，セルロースなど） タンパク質（ポリペプチド） ゴム（ポリイソプレンなど）	石英（二酸化ケイ素 SiO_2） 水晶（SiO_2） 長石，雲母 アスベスト
合成高分子化合物	合成樹脂（プラスチック） 合成繊維（ポリエステル繊維，ポリアミド繊維） 合成ゴム（ポリブタジエンなど）	ガラス（SiO_2 が主成分） ケイ素樹脂（シリコーン樹脂）

合成樹脂の中にはポリエチレンも含まれるけど，この樹脂を繊維状にしたのが合成繊維のポリエチレン繊維だ。つまり，同じ物質でも塊状にしたものが**合成樹脂**で，糸状にしたものが**合成繊維**なんだ。

塊状にしたもの ⟶ **合成樹脂**
糸状にしたもの ⟶ **合成繊維**

story 2 重合反応

(1) 重合反応の基本的な考え方

重合反応にはどんな種類があるんですか？

まずは重合反応の考え方をマスターしよう。高分子化合物は小さな単位がくり返された構造をもっていることが多いんだ。その**小さな単位（単量体）がくっついて高分子化合物（重合体）になる反応が重合反応**なんだ。イラストで見てみよう。

有機化学の基礎 / 脂肪族炭化水素 / 酸素を含む有機化合物 / 芳香族化合物 / 高分子化合物の基本と天然高分子化合物 / 合成高分子化合物

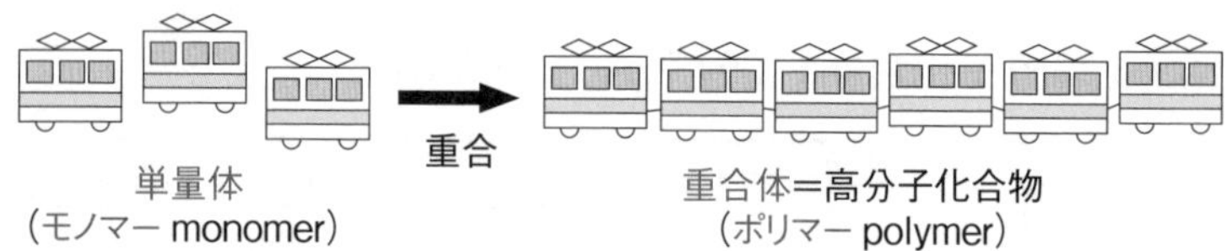
重合
単量体
（モノマー monomer）
重合体=高分子化合物
（ポリマー polymer）

重合前の小さな分子を**単量体（モノマー）**，重合してできた高分子化合物を**重合体（ポリマー）**というんだ。古代ギリシャ語で mono は“1”，poly は“多い”という意味だから，monomer，polymer という言い方も納得できるね。重合反応をもう少しかっこよく書けば次のようになるんだ。

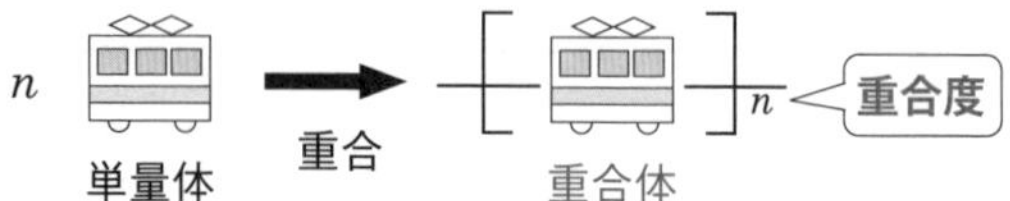
n
単量体
重合
重合体
n
重合度

このとき，くり返し単位の数を**重合度**というんだ。また，**単量体が2種類以上ある場合の重合を特に共重合**といって，できた重合体を**共重合体**（copolymer）というよ。

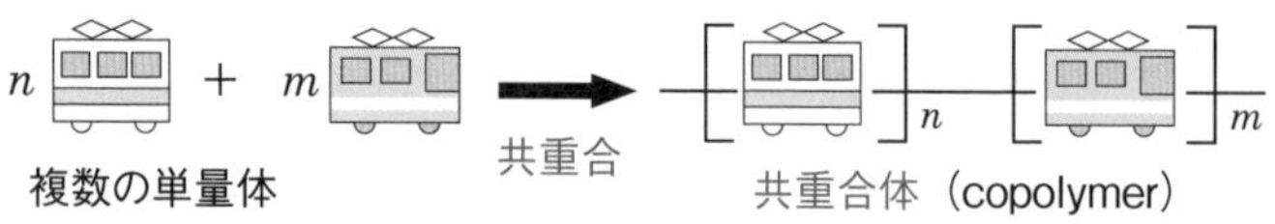
n
+
m
複数の単量体
共重合
n
m
共重合体（copolymer）

あと，**重合様式**にも種類があるからマスターしよう。「第7章アルケン（エチレン系炭化水素）」（▶ P.91）で勉強した通り，付加して重合する“**付加重合**”が有名だね。

(2) 重合様式の分類

❶ 付加重合

不飽和結合（π結合）が切れて重合する。

$$n\ \mathrm{>C=C<} \xrightarrow{\text{付加重合}} \left[\mathrm{-\overset{|}{\underset{|}{C}}-\overset{|}{\underset{|}{C}}-}\right]_n$$

❷ 開環(かいかん)重合

環状構造が切れて開き，鎖状に結合する。

$$n\ \text{(ε-カプロラクタム)} \xrightarrow{\text{開環重合}} \left[\text{N(H)}-\text{CH}_2-\text{CH}_2-\text{CH}_2-\text{CH}_2-\text{CH}_2-\text{C(=O)} \right]_n$$

❸ 縮合(しゅくごう)重合

H_2O などの小さな分子が取れて重合する。

$$n\,■-●-■ + n\,■-▭-■ \xrightarrow{\text{縮合重合}} 2n\,■■ + \left[●-▭ \right]_n$$

❹ 付加縮合

付加反応と縮合反応をくり返して重合する。

OH（フェノール）+ H-C(=O)-H →（付加反応）→ $C_6H_4(OH)CH_2OH$ →（縮合反応）→ $HOC_6H_4-CH_2-C_6H_4OH$

水が取れる➡縮合

→付加 →縮合 ……… $-C_6H_3(OH)-CH_2-C_6H_3(OH)-CH_2-C_6H_3(OH)-CH_2-C_6H_3(OH)-$

story 3 高分子化合物の性質

高分子化合物って，低分子化合物と何が違うんですか？

分子量が一定な低分子の化合物に対して，**高分子化合物は重合度の違いで分子量が一定にはならない**んだ。むしろ合成高分子化合物は重合度が同じ重合体をつくるのは大変難しくて，たいてい，重合度の異なる高分子化合物が生成されるんだ。イメージ的には重合体は次のような感じになっているということだよ。

単量体
（モノマー monomer）

重合

重合体（ポリマー polymer）
（長い分子や短い分子が混合している）

この重合体の分子量と存在率をグラフにすると右の図のようになるよ。

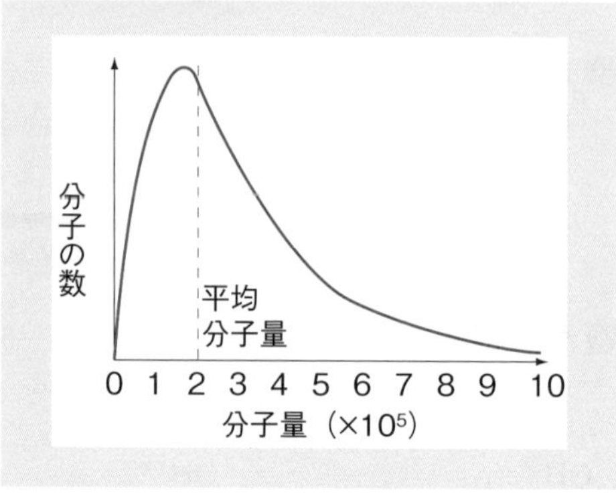
分子の数
平均分子量
0 1 2 3 4 5 6 7 8 9 10
分子量（×10⁵）

分子量は一定ではないから，高分子化合物の場合は普通，**平均分子量を使う**んだ。

また，分子量が異なれば当然，融点も異なってくるので，**高分子化合物は一定の融点をもっていない**ことも特徴だ。重合体の固体を加熱すると徐々に軟らかくなって（軟化して），やがて液体になるのだが，この軟化し始める温度を**軟化点**というんだ。

高分子化合物の固体の多くは，分子鎖が規則的に配列した**結晶部分**と，不規則に配列した**非晶部分（無定形部分）**をもっていて，加熱していくと分子間力の弱い非結晶部分からしだいに軟化するんだよ。

結晶部分は規則正しい配列をもつから，硬くて高密度だよ！

ぱ
ら～

非晶部分はぐちゃぐちゃだから，軟らかく，低密度ね！

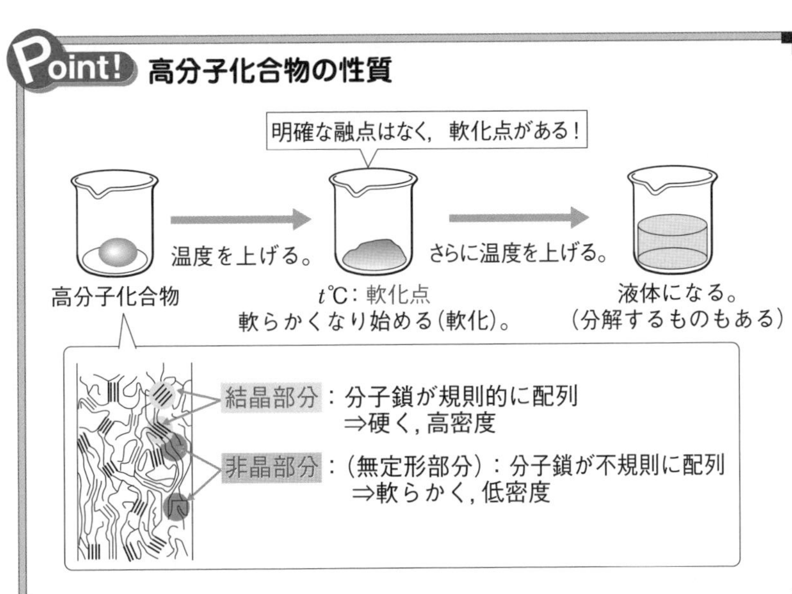
Point! 高分子化合物の性質
明確な融点はなく，軟化点がある！
温度を上げる。
さらに温度を上げる。
高分子化合物
t℃：軟化点
軟らかくなり始める(軟化)。
液体になる。
(分解するものもある)
結晶部分：分子鎖が規則的に配列
⇒硬く，高密度
非晶部分：(無定形部分)：分子鎖が不規則に配列
⇒軟らかく，低密度

合成高分子は
軟化点で軟ら
かくなるんだ！

確認問題

次の問いに答えよ。

解答

1 次の①～⑥から有機合成高分子化合物をすべて選べ。

① ガラス　② シリコーン樹脂
③ アスベスト　④ ポリエチレン
⑤ デンプン　⑥ 水晶

解答：④

2 次の①～⑥から無機天然高分子化合物をすべて選べ。

① ケイ素樹脂　② 核酸　③ タンパク質
④ ゴム　⑤ 黒雲母　⑥ 長石

解答：⑤⑥

3 モノマーからポリマーが生成する反応を何というか。

解答：重合反応

4 2種類以上の単量体が重合した重合体を何というか。

解答：共重合体

5 二重結合が切れて重合する反応を何というか。

解答：付加重合

6 単量体の環構造が切れて重合する反応を何というか。

解答：開環重合

7 水などの小さな分子が取れて重合する反応を何というか。

解答：縮合重合

8 次の化学式をもつポリエチレンがある，重合度はいくらか。

$$\left[CH_2-CH_2 \right]_{5000}$$

解答：5000

9 重合体の軟化点を説明している文章として最も適切なものを次の①~④から選べ。

① 固体を加熱して軟化し始めるときの温度。
② 固体を加熱して液体になったときの温度。
③ 固体を加熱して液体になり始めたときの温度。
④ 固体を加熱して沸騰したときの温度。

解答 ①

10 結晶部分と非晶部分の両方をもつ重合体を加熱したとき，どちらが先に軟化し始めるか。

解答 非晶部分

11 重合体の結晶部分と非晶部分はどちらが軟らかく，低密度か。

解答 非晶部分

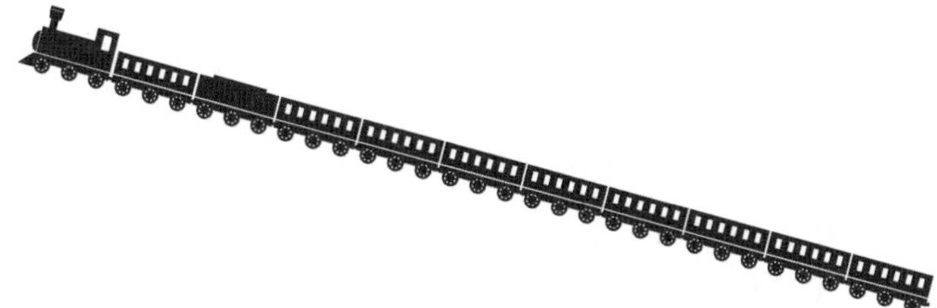

有機化学の基礎
脂肪族炭化水素
酸素を含む有機化合物
芳香族化合物
高分子化合物の基本と天然高分子化合物
合成高分子化合物

第21章 糖類と炭水化物

水飴の入った
芋なんか
食っていると、
ますます太るぞ！

▶芋のデンプンも，水飴の麦芽糖も，そば粉のデンプンも，パン小麦のデンプンもすべて加水分解するとブドウ糖になる炭水化物である。

story 1 単　糖

 (1) 単糖の分類と構造

糖類と炭水化物ってどう違うんですか？

糖類と**炭水化物**は同じものだよ。糖類を化学式で書いたとき，$C_n(H_2O)_m$ の形で書けることから炭素と水の化合物という意味で炭水化物とよばれているんだ。

糖類 ➡ $C_n(H_2O)_m$
炭素と水でできているから**炭水化物**とよばれる。

糖類の基本単位は，単糖とよばれるよ。単糖はそれ以上加水分解されないんだ。

単糖の化学式は非常に簡単で，$C_n(H_2O)_n$ の形になるんだ。炭素数が5（$n=5$）の単糖を**五炭糖**（ごたんとう）（**ペントース** pentose），炭素数が6（$n=6$）の単糖を**六炭糖**（ろくたんとう）（**ヘキソース** hexose）というんだ。また，ホルミル基をもつ単糖はアルデヒドなので**アルドース** aldose，ケトン基をもつ単糖を**ケトース** ketose というよ。高校生の化学の範囲で重要な例を挙げてみるよ。

▼ **単糖類の分類と例**

$C_n(H_2O)_n$	アルドース	ケトース
五炭糖 （ペントース） $C_5(H_2O)_5$	アルドペントース aldopentose O=$_1$C−H ―ホルミル基 H−^{2}C−OH H−^{3}C−OH H−^{4}C−OH ^{5}CH_2OH D-リボース	ケトペントース ketopentose ―
六炭糖 （ヘキソース） $C_6(H_2O)_6$	アルドヘキソース aldohexose O=$_1$C−H H−^{2}C−OH HO−^{3}C−H HO−^{4}C−H H−^{5}C−OH ^{6}CH_2OH D-ガラクトース O=$_1$C−H H−^{2}C−OH HO−^{3}C−H H−^{4}C−OH H−^{5}C−OH ^{6}CH_2OH D-グルコース （ブドウ糖）	ケトヘキソース ketohexose $_1CH_2OH$ ^{2}C=O ―ケトン基 HO−^{3}C−H H−^{4}C−OH H−^{5}C−OH ^{6}CH_2OH D-フルクトース （果糖）

(2) D体とL体

D－グルコースのDって何ですか？

糖類は立体異性体の嵐なんだ。一番重要なD－グルコースを見ると，不斉炭素原子が4つもあることに気づくだろう。

そこで，ヘルマン・エミール・フィッシャー Hermann Emil Fischer というドイツ人が糖類の立体異性体を表すのに**フィッシャー投影式**という書き方を開発したんだ。フィッシャー投影式は線の交点に炭素があって，横に書いた線は手前，縦に書いた線は後ろに出ているという規則に基づいているよ。

```
        1CHO
         |
   H—2C*—OH
         |
  HO—3C*—H
         |
   H—4C*—OH
         |
   H—5C*—OH
        6|
        CH2OH
```

D-グルコース

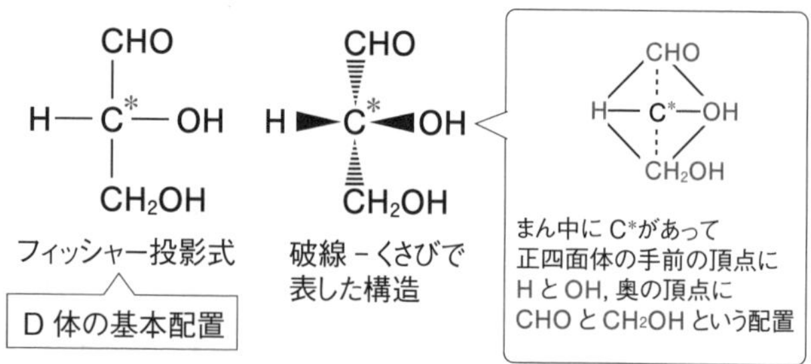
CHO
H
C*
OH
CH2OH
フィッシャー投影式
D体の基本配置
破線－くさびで表した構造
まん中にC*があって
正四面体の手前の頂点に
HとOH，奥の頂点に
CHOとCH2OHという配置

▲ **フィッシャー投影式**

単糖の一番下から2番目の炭素，つまり六炭糖 $C_6(H_2O)_6$ だと5の番号のついた炭素のまわりの立体配置が重要で，－OH が右側にあるのがD体，左側にあるのがL体となるんだよ。

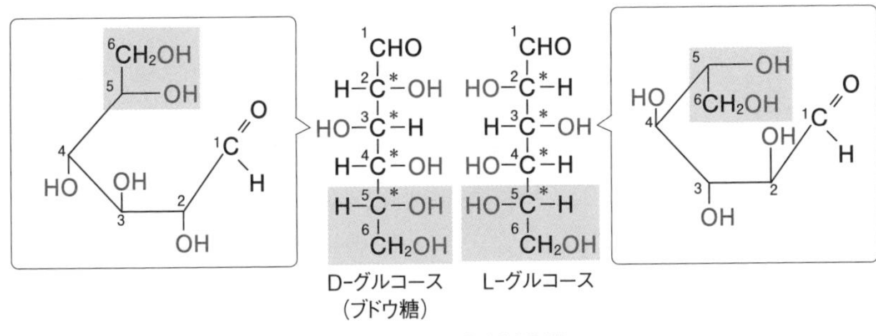

CHO
H-C*-OH
HO-C*-H
H-C*-OH
H-C*-OH
CH₂OH
D-グルコース
（ブドウ糖）
CHO
HO-C*-H
H-C*-OH
HO-C*-H
HO-C*-H
CH₂OH
L-グルコース

▲ **D-グルコースとL-グルコースの立体構造**

このようにD体とL体では立体構造が異なるから，立体構造を示したD-グルコースのDを省略するのは本来はよくないんだけど，**自然界の単糖はほとんどD体**なので，省略されることもあるんだよ。

(3) ヘミアセタール構造

D-グルコースって何で環状構造になっちゃうの？

その話は糖類を勉強する上で非常に重要だよ。まずはグルコース分子中のカルボニル基とヒドロキシ基が反応することを覚えてね。**酸素の電気陰性度は全元素中２番目の強さで，非常に負に帯電しやすく，酸素原子の隣の水素原子や炭素原子は正に帯電する**のが最大のポイントだよ。分子中の正の電気を帯びた炭素と負の電気を帯びた酸素が結びついて，ヘミアセタールという物質をつくるんだ。下にカルボニル化合物とアルコールによるヘミアセタールの生成を示したよ。

$$R_1R_2C^{\oplus}{=}O^{\ominus} + R_3{-}O^{\ominus}{-}H^{\oplus} \rightleftarrows R_3{-}O{-}C(R_1)(R_2){-}OH$$

ヘミアセタール
hemiacetal

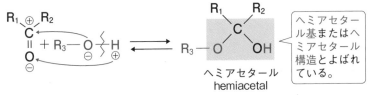

ヘミアセタール基またはヘミアセタール構造とよばれている。

▲ **カルボニル化合物とアルコールによるヘミアセタールの生成**

ヘミアセタール（hemiacetal）のヘミ（hemi）は古代ギリシャ語で“半分”という意味だよ。ヘミアセタールの最大の特徴は－O－C－OHという構造をもつことで，この構造は非常に重要なため，**ヘミアセタール基**とか**ヘミアセタール構造**とよばれるんだ。

ヘミアセタールはたいていの場合，不安定だけど，五員環や六員環のヘミアセタールは安定なんだ。その一番の例が単糖なんだよ。

フィッシャー投影式のD－グルコースの炭素鎖を曲げてみると，カルボニル基とヒドロキシ基がかなり近いことが確認できるでしょ。

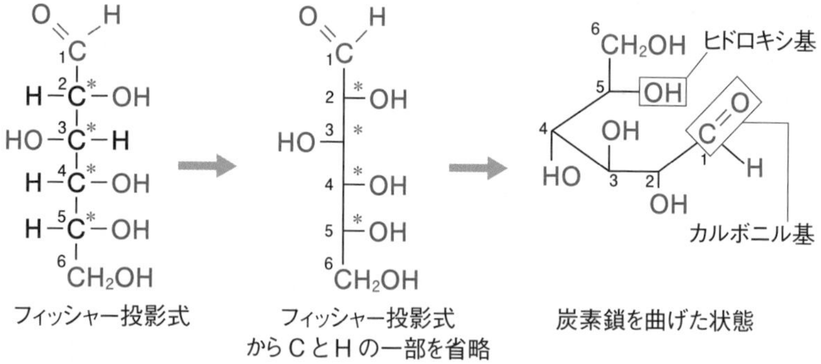

フィッシャー投影式　　フィッシャー投影式からCとHの一部を省略　　炭素鎖を曲げた状態

ヒドロキシ基　カルボニル基

▲D－グルコースの構造

この距離が近い**カルボニル基とヒドロキシ基は分子内でヘミアセタールを形成して環状のD－グルコースになる**んだ。生成した環状のD－グルコースは六角形（**六員環**）で，歪みが少なく非常に安定だから，水溶液中では99.9％以上が環状構造になっているよ。これが単糖の最大の特徴なんだ。

さらに細かく見てみると，鎖状のグルコースの1と2の炭素の間は単結合なので回転可能だね。

1位の炭素についている酸素が下側にあるときに環状構造ができれば，ヘミアセタール構造の－OHが下についた形になるでしょ。これを**α型**というんだ。そして上に－OHがついたのが**β型**だよ。

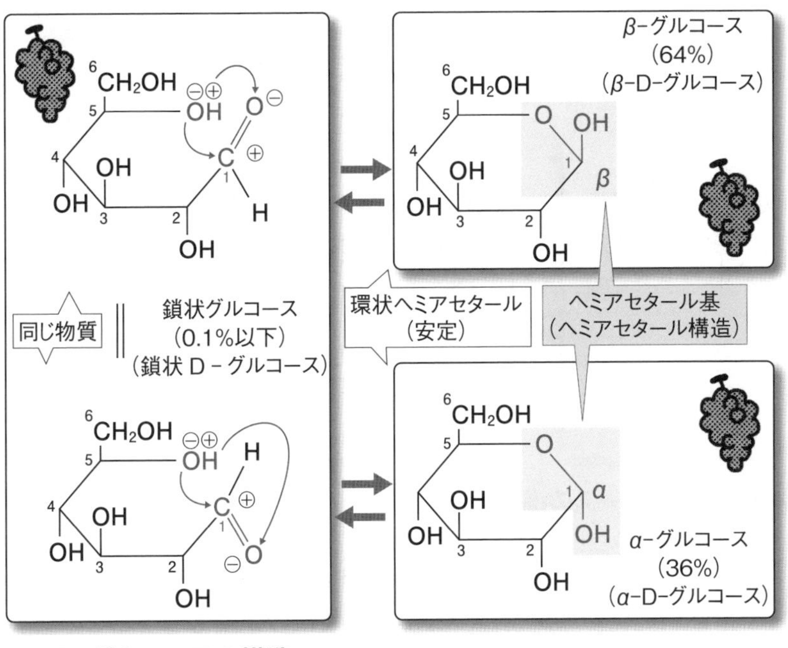

6 CH₂OH
⊖⊕ OH
O⊖
5
4
OH
OH
3
2
OH
C ⊕
1
H
同じ物質
鎖状グルコース
(0.1%以下)
(鎖状 D－グルコース)
6 CH₂OH
⊖⊕ OH
H
C ⊕
1
⊖O
5
4
OH
OH
3
2
OH
β-グルコース
(64%)
(β-D-グルコース)
6 CH₂OH
O
OH
1
β
5
4
OH
OH
3
2
OH
環状ヘミアセタール
(安定)
ヘミアセタール基
(ヘミアセタール構造)
6 CH₂OH
O
1
α
OH
5
4
OH
OH
3
2
OH
α-グルコース
(36%)
(α-D-グルコース)

▲D-グルコースの構造

α型とβ型のグルコースをそれぞれα-グルコース（α-D-グルコース），β-グルコース（β-D-グルコース）とよんで区別するんだ。高校の化学の範囲では，次のように考えるといいよ。

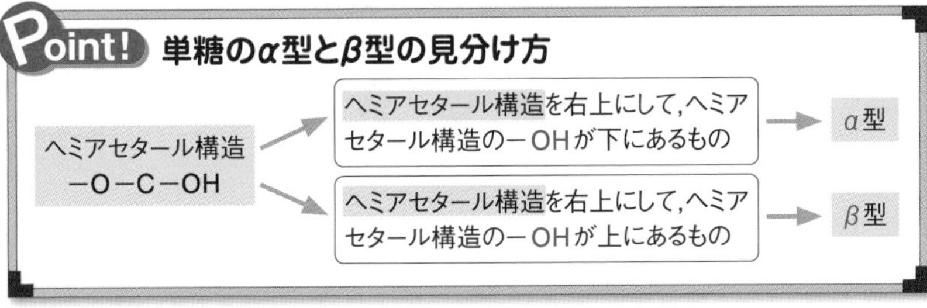

Point!
単糖のα型とβ型の見分け方
ヘミアセタール構造
−O−C−OH
ヘミアセタール構造を右上にして，ヘミアセタール構造の−OHが下にあるもの
α型
ヘミアセタール構造を右上にして，ヘミアセタール構造の−OHが上にあるもの
β型

次にD-ガラクトースの例を見てみよう。ガラクトースは4番目の炭素－OHの位置がグルコースと違うだけだから簡単だよ。

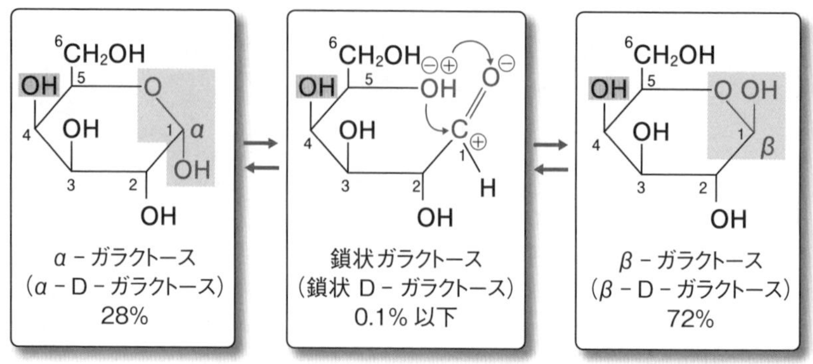

α－ガラクトース
（α－D－ガラクトース）
28%
鎖状ガラクトース
（鎖状 D－ガラクトース）
0.1% 以下
β－ガラクトース
（β－D－ガラクトース）
72%

▲ **D-ガラクトースの構造**

最後にD-フルクトース（果糖）の構造を見てもらうけど，フルクトースは六員環の構造だけでなくて五員環の構造もとることが重要だ。だから，フルクトースには全部で5種類の構造（次のページのをつけた四角の中の構造）があるんだ。

果物に入っている果糖（D-フルクトース）は天然の糖では最も甘いと言われているんだよ。砂糖の1.7倍くらい甘いんだ！
だから果物って甘くて美味しいんだ！

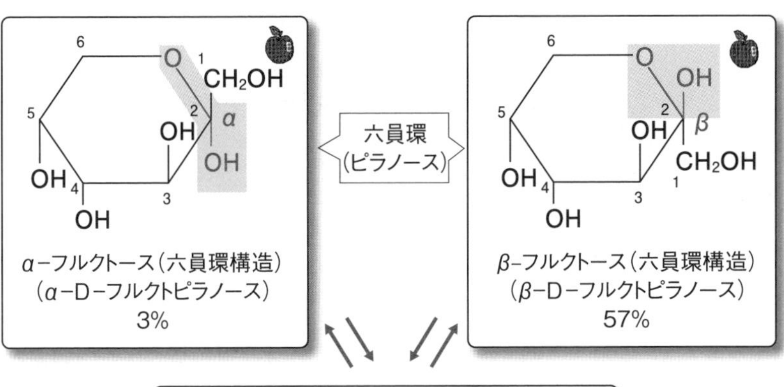
6
O
1
CH₂OH
5
2
α
OH
OH
OH
4
3
OH
α-フルクトース(六員環構造)
(α-D-フルクトピラノース)
3%
六員環
(ピラノース)
6
O
OH
5
2
β
OH
CH₂OH
OH
4
3
1
OH
β-フルクトース(六員環構造)
(β-D-フルクトピラノース)
57%

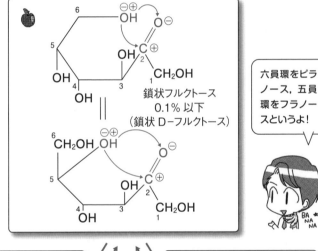

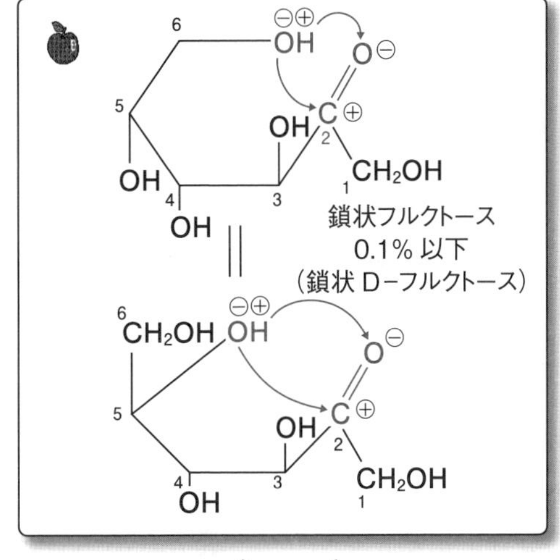
6
OH
O
5
C
OH
2
CH₂OH
OH
1
4
3
OH
鎖状フルクトース
0.1% 以下
(鎖状 D-フルクトース)
6
CH₂OH
OH
O
5
C
OH
2
4
3
CH₂OH
OH
1

六員環をピラノース，五員環をフラノースというよ!
BA NA NA

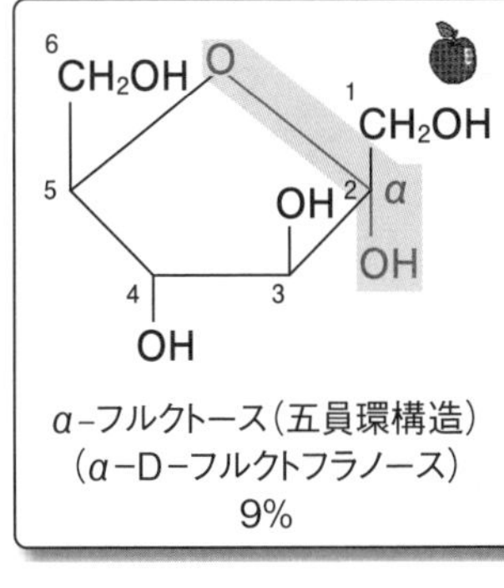
6
CH₂OH
O
1
CH₂OH
5
OH
2
α
OH
4
3
OH
α-フルクトース(五員環構造)
(α-D-フルクトフラノース)
9%

五員環
(フラノース)

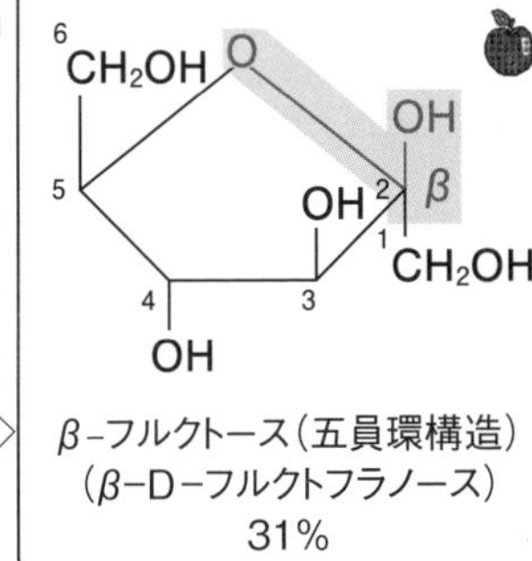
6
CH₂OH
O
OH
5
OH
2
β
1
CH₂OH
4
3
OH
β-フルクトース(五員環構造)
(β-D-フルクトフラノース)
31%

▲ **D-フルクトース(果糖)の構造**

(4) ケトースの還元性

フルクトースはホルミル基がないのに，どうして還元性があるんですか？

それは誰もがもつ疑問だね。実はケトースであるフルクトース（果糖）は非常にわずかだけど，ホルミル基を持つグルコースやマンノースと平衡状態にあるんだ。

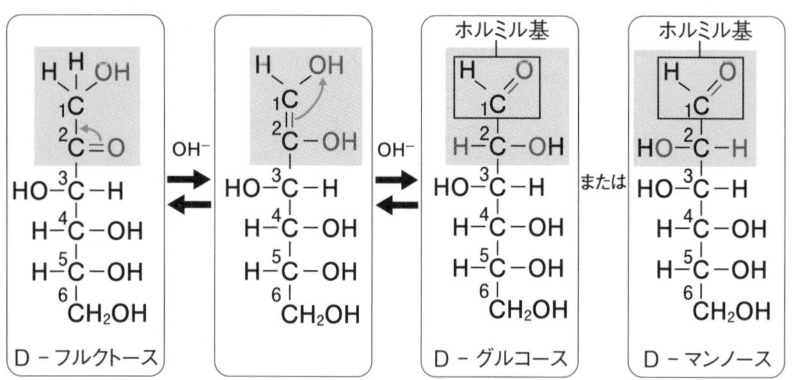

ホルミル基
ホルミル基
OH⁻
OH⁻
または
D－フルクトース
D－グルコース
D－マンノース

▲ **D-フルクトースの異性化**

フェーリング液や銀鏡反応で使用するアンモニア性硝酸銀溶液はどちらも塩基性だけど，塩基性でこの平衡は右に移動するよ。つまり，ホルミル基を持つ構造に変化するから，還元性はバッチリあるというわけなんだ。

フルクトースのようにフェーリング液と反応する還元性のある糖を**還元糖**，還元性のない糖を**非還元糖**というけれど，**単糖はすべて還元糖**だよ。

単糖はすべてフェーリング液と反応するよ！

story 2　二　糖

(1) 単糖と二糖

単糖と二糖ってどう違うんですか？

二糖も三糖も説明するね。2つの単糖から水が1つ取れて縮合したものを二糖というんだ。炭素数が6個の単糖から二糖をつくる化学式は以外と簡単だよ。

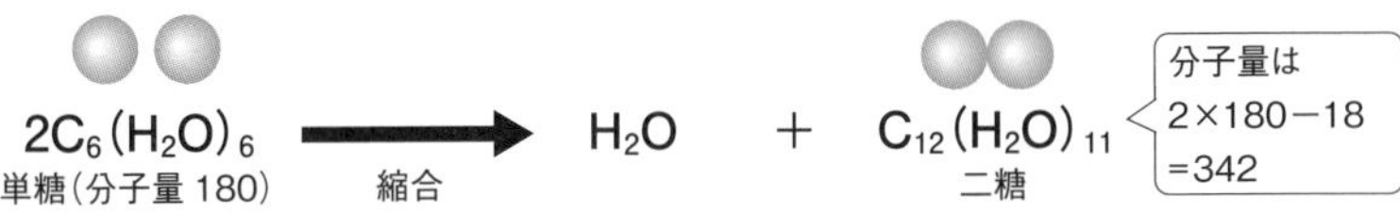

$$2C_6(H_2O)_6 \xrightarrow{\text{縮合}} H_2O + C_{12}(H_2O)_{11}$$

単糖（分子量 180）　　　　二糖

分子量は
2×180−18
=342

同じように三糖もこの化学式で OK だよ。

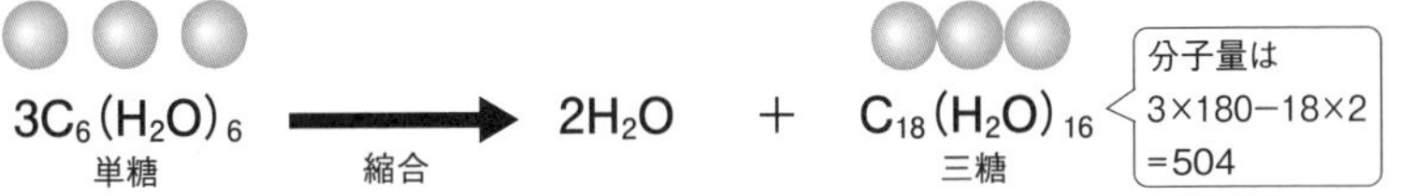

$$3C_6(H_2O)_6 \xrightarrow{\text{縮合}} 2H_2O + C_{18}(H_2O)_{16}$$

単糖　　　　三糖

分子量は
3×180−18×2
=504

単糖から n 糖をつくる一般式を書くと次のとおりだよ。

$$nC_6(H_2O)_6 \xrightarrow{\text{縮合}} (n-1)H_2O + C_{6n}(H_2O)_{5n+1}$$

単糖　　　　n 糖

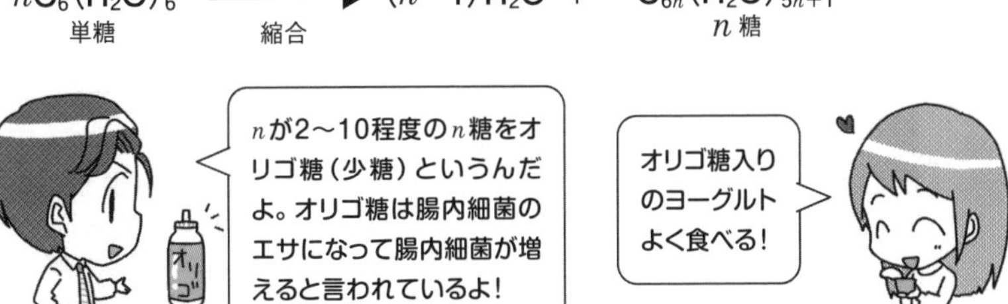
nが2〜10程度のn糖をオリゴ糖（少糖）というんだよ。オリゴ糖は腸内細菌のエサになって腸内細菌が増えると言われているよ！
オリゴ
オリゴ糖入りのヨーグルトよく食べる！

n 糖の n が100以上になってくると，一般には100糖などのよび方はせず，**多糖**というんだ。

(2) 二糖の構造と還元性

❶ マルトース

単糖がくっついちゃったから二糖は還元性ないですよね！

二糖は還元性のある還元糖と還元性のない非還元糖の２種類があるんだよ。具体的に還元糖から見てみよう。**α**-グルコースの１位の炭素に結合する**−OH**と，もう一つのグルコースの４位の炭素に結合する**−OH**から脱水縮合すると，マルトース maltose（麦芽糖）という二糖ができるよ。このときに新たに生成するエーテル結合を特に**グリコシド結合**というんだ。位置番号まで正確に表記すれば**α-1,4-グリコシド**結合となるよ。

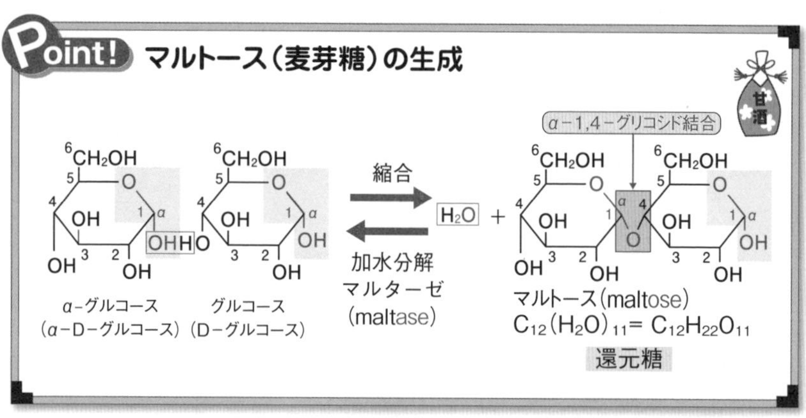

Point! マルトース（麦芽糖）の生成
甘酒
α−1,4−グリコシド結合
縮合
加水分解
マルターゼ
(maltase)
H_2O ＋
α−グルコース
（α−D−グルコース）
グルコース
（D−グルコース）
マルトース(maltose)
$C_{12}(H_2O)_{11}= C_{12}H_{22}O_{11}$
還元糖

水あめ

二糖はマルトースに限らず化学式は $C_{12}(H_2O)_{11}$ だけど一般的には $C_{12}H_{22}O_{11}$ と書くんだ。

縮合の逆が加水分解なんだけど，自然界にはマルトースの加水分解酵素があるんだ。名称はマルトース malt**ose** の語尾の〜 **ose** を〜 **ase** に変えたものだからマルターゼ malt**ase** となるよ。英語で覚えると簡単だね。また，生成したマルトースは**ヘミアセタール構造**があるから，水溶液中では次の３つの構造が平衡状態で存在しているんだ。

ホルミル基
（還元性あり）

▲ **水中でのマルトースの平衡**

ヘミアセタール構造があると，平衡状態で一部がホルミル基を含む鎖状構造をとるよね。そのため，マルトースは**還元糖**なんだよ。

❷ セロビオース

同様にセロビオース cellobiose を考えてみよう。**β**－グルコースの**1位**の炭素に結合する**－OH**と，もう一つのグルコースの**4位**の炭素に結合する**－OH**から脱水縮合した二糖がセロビオースだ。生成した結合は**β-1,4-グリコシド結合**で，分解酵素セロビアーゼ cellobiase でグルコース２分子に加水分解されるよ。

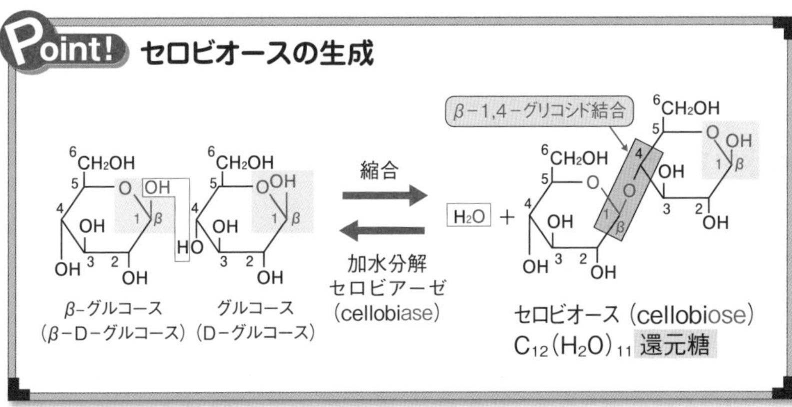
Point! セロビオースの生成
β－1,4－グリコシド結合
縮合
加水分解
セロビアーゼ
(cellobiase)
β－グルコース
（β－D－グルコース）
グルコース
（D－グルコース）
H2O ＋
セロビオース（cellobiose）
C12(H2O)11 還元糖

セロビオースの構造はしばしば右側の環を逆さにして表記されることがあるから注意だよ。自分で書くときには，逆さにする必要はないよ。

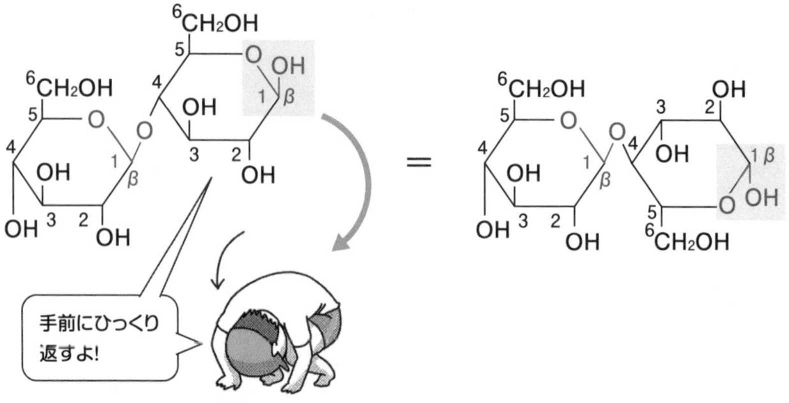

▲ セロビオースの構造

セロビオースにも**ヘミアセタール構造があるから**，**右側の環はホルミル基を含む鎖状構造をとる**んだ。だから**還元糖**だね。

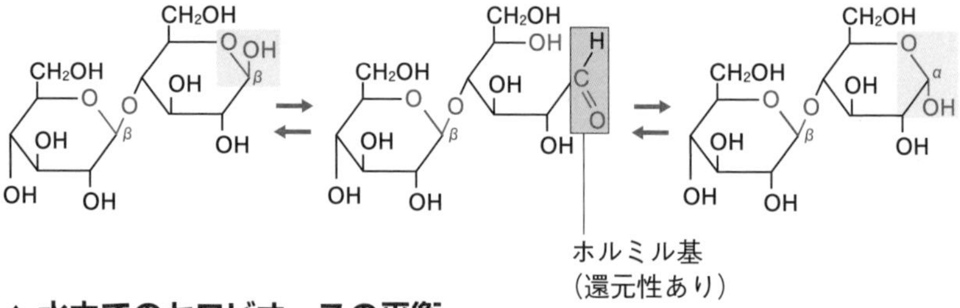

ホルミル基
（還元性あり）

▲ 水中でのセロビオースの平衡

❸ ラクトース（乳糖）

次にラクトース **lactose**（乳糖）を見てもらおう。

β -ガラクトースの **1 位**の炭素に結合する**−OH** とグルコースの **4 位**の炭素に結合する**−OH** から脱水縮合した二糖がラクトースだ。生成した結合は ***β* -1,4- グリコシド**結合で，分解酵素ラクターゼ **lactase** で加水分解すれば，ガラクトースとグルコースが生成するよ。

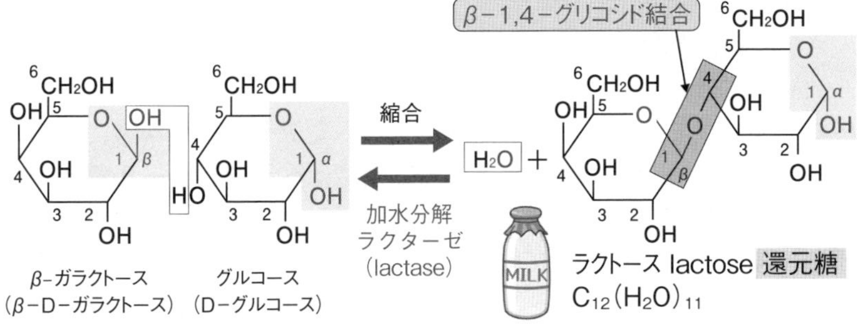
β-1,4-グリコシド結合
縮合
加水分解
ラクターゼ
(lactase)
H_2O ＋
MILK
β-ガラクトース
(β-D-ガラクトース)
グルコース
(D-グルコース)
ラクトース lactose 還元糖
$C_{12}(H_2O)_{11}$

▲ ラクトース（乳糖）の生成

ラクトースにも**ヘミアセタール構造があるから右側の環はホルミル基を含む鎖状構造をとる**んだ。だから**還元糖**だよ。また，右側の環を逆さにして表示しているものもあるから注意だね。

ホルミル基
（還元性あり）

▲ 水中でのラクトースの平衡

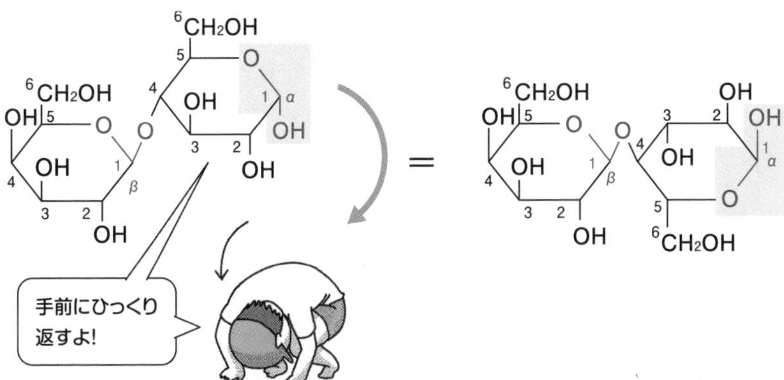
手前にひっくり
返すよ!

▲ ラクトースの構造

有機化学の基礎
脂肪族炭化水素
酸素を含む有機化合物
芳香族化合物
高分子化合物の基本と天然高分子化合物
合成高分子化合物

❹ トレハロース

さて，還元糖はこれくらいにして，非還元糖を紹介しよう。α-グルコースだけから生成する二糖にも非還元糖があるんだ。単糖から生成する図を見るとよくわかるんだけど，**ヘミアセタール構造**にある-OH どうしが縮合すると，生成する**二糖にはヘミアセタール構造がなくなり還元性がなくなる**よ。２つの**α**-グルコースのヘミアセタール構造の**1 位**の炭素についている**-OH** から水が取れて縮合したものがトレハロースなんだ。ヘミアセタール構造がなくなったので還元性はないから注意だ。

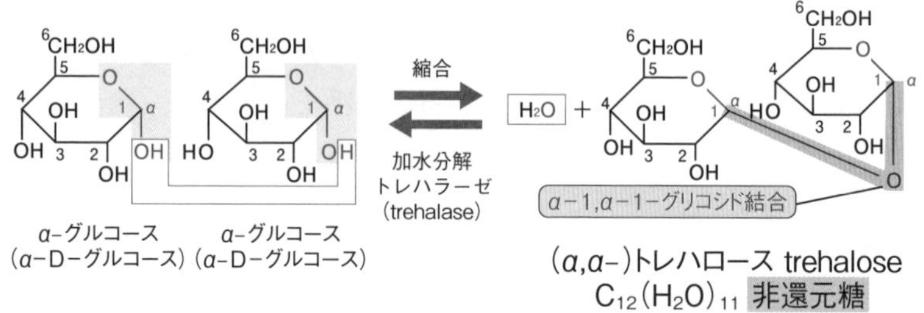

縮合
加水分解
トレハラーゼ
(trehalase)
α-グルコース
(α-D-グルコース)
α-グルコース
(α-D-グルコース)
H2O
α-1,α-1-グリコシド結合
(α,α-)トレハロース trehalose
C12(H2O)11 非還元糖

▲トレハロースの生成

グリコシド結合の部分が上のような表記では格好悪いから，右側の環を180°回転させて表記されることが多いんだ。

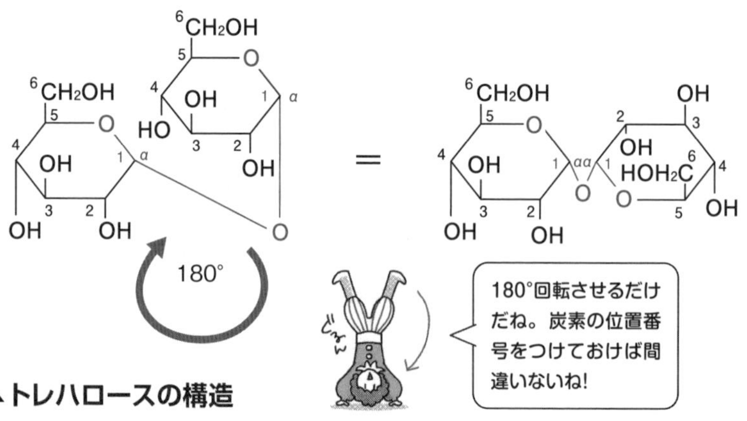

180°
180°回転させるだけだね。炭素の位置番号をつけておけば間違いないね!

▲トレハロースの構造

❺ スクロース（ショ糖）

トレハロースと同様に非還元糖として一番有名なのは何と言っても砂糖の主成分である**スクロース（ショ糖）**なんだ。スクロースはα-グルコースとβ-フルクトースのヘミアセタール構造にある−OHどうしが縮合したものなんだ。**スクロースもトレハロースと同様に，ヘミアセタール構造がなくなるから，還元性を示さないよ。**

ショ糖はサトウキビの茎やテンサイの根の中に20％ぐらい含まれているんだ。この天然にとれる**ショ糖を酵素のスクラーゼ**（または**インベルターゼ**）**で加水分解することを転化**（てんか）**といい，転化させてできるグルコース**（ブドウ糖）**とフルクトース**（果糖）**の混合物を転化糖**（果糖ブドウ糖液糖）**といっている**んだ。転化糖は清涼飲料水やアイスクリームなど，みんなの大好きな食べ物に入っているよ。

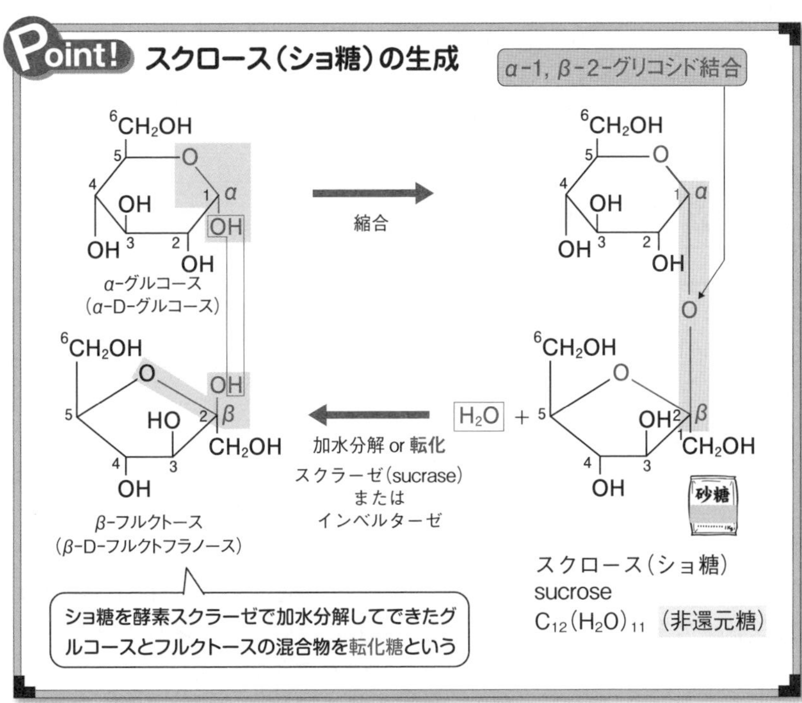

Point! スクロース（ショ糖）の生成
α-1, β-2-グリコシド結合
⁶CH₂OH
OH
OH
OH
α
α-グルコース
（α-D-グルコース）
縮合
β-フルクトース
（β-D-フルクトフラノース）
HO
CH₂OH
H₂O
加水分解 or 転化
スクラーゼ（sucrase）
または
インベルターゼ
砂糖
スクロース（ショ糖）
sucrose
C₁₂(H₂O)₁₁ （非還元糖）
ショ糖を酵素スクラーゼで加水分解してできたグルコースとフルクトースの混合物を転化糖という

ところで，スクロースの構造もフルクトース環を回転させて表記することが多いから注意だよ。

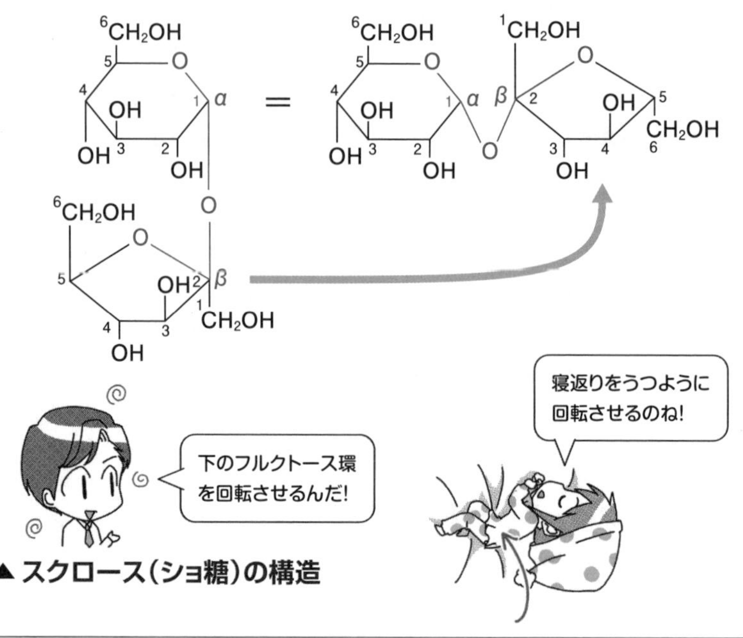
6CH₂OH
5
O
4
OH
1 α
OH 3
2
OH
=
β 2
O
5
CH₂OH
6
3
4
1CH₂OH
OH2 β
1
CH₂OH
寝返りをうつように回転させるのね!
下のフルクトース環を回転させるんだ!

▲ **スクロース（ショ糖）の構造**

story 3 多　糖

(1) デンプンの構造

デンプンってどんな構造をしてるんですか。

❶ アミロース

デンプンは我々が主食にしている重要な炭水化物だね。お米や小麦の中に入っているデンプンの構造を一言では説明できないから，まずは**アミロース**という一番基本的な天然高分子化合物を教えるね。考え方は簡単でD-グルコースを縮合して，**α-1,4-グリコシド結合**をもつマルトース（麦芽糖）をつくって，多数のマルトースを同様に縮合重合させた構造をもつのがアミロースなんだ。

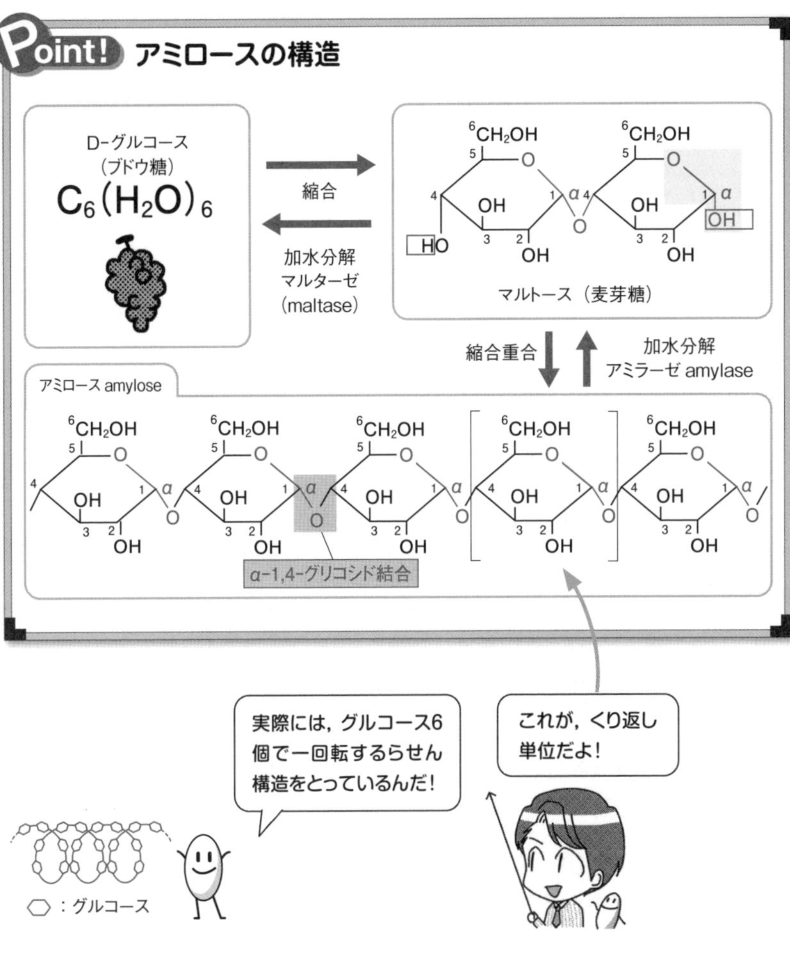
Point! アミロースの構造
D-グルコース
(ブドウ糖)
$C_6(H_2O)_6$
縮合
加水分解
マルターゼ
(maltase)
$^6CH_2OH$
OH
HO
O
α
マルトース (麦芽糖)
縮合重合
加水分解
アミラーゼ amylase
アミロース amylose
α-1,4-グリコシド結合
実際には，グルコース6個で一回転するらせん構造をとっているんだ!
これが，くり返し単位だよ!
：グルコース

❷ アミロペクチン

アミロースはα-グルコース6個で一回転するようならせん構造をとっているよ，そして，このアミロース中のα-グルコースの6位の炭素から**α-1,6-グリコシド結合して分岐（枝分かれ）が出ている**ものが**アミロペクチン**なんだ。

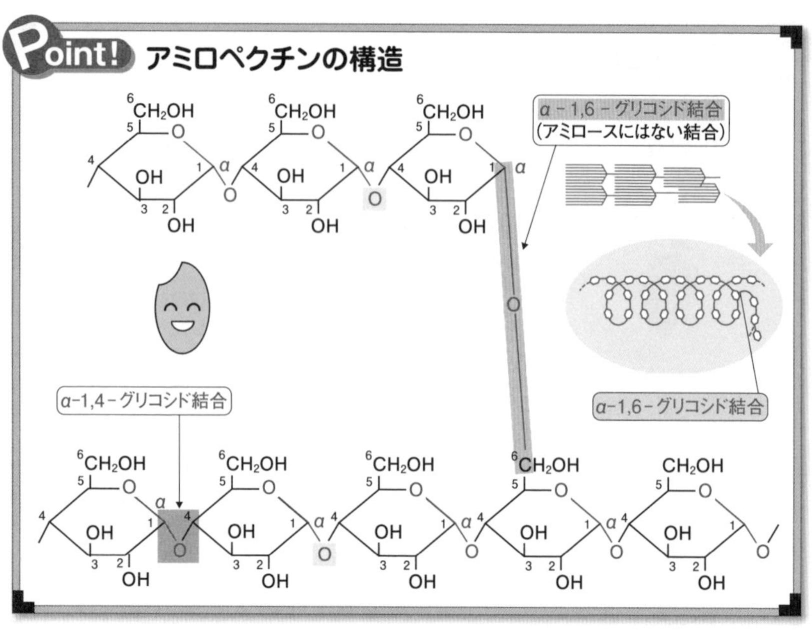
Point!
アミロペクチンの構造
α－1,6－グリコシド結合
(アミロースにはない結合)
α-1,4－グリコシド結合
α-1,6－グリコシド結合
$^6CH_2OH$
OH
O
α

らせん構造のアミロースから枝分かれして，またらせん構造のアミロースが出ているのがアミロペクチンね。末期状態の枝毛のよう！

普通に食べているお米である，“うるち米”に含まれるデンプンは，8割ぐらいはアミロペクチンなんだよ。アミロースはお湯に溶けていくんだが，アミロペクチンは水をどんどん取り込んで膨らみまくって糊のようになっていくんだ。それがお米のモチモチ感につながっているよ。餅米のデンプンは，ほぼ100％がアミロペクチンだから，炊いたら糊のようにネバネバしまくるわけだね。

お米のデンプンはアミロースとアミロペクチンからできているんだ。
アミロペクチンが20％減ると伸びがずいぶん違うんだね
20％
アミロース
80％
アミロペクチン
うるち米
100％
アミロペクチン
もち米
アミロペクチン100％！よくのびるお餅になります

❸ ヨウ素デンプン反応

ヨウ素デンプン反応って紫色が綺麗で大好きなんです！仕組みを教えてください！

一般的にデンプンはアミロースとアミロペクチンでできていて，α-1,4-グリコシド結合したアミロースの**らせん構造**が基本となっているね。このらせん構造のらせんの外側は，多くのヒドロキシ基があるため親水性で，内側は疎水性なんだ。**無極性分子であるヨウ素がこのらせんの内側に取り込まれて，デンプンの分子との間に弱い結合ができることで発色する**よ。

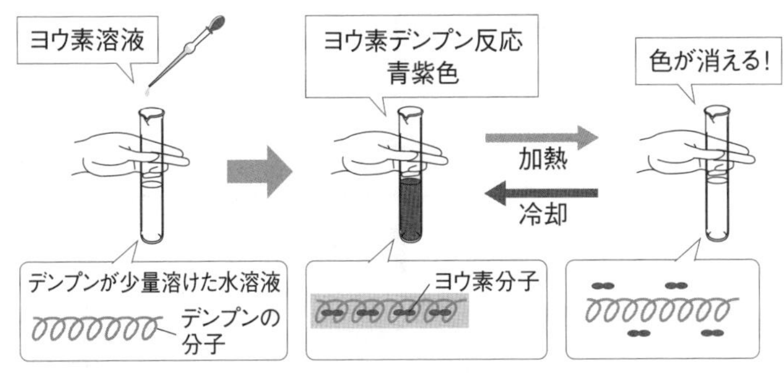
ヨウ素溶液
ヨウ素デンプン反応
青紫色
色が消える！
加熱
冷却
デンプンが少量溶けた水溶液
デンプンの分子
ヨウ素分子

▲ヨウ素デンプン反応

しかし，加熱するとデンプン分子やI_2の熱運動が盛んになって，I_2がらせん状のデンプンに取り込まれた構造が保てなくなるんだ。つまり，加熱によって色が消えるんだけど，冷却すると再びI_2がデンプンに取り込まれて色が復活するよ。

小学生のころジャガイモにヨウ素液をかけてヨウ素デンプン反応をやったね！

(2) デンプンの消化

❶ 酵素による加水分解

ごはんを食べると消化されて何になっちゃうの？

お米，パン，ジャガイモ，麺類などに入っている炭水化物は主にデンプンで，食べるとさまざまな酵素によって加水分解されて**デキストリン**やマルトースを経て，**最終的には D-グルコースになる**んだ。

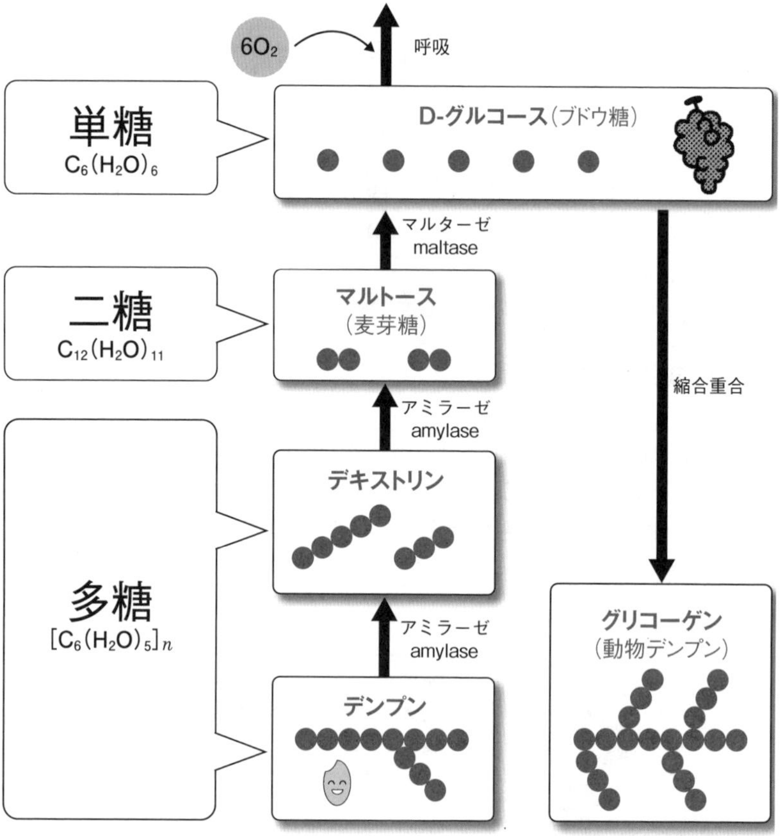

単糖 $C_6(H_2O)_6$ — D-グルコース（ブドウ糖）

↑ マルターゼ maltase

二糖 $C_{12}(H_2O)_{11}$ — マルトース（麦芽糖）

↑ アミラーゼ amylase

多糖 $[C_6(H_2O)_5]_n$ — デキストリン

↑ アミラーゼ amylase

多糖 $[C_6(H_2O)_5]_n$ — デンプン

D-グルコース → 呼吸（$6O_2$）

D-グルコース → 縮合重合 → グリコーゲン（動物デンプン）

デキストリンはデンプンより分子量がやや小さいだけで，基本的な構造はデンプンと同じ多糖だよ。

❷ グリコーゲン

生成したD-グルコースは小腸で吸収されて，血液に溶けて全身の細胞に運ばれ，呼吸の材料になるんだ。余ったD-グルコースは肝臓に運ばれて縮合重合した結果，**グリコーゲン**（動物デンプン）という物質に変えられて，肝臓や筋肉で蓄えられるよ。グリコーゲンは，アミロペクチンより枝分かれが多い水溶性の多糖なんだ。**ヨウ素デンプン反応では赤褐色を呈する**よ。

筋肉は酸素呼吸で、大量のグルコースを消費するから、グリコーゲンを貯蔵しているんだよ!
筋肉にエネルギーをため込んでいるのね!頑張れ筋肉!

(3) セルロースの構造

自然界に最も多く存在する有機化合物って何ですか？

それは，植物がつくる**セルロース**だよ。植物細胞の一番外側にある細胞壁の主成分で，**D-グルコースからできた多糖**なんだ。植物はD-グルコースを縮合して，β-1,4-グリコシド結合した二糖であるセロビオースをつくり，さらに縮合重合して多糖のセルロースを合成しているよ。

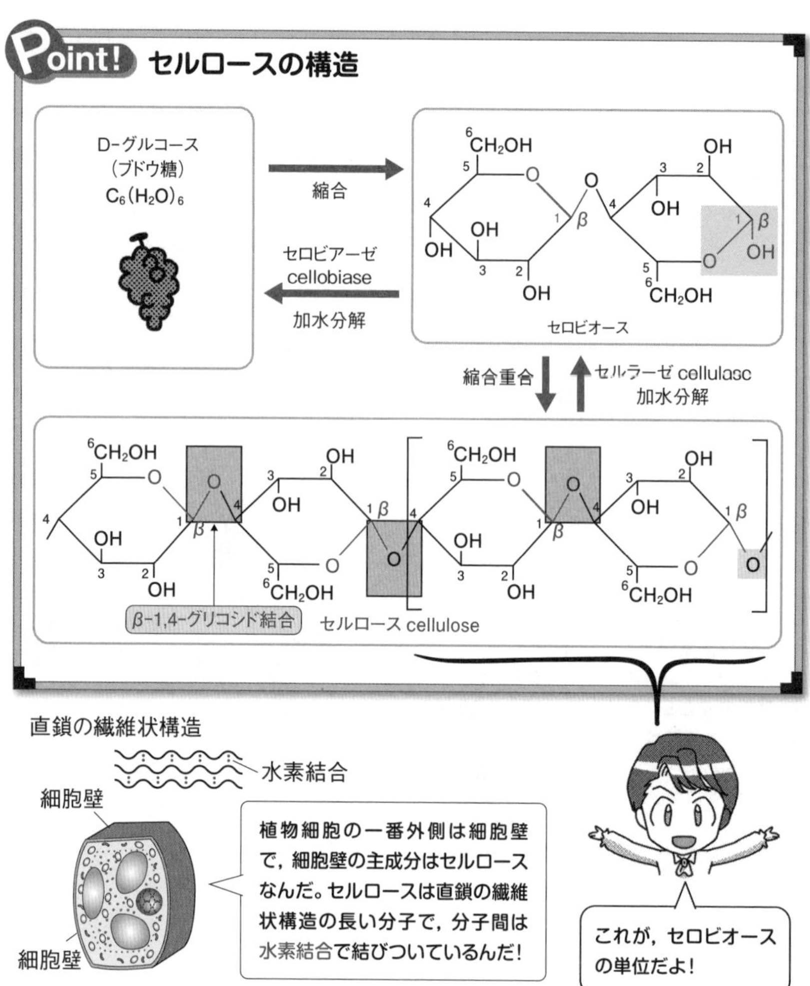
Point! セルロースの構造
D-グルコース
（ブドウ糖）
C6(H2O)6
縮合
セロビアーゼ
cellobiase
加水分解
セロビオース
縮合重合
セルラーゼ cellulase
加水分解
β-1,4-グリコシド結合
セルロース cellulose
直鎖の繊維状構造
水素結合
細胞壁
細胞壁
植物細胞の一番外側は細胞壁で，細胞壁の主成分はセルロースなんだ。セルロースは直鎖の繊維状構造の長い分子で，分子間は水素結合で結びついているんだ！
これが，セロビオースの単位だよ！

セルロースはβ-1,4-グリコシド結合の位置が上下交互になっているせいで分子の歪みがとれているため，分子量が数百万～数千万にも達するほど**長い分子にもかかわらず直鎖の繊維状構造**なんだ。

また，この長い**分子どうしが水素結合で結びついて強い繊維となっている**よ。木材やその他の植物に物理的・化学的処理をして取り出したセルロースをパルプといって，主に製紙原料として大量生産されているんだ。また，繊維の綿はほとんどセルロースでできているよ。

植物は光合成をして D-グルコース（ブドウ糖）をつくり，それを原料にデンプンやセルロースを合成しているんだ。また，動物はそれを加水分解して D-グルコースにして，呼吸の原料としているよ。

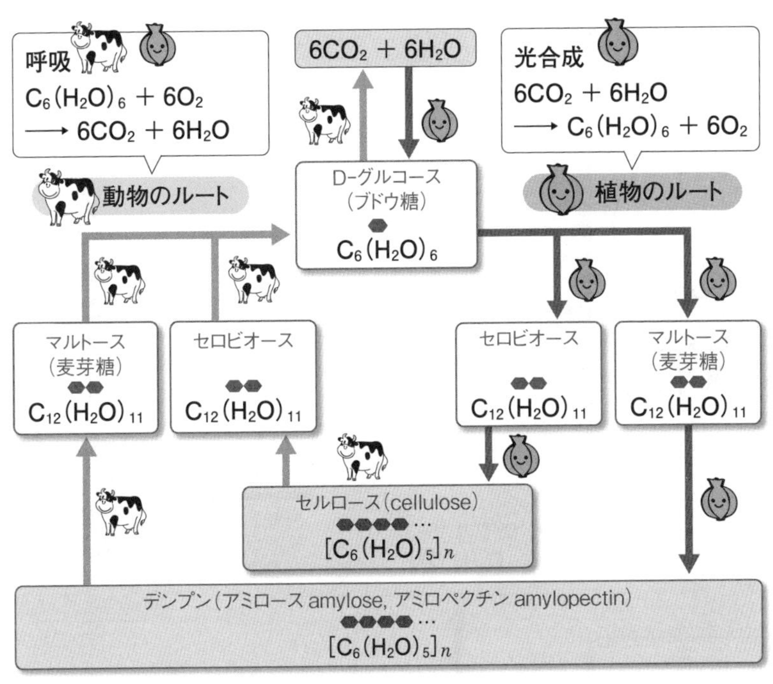
呼吸
$C_6(H_2O)_6 + 6O_2$
$\longrightarrow 6CO_2 + 6H_2O$
$6CO_2 + 6H_2O$
光合成
$6CO_2 + 6H_2O$
$\longrightarrow C_6(H_2O)_6 + 6O_2$
動物のルート
D-グルコース
（ブドウ糖）
$C_6(H_2O)_6$
植物のルート
マルトース
（麦芽糖）
$C_{12}(H_2O)_{11}$
セロビオース
$C_{12}(H_2O)_{11}$
セロビオース
$C_{12}(H_2O)_{11}$
マルトース
（麦芽糖）
$C_{12}(H_2O)_{11}$
セルロース（cellulose）
$[C_6(H_2O)_5]_n$
デンプン（アミロース amylose, アミロペクチン amylopectin）
$[C_6(H_2O)_5]_n$

▲ **光合成と呼吸**

(4) アルコール発酵

多糖を原料にしたお酒ってありますか？

もちろんあるよ。多糖であるデンプンを原料にしたお酒は世界中でつくられているんだ。日本酒を例にすると，お米のデンプンを麹によって D- グルコースにした後，酵母のもつ**チ**

マーゼという酵素群によって**アルコール発酵**させてエタノールを生成しているよ。

また，お酒ではないけれど，木材などのセルロースからエタノールを工業的に作っているんだ。この工程は単純で，セルロースに硫酸触媒を加え，加水分解によりD-グルコースを作るんだ。その後は，アルコール発酵によりエタノールを合成しているよ。こうして得たエタノールは燃料などに使われているんだ。

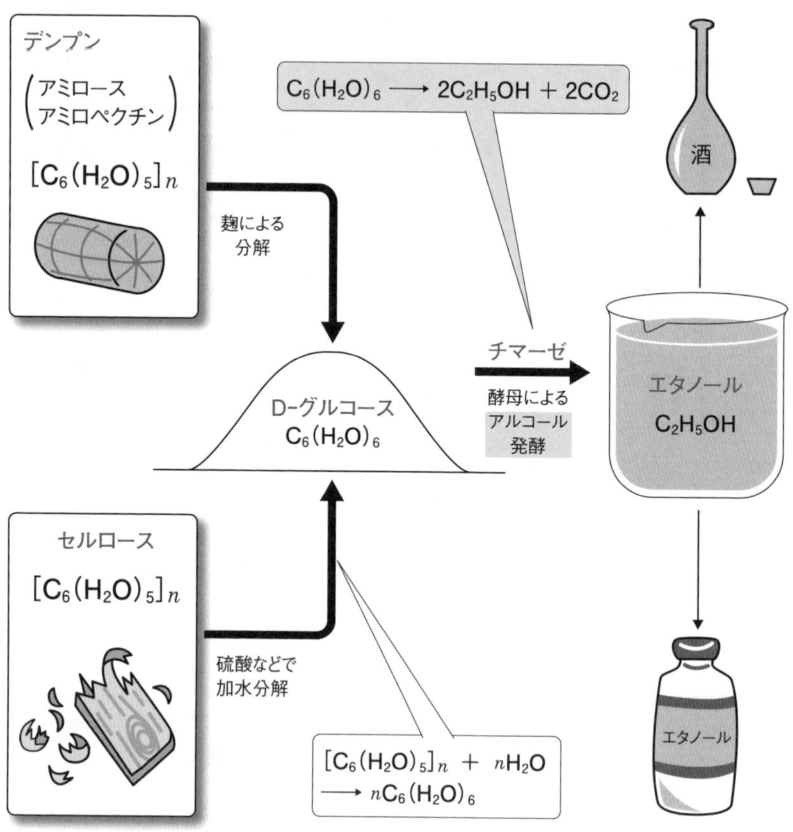
デンプン
アミロース
アミロペクチン
$[C_6(H_2O)_5]_n$
麹による
分解
$C_6(H_2O)_6 \longrightarrow 2C_2H_5OH + 2CO_2$
酒
D-グルコース
$C_6(H_2O)_6$
チマーゼ
酵母による
アルコール
発酵
エタノール
C_2H_5OH
セルロース
$[C_6(H_2O)_5]_n$
硫酸などで
加水分解
$[C_6(H_2O)_5]_n + nH_2O \longrightarrow nC_6(H_2O)_6$
エタノール

▲ **アルコール発酵によるエタノール製法**

(5) ニトロセルロースとアセテート繊維

アセテート繊維って，何ですか？

セルロースを原料にしてつくる繊維の一種だよ。まずは，セルロースの構造から考えてみよう。立体構造を見るとき以外はセロビオースを正確に表す必要はないので，簡略化して表記するんだ。

$$\left[\text{立体構造を表した式}\right]_{\frac{n}{2}} = \left[\text{簡略化した式}\right]_n = \begin{array}{c} -\!\!\left[C_6(H_2O)_5\right]\!\!-_n \\ \| \\ -\!\!\left[C_6H_{10}O_5\right]\!\!-_n \\ \| \\ -\!\!\left[C_6H_7O_2(OH)_3\right]\!\!-_n \end{array}$$

立体構造を表した式　　簡略化した式　　分子式

▲ セルロースの構造と分子式

試験で，計算があるときには特に分子式が重要で，くり返し単位であるβ-グルコース1つにつき3個のヒドロキシ基 $-OH$ をもつため，$[C_6(H_2O)_5]_n$ の（　）を取って $[C_6H_{10}O_5]_n$ とし，ここから3個分の $-OH$ を別に表記して $[C_6H_7O_2(OH)_3]_n$ とするんだ。

セルロースは $-OH$ をたくさんもつ高分子だから，アルコールとして反応するよ。アルコールから硝酸エステルや酢酸エステルができるから，セルロースもエステル化して利用しているんだ。

❶ 硝酸エステル

セルロースに濃硫酸と濃硝酸の**混酸**を作用させると硝酸エステルである**トリニトロセルロース** $[C_6H_7O_2(ONO_2)_3]_n$ が得られ，**無煙火薬の原料として使われている**んだ。また，一部を加水分解した形のジニトロセルロース $[C_6H_7O_2(ONO_2)_2(OH)]_n$ はセルロイドとして，昔は映画などのフィルムに利用されていたんだ。現在では燃えやすいので，セルロイドは利用されなくなっているけどね。

❷ 酢酸エステル

セルロースを無水酢酸でアセチル化すると，酢酸エステルの**トリアセチルセルロース** $[C_6H_7O_2(OCOCH_3)_3]_n$ が得られるよ。でも，水にも有機溶媒にも溶けにくいので，**一部を加水分解してジアセチルセルロース** $[C_6H_7O_2(OCOCH_3)_2(OH)]_n$ **にしてアセトンに溶かす**んだ。

その溶液を細孔から空気中に押し出して乾燥させると，**アセテート繊維**が得られるんだ。この繊維はセルロースのヒドロキシ基の一部をアセチル化しているので，**半合成繊維**とよばれるよ。

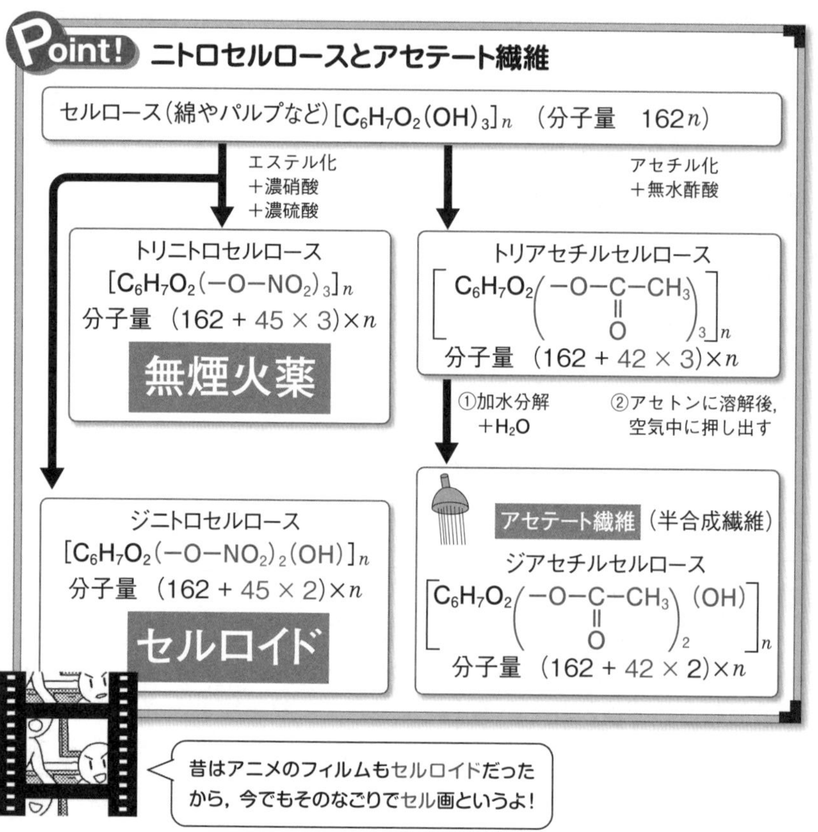
Point! ニトロセルロースとアセテート繊維
セルロース（綿やパルプなど）$[C_6H_7O_2(OH)_3]_n$　（分子量　$162n$）
エステル化
＋濃硝酸
＋濃硫酸
アセチル化
＋無水酢酸
トリニトロセルロース
$[C_6H_7O_2(-O-NO_2)_3]_n$
分子量　$(162+45\times3)\times n$
無煙火薬
トリアセチルセルロース
$[C_6H_7O_2(-O-CO-CH_3)_3]_n$
分子量　$(162+42\times3)\times n$
①加水分解
＋H_2O
②アセトンに溶解後，
空気中に押し出す
ジニトロセルロース
$[C_6H_7O_2(-O-NO_2)_2(OH)]_n$
分子量　$(162+45\times2)\times n$
セルロイド
アセテート繊維（半合成繊維）
ジアセチルセルロース
$[C_6H_7O_2(-O-CO-CH_3)_2(OH)]_n$
分子量　$(162+42\times2)\times n$
昔はアニメのフィルムもセルロイドだったから，今でもそのなごりでセル画というよ！

問題 1 ジニトロセルロースとジアセチルセルロースの計算

次の問いに答えよ。ただし，原子量は次の値を用い，計算は有効数字３桁まで求めよ。

原子量　H＝1.00，C＝12.0，N＝14.0，O＝16.0

(1) ジニトロセルロースの分子式を $[C_aH_bN_cO_d]_n$ の形で書け。

(2) 純粋なセルロース243g から最高何gのジニトロセルロースができるか。

(3) 純粋なセルロース567g からジアセチルセルロースをつくった。収率80%として何gのジアセチルセルロースができるか。

解説

(1) $[C_6H_7O_2(ONO_2)_2(OH)]_n = [C_6H_8N_2O_9]_n$

(2) １か所－OH を硝酸エステル化すると次のように式量が45 増加するね。よって２か所だから 45 × 2 だけ増加する計算だね。

$$-O-H \xrightarrow{+45} -O-NO_2$$

式量 17　　式量 62

$$\frac{[C_6H_7O_2(ONO_2)_2(OH)]_n}{[C_6H_7O_2(OH)_3]_n} = \frac{(162+45\times2)n}{162n} = \frac{W}{243}$$

よって，$W = 378$〔g〕

(3) １か所－OH をアセチル化すると次のように式量が42 増加するね。よって，２か所だから 42 × 2 だけ増加する計算だね。あと収率80% だから0.8 をかけるのも忘れずにね。

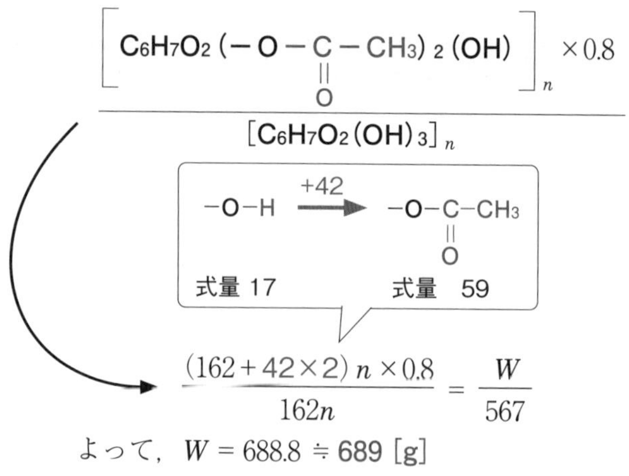

$\frac{\left[C_6H_7O_2(-O-\underset{\underset{O}{\|}}{C}-CH_3)_2(OH)\right]_n \times 0.8}{[C_6H_7O_2(OH)_3]_n}$
$-O-H \xrightarrow{+42} -O-\underset{\underset{O}{\|}}{C}-CH_3$
式量 17
式量　59
$\frac{(162+42\times 2)n\times 0.8}{162n} = \frac{W}{567}$
よって，$W = 688.8 \fallingdotseq 689$ [g]

解答

(1)　$[C_6H_8N_2O_9]_n$　　(2)　378g　　(3)　689g

(6) 再生繊維

レーヨンって名前からしてバリバリ合成繊維ですよね！

いやいや，レーヨンは，木材パルプなどの**天然のセルロースを原料につくる繊維**で，セルロースの分子構造は変えてないから**再生繊維**(さいせいせんい)というんだ。レーヨンは，木材パルプなどのセルロースをいったん何かに溶かして，その溶液をシャワーのように細孔から硫酸溶液中に押し出して作るよ。それで長い糸状の繊維になるんだ。この繊維は，**光沢のある美しい繊維**だから，光線 ray という言葉からレーヨン rayon と名づけられたといわれているよ。絹がそれまで光沢のある繊維として世界的に有名だったのでレーヨンは人工的に合成された絹という意味で**人絹**(じんけん)とよばれていたんだ。さて，ここで溶かす溶液で異なる２種類の再生繊維を覚えてもらおう。

水酸化銅（Ⅱ）$Cu(OH)_2$ をアンモニア水に溶かすと$[Cu(NH_3)_4]^{2+}$

を含んだ溶液になるよね。これが**シュワイツァー試薬**だ。セルロースをシュワイツァー試薬に溶かし，細孔から希硫酸中に押し出してできるのが**銅アンモニアレーヨン**（商品名**キュプラ**）だ。

一方，セルロースを濃い NaOH 水溶液で処理し，二硫化炭素 CS_2 と反応させてうすい NaOH 水溶液に溶かしたものを**ビスコース**といい，ビスコースを細孔から希硫酸中に押し出して**ビスコースレーヨン**がつくられるよ。また，ビスコースを薄膜状にすれば**セロハン**だ。

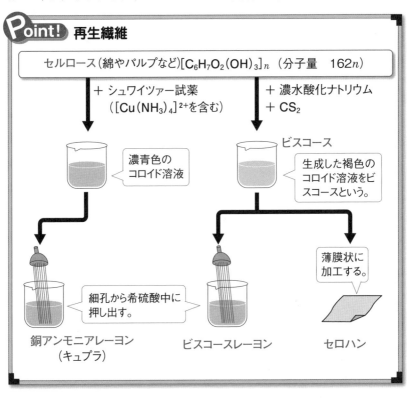

Point! 再生繊維

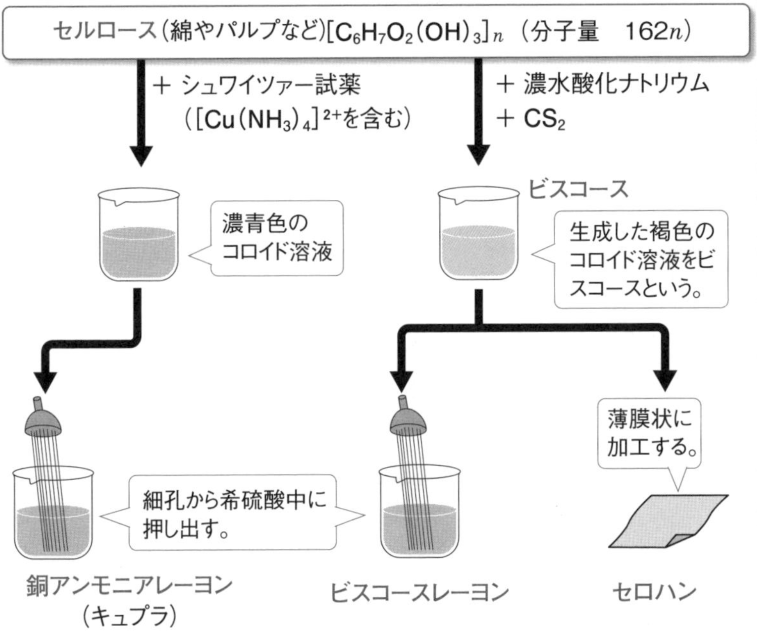

セルロース（綿やパルプなど）$[C_6H_7O_2(OH)_3]_n$ （分子量　$162n$）

＋ シュワイツァー試薬（$[Cu(NH_3)_4]^{2+}$を含む）

濃青色のコロイド溶液

細孔から希硫酸中に押し出す。

銅アンモニアレーヨン（キュプラ）

＋ 濃水酸化ナトリウム
＋ CS_2

ビスコース

生成した褐色のコロイド溶液をビスコースという。

ビスコースレーヨン

薄膜状に加工する。

セロハン

セロハンは再生されたセルロースなんだ！

確認問題

1 単糖，二糖について，次の問いに答えよ。

(1) 単糖の一般式を $C_n(H_2O)_m$ の形で書け。

(2) ホルミル基をもつ単糖を一般に何というか。

(3) ケトン基をもつ単糖を一般に何というか。

(4) 炭素数が5の単糖を一般に何というか。

(5) 炭素数が6の単糖を一般に何というか。

(6) グルコースの化学式を $C_n(H_2O)_m$ の形で書け。

(7) 自然界のグルコースはD体かL体か。

(8) 次の①～③の単糖の名称をα，βを区別して答えよ。

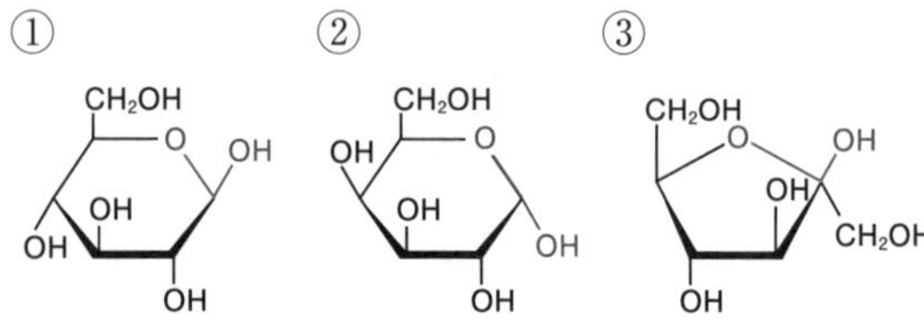

①
②
③
CH₂OH
O
OH

(9) 次の D-フルクトースの中でフェーリング液に対して還元性を示す部分を①～④から1つ選べ。

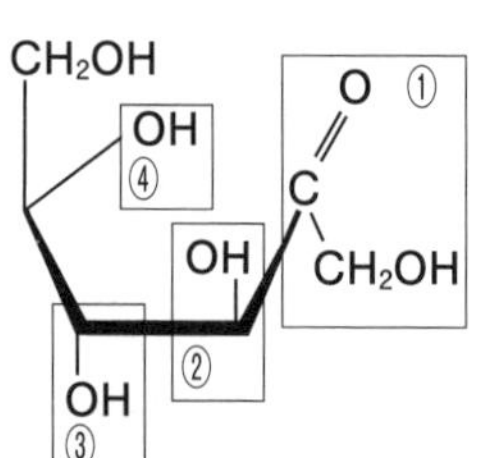

CH₂OH
O ①
C
CH₂OH
OH ④
OH ②
OH ③

解答

(1) $C_n(H_2O)_n$

(2) アルドース

(3) ケトース

(4) 五炭糖（ペントース）

(5) 六炭糖（ヘキソース）

(6) $C_6(H_2O)_6$

(7) D体

(8)
① β-(D)-グルコース
② α-(D)-ガラクトース
③ β-(D)-フルクトース
(β-(D)-フルクトフラノース)

(9) ①

(10) 次の①～⑤の二糖の名称を答えよ。

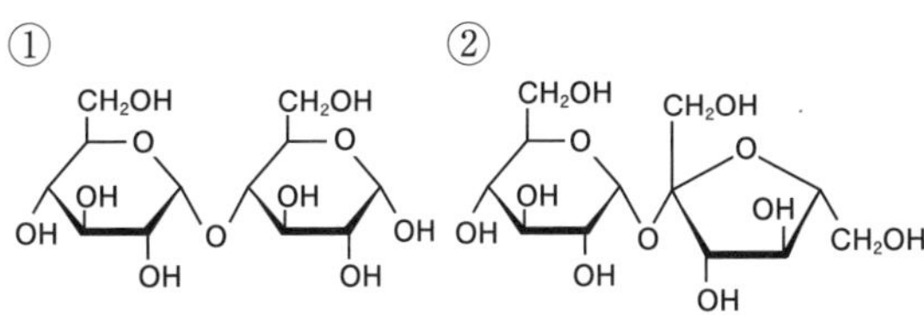
①
②
CH₂OH
O
OH

③

④

⑤

解答

(10)
① マルトース(麦芽糖)
② スクロース(ショ糖)
③ セロビオース
④ トレハロース
⑤ ラクトース(乳糖)

(11) 次の①～⑥の二糖から非還元糖をすべて選べ。

① トレハロース　② マルトース
③ ラクトース　④ スクロース (ショ糖)
⑤ セロビオース　⑥ 転化糖

(11) ① ④

(12) 六炭糖のみで構成される二糖の一般式を, $C_nH_mO_l$ の形で書け。

(12) $C_{12}H_{22}O_{11}$

2 多糖について, 次の問いに答えよ。

(1) 六炭糖のみで構成される多糖の一般式を $[C_l(H_2O)_m]_n$ の形で書け。

(1) $[C_6(H_2O)_5]n$

(2)　アミロース分子はどんな形をしているか。

解答

(2)　らせん構造

(3)　アミロペクチンの分岐に存在する結合を次の①~④から選べ。

① α-1,4-グリコシド結合
② α-1,6-グリコシド結合
③ β-1,4-グリコシド結合
④ β-1,6-グリコシド結合

(3)　②

(4)　餅米(もちごめ)のデンプンを構成する多糖は何か。

(4)　アミロペクチン

(5)　次の多糖のヨウ素デンプン反応の色を答えよ。

① アミロース
② アミロペクチン
③ グリコーゲン

(5)
①　濃青色
②　赤紫色
③　赤褐色

(6)　アミロースとアミロペクチンとグリコーゲンの分子のうち分岐が一番多いものはどれか。

(6)　グリコーゲン

(7)　セルロースの化学式を $[C_a(H_2O)_b]_n$ の形で書け。

(7)　$[C_6(H_2O)_5]_n$

(8)　グルコースのアルコール発酵を化学式で表せ。

(8)　$C_6H_{12}O_6 \longrightarrow 2C_2H_5OH+2CO_2$

(9)　酸素呼吸によりブドウ糖が CO_2 と H_2O になる反応を書け。

(9)　$C_6H_{12}O_6+6O_2 \longrightarrow 6CO_2+6H_2O$

(10)　トリニトロセルロースのくり返し単位の分子量はいくらか。ただし原子量は H=1.00, C=12.0, N=14.0, O=16.0 とする。

(10)　162+45×3=297

(11)　トリアセチルセルロースのくり返し単位の分子量を答えよ。ただし原子量は H=1.00, C=12.0, N=14.0, O=16.0 とする。

(11)　162+42×3=288

(12)　アセテート繊維の主成分は何か。

(12)　ジアセチルセルロース

(13)　アセテート繊維は次の①～④のどれに分類されるか。

① 火薬　　② 再生繊維
③ 半合成繊維　　④ 天然繊維

解答 (13)　③

(14)　シュワイツァー試薬に含まれる銅の主な化合物を①～④から１つ選べ。

① $[CuCl_4]^{2-}$
② $[Cu(OH)_4]^{2-}$
③ $[Cu(CN)_4]^{2-}$
④ $[Cu(NH_3)_4]^{2+}$

解答 (14)　④

(15)　セルロースをシュワイツァー試薬に溶かした溶液を希硫酸中に細孔から押し出して生成する繊維は何か。

解答 (15)　銅アンモニアレーヨン

(16)　セルロースを濃水酸化ナトリウムに溶かして，二硫化炭素を作用させた溶液を何というか。

解答 (16)　ビスコース

(17)　セルロースを濃水酸化ナトリウムに溶かして，二硫化炭素を作用させた溶液を希硫酸中に細孔から押し出して生成する繊維は何か。

解答 (17)　ビスコースレーヨン

高級な服の裏地は，キュプラ（銅アンモニアレーヨン）がよく使われているんだよ！

私のコートの裏地はポリエステルだ！

第22章 アミノ酸とタンパク質

▶ チーズも生ハムもタンパク質が分解してアミノ酸が生じているため美味しい。

story 1 アミノ酸

(1) アミノ酸の分類と命名

アミノ酸って，何ですか？

アミノ酸というのは**分子内にカルボキシ基** −COOH **とアミノ基** $-NH_2$ **を両方もっている化合物**だよ。カルボキシ基が統合している炭素を α 位，さらに隣の炭素を β 位といって，α 位の炭素にアミノ基がついていれば α-アミノ酸，β 位にアミノ基がついていれば β-アミノ酸というんだ。

$$H_2N-\overset{|}{\underset{|}{C^{\alpha}}}-COOH \qquad H_2N-\overset{|}{\underset{|}{C^{\beta}}}-\overset{|}{\underset{|}{C^{\alpha}}}-COOH$$

α-アミノ酸　　　　β-アミノ酸

タンパク質を構成するのは**α-アミノ酸で**，主なα-アミノ酸は約20種類あるよ。その中でヒトの体内で合成されないか，または合成しにくいアミノ酸を特に**必須アミノ酸**というんだ。必須アミノ酸は食品から摂取しなければならないアミノ酸なんだよ。

タンパク質を加水分解して生成する**α-アミノ酸**は，次の例を見てもらえばわかるとおり，α位の炭素にHが結合しているものが多いんだ。だから**不斉炭素原子**をもつα-アミノ酸だらけだけど，**グリシンだけは不斉炭素原子がない**から覚えてね。

また重要な分類として，アミノ基とカルボキシ基を1個ずつもつものを**中性アミノ酸**，カルボキシ基を2個もつものを**酸性アミノ酸**，アミノ基を2個もつものを**塩基性アミノ酸**というから，これも覚えるんだよ。表中にある等電点はあとで説明するから安心してね。

▼アミノ酸の分類

分類	酸性アミノ酸	中性アミノ酸	塩基性アミノ酸
等電点	3ぐらい	6ぐらい	10ぐらい
構造	$H_2N-C^{\alpha}H(-■-COOH)-COOH$	$H_2N-C^{\alpha}H(-■)-COOH$	$H_2N-C^{\alpha}H(-■-NH_2)-COOH$
例	$H_2N-\overset{*}{C}H-COOH$ ／ CH_2-COOH アスパラギン酸（Asp） $H_2N-\overset{*}{C}H-COOH$ ／ CH_2-CH_2-COOH グルタミン酸（Glu）	H_2N-CH_2-COOH グリシン（Gly）（不斉炭素原子なし） $H_2N-\overset{*}{C}H-COOH$ ／ CH_3 アラニン（Ala） **芳香族アミノ酸** ㊕ $H_2N-\overset{*}{C}H-COOH$ ／ $CH_2-C_6H_5$ フェニルアラニン（Phe） $H_2N-\overset{*}{C}H-COOH$ ／ $CH_2-C_6H_4-OH$ チロシン（Tyr） **含硫アミノ酸** ㊕ $H_2N-\overset{*}{C}H-COOH$ ／ $CH_2-CH_2-S-CH_3$ メチオニン（Met） $H_2N-\overset{*}{C}H-COOH$ ／ CH_2-SH システイン（Cys） $H_2N-\overset{*}{C}H-COOH$ ／ CH_2-OH セリン（Ser）	㊕ $H_2N-\overset{*}{C}H-COOH$ ／ $CH_2-CH_2-CH_2-CH_2-NH_2$ リシン（Lys）

（㊕必須アミノ酸）

(2) ニンヒドリン反応

それから，アミノ酸やタンパク質のようにアミノ基－NH_2をもつ物質は**ニンヒドリン**によって紫色に呈色するから覚えておこう！ ニンヒドリンは，アミノ酸やタンパク質の確認に用いられるよ。

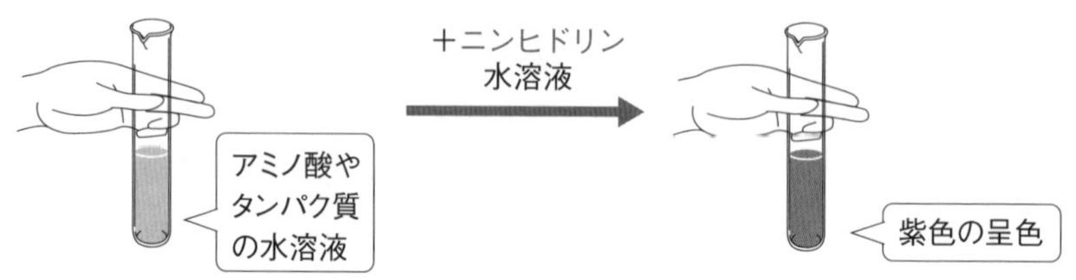
＋ニンヒドリン
水溶液
アミノ酸や
タンパク質
の水溶液
紫色の呈色

▲ ニンヒドリン反応

(3) アミノ酸の結晶

アミノ酸って味噌汁に溶けますよね！

そうだね、アミノ酸系のだしもあるから水に溶けるはずだね。化学的に説明すれば、アミノ酸はカルボキシ基の水素がアミノ基に移動して、**正・負両方の電荷を持った双性（そうせい）イオンの形で存在している**からなんだ。一般にイオンは水溶性だもんね。

そして、アミノ酸の固体は、この双性イオンによる**イオン結晶**だから、同分子量の分子結晶より融点が高くなるよ。

さらに、アミノ酸の固体を水に溶かした水溶液中も、アミノ酸の多くは双性イオンの形なんだ。単純に考えれば、双性イオンはプラスとマイナスの電荷が1個ずつなので、実質の電荷は0になるよね。

この**アミノ酸の総電荷が±0になるときのpHを等電点（とうでんてん）(pI)**というよ。

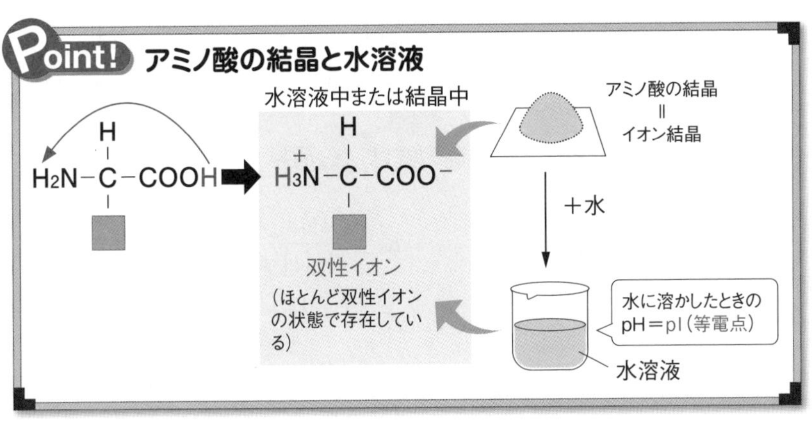
Point! アミノ酸の結晶と水溶液
水溶液中または結晶中
H
H2N−C−COOH
H
+
H3N−C−COO−
双性イオン
（ほとんど双性イオンの状態で存在している）
アミノ酸の結晶
=
イオン結晶
＋水
水に溶かしたときのpH＝pI（等電点）
水溶液

(4) アミノ酸のpHによる電荷

アミノ酸はどんなときも双性イオンになっているんですか？

そこがアミノ酸の知識として最も重要なところなんだ。アミノ酸を水に溶かすとpHが**等電点（pI）になって双性イオン**になるけど，**酸性にすると水素イオンを受け取って陽イオンに，塩基性にすると水素イオンを失って陰イオンに**なるんだ。中性アミノ酸を例に見てもらおう。

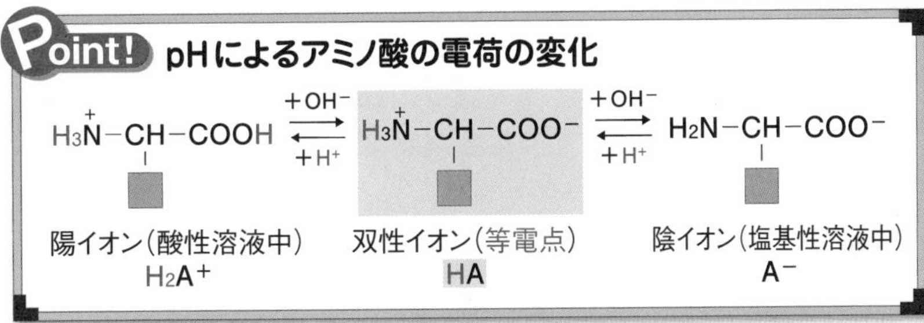
Point! pHによるアミノ酸の電荷の変化
+
H3N−CH−COOH
＋OH−
＋H+
+
H3N−CH−COO−
＋OH−
＋H+
H2N−CH−COO−
陽イオン（酸性溶液中）
H2A+
双性イオン（等電点）
HA
陰イオン（塩基性溶液中）
A−

このとき，陽イオンのアミノ酸は放出可能な水素イオンを２個もっているので，２価の酸と考えられるね。だから H_2A^+ と表記するよ。

等電点ではプラスとマイナスの両方をもっている双性イオンだけど，全体として電荷は0だから HA と表記して，塩基性では陰イオンだから A^- と表記するよ。

この3つのイオンの電離平衡の式は次の通りなんだ。

$$H_2A^+ \rightleftarrows H^+ + HA \qquad K_1 = \frac{[H^+][HA]}{[H_2A^+]} \quad \cdots ①$$

$$HA \rightleftarrows H^+ + A^- \qquad K_2 = \frac{[H^+][A^-]}{[HA]} \quad \cdots ②$$

①×②より $K_1 \times K_2 = \dfrac{[H^+]^2[A^-]}{[H_2A^+]}$ …③

(5) アミノ酸の等電点

アミノ酸の等電点の計算方法を教えてください！

オッケー！　まず，アミノ酸の結晶を水に溶かした溶液の pH は等電点（pI）になって，多くは双性イオンで存在すると教えたね。

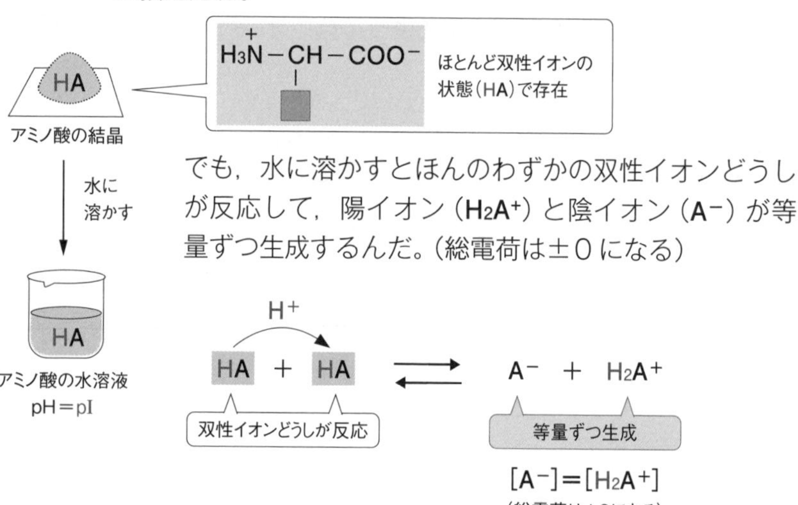

HA
アミノ酸の結晶
H3N+−CH−COO−
ほとんど双性イオンの状態（HA）で存在
水に溶かす
HA
アミノ酸の水溶液
pH＝pI
H+
HA ＋ HA ⇄ A− ＋ H2A+
双性イオンどうしが反応
等量ずつ生成
[A−]＝[H2A+]
（総電荷は±0になる）

でも，水に溶かすとほんのわずかの双性イオンどうしが反応して，陽イオン（H_2A^+）と陰イオン（A^-）が等量ずつ生成するんだ。（総電荷は±0になる）

よってアミノ酸の電離平衡の③式と $[H_2A^+] = [A^-]$ より，

$$K_1 \times K_2 = \frac{[H^+]^2\,\cancel{[A^-]}}{\cancel{[H_2A^+]}} = [H^+]^2$$

となり，等電点では $[H^+] = \sqrt{K_1K_2}$ が成立するんだ。

(6) 電気泳動

電気泳動って何か難しい現象ですか？

電圧をかけたときにイオンなどが移動する現象を**電気泳動**というよ。アミノ酸は pH によってイオンの電荷が変化するから，アミノ酸の溶液に電圧をかけると，pH が等電点（pI）では移動しないけど，**等電点より酸性側では陽イオンの割合が多くなるので陰極に移動**して，**等電点より塩基性側では陰イオンの割合が多くなるので陽極に移動**するんだ。

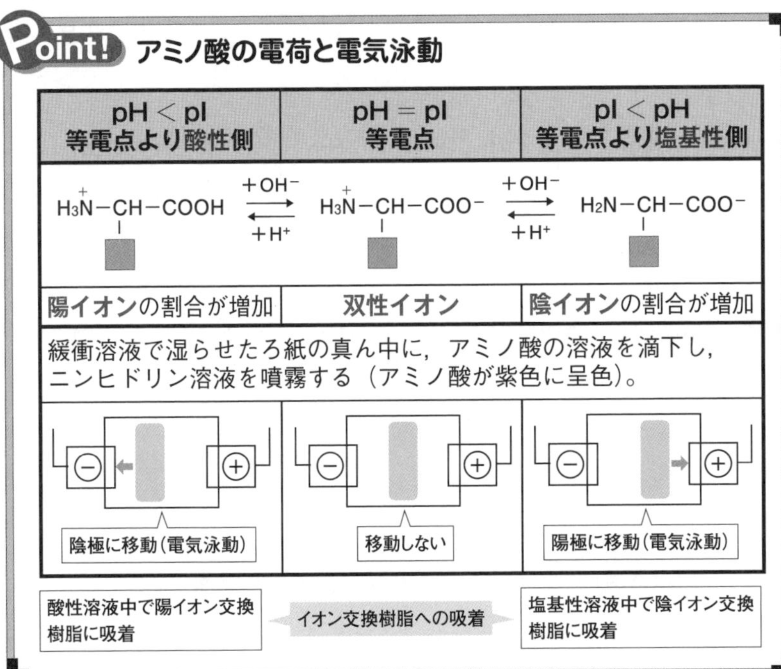

Point! アミノ酸の電荷と電気泳動

pH < pI 等電点より酸性側	pH = pI 等電点	pI < pH 等電点より塩基性側
$H_3\overset{+}{N}-CH-COOH$ (side chain ■)	$H_3\overset{+}{N}-CH-COO^-$ (side chain ■)	$H_2N-CH-COO^-$ (side chain ■)
陽イオンの割合が増加	双性イオン	陰イオンの割合が増加
緩衝溶液で湿らせたろ紙の真ん中に，アミノ酸の溶液を滴下し，ニンヒドリン溶液を噴霧する（アミノ酸が紫色に呈色）。		
陰極に移動（電気泳動）	移動しない	陽極に移動（電気泳動）

+OH⁻
+H⁺
⊖
⊕
酸性溶液中で陽イオン交換樹脂に吸着
イオン交換樹脂への吸着
塩基性溶液中で陰イオン交換樹脂に吸着

さらに，強酸性にすると，すべてのアミノ酸が陽イオンになって，陽イオン交換樹脂に吸着されるし，強塩基性にすると陰イオンになって陰イオン交換樹脂に吸着されるよ。面白いでしょ。

story 2 ペプチドとタンパク質

(1) ペプチドの性質と反応

ペプチドって格好いい名前ですが，何ですか？

ペプチドは**ペプチド結合**をもつ物質のことだよ。**ペプチド結合とはアミノ酸どうしが縮合してできたアミド結合**のことなんだ。具体例で説明するね。

❶ 異性体

2つのアミノ酸からできたペプチドを特に**ジペプチド**というんだ。

まずはアラニンとセリンの縮合でできたジペプチドの構造を見てもらうよ。

$$H_2N-\overset{*}{C}H(CH_3)-COOH + H_2N-\overset{*}{C}H(CH_2-OH)-COOH \rightleftarrows H_2N-\overset{*}{C}H(CH_3)-\boxed{C(=O)-N(H)}-\overset{*}{C}H(CH_2-OH)-COOH + H_2O$$

アラニン (Ala)　セリン (Ser)　alanyl-serine (Ala-Ser)　（ペプチド結合）

ジペプチド

$$H_2N-\overset{*}{C}H(CH_2-OH)-COOH + H_2N-\overset{*}{C}H(CH_3)-COOH \rightleftarrows H_2N-\overset{*}{C}H(CH_2-OH)-\boxed{C(=O)-N(H)}-\overset{*}{C}H(CH_3)-COOH + H_2O$$

セリン (Ser)　アラニン (Ala)　serinyl-alanine (Ser-Ala)

（ $\boxed{-C(=O)-N(H)-}$ ペプチド結合（アミノ酸どうしのアミド結合のこと））

▲ **アラニン(Ala)とセリン(Ser)のジペプチドの構造**

図でわかるとおり，アラニンとセリンのジペプチドの構造異性体は2種類あって，アミノ酸の順番を考えなくてはいけないことがわかるでしょ。**構造式を書くときにはアミノ基を左にするのが基本的な書き方**なんだ。これは，覚えておくとよいよ。アミノ基を左にして表記すると，構造異性体はAla-SerとSer-Alaの2つだけど，セリンもアラニンも**鏡像異性体**があるから，立体異性体も入れたら8種類あることがわかるよ。

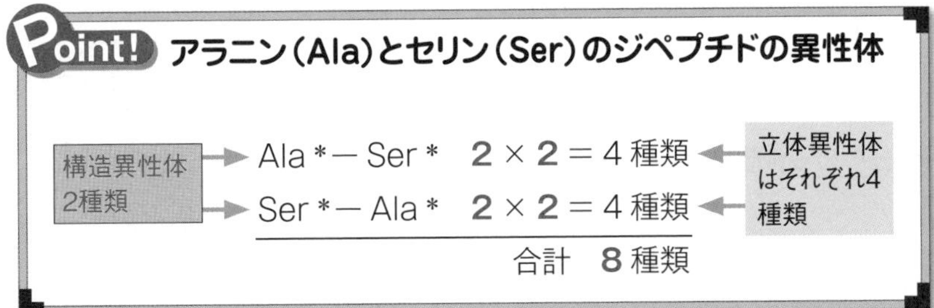
Point!
アラニン（Ala）とセリン（Ser）のジペプチドの異性体
構造異性体
2種類
Ala＊－Ser＊　2×2＝4種類
Ser＊－Ala＊　2×2＝4種類
合計　8種類
立体異性体
はそれぞれ4
種類

❷ ペプチドの分類

ジペプチドと同様に，3つのアミノ酸が縮合してできたペプチドは**トリペプチド**，4つなら**テトラペプチド**といい，たくさんのアミノ酸が縮合してできたものは**ポリペプチド**というから，覚えてね。

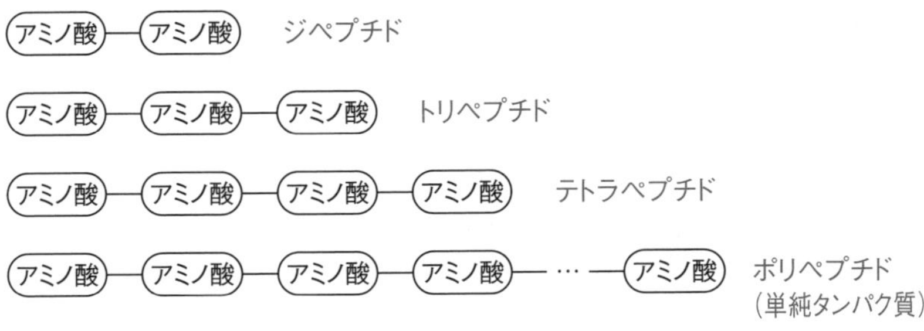
アミノ酸－アミノ酸　ジペプチド
アミノ酸－アミノ酸－アミノ酸　トリペプチド
アミノ酸－アミノ酸－アミノ酸－アミノ酸　テトラペプチド
アミノ酸－アミノ酸－アミノ酸－アミノ酸－…－アミノ酸　ポリペプチド
（単純タンパク質）

❸ ビウレット反応

トリペプチド以上のペプチドはビウレット反応をするんだ。ビウレット反応は，ペプチドを含む溶液に，NaOH の水溶液を加えた後，$CuSO_4$ の水溶液を入れるんだ。そうすると，**銅イオンとペプチドが錯イオンを形成して**，**赤紫色に呈色する**んだよ。

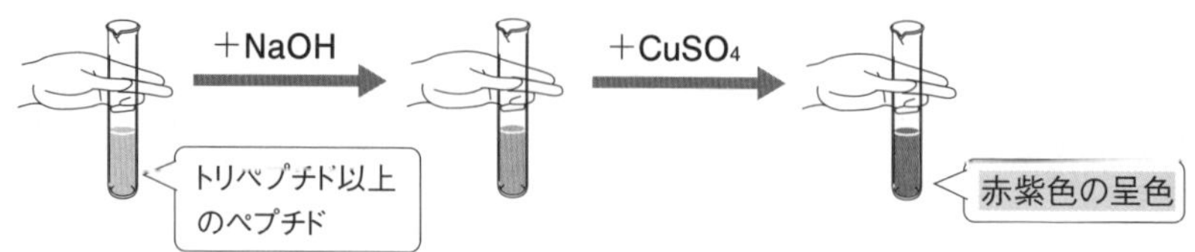
＋NaOH
＋$CuSO_4$
トリペプチド以上
のペプチド
赤紫色の呈色

▲ **ビウレット反応**

(2) タンパク質の分類

一般に分子量が500以上のポリペプチドを**タンパク質**というけど，タンパク質には加水分解したときにアミノ酸だけを生じる**単純タンパク質**とアミノ酸以外の成分が生じる**複合タンパク質**があるよ。また，タンパク質を形状で分類すると，**球状タンパク質**と**繊維状タンパク質**に分かれるんだ。それぞれの特徴を簡単にまとめたよ。

球状タンパク質

球状に丸まったタンパク質で，疎水基を内側に親水基を外側に向けているため，水溶液に溶けやすいものが多い。酵素や免疫，ホルモンなど生命活動の維持のために働くものが多い。

繊維状タンパク質

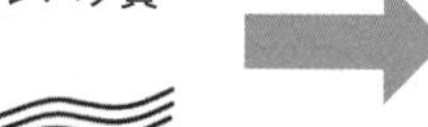

何本かのポリペプチド鎖が束になった構造。溶けないで，動物の体や毛をつくるものが多い。

それでは，タンパク質の分類と例を見てもらおう。

▼タンパク質の分類と例

分類1	加水分解時に生じる物質	分類2	例		
単純タンパク質	アミノ酸のみ	球状タンパク質	アルブミン	グロブリン	グルテリン
			卵白，血清	卵白，血清	小麦，米
		繊維状タンパク質	ケラチン	コラーゲン	フィブロイン
			毛，爪	軟骨，皮膚（ゼラチン）	絹，クモの糸
複合タンパク質	アミノ酸＋糖	糖タンパク質	ムチン（唾液中）		
	アミノ酸＋リン酸	リンタンパク質	カゼイン（牛乳中）		
	アミノ酸＋色素	色素タンパク質	ヘモグロビン（血液中）		
	アミノ酸＋核酸	核タンパク質	ヒストン（細胞の核などに存在）		
	アミノ酸＋脂質	リポタンパク質	LDL（低密度リポタンパク質），HDL（高密度リポタンパク質）		

(3) タンパク質の構造

タンパク質には一次構造～四次構造まであるんだ。一次構造はアミノ酸の配列を指すんだ。一次構造以外は**高次構造**といって，立体的な構造を指すよ。

❶ 一次構造

アミノ酸の配列順序を一次構造というよ。

Ala-Gly-Phe-Tyr-Ala-Cys-Ala-Glu-Asp-Lys-……

❷ 二次構造

ペプチド結合間の**水素結合**などで比較的せまい範囲で一定の形がくり返される。これを二次構造というよ。**α-ヘリックス（らせん構造）とβ-シート（ジグザグ構造）**があるんだ。

水素結合
N−H…O＝C
α-ヘリックス

❸ 三次構造

二次構造をとるタンパク質がさらに折りたたまれて安定な構造をとるよ。この立体的な構造を三次構造といって，この立体構造を保つために**ジスルフィド結合 -S-S-** などのさまざまな結合が関与しているんだ。

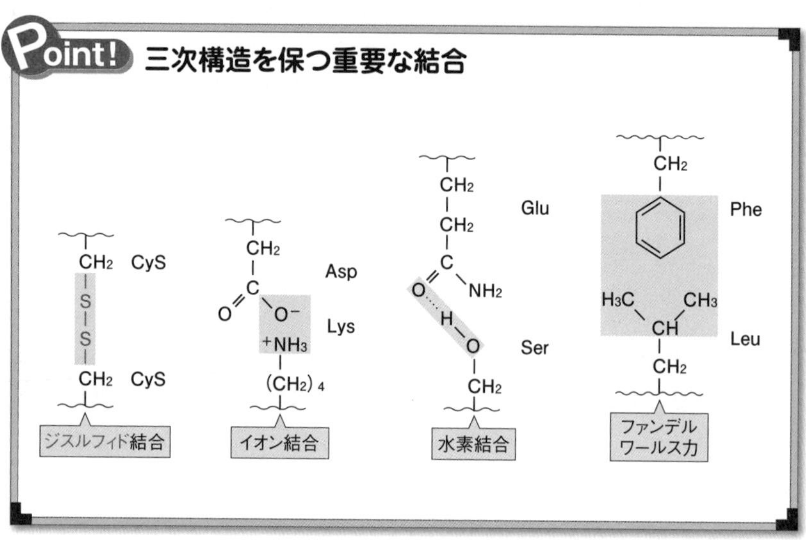
Point!
三次構造を保つ重要な結合
CH2 CyS
S
S
CH2 CyS
ジスルフィド結合
CH2
C
O
O−
Asp
+NH3
Lys
(CH2) 4
イオン結合
CH2
CH2
C
NH2
Glu
O
H
O
Ser
CH2
水素結合
CH2
Phe
H3C
CH3
CH
Leu
CH2
ファンデル
ワールス力

❹ 四次構造

下図のヘモグロビンの構造をおおざっぱにみると、色分けしている**α**と**β**という２種類の領域が組み合わさって構成されていることがわかるよね。この**α**や**β**が三次構造、その組み合わせが四次構造と呼ばれるんだ。きちんというと次のような表現となるよ。

四次構造とは，複数の三次構造の**ポリペプチド鎖（サブユニット）が組み合わさって**複合体を形成する場合の構造。

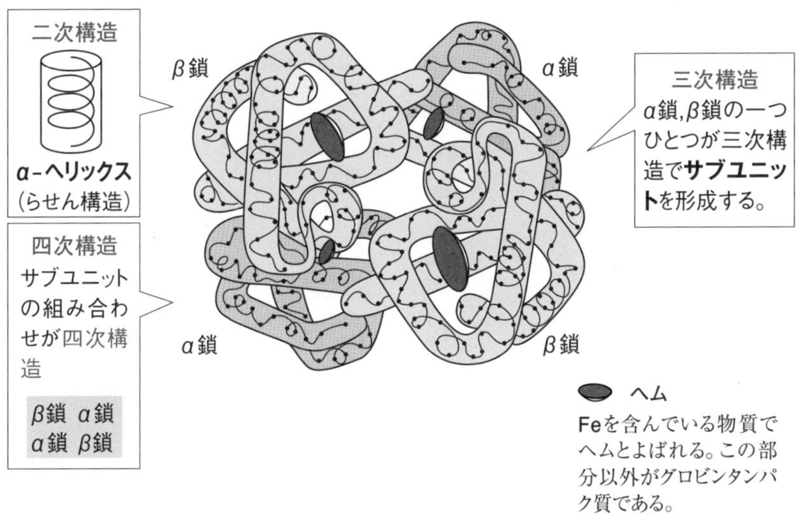

二次構造
α-ヘリックス
（らせん構造）
四次構造
サブユニットの組み合わせが四次構造
β鎖 α鎖
α鎖 β鎖
β鎖
α鎖
α鎖
β鎖
三次構造
α鎖,β鎖の一つひとつが三次構造でサブユニットを形成する。
ヘム
Feを含んでいる物質でヘムとよばれる。この部分以外がグロビンタンパク質である。

▲ **ヘモグロビンの高次構造**

(4) タンパク質中の元素や構造の確認

❶ キサントプロテイン反応　―ベンゼン環の確認―

キサントプロテイン反応って意味不明な名前で怖〜い！

落ち着いて！　キサントは“黄色”，プロテインは“タンパク質”だよ。**タンパク質中にベンゼン環があると黄色くなる**から**キサントプロテイン反応**というんだよ。

タンパク質を構成するアミノ酸にベンゼン環をもつチロシンなどが含まれていると，この反応が起こるんだ。ベンゼン環が濃硝酸でニトロ化されて，黄色を示すよ。そのあと，アンモニア水を加えてオレンジがかった色にして，さらに見やすくするんだ。

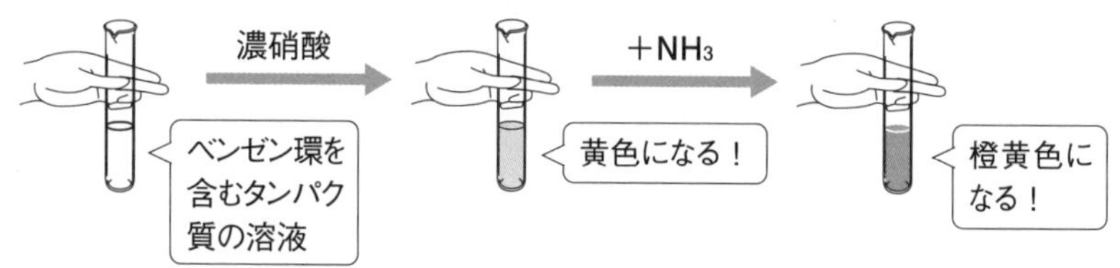
濃硝酸
＋NH_3
ベンゼン環を含むタンパク質の溶液
黄色になる！
橙黄色になる！

▲ **キサントプロテイン反応**

❷ 硫黄の検出

タンパク質中に硫黄を含むシステインなどのアミノ酸があることを検出する反応も覚えておこう。タンパク質に濃い水酸化ナトリウム水溶液を加えて加熱すると分解されて，タンパク質中の多くの硫黄が硫化物イオン S^{2-} になるんだ。次に，酢酸鉛（Ⅱ）などの，Pb^{2+} を含む溶液を入れると硫化鉛（Ⅱ）PbS の黒色沈殿が生成するよ。

S

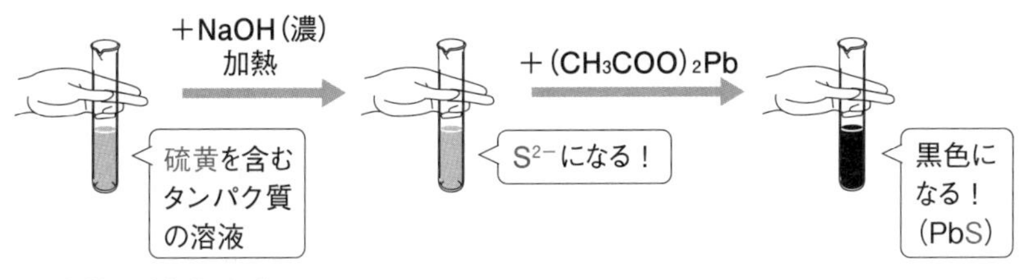
＋NaOH（濃）
加熱
＋(CH3COO)2Pb
硫黄を含む
タンパク質
の溶液
S2−になる！
黒色に
なる！
(PbS)

▲ **硫黄の検出反応**

(5) タンパク質の変性

タンパク質ってどうして，立体構造が大切なの？

タンパク質は我々の体内で酵素やホルモンとして働いているけど，それらの生理的な働きは立体構造が変わると失われてしまうんだ。加熱や強酸，強塩基，有機溶媒，重金属イオン（Pb^{2+}，Hg^{2+} など）を加えることでタンパク質の立体構造が変化することを**変性**（へんせい）とよぶんだよ。球状タンパク質が変性すると，球状の形が崩れて，表面積の大きい長いタンパク質になって，イメージ的には絡まって沈殿するような感じになるんだ。

これは親水コロイドである球状タンパク質に多量の塩を加えて**塩析**させるのとは全然違う。塩析は球状タンパク質が集まって沈殿するけど，変性はタンパク質本体の立体構造が変わることで沈殿するんだよ。

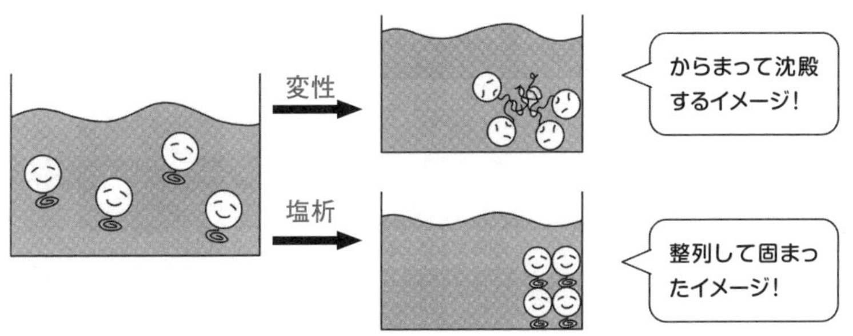
変性
からまって沈殿
するイメージ！
塩析
整列して固まっ
たイメージ！

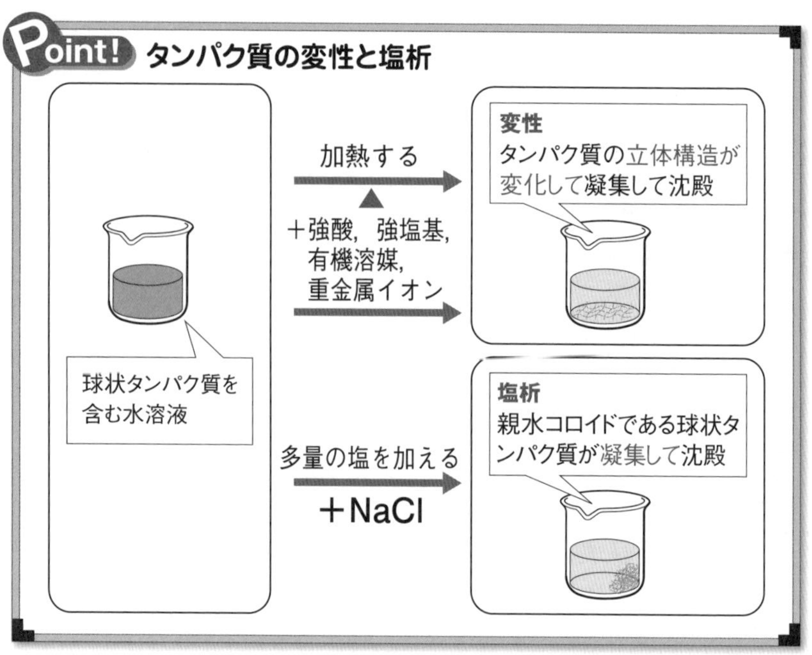
Point! タンパク質の変性と塩析
球状タンパク質を含む水溶液
加熱する
＋強酸，強塩基，有機溶媒，重金属イオン
変性
タンパク質の立体構造が変化して凝集して沈殿
多量の塩を加える
＋NaCl
塩析
親水コロイドである球状タンパク質が凝集して沈殿

また，タンパク質の熱による変性（熱変性）の有名な例は，タンパク質のアルブミンを多く含む卵白を加熱すると，変性して固まってしまう目玉焼きだよ。一度変性すると，冷却しても元に戻らないことはみんな知っているね。

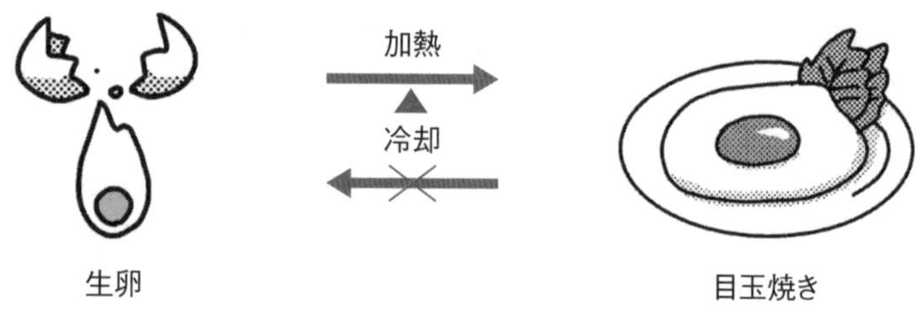
加熱
冷却
生卵
目玉焼き

story 3 酵　素

酵素って，よく聞くけど何ですか？

酵素(こうそ)は有機物質でできた生体内で働く**触媒**(しょくばい)だよ。**活性化エネルギーを下げて反応速度を大きくする**働きは無機物質の触媒（無機触媒）と同じなんだ。でも，無機触媒の場合は温度が上がれば反応速度も上がるけど，**酵素はタンパク質でできているから，高温になると変性してしまい，酵素の働きが失われてしまう**んだ。このため，無機触媒と異なり，酵素には働きが最もよくなる温度，**最適温度**が存在するよ。また，酸や塩基によっても変性してしまうので**最適 pH** も存在するんだ。

Point! 無機触媒と酵素の違い

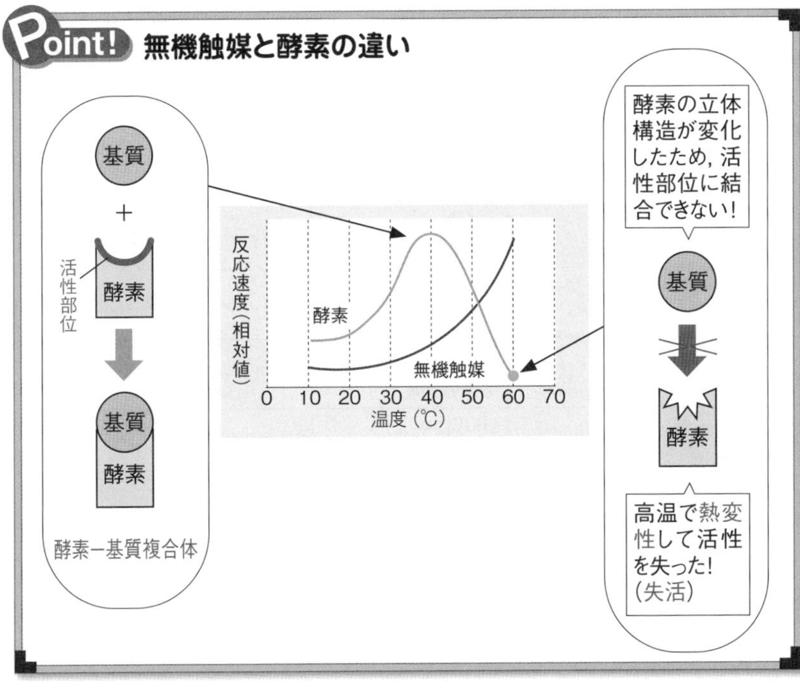
基質
+
活性部位
酵素
基質
酵素
酵素ー基質複合体
反応速度（相対値）
酵素
無機触媒
0 10 20 30 40 50 60 70
温度（℃）
酵素の立体構造が変化したため，活性部位に結合できない！
基質
酵素
高温で熱変性して活性を失った！（失活）

有機化学の基礎
脂肪族炭化水素
酸素を含む有機化合物
芳香族化合物
高分子化合物の基本と天然高分子化合物
合成高分子化合物

酵素はタンパク質で特定の分子構造をした**活性部位**をもち，この部分で決まった立体構造の反応物（基質(きしつ)）と結合して**酵素－基質複合体**を形成し，反応を促進しているんだ。酵素は特定の基質としか反応しないのが特徴で，これを**基質特異性**というよ。また，酵素反応を防げる物質は**酵素阻害剤**とよばれて，薬などに使われているんだ。

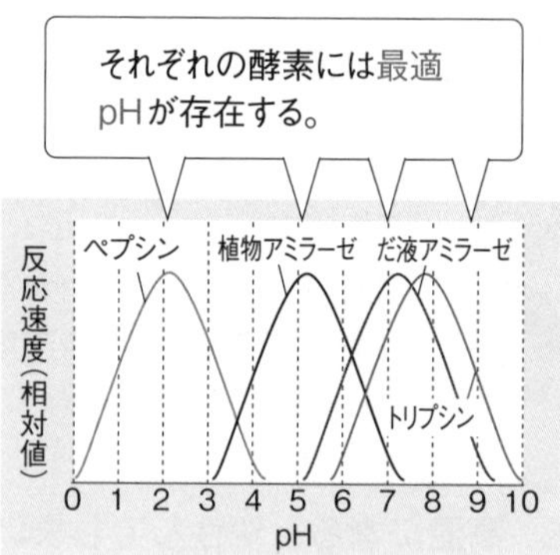

それぞれの酵素には最適pHが存在する。
ペプシン
植物アミラーゼ
だ液アミラーゼ
トリプシン
反応速度（相対値）
0 1 2 3 4 5 6 7 8 9 10
pH

▼ **いろいろな酵素の基質とその働き**

酵　素	基　質		生成物
マルターゼ maltase	マルトース maltose	→	グルコース×2
セロビアーゼ cellobiase	セロビオース cellobiose	→	グルコース×2
ラクターゼ lactase	ラクトース lactose	→	グルコース＋ガラクトース
スクラーゼ（インベルターゼ） sucrase	スクロース sucrose	→	グルコース＋フルクトース
アミラーゼ amylase	アミロース amylose	→	マルトース × n
セルラーゼ cellulase	セルロース cellulose	→	セロビオース × n
カタラーゼ	$2H_2O_2$	→	$2H_2O + O_2$
ペプシン／トリプシン	タンパク質	→	ペプチド
ペプチダーゼ peptidase	ペプチド peptide	→	アミノ酸

確認問題

1 α-アミノ酸の結晶は次の①~③のどれに分類されるか。
① 分子結晶　② 金属結晶　③ イオン結晶

2 グリシンの等電点として最も適当な値を①~⑤から1つ選べ。
①1.1　②3.1　③6.0　④9.8　⑤13.1

3 グルタミン酸の等電点として最も適当な値を①~⑤から1つ選べ。
①1.1　②3.1　③6.0　④9.8　⑤13.1

4 強塩基性にしたα-アミノ酸を電気泳動すると，陽極，陰極のどちらに移動するか。

5 強酸性にしたα-アミノ酸は，陽イオン，陰イオン，両性イオンのどれか。

6 α-アミノ酸どうしの縮合により生じるアミド結合を特に何というか。

7 ジペプチドはアミノ酸が何個縮合したものか。

8 トリペプチドにペプチド結合がいくつあるか。

9 ビウレット反応はアミノ酸何個以上のペプチドで呈色を示すか。

解答

1. ③
2. ③
3. ②
4. 陽極
5. 陽イオン
6. ペプチド結合
7. 2個
8. 2つ
9. 3個

	解答
10 次の①～⑥から球状タンパク質をすべて選べ。 ① コラーゲン　② ケラチン ③ グロブリン　④ アルブミン ⑤ フィブロイン　⑥ グルテリン	③ ④ ⑥
11 加水分解したときに，アミノ酸だけを生じるタンパク質を何というか。	単純タンパク質
12 タンパク質のアミノ酸配列は何次構造か。	一次構造
13 キサントプロテイン反応はタンパク質中の何を検出しているか。	ベンゼン環
14 アルブミンに水酸化ナトリウム NaOH を入れ加熱した後，酢酸鉛（Ⅱ）溶液を入れたら沈殿が生成した。この沈殿の化学式と色を答えよ。	PbS，黒色
15 酵素は加熱により活性を失うが，その原因は何か。	タンパク質の変性
16 過酸化水素を基質として分解する酵素を何というか。	カタラーゼ
17 酵素は特定の基質にしか作用しないが，この性質を何というか。	基質特異性

復習も
忘れずにね

第23章 核　酸

核酸は核にあるから拡散しないよ〜
オレは核酸を隠さんぞ！
ここはダジャレ部？

▶ダジャレが遺伝するかどうか定かではないが，遺伝物質は核酸である。

story 1 核酸の分類

(1) 核酸の分類

核酸ってあまり聞き慣れない感じがしますが，何でしょう？

多分，よく聞く身近な物質だと思うよ。

核酸は生物の細胞の中にある高分子化合物で，英語はNucleic Acidなので，NAと訳されるんだ。核酸には遺伝子の本体である**デオキシリボ核酸 DNA**とタンパク質の合成に関わる**リボ核酸 RNA**があるんだ。どちらも**ヌクレオチド**という構成単位が縮合重合した**ポリヌクレオチド**なんだよ。

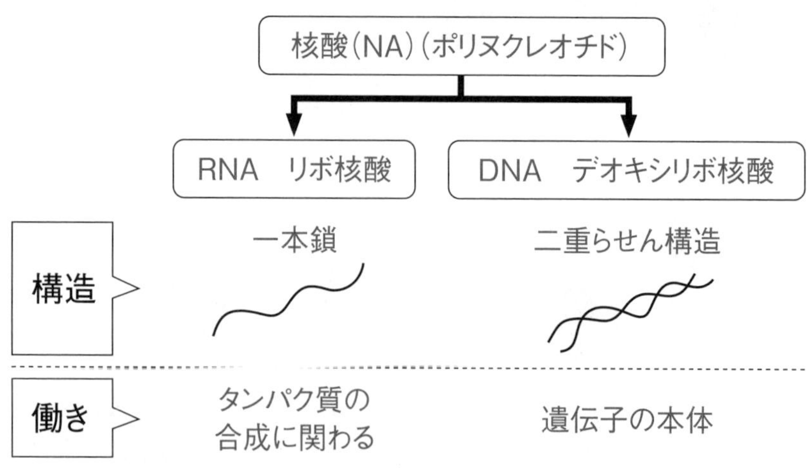
核酸(NA)(ポリヌクレオチド)
RNA　リボ核酸
DNA　デオキシリボ核酸
構造
一本鎖
二重らせん構造
働き
タンパク質の
合成に関わる
遺伝子の本体

▲ **核酸の種類**

story 2 ヌクレオチド

ヌクレオチドってどこかの妖怪の名前としか思えないんですけど…

ヌクレオチド nucleotide ってカタカナで読むと謎だけど，nucleo は " 核の "，tide は " 結ばれた " という意味なので，正に核酸の構成要素を意味しているんだ。ところで，ヌクレオチドはリン酸，糖，塩基で構成されているけど。DNA と RNA では若干違うんだ。例えば，糖は RNA は**リボース**，DNA は**デオキシリボース**だよ。デオキシリボースはリボースの２番目に結合している酸素 **oxygen** をとった構造なので，**デオキシリボース** deoxyriose というんだ。また，塩基はそれぞれ4つあるけど，アデニン（A），グアニン（G），シトシン（C）の３つは共通なんだ。でも，４つ目の塩基は，RNA がウラシル（U）で，DNA はチミン（T）だよ。チミンは別名メチルウラシルなので，メチル基があるのが特徴なんだ。次の表にまとめておいたよ。

RNA	DNA

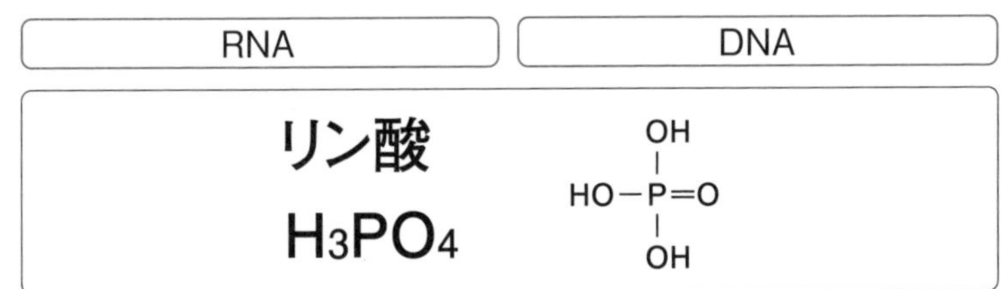

リン酸
H_3PO_4
OH
HO−P=O
OH

糖

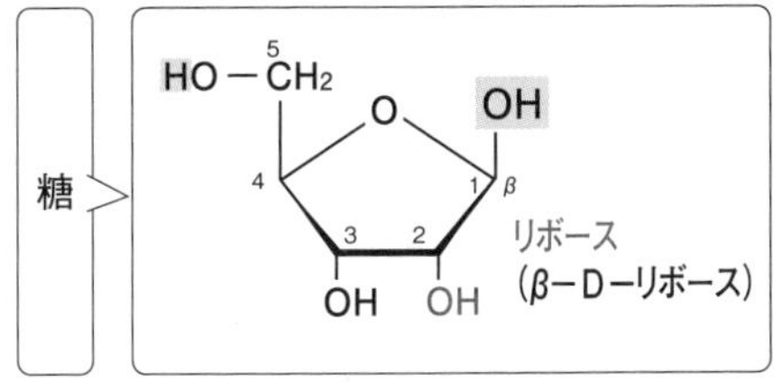

HO−CH2
O
OH
リボース
(β−D−リボース)
OH OH

HO−CH2
O
OH
デオキシリボース
(β−D−2−デオキシリボース)
OH

塩基

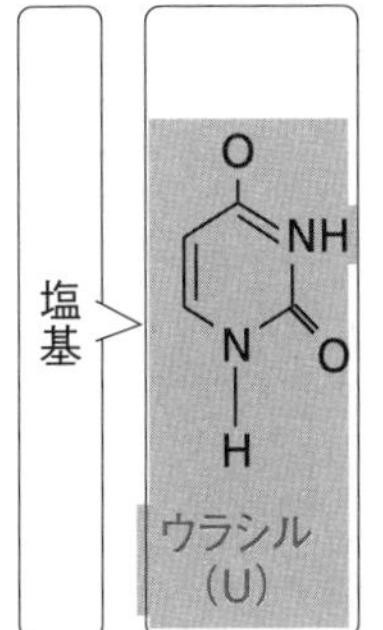

ウラシル
(U)

共通の塩基

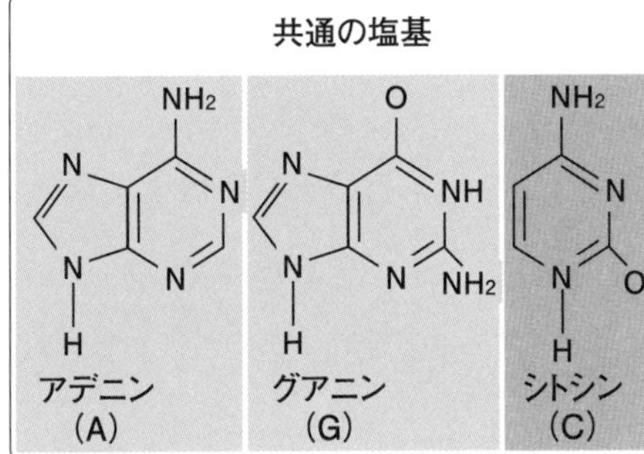

アデニン
(A)
グアニン
(G)
シトシン
(C)

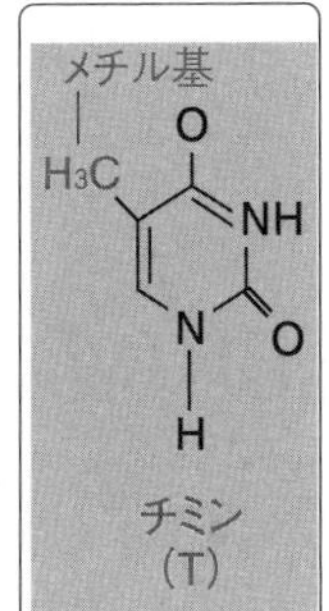

メチル基
H3C
チミン
(T)

▲ **ヌクレオチドの構成要素**

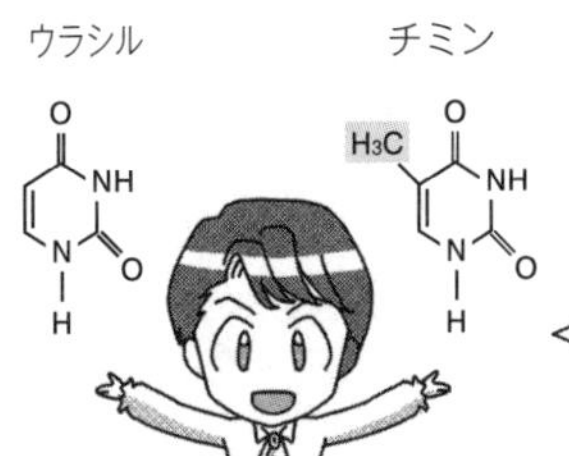

ウラシル
チミン
H3C

ウラシルとチミンの違いは**メチル基**があるかないかなんだ！ チミンの“チ”はメチル基の”チ”だと覚えておけば大丈夫だよ！

このリン酸，糖，塩基が脱水縮合してできるのがヌクレオチドなんだ。さらに，このヌクレオチドが縮合重合してポリヌクレオチドである RNA や DNA が生成するんだ。RNA を例に流れを見せるよ。

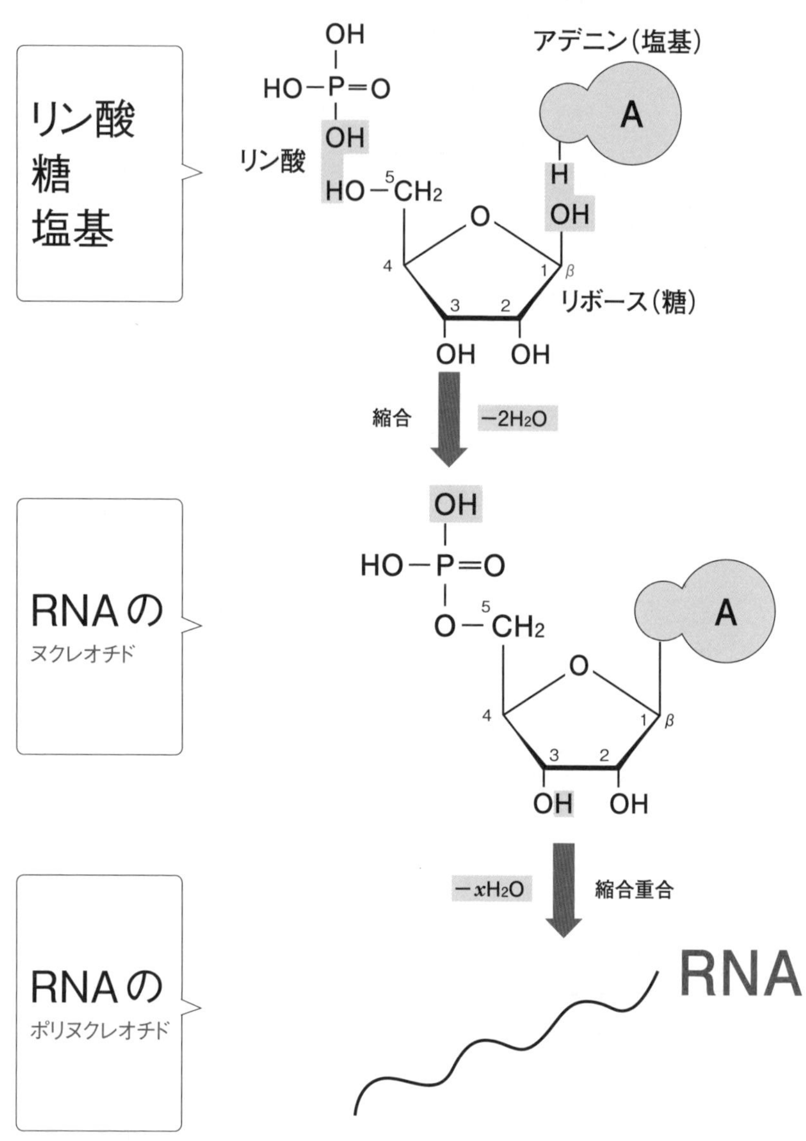

リン酸
糖
塩基
OH
HO－P＝O
OH
リン酸
HO－CH2
5
アデニン(塩基)
A
H
OH
O
4
1
β
3
2
リボース(糖)
OH
OH
縮合
－2H2O
RNAの
ヌクレオチド
OH
HO－P＝O
O－CH2
5
A
O
4
1
β
3
2
OH
OH
－xH2O
縮合重合
RNAの
ポリヌクレオチド
RNA

▲ **RNAの構造**

story 3 核酸の働き

RNAっていったい何やっているんですか？

RNAはズバリ，タンパク質合成に欠かせない重要な物質なんだよ。タンパク質は我々の体を構成するだけでなく，酵素やホルモンなどにもなるんだ。RNAは次の3種類が重要だからまとめておいたよ。

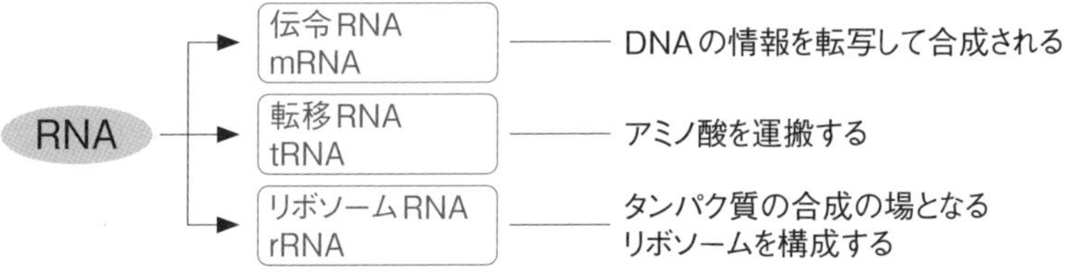
RNA
伝令RNA
mRNA
DNAの情報を転写して合成される
転移RNA
tRNA
アミノ酸を運搬する
リボソームRNA
rRNA
タンパク質の合成の場となる
リボソームを構成する

▲ **RNAの種類**

DNAの遺伝情報って一体何ですか？

DNAがもっている情報とはタンパク質のアミノ酸配列，つまり，順番が書いてある暗号なんだ。細胞内ではヌクレオチドが縮合重合してポリヌクレオチドであるDNAが合成される訳だけど，4種類の塩基の順番がアミノ酸の順番を表しているんだよ。だから，DNAの**塩基配列**＝遺伝情報という訳なんだ。この遺伝情報はあまりに重要なので情報をダブルでもっているよ。DNAの情報は，本来1本の鎖がもつ塩基配列しか使わないんだけど，もう一本の鎖に対になった塩基を配列しているんだ。具体的にはアデニン（A）の相手はチミン（T），グアニン（G）の相手はシトシン（C）と決まっているんだ。このような塩基どうしの関係を**相補的である**というよ。この塩基どうしは**水素結合**により塩基対を形成し，**二重らせん**を保っているという訳だよ。2本鎖になっていることで，一方が損傷を受けても修復が容易なんだよ。DNAって素晴らしく高性能だね。

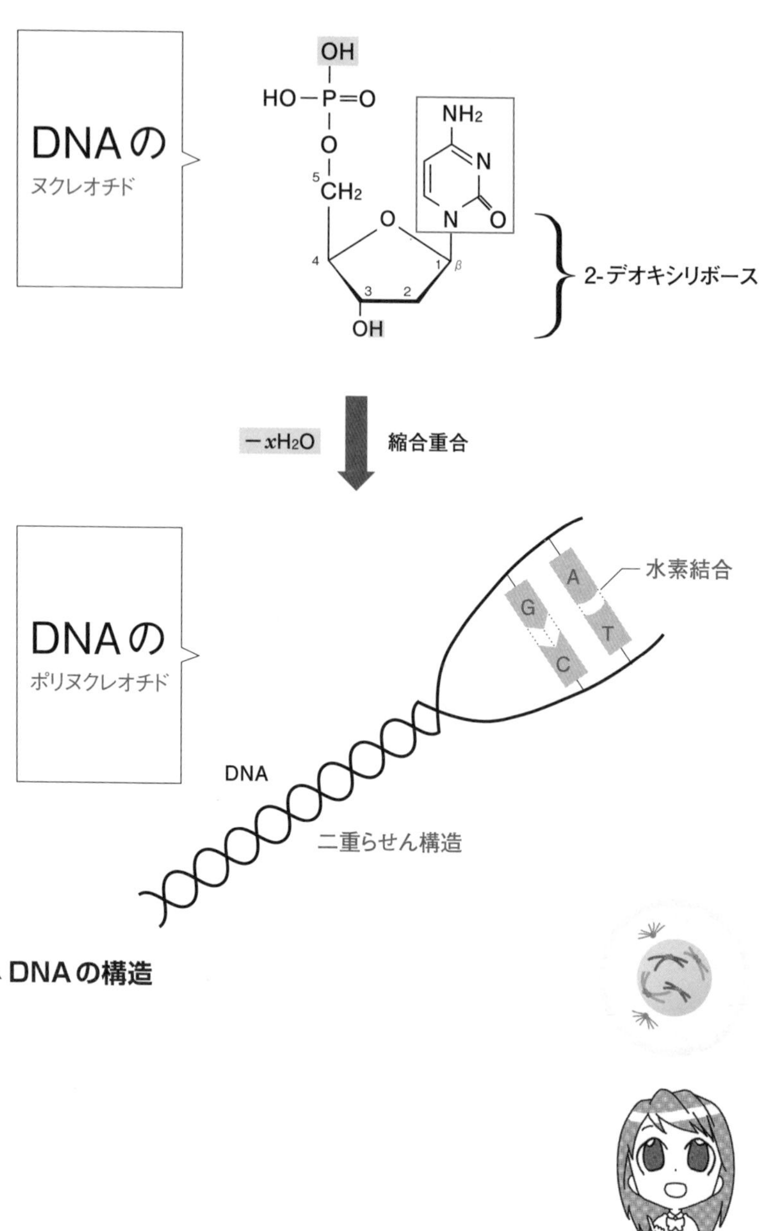
DNAの
ヌクレオチド
OH
HO－P＝O
O
5
CH2
O
4
1
β
3
2
OH
NH2
N
N
O
2-デオキシリボース
－xH2O
縮合重合
DNAの
ポリヌクレオチド
水素結合
A
G
T
C
DNA
二重らせん構造

▲ DNAの構造

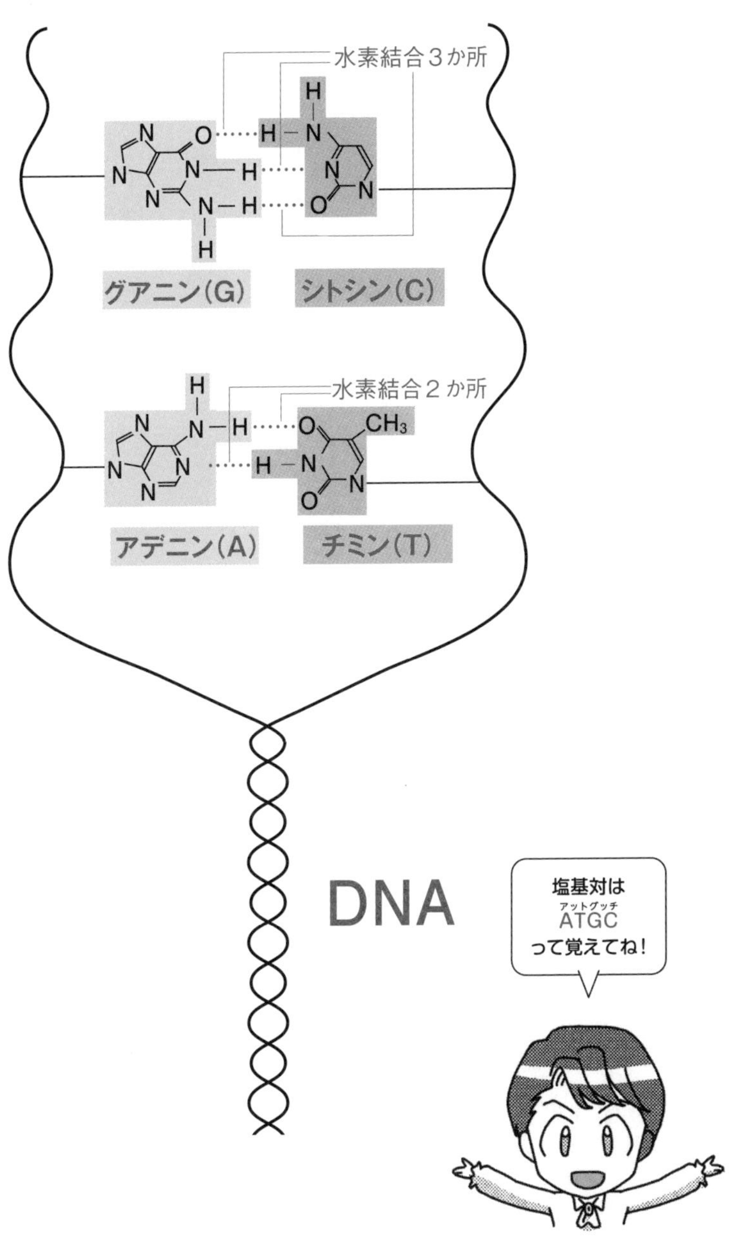
水素結合３か所
グアニン(G)
シトシン(C)
水素結合２か所
アデニン(A)
チミン(T)
DNA
塩基対は
アットグッチ
ATGC
って覚えてね！

有機化学の基礎
脂肪族炭化水素
酸素を含む有機化合物
芳香族化合物
高分子化合物の基本と天然高分子化合物
合成高分子化合物

確認問題

1 次の塩基はそれぞれ何か。

(1)

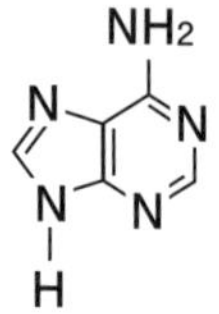

(2)

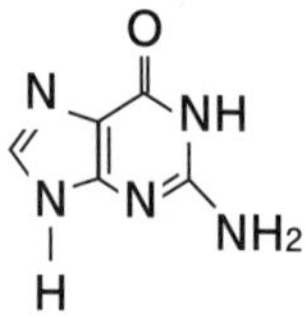

(3)

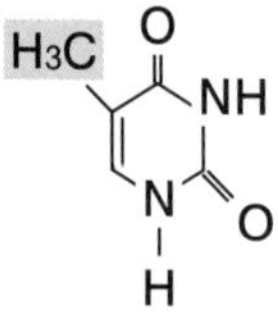

(4)

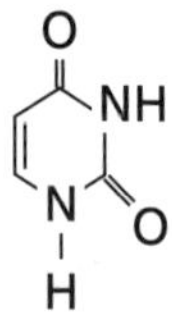

(5)

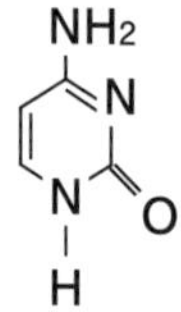

解答

(1) アデニン
(2) グアニン
(3) チミン
(4) ウラシル
(5) シトシン

2 DNA が二重らせん構造をとるときにアデニンと水素結合する塩基は何か。

チミン

3 DNA が二重らせん構造をとるときにグアニンと水素結合する塩基は何か。

シトシン

4 DNA が二重らせん構造をとるときに塩基どうしが水素結合しているが，3か所で水素結合する塩基は何と何か。

グアニンとシトシン

5 次の①～⑥からRNAを構成する糖の構造を選べ。

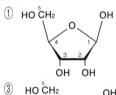

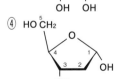

解答 ①

①
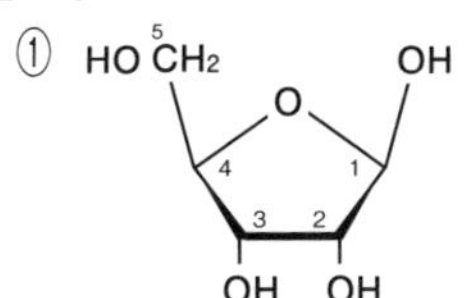

HO CH2
5
O
OH
4
1
3
2
OH
OH

② HO CH2 (5) O 4 1 3 2 OH OH OH

③ HO CH2 (5) O OH 4 1 3 2 OH

④ HO CH2 (5) O 4 1 3 2 OH OH

⑤ HO CH2 (5) O OH 4 1 3 2 OH

⑥ HO CH2 (5) O 4 1 3 2 OH OH

6 RNAにあって，DNAにない塩基は何か。

ウラシル

7 RNAのヌクレオチドを構成する糖の名称を答えよ。

リボース

8 DNAのヌクレオチドを構成する糖の名称を答えよ。

デオキシリボース

9 タンパク質合成に直接関与する核酸はDNA，RNAのどちらか。

RNA

10 分子量が大きい塩基はグアニンとシトシンのどちらか。

グアニン

11 DNAの塩基配列はタンパク質の何次構造についての情報を表すか。

一次構造

Ⅵ

合成高分子化合物

第24章 合成繊維

傘
ポリエステル製
リボン
ポリエステル製
セーター
ポリアクリロニトリル製
バッグ
ナイロン製
ストッキング
ポリエステル製
靴ひも
ビニロン製

▶現代人は天然繊維だけでなく合成繊維も多量に使用している。

story 1 合成繊維の分類

繊維ってウールとコットン以外にどんなものがあるんですか?

確かにこんなにテクノロジーが進歩しても，人類は大量に天然繊維を使用していて，ウールとコットン（綿(めん)）はその中でも最も有名な天然繊維だね。

でも，よく見てみると洋服の素材には合成繊維もたくさん使われていて，天然繊維と混合したものも多いんだ。

代表的な合成繊維を分類してみると次のようになるよ。

合成繊維	**アクリル繊維**，**ビニロン**など（**付加重合で合成**） **ポリエステル**（**縮合重合で合成**） **ポリアミド ＝ ナイロン**（**縮合重合，開環重合で合成**）

story 2 ポリエステル系繊維とポリアミド系繊維

(1) ポリエステル系繊維

私のトレーナーの素材はポリエステルって書いてあったけど何ですか?

それは**ポリエステル系繊維**で，名前の通りエステル結合 －COO－がたくさんある繊維だよ。一番代表的なものはペットボトルの原料となる**ポリエチレンテレフタラート**(PET) という物質なんだ。反応は**テレフタル酸とエチレングリコールから，水 H_2O が取れて縮合して重合するから**縮合重合というんだ。

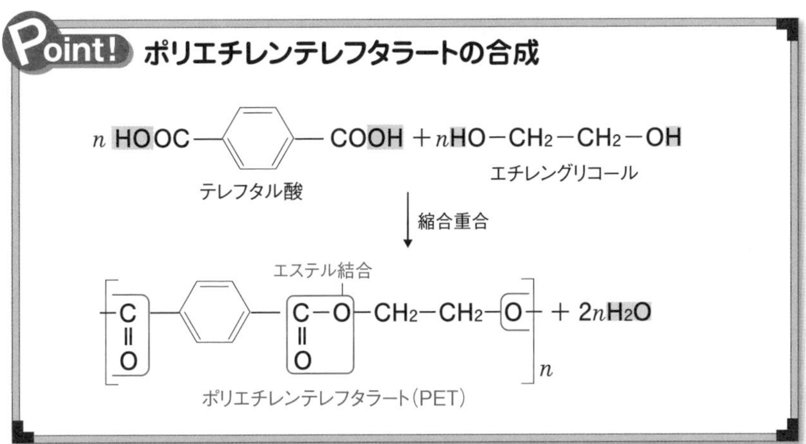
Point!
ポリエチレンテレフタラートの合成
n HOOC— —COOH ＋ nHO－CH2－CH2－OH
テレフタル酸
エチレングリコール
縮合重合
エステル結合
C＝O — — C－O－CH2－CH2－O ＋ 2nH2O
n
ポリエチレンテレフタラート(PET)

ポリエステル繊維は吸湿性はほとんどないけど，断熱性に優れ，水をはじくから傘などにも利用されているんだ。学生服にもよく使用されているんだよ。君の学校にもし制服があるなら上着の素材を見てみるといいよ。

本当だ！ 制服の上着にもポリエステルって書いてあった！ これはポリエチレンテレフタラートだ！

テレフタル酸 terephthalic acid のエステルだからテレフタラート terephthalate っていうんだよ！

(2) ポリアミド系繊維

バッグの素材のナイロンってどんな構造ですか?

ナイロンはアミド結合 −NH−CO− がたくさんある高分子で，**ポリアミド系繊維**とよばれているんだ。具体的には，**縮合重合で合成するナイロン66** と**開環重合で合成するナイロン6** の2つが重要だよ。

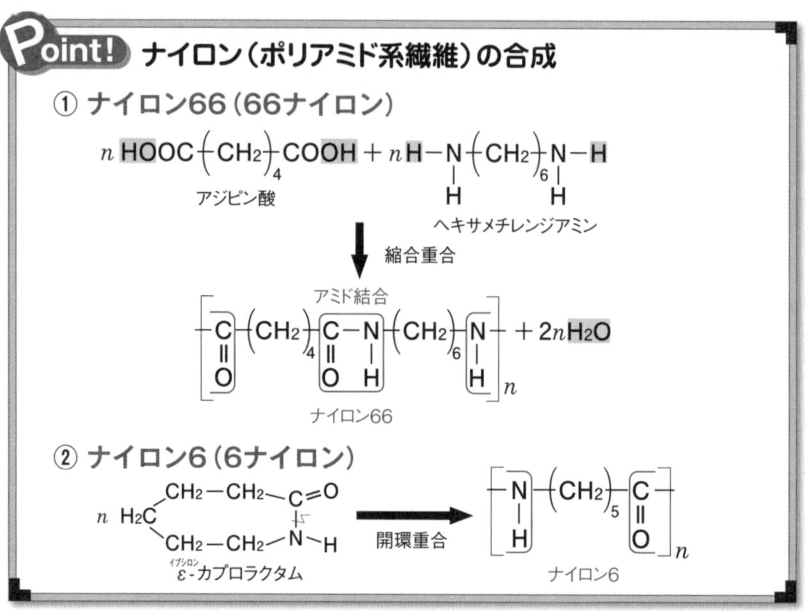

Point! ナイロン（ポリアミド系繊維）の合成
① ナイロン66（66ナイロン）
n HOOC−(CH₂)₄−COOH + n H−N(H)−(CH₂)₆−N(H)−H
アジピン酸
ヘキサメチレンジアミン
縮合重合
アミド結合
[−C(=O)−(CH₂)₄−C(=O)−N(H)−(CH₂)₆−N(H)−]$_n$ + 2nH₂O
ナイロン66
② ナイロン6（6ナイロン）
n H₂C(CH₂−CH₂−C=O)(CH₂−CH₂−N−H)
ε-カプロラクタム
イプシロン
開環重合
[−N(H)−(CH₂)₅−C(=O)−]$_n$
ナイロン6

ポリアミドは分子間で水素結合するから，化学的に非常に丈夫な繊維なんだ。身のまわりのものだと，丈夫さを利用してナイロンのリュックやバッグが有名だよ。

本当だ！
ナイロン製だ！
確かに丈夫そう！
ナイロンは分子間で水素結合しているから，丈夫なんだよ！
水素結合
H
—C—N—
O
H
—N—C—
O

(3) アラミド繊維

ケブラーって凄い繊維らしいんですけど知っていますか？

もちろん。ケブラーはアメリカ，デュポン社の商品名で，**アラミド繊維**の一種だよ。アラミド繊維とは**ベンゼン環をもつ芳香族ポリアミド**のことなんだ。代表的なものにはポリ-p-フェニレンテレフタルアミドがあるんだけど，構造はナイロン66に似ているので覚えておいてね。

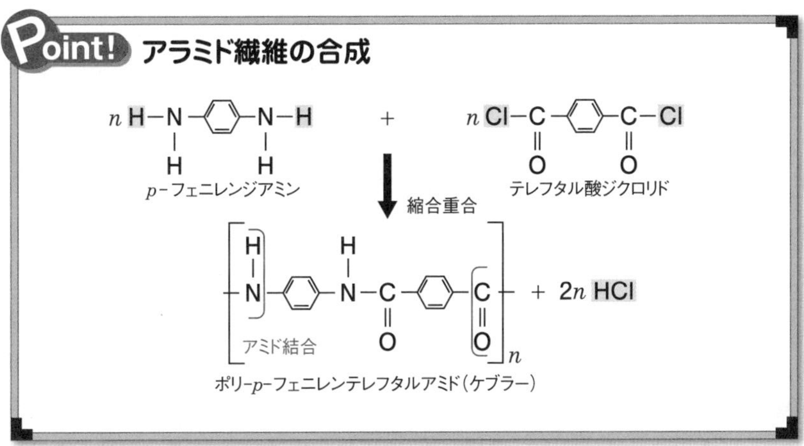

Point!
アラミド繊維の合成
p-フェニレンジアミン
テレフタル酸ジクロリド
縮合重合
+ 2n HCl
アミド結合
ポリ-p-フェニレンテレフタルアミド（ケブラー）

このアラミド繊維は，平面上に分子が並び，分子間力で密にくっついていて，ミルフィーユみたいになるんだ。防弾チョッキや防火服などにも使われる強靭な繊維として有名だよ。

分子間力
防火服は大切！

story 3 付加重合で合成される繊維

(1) アクリル繊維

アクリル繊維ってよく聞きますが，何に使われているの?

アクリル繊維というのは，一般に**ポリアクリロニトリル**を主成分とする繊維を指すよ。この繊維は軽くて丈夫で断熱性に優れているから，セーターや毛布など，羊毛の代わりに使われることが多いんだよ。

ちなみに，空気を遮断してポリアクリロニトリルを熱処理をすると**炭素繊維**（カーボンファイバー）がつくられるんだ。炭素繊維は軽くて丈夫なので，車体や航空機の材料に使用されているよ。

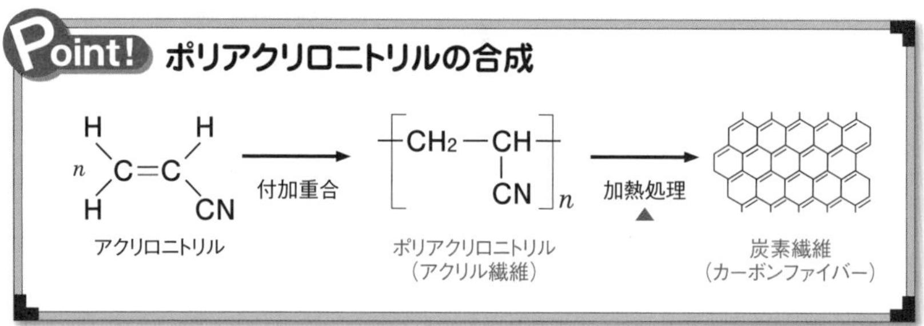

Point!
ポリアクリロニトリルの合成
H H
n C=C
H CN
付加重合
CH2 — CH
CN n
加熱処理
アクリロニトリル
ポリアクリロニトリル
(アクリル繊維)
炭素繊維
(カーボンファイバー)

私の毛布もアクリル繊維! あったかくて気持ちいいよ! ヒツジさん，さようなら!

炭素繊維は軽くて丈夫だから，レース用の車にも使われている!

(2) ビニロン

付加重合してできる繊維で重要なものに，**ビニロン**があるよ。天然繊維の綿（めん）（コットン）は，**水 H_2O 分子と水素結合するヒドロキシ基をたくさんもっているから**，**吸湿性が高い**んだが，これと似ている構造の繊維がポリビニルアルコールなんだ。

ただ，ポリビニルアルコールは吸湿性が高すぎて，水を吸収して溶けてしまう水溶性の繊維なんだ。この繊維でＴシャツをつくったら，汗をかくと溶けてしまうね。これでは困るので，ホルムアルデヒドと**アセタール化**という処理をして，ヒドロキシ基の数を減らしたものがビニロンなんだ。日本で開発された繊維で，入試でもよく出されるからきちんと合成経路を覚えてね！

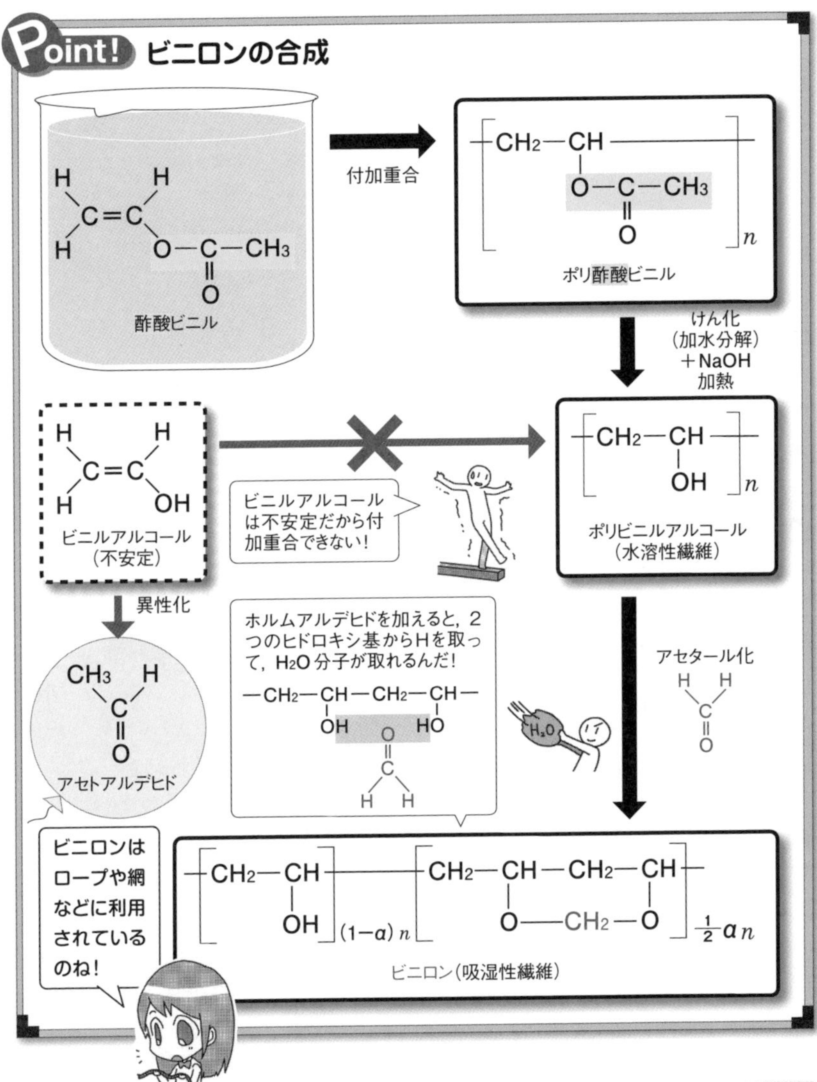

Point! ビニロンの合成
H H C=C H O−C−CH3 ‖ O
酢酸ビニル
付加重合
−CH2−CH− | O−C−CH3 ‖ O n
ポリ酢酸ビニル
けん化
（加水分解）
＋NaOH
加熱
H H C=C H OH
ビニルアルコール
（不安定）
ビニルアルコールは不安定だから付加重合できない！
−CH2−CH− | OH n
ポリビニルアルコール
（水溶性繊維）
異性化
CH3 H C ‖ O
アセトアルデヒド
ホルムアルデヒドを加えると，2つのヒドロキシ基からHを取って，H2O分子が取れるんだ！
−CH2−CH−CH2−CH− | OH HO | O ‖ C H H
H2O
アセタール化
H H C ‖ O
ビニロンはロープや網などに利用されているのね！
−CH2−CH− | OH (1−a)n −CH2−CH−CH2−CH− | O−CH2−O | ½an
ビニロン（吸湿性繊維）

確認問題

解答

1 次の①～④の合成繊維から縮合重合で生成されるものを選べ。
① ポリアクリロニトリル
② ナイロン66
③ ポリエチレンテレフタラート
④ ナイロン6

解答：② ③

2 次の①～④からボトルに使用されているPETと同じ化学構造をもつ繊維を選べ。
① ポリエチレンテレフタラート
② ナイロン6
③ ポリメタクリル酸メチル
④ ビニロン

解答：①

3 炭素繊維の原料になる繊維を次の①～④から選べ。
① ビニロン　② ナイロン66
③ ポリアクリロニトリル　④ ポリエチレン

解答：③

4 ポリエチレンテレフタラートに含まれる結合の名称を答えよ。

解答：エステル結合

5 ポリエチレンテレフタラートの2つの原料を答えよ。

解答：テレフタル酸，エチレングリコール

6 ナイロンに含まれる結合の名称を答えよ。

解答：アミド結合

7 ナイロン6は化合物Aの開環重合で合成される。化合物Aの構造式を書け。

解答：
$$
H_2C\begin{cases} CH_2-CH_2-C=O \\ \qquad\qquad\qquad\ | \\ CH_2-CH_2-N-H \end{cases}
$$

8　ナイロン66の原料はアジピン酸と化合物Bである。化合物Bの名称を答えよ。

解答

ヘキサメチレンジアミン

9　ナイロンの分子間に存在し，ナイロンを丈夫な繊維にしている結合の名称を答えよ。

水素結合

10　ポリビニルアルコールは化合物Cを水酸化ナトリウム **NaOH** でけん化すると得られる。化合物Cの名称を答えよ。

ポリ酢酸ビニル

11　ポリビニルアルコールに化合物Dを入れるとビニロンが生成する。化合物Dの構造式を書け。

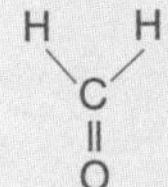
H　H
C
O

12　ポリビニルアルコールに化合物Dを入れるとビニロンが生成する。この反応を何というか。

アセタール化
（ホルマリン処理）

13　ポリビニルアルコールに多く含まれる吸湿性の官能基の名称を答えよ。

ヒドロキシ基

14　ビニルアルコールを付加重合してポリビニルアルコールを合成できるか。

できない

ポリエチレンテレフタラートは吸水性がなくてよかった!

第25章 合成樹脂

タンブラー
ポリメタクリル酸メチル
箸
ポリスチレン
フライパンの取っ手
フェノール樹脂
お皿
メラミン樹脂
弁当箱
ポリプロピレン
フライパンのコーティング
ポリテトラフルオロエチレン

▶ 合成樹脂は日用品に非常に多く使われている。

story 1 熱可塑性樹脂

熱可塑性樹脂って，熱に弱いから性能が悪いんですか?

熱可塑性樹脂（ねつかそせいじゅし）とは**熱を加えると軟らかくなる樹脂**のことだね。もし，熱で軟らかくならなかったら，いろいろな形に成形するのが大変でしょ。だから，性能が悪いどころか**加工性に優れている**というすばらしい特徴があるんだ。

そもそも耐熱性が必要な物は限られているだろう。文房具などが高温にさらされることは普通ないよね。

うおおおおお

あら，うちの子は燃えているから，消しゴムも机もイスも耐熱材料でないと駄目ね!

確かに……これは違う気がする。耐熱性が必要な物は意外に少なそう。

熱可塑性樹脂には，付加重合で合成されるものと，縮合重合で合成されるものに分かれるんだ。有名なものは次の通りだよ。

▼熱可塑性樹脂

樹脂名	略号	単量体	単量体（構造）	重合様式	重合体
ポリエチレン	PE	エテン（エチレン）	$CH_2=CH_2$	付加重合	$[CH_2-CH_2]_n$
ポリプロピレン	PP	プロペン（プロピレン）	$CH_2=CH(CH_3)$	付加重合	$[CH_2-CH(CH_3)]_n$
ポリ塩化ビニル	PVC	塩化ビニル	$CH_2=CHCl$	付加重合	$[CH_2-CHCl]_n$
ポリスチレン	PS	スチレン	$CH_2=CH(C_6H_5)$	付加重合	$[CH_2-CH(C_6H_5)]_n$
ポリメタクリル酸メチル	PMMA	メタクリル酸メチル	$CH_2=C(CH_3)-C(=O)-O-CH_3$	付加重合	$[CH_2-C(CH_3)(C(=O)-O-CH_3)]_n$
ポリ酢酸ビニル	PVAc	酢酸ビニル	$CH_2=CH-O-C(=O)-CH_3$	付加重合	$[CH_2-CH(O-C(=O)-CH_3)]_n$
ポリテトラフルオロエチレン	PTFE	テトラフルオロエチレン	$CF_2=CF_2$	付加重合	$[CF_2-CF_2]_n$
ポリエチレンテレフタラート	PET	テレフタル酸 エチレングリコール	$HOOC-C_6H_4-COOH$ $HO-CH_2-CH_2-OH$	縮合重合	$[C(=O)-C_6H_4-C(=O)-O-(CH_2)_2-O]_n$
ナイロン66	PA66	アジピン酸 ヘキサメチレンジアミン	$HOOC-(CH_2)_4-COOH$ $H-NH-(CH_2)_6-NH-H$	縮合重合	$[C(=O)-(CH_2)_4-C(=O)-NH-(CH_2)_6-NH]_n$
ポリカーボネート	PC	ホスゲン ビスフェノールA	$Cl-C(=O)-Cl$ $HO-C_6H_4-C(CH_3)_2-C_6H_4-OH$	縮合重合	$[O-C_6H_4-C(CH_3)_2-C_6H_4-O-C(=O)]_n$

story 2 熱硬化性樹脂

熱硬化性樹脂の構造は熱可塑性樹脂とどこがちがうんですか?

熱可塑性樹脂は直鎖状構造で，一次元状（線状）の分子が分子間力で固まっているんだ。ところが，**熱硬化性樹脂**は直鎖状ではなくて，**架橋結合**による分岐のための**立体網目状構造**になっているのが特徴だよ。

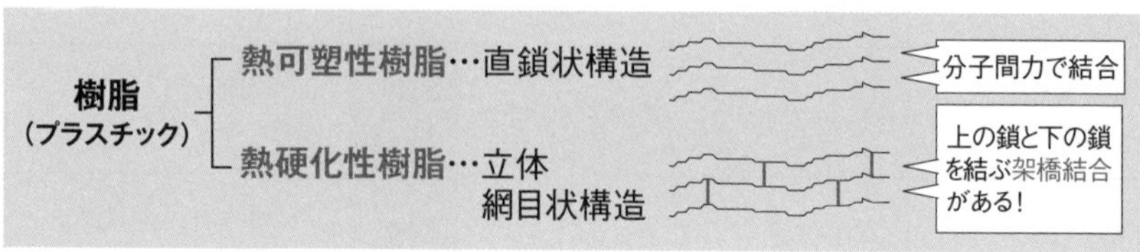
樹脂
（プラスチック）
熱可塑性樹脂…直鎖状構造
熱硬化性樹脂…立体網目状構造
分子間力で結合
上の鎖と下の鎖を結ぶ架橋結合がある!

(1) フェノール樹脂

熱硬化性樹脂の代表選手は，何といっても**フェノール樹脂**だよ。

まず，フェノールにホルムアルデヒドを作用させて，ホルムアルデヒドにフェノールを付加するよ。

フェノール ＋ ホルムアルデヒド（H–C(=O)–H） —付加→ $C_6H_4(OH)CH_2OH$ …①

この後，フェノールのオルト位かパラ位の水素と縮合が起きるんだ。

$C_6H_4(OH)CH_2$–OH ＋ H–C_6H_4OH —縮合（$-H_2O$）→ HOC_6H_4–CH_2–C_6H_4OH …②

この付加と縮合の操作を結果的に見ると，ホルムアルデヒドとフェノールから水が取れている反応だということがわかるね。

OH　H　C(H)(H)=O　H　OH　→（付加）→（縮合）　OH–CH₂–OH　+ H_2O

この**付加**と**縮合**が何度もくり返されてフェノール樹脂が合成されるんだ。この重合様式を**付加縮合**とよぶ。

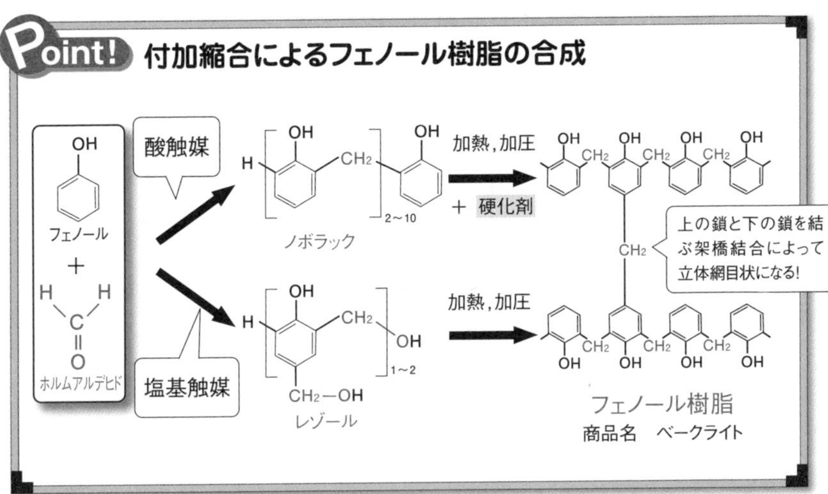

Point!
付加縮合によるフェノール樹脂の合成
OH
フェノール
+
H H C O
ホルムアルデヒド
酸触媒
塩基触媒
OH CH2 OH
H
2〜10
ノボラック
OH CH2
H
OH
1〜2
CH2—OH
レゾール
加熱，加圧
+ 硬化剤
加熱，加圧
OH CH2 OH CH2 OH CH2 OH
CH2
上の鎖と下の鎖を結ぶ架橋結合によって立体網目状になる!
CH2 CH2 CH2
OH OH OH OH
フェノール樹脂
商品名　ベークライト

レオ・ベークランド
1909年に特許を取得，
ベークライト社を設立し，
ベークライトを販売することで億万長者に。

フェノール樹脂はアメリカのベークランドが発見したことから「ベークライト」という商品名で売られたんだ。耐熱性に優れているから，やかんの取っ手に使われたりしているよ!

有機化学の基礎
脂肪族炭化水素
酸素を含む有機化合物
芳香族化合物
高分子化合物の基本と天然高分子化合物
合成高分子化合物

(2) アミノ樹脂

フェノール樹脂の他にも有名な熱硬化性樹脂があるんだ。フェノール樹脂と同様にホルムアルデヒドを使って，フェノールのかわりにアミノ基をもつ化合物を使うんだ。

このように，**ホルムアルデヒドとアミノ基をもつ化合物の付加縮合で生成する樹脂をアミノ樹脂という**よ。**尿素樹脂**（**ユリア樹脂**）と**メラミン樹脂**が有名だよ。

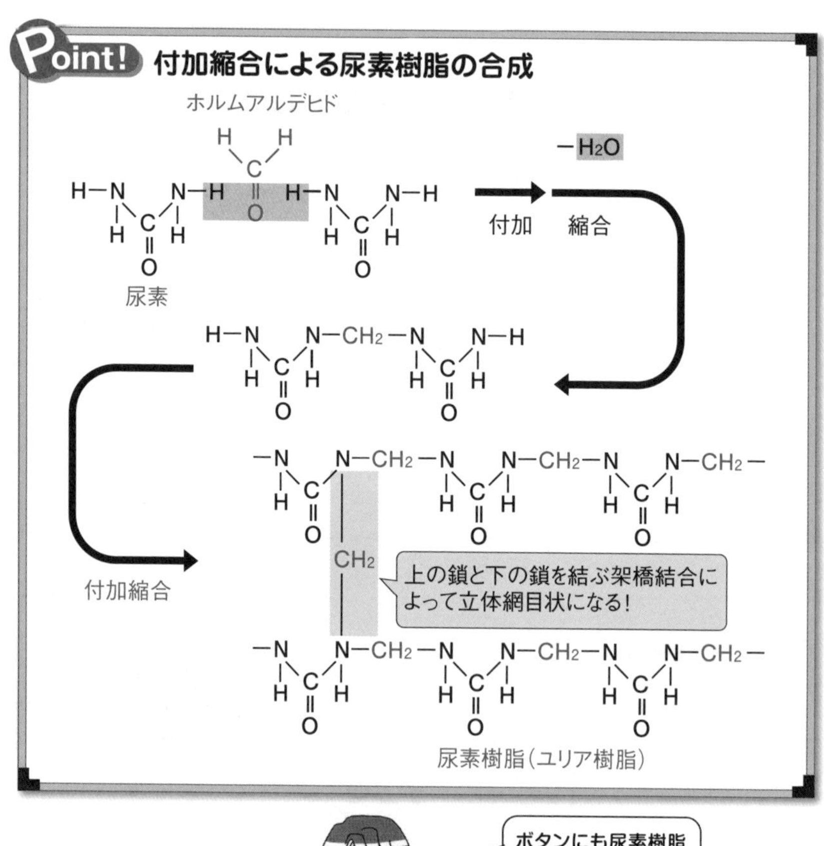
Point!
付加縮合による尿素樹脂の合成
ホルムアルデヒド
−H2O
付加
縮合
尿素
付加縮合
上の鎖と下の鎖を結ぶ架橋結合によって立体網目状になる!
尿素樹脂(ユリア樹脂)

ボタンにも尿素樹脂が使われているよ!

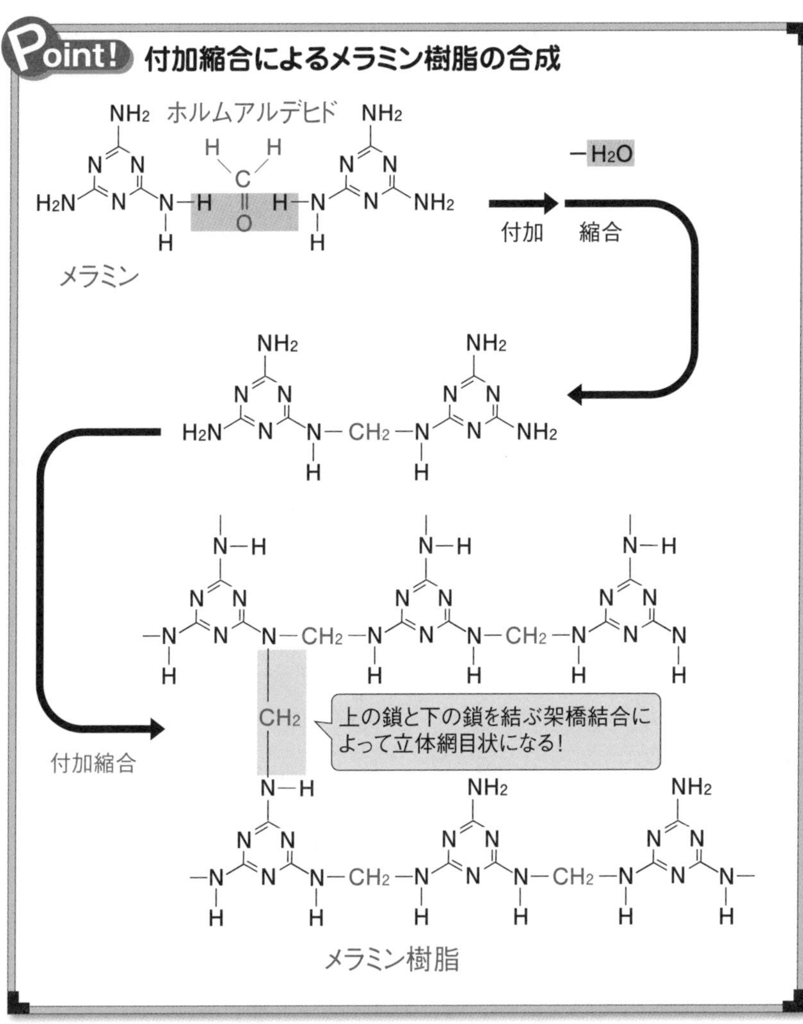
Point! 付加縮合によるメラミン樹脂の合成
ホルムアルデヒド
メラミン
−H2O
付加
縮合
付加縮合
上の鎖と下の鎖を結ぶ架橋結合によって立体網目状になる!
メラミン樹脂

(3) アルキド樹脂（ポリエステル系樹脂）

熱硬化性樹脂の中には，エステル結合をたくさんもっている，いわゆるポリエステルもあるんだ。このようなポリエステルの樹脂を一般に**アルキド樹脂**というよ。その代表が，**グリプタル樹脂**で無水フタル酸と1,2,3 -プロパントリオール（グリセリン，グリセロール）の縮合重合で合成されるんだ。

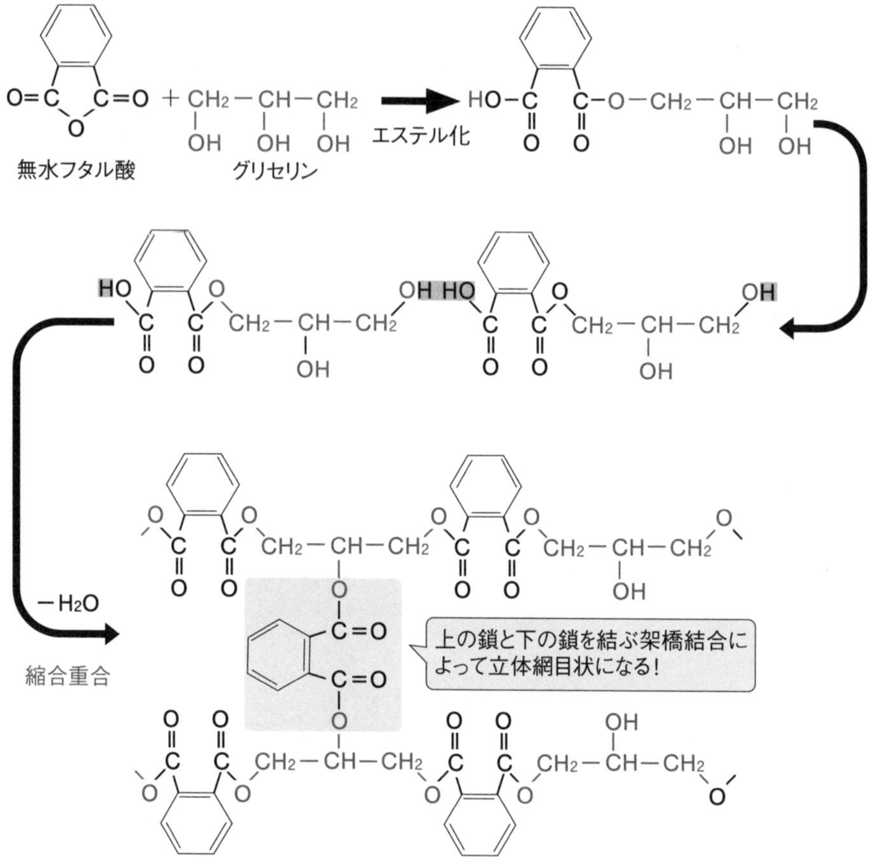

無水フタル酸 ＋ グリセリン → エステル化

$-H_2O$

縮合重合

上の鎖と下の鎖を結ぶ架橋結合によって立体網目状になる！

▲ 縮合重合によるグリプタル樹脂の合成

(4) シリコーン樹脂

せんせい，電子レンジに入れられるシリコーン樹脂の容器が家にあるんですけど，あれも熱硬化性樹脂ですか？

そうなんだよ。シリコーン樹脂はケイ素 Si と酸素 O の結合が繰り返されている**シロキサン結合 −Si−O−Si−O−** を含む高分子で今までの樹脂と異なるタイプのものなんだ。基本をわかりやすく教えるね。

まず基礎知識として CH_4 はメタンだけど，SiH_4 はシランというんだ。似た名前でしょ。シランの H を Cl とメチル基に置き換えたジクロロジメチルシラン $Si(CH_3)_2Cl_2$ が主原料なんだよ。この物質が水と反応すると加水分解によってジメチルシランジオール $SiCl_2(OH)_2$ が生成するけど，この Si に結合するヒドロキシ基（Si−OH　シラノール基）は非常に縮合しやすいんだ。$SiCl_2(OH)_2$ が縮合重合したものがシリコーン樹脂の主骨格となるよ。

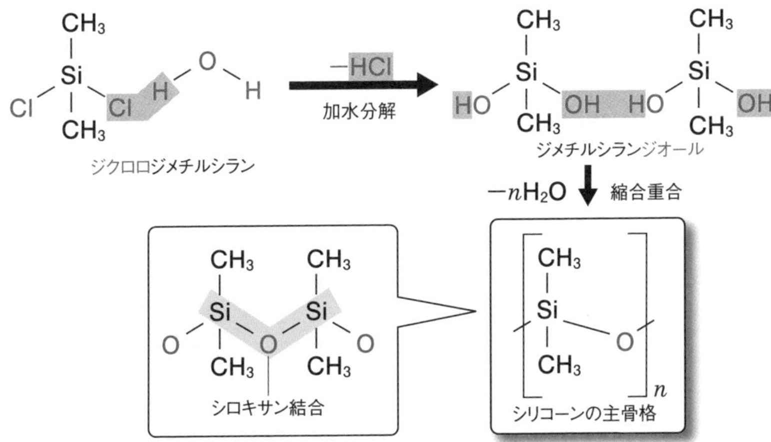

CH_3
Si
Cl
Cl
H
O
H
CH_3
ジクロロジメチルシラン
−HCl
加水分解
HO
OH
ジメチルシランジオール
$-nH_2O$
縮合重合
シロキサン結合
シリコーンの主骨格
n

▲ **シリコーンの主骨格**

でも，この構造では立体網目状にならないから，原料にトリクロロメチルシラン $Si(CH_3)_3Cl$ を加えたら架橋構造ができて，電子レンジに入れても大丈夫な立体網目状の熱硬化性樹脂が生成するというわけなんだ。

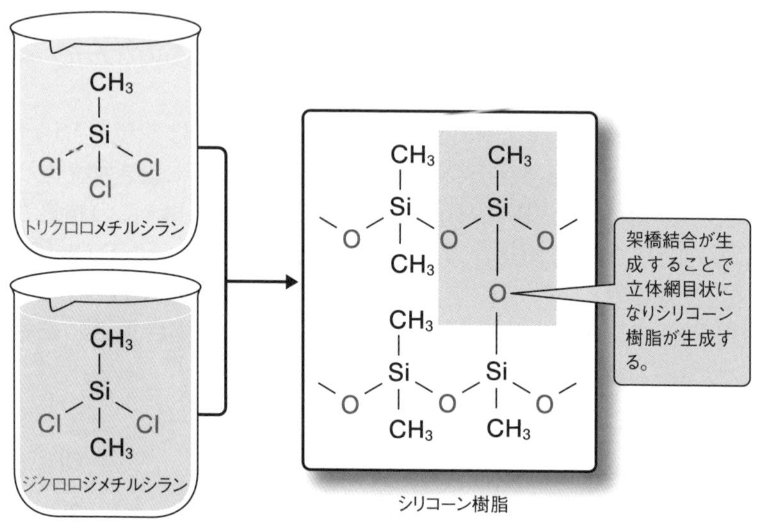

トリクロロメチルシラン
ジクロロジメチルシラン
架橋結合が生成することで立体網目状になりシリコーン樹脂が生成する。
シリコーン樹脂

▲ **シリコーン樹脂の構造**

シリコーン樹脂って熱硬化性なんだ!! すっご〜〜い!!

story 3 機能性高分子化合物

(1) イオン交換樹脂

イオン交換樹脂は熱可塑性樹脂，それとも熱硬化性樹脂ですか?

それはいい質問だね。イオン交換樹脂は，**イオン交換した際に中和熱が発生して非常に高温になるから熱硬化性樹脂の方が良いんだ**。また，イオン交換した際に水を吸収して樹脂が膨張する現象を**膨潤**（ぼうじゅん）というんだけど，膨潤によって樹脂が破壊されてしまうから，**立体網目状構造**でなくてはならないんだ。

よって，**スチレンに *p*-ジビニルベンゼンを数パーセント程度混ぜて共重合させた，立体網目状構造の共重合体**が土台となっているんだ。共重合体のベンゼン環にスルホ基（$-SO_3H$）をつけたら，H^+ が交換できる**陽イオン交換樹脂**，トリメチルアンモニウム基 $-\overset{CH_3}{\underset{CH_3}{N^+}}-CH_3$ をつけたら，陰イオンが交換できる，**陰イオン交換樹脂**ができるんだ。それぞれのイオン交換樹脂に NaCl を入れてイオン交換した状態まで表してみると次の通りだよ。

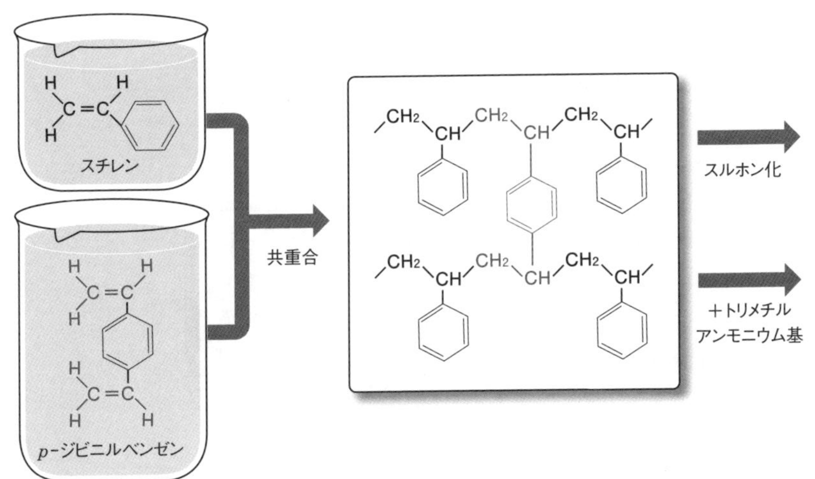
H
H
C=C
H
スチレン
H
H
C=C
H
H
C=C
H
H
p-ジビニルベンゼン
共重合
CH2
CH
CH2
CH
CH2
CH
CH2
CH
CH2
CH
CH2
CH
スルホン化
＋トリメチル
アンモニウム基

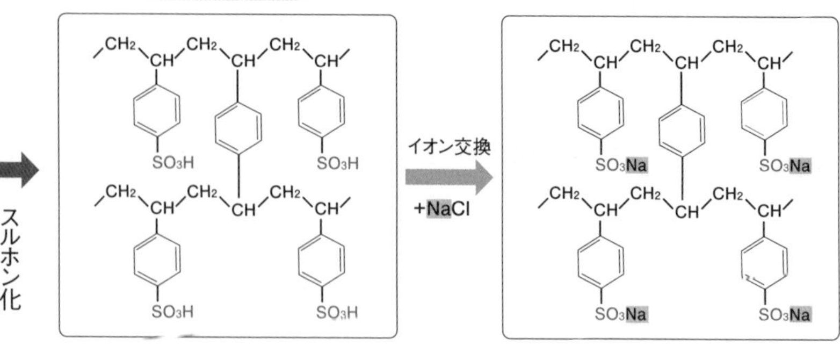
陽イオン交換樹脂
スルホン化
イオン交換
+NaCl
SO3H
SO3Na

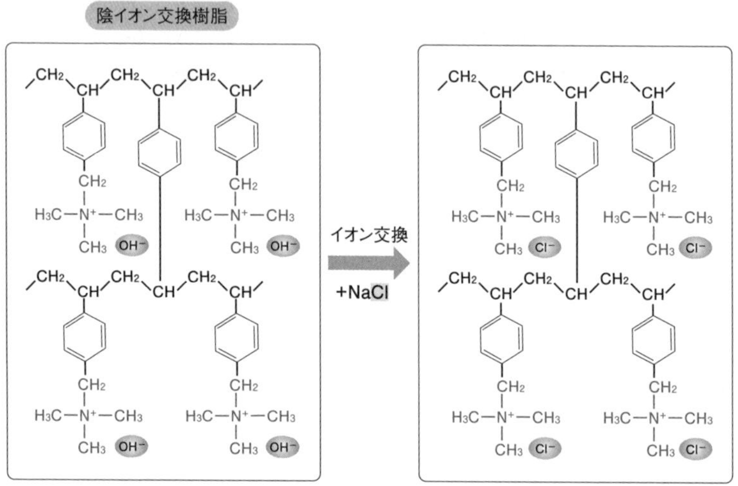
陰イオン交換樹脂
トリメチルアンモニウム基を加える
イオン交換
+NaCl
OH⁻
Cl⁻

▲イオン交換樹脂

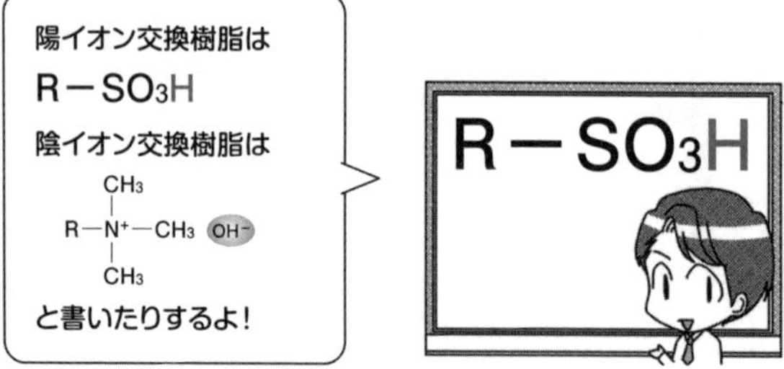
陽イオン交換樹脂は
R－SO3H
陰イオン交換樹脂は
R—N⁺(CH3)3 OH⁻
と書いたりするよ！
R－SO3H

(2) 高吸水性樹脂

イオン交換樹脂が膨潤する現象を逆手にとって，大量の水を吸わせるために開発された樹脂もあるんだ。現在，紙オムツなどに大量に利用されている**高吸水性樹脂**だ。この樹脂はポリアクリル酸ナトリウムでできていて，水を入れたら，Na^+の水和による**浸透圧**の差で，水が大量に入ってきて，かつ$-COO^-$どうしの反発で膨潤するんだ。

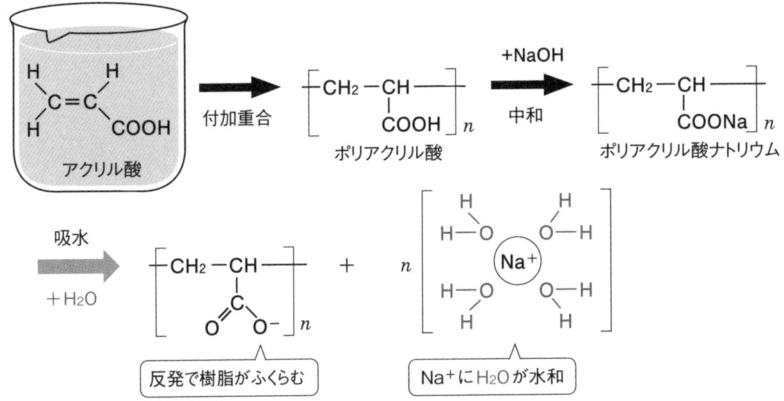

アクリル酸
付加重合
ポリアクリル酸
+NaOH
中和
ポリアクリル酸ナトリウム
吸水
＋H2O
反発で樹脂がふくらむ
Na+にH2Oが水和

▲ **高吸水性樹脂**

(3) 生分解性プラスチック

生分解性のプラスチックで一番有名なのは**ポリ乳酸**だ。ポリ乳酸は脱水反応により，**乳酸の環状二量体を生成してから開環重合で合成される**から覚えておこう。生分解性プラスチックは土の中に埋めると分解されるだけでなく，体の中でも自然に分解される優れものの樹脂なんだ。

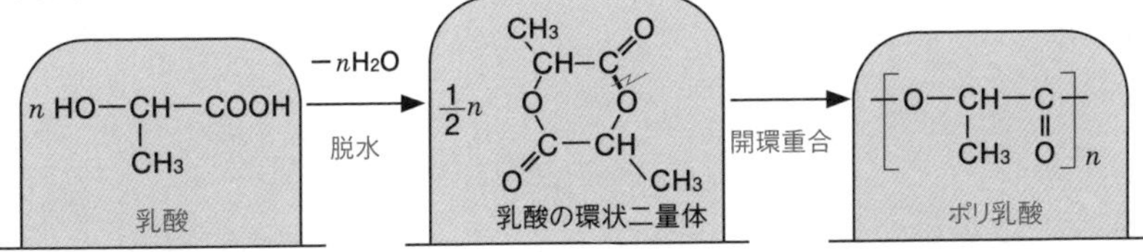

−nH2O
脱水
乳酸
乳酸の環状二量体
開環重合
ポリ乳酸

▲ **ポリ乳酸**

確認問題

1 次の①～⑥から熱可塑性樹脂をすべて選べ。

① ポリ酢酸ビニル
② フェノール樹脂
③ ポリエチレンテレフタラート
④ ポリエチレン
⑤ ナイロン66
⑥ グリプタル樹脂

解答 ① ③ ④ ⑤

2 ポリメタクリル酸メチルの構造式を書け。

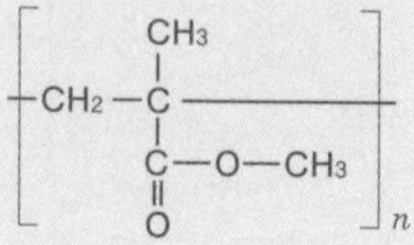

解答

$$\left[CH_2 - \overset{\displaystyle CH_3}{\underset{\displaystyle \underset{\displaystyle O}{\overset{\|}{C}} - O - CH_3}{\overset{|}{\underset{|}{C}}}} \right]_n$$

3 次の①～④から付加縮合で生成する樹脂をすべて選べ。

① フェノール樹脂　② ナイロン66
③ メラミン樹脂　④ ポリスチレン

解答 ① ③

4 尿素樹脂の2つの原料の構造式を書け。

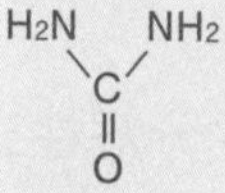

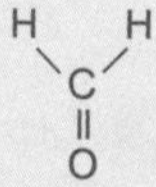

解答

$$\underset{\displaystyle O}{\overset{H_2N\quad NH_2}{\underset{\|}{C}}} \qquad \underset{\displaystyle O}{\overset{H\quad H}{\underset{\|}{C}}}$$

5 次の化合物の名称を答えよ。

(1) NH_2, N, N, H_2N, N, NH_2（環状構造）

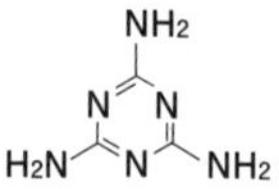

(2) O=C, C=O, O（ベンゼン環に縮合した環状構造）

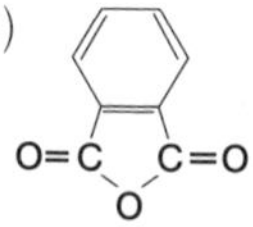

(3) H, H, C=C, H, H, C=C, H, H（ベンゼン環に2つのビニル基が結合した構造）

解答
(1) メラミン
(2) 無水フタル酸
(3) p-ジビニルベンゼン

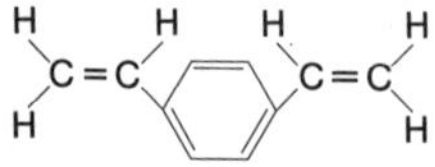

6 アミノ樹脂の名称を2つあげよ。

解答 尿素樹脂，メラミン樹脂

7 フェノール樹脂の合成で，硬化剤が不要で加熱，加圧だけで重合が進行するのはノボラックか，レゾールか。

8 熱硬化性のアルキド樹脂の名称を1つあげよ。

9 イオン交換樹脂の原料で，スチレンともう1つ架橋結合をつくる上で必要な物質の名称は何か。

10 次の①～⑤から高吸水性樹脂を1つ選べ。

① 尿素樹脂　② ポリ酢酸ビニル
③ PET　④ ポリアクリル酸ナトリウム
⑤ ポリメタクリル酸メチル

11 ポリ乳酸の構造式として正しいものを，次の①～⑥から1つ選べ。

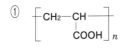

① $\left[CH_2-CH(COOH) \right]_n$

② 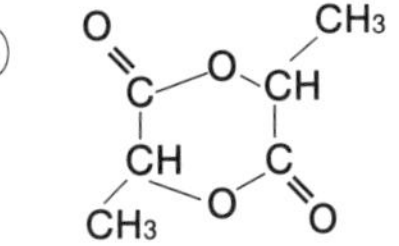
O
CH3
C
O
CH
CH
C
CH3
O
O

③ $H\left[C_6H_3(OH) \right]_n CH_2-OH$

④ $\left[CH_2-CH(C_6H_5) \right]_n$

⑤ $\left[N(H)-C(=O)-N(H)-CH_2 \right]_n$

⑥ $\left[O-CH(CH_3)-C(=O) \right]_n$

12 $R-SO_3H$ で表されるイオン交換樹脂は陽イオン交換樹脂か，陰イオン交換樹脂か。

解答

7 レゾール

8 グリプタル樹脂

9 *p*-ジビニルベンゼン

10 ④

11 ⑥

12 陽イオン交換樹脂

第26章 ゴム

髪留めのゴム
加硫度 小
靴底のゴム
加硫度 中
ボウリングのボール
加硫度 大

▶ 天然ゴムは加硫の度合いによって硬さを調節している。

story 1 合成ゴム

合成ゴムはどうやってつくるんですか?

合成ゴムは基本的に**付加重合**で合成されているんだ。一番基本となるのが**1,3-ブタジエンの付加重合**で，まずはこの構造について考えてみよう。1,3-ブタジエンは構造式で見ると炭素間の結合は単結合１つと二重結合２つで形成されているように見えるけど，実はそうではないんだ。二重結合は「第７章　アルケン(エチレン系炭化水素)」(▶ P.78) の章で説明したとおり，σ（シグマ）結合とπ（パイ）結合で構成されているんだったね。しかし，**実際のπ結合は２位と３位の炭素の間にも分布している**から，見てみよう。

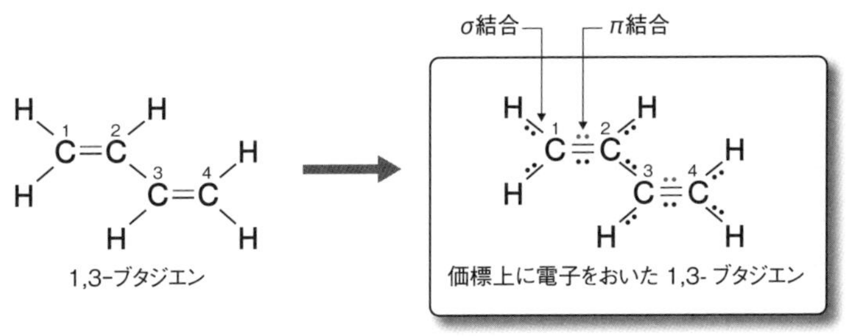
σ結合
π結合
1,3-ブタジエン
価標上に電子をおいた 1,3- ブタジエン

① 構造式から見た考えられる構造

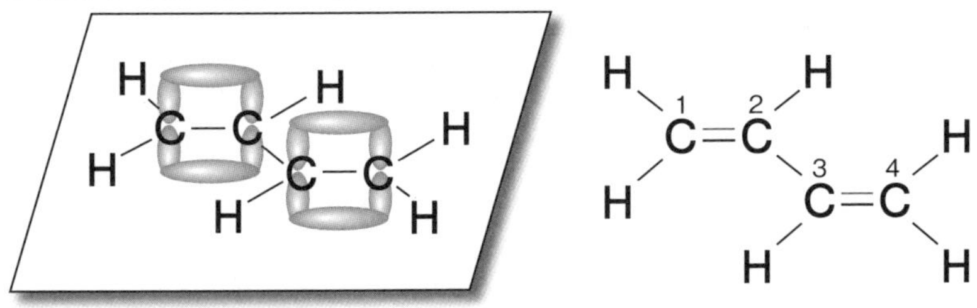

② 実際の構造

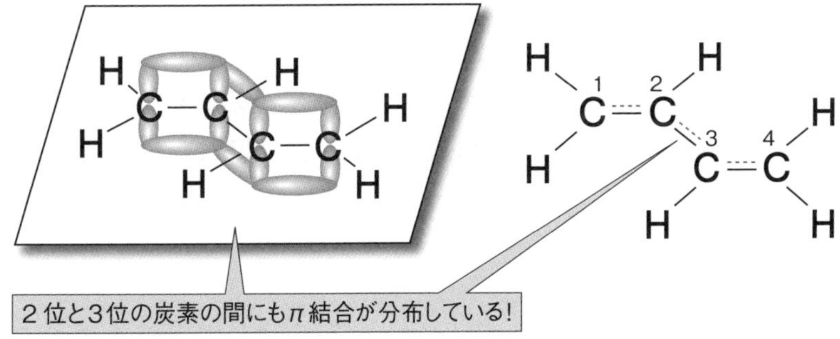
2 位と3位の炭素の間にもπ結合が分布している!

▲ 1,3-ブタジエンの構造

よって，炭素間の結合は全体が**単結合と二重結合の間みたいな結合になっている**んだ。この1,3-ブタジエンの付加反応は非常におもしろくて，同じ物質量の臭素を作用させて付加反応すると，1位と2位の炭素に臭素が付加する1,2-付加体だけではなく，1位と4位の炭素に臭素が付加する1,4-付加体も生成するんだ。

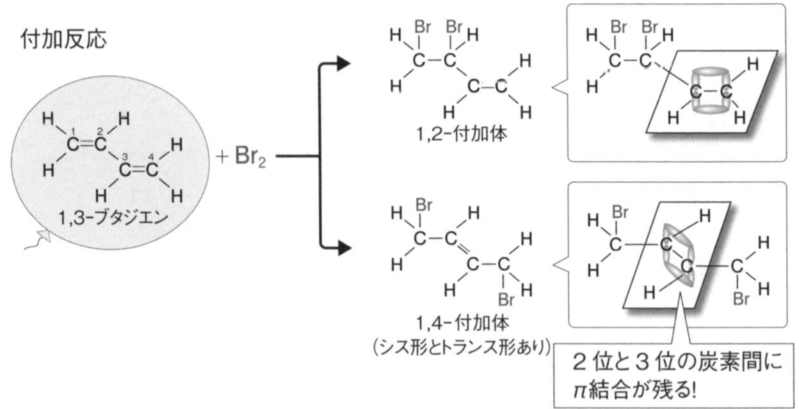

付加反応
1,3-ブタジエン
$+Br_2$
1,2-付加体
1,4-付加体
(シス形とトランス形あり)
2位と3位の炭素間に
π結合が残る!

▲ **1,3-ブタジエンの付加反応**

だから，1,3-ブタジエンの付加重合もこれと同じで，1,2-付加の重合体と1,4-付加の重合体ができるんだけど，常温では1,4-付加の重合体が生成しやすく，1,2-付加体の重合体はほとんどできないんだ。

ゴムは付加重合
してできるんだ!

$$CH_2=CH-CH=CH_2 \ (\text{1,3-ブタジエン}) \xrightarrow{\text{付加重合}} \left[CH_2-CH(-CH=CH_2) \right]_m$$

1,2-付加の重合体（ほとんどできない）

$$\xrightarrow{\text{付加重合}} \left[CH_2-CH=CH-CH_2 \right]_n \ (\text{トランス形}) \quad \left[CH_2-CH=CH-CH_2 \right]_k \ (\text{シス形（弾性力大）})$$

1,4-付加の重合体

▲ 1,3-ブタジエンの付加重合

こうして生成した**1,4-付加の重合体をメインとする重合体がブタジエンゴムなんだ**。シス形のほうが弾性力が大きいから，実際には触媒を使ってシス形が多くなるようにつくっているんだ。重合反応の表記も一般的に1,2-付加の重合体を書かずに，主生成物の1,4-付加の重合体だけを書いて表すよ。

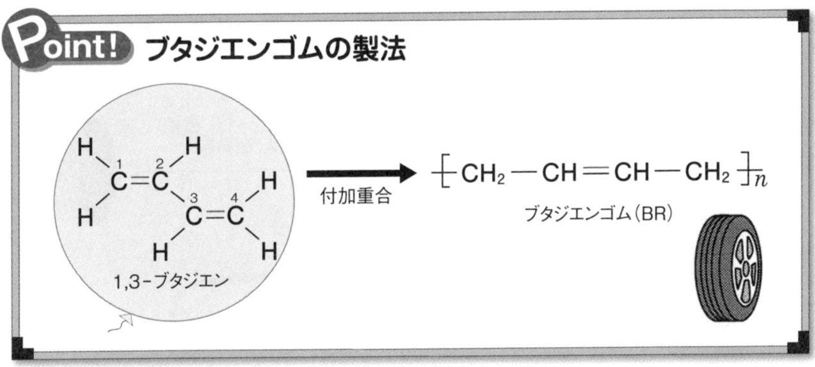

Point!
ブタジエンゴムの製法
1,3-ブタジエン
付加重合
$\left[CH_2-CH=CH-CH_2 \right]_n$
ブタジエンゴム（BR）

このような方法で，次のページのような合成ゴムがつくられているよ。また，ブタジエンとスチレンやアクリロニトリルなどの共重合体の合成ゴムも非常に有名だから覚えよう。

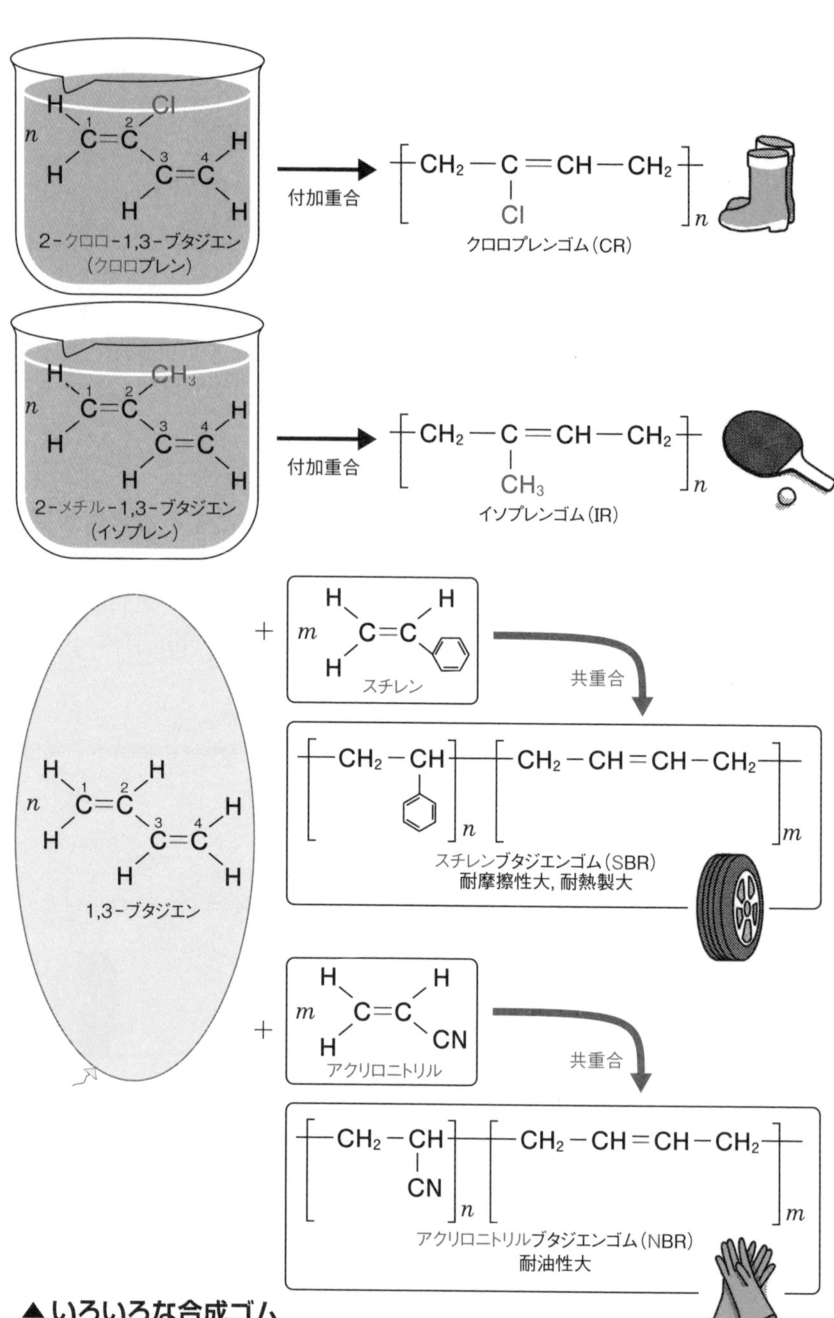
2-クロロ-1,3-ブタジエン
（クロロプレン）
付加重合
クロロプレンゴム（CR）
2-メチル-1,3-ブタジエン
（イソプレン）
付加重合
イソプレンゴム（IR）
1,3-ブタジエン
スチレン
共重合
スチレンブタジエンゴム（SBR）
耐摩擦性大，耐熱製大
アクリロニトリル
共重合
アクリロニトリルブタジエンゴム（NBR）
耐油性大

▲いろいろな合成ゴム

キッチン用のゴム手袋にはいろいろなゴムが使われているけど，アクリロニトリルブタジエンゴムは，耐油性に優れているから最適だね！

story 2 天然ゴム

天然ゴムの主成分は何ですか?

ゴムの木に傷をつけると白い樹液が出てくるんだけど，これを**ラテックス** latex というんだ。ラテックスに酸を加えると凝固（凝析）して白い塊ができるんだが，これが**生ゴム**だよ。生ゴムの主成分はポリイソプレンで，驚いたことに**弾性力の大きな立体異性体のシス形**なんだ。ラテックスから作られるゴムを**天然ゴム**というよ。

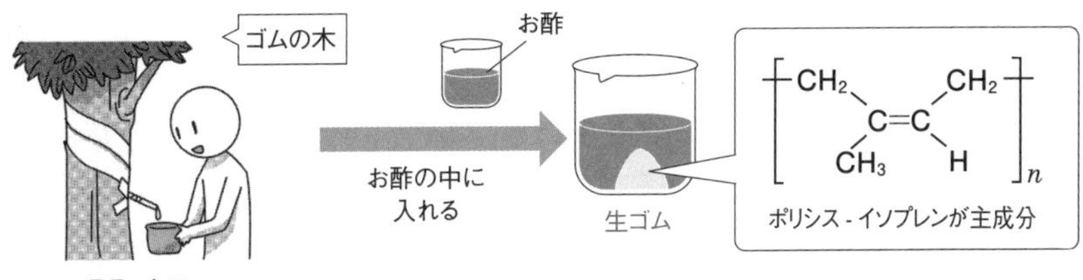
ゴムの木
お酢
お酢の中に入れる
生ゴム
ラテックス
CH_2 $C=C$ CH_2 CH_3 H n
ポリシス - イソプレンが主成分

じゃあ，生ゴムをそのまま輪ゴムにしているの?

さすがに，そんな単純じゃないんだ。生ゴムはシス形のポリイソプレンだから直鎖状構造で，分子間は弱いファンデルワールス力で結合しているよね。だから，強い力を加えると，形が元に戻らなくなってしまうんだ。実際のゴムは形が元に戻るように，**生ゴムに硫黄を加えて加熱する**んだよ。そうすると**架橋結合**（**架橋構造**）ができて，弾性力が増すんだ。この硫黄を加えて加熱する行程を**加硫**というよ。

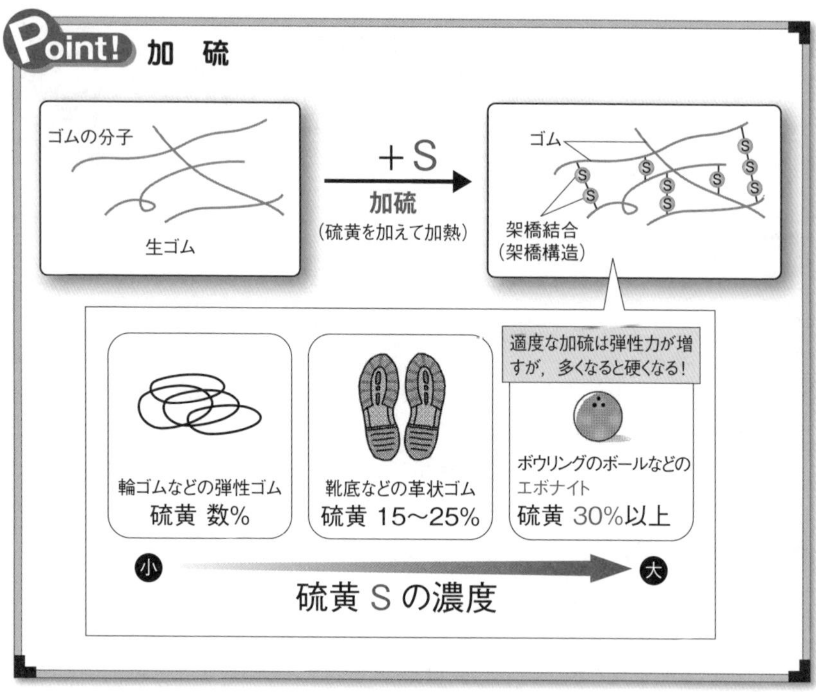
Point! 加　硫
ゴムの分子
生ゴム
＋S
加硫
（硫黄を加えて加熱）
ゴム
S
架橋結合
（架橋構造）
適度な加硫は弾性力が増すが，多くなると硬くなる！
輪ゴムなどの弾性ゴム
硫黄 数%
靴底などの革状ゴム
硫黄 15～25%
ボウリングのボールなどの
エボナイト
硫黄 30%以上
小
大
硫黄 S の濃度

加硫によって弾性力が増すんだけど，硫黄を大量に入れると硬くなるんだ。架橋結合によって硬く丈夫になったゴムは靴底などに用いられているよ。

また加硫をしまくって（**30%**以上），プラスチックのように硬くなったゴムを**エボナイト**というんだ。**エボナイト**はボウリングのボールなどに使われているよ。また，**合成ゴムも加硫を行って製品にしている**からこれも覚えておいてね。

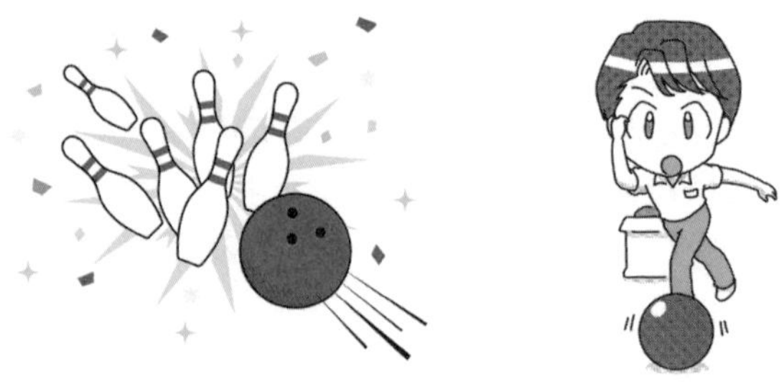

story 3 耐熱性の高いゴム

哺乳瓶の先についているゴムって，普通のゴムと違う感じがするんですけど?

哺乳瓶の先も確かにゴムだね。天然ゴムや合成されたイソプレンゴムなども色々なものが使われているけど，君が見たのはシリコーンゴムかもしれないね。ゴム臭がなく耐熱性に優れているから人気だよ。シリコーン樹脂の構造は「25 章　合成樹脂」の story 2 (P.350) で説明した下図のような構造なんだ。

```
  CH3      CH3     ┌ CH3   ┐
  |        |       │ |     │
 /Si\  O  /Si\  O  │/Si\  O│
  |        |       │ |     │
  CH3      CH3     └ CH3   ┘n
```

天然ゴムと同じように，これに架橋構造を作ってシリコーンゴムが完成するんだ。過酸化物などを利用する方法があるよ。

```
  CH3     CH3                        CH3     CH3
  |       |                          |       |
 /Si\  O /Si\  O                    /Si\  O /Si\  O
  |       |                          |       |
  CH3     CH3                        CH3     CH2
                    過酸化物                   |
                  ─────────→   架橋構造        |
                    酸化        ができた。     |
                    −2H                        |
  CH3     CH3                        CH3     CH2
  |       |                          |       |
 /Si\  O /Si\  O                    /Si\  O /Si\  O
  |       |                          |       |
  CH3     CH3                        CH3     CH3
```

また，耐熱性，耐油性に優れるゴムとしてフッ素ゴムがあるよ。フッ素ゴムはフッ化ビニリデンとヘキサフルオロプロペンの共重合でできるよ。

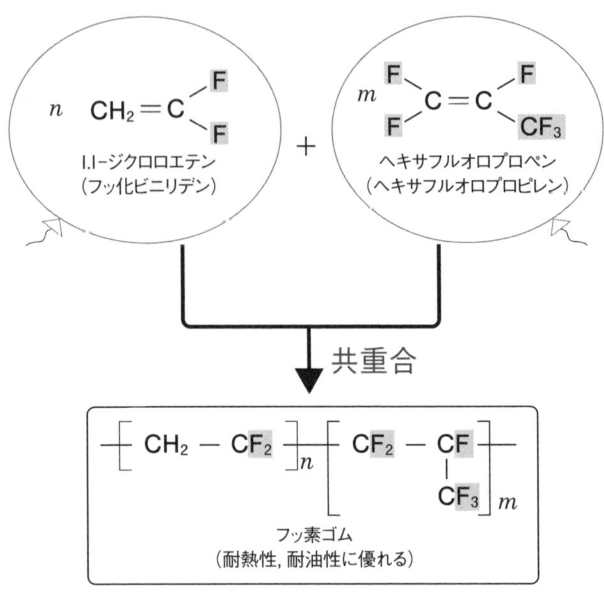

n CH2=CF2
1,1−ジクロロエテン
（フッ化ビニリデン）
+
m CF2=CF−CF3
ヘキサフルオロプロペン
（ヘキサフルオロプロピレン）
共重合
[CH2 − CF2]n [CF2 − CF(CF3)]m
フッ素ゴム
（耐熱性，耐油性に優れる）

フッ素ゴムは耐久性に優れていることから、パッキンなどに広く利用されているんだ！
F

確認問題

1 次のゴムの名称を答えよ。

(1) $\left[CH_2-\underset{\underset{Cl}{|}}{C}=CH-CH_2 \right]_n$

(2) $\left[CH_2-\underset{\underset{CH_3}{|}}{C}=CH-CH_2 \right]_n$

(3) $\left[CH_2-CH=CH-CH_2 \right]_n$

解答

(1) クロロプレンゴム
(2) イソプレンゴム
(3) ブタジエンゴム

2 1,3- ブタジエンに同じ物質量の臭素を付加させたときに生じる可能性のあるものを次の①～④からすべて選べ。

① $CH_2Br-CHBr-CH=CH_2$（H, Br, Br, H / C−C / C=C / H, H, H）

② $\underset{H}{\overset{Br-CH_2}{}}\!\!>C=C<\!\!\underset{CH_2-Br}{\overset{H}{}}$

③ $\underset{Br}{\overset{Br-CH_2}{}}\!\!>C=C<\!\!\underset{H}{\overset{CH_3}{}}$

④ $\underset{H}{\overset{Br-CH_2}{}}\!\!>C=C<\!\!\underset{Br}{\overset{CH_3}{}}$

解答 ① ②

3 次のゴムの名称を答えよ。

(1) $\left[\left(CH_2-\underset{\underset{C_6H_5}{|}}{CH} \right)_a \left(CH_2-CH=CH-CH_2 \right)_b \right]_n$

(2) $\left[\left(CH_2-\underset{\underset{CN}{|}}{CH} \right)_a \left(CH_2-CH=CH-CH_2 \right)_b \right]_n$

解答

(1) スチレンブタジエンゴム
(2) アクリロニトリルブタジエンゴム

4　最も耐油性に優れているゴムを次の①～④から選べ。

① $\left[CH_2-CH=CH-CH_2 \right]_n$

② $\left[\begin{array}{l} CH_2-C=CH-CH_2 \\ \quad\;\;\; | \\ \quad\;\; CH_3 \end{array} \right]_n$

③ $\left[\left(\begin{array}{l} CH_2-CH \\ \quad\;\;\; | \\ \quad\;\; C_6H_5 \end{array} \right)_a \left(CH_2-CH=CH-CH_2 \right)_b \right]_n$

④ $\left[\left(\begin{array}{l} CH_2-CH \\ \quad\;\;\; | \\ \quad\;\; CN \end{array} \right)_a \left(CH_2-CH=CH-CH_2 \right)_b \right]_n$

5　天然ゴムの主成分を次の①～④から選べ。

① $\left[\begin{array}{ccc} CH_2 & & CH_3 \\ & C=C & \\ H & & CH_2 \end{array} \right]_n$

② $\left[\begin{array}{ccc} CH_2 & & CH_2 \\ & C=C & \\ H & & CH_3 \end{array} \right]_n$

③ $\left[\begin{array}{ccc} CH_2-CH & & \\ & & H \\ & C=C & \\ CH_3 & & H \end{array} \right]_n$

④ $\left[\begin{array}{l} \quad\quad\;\; CH_3 \\ \quad\quad\quad | \\ CH_2-C \\ \quad\quad\quad | \\ \quad\quad\;\; CH=CH_2 \end{array} \right]_n$

6　生ゴムに硫黄を加えて加熱する操作について，次の問いに答えよ。

(1)　この操作を何というか。

(2)　硫黄の割合が30％を超える硬い物質を何というか。

(3)　この操作で生成するゴム間の結合を何というか。

解答

4　④

5　②

6
(1)　加硫
(2)　エボナイト
(3)　架橋結合（ジスルフィド結合など）

さくいん

アルファベット・数字

あ行

か行

さ行

た 行

な 行

は 行

ま 行

や 行

ら 行

わ 行

Point! 一覧

第1章 有機化合物の分類

第2章 炭素の結合

第3章 元素分析

第4章 異性体

第5章 アルカン（鎖式飽和炭化水素）

第7章 アルケン（エチレン系炭化水素）

第9章 エーテル

第10章 カルボニル化合物

第11章 アルコール

第12章 カルボン酸

第13章 カルボン酸と無機酸の誘導体

第14章 油脂とセッケン，界面活性剤

第15章 芳香族炭化水素

第16章 フェノール類

第17章 芳香族カルボン酸と医薬品

第18章 窒素を含む芳香族化合物と染料

元素周期表

原子番号 → 1 H ← 元素記号
1.0 ← 原子量
元素名 → 水素
2.20 ← 電気陰性度

:気体
:液体
他は固体（常温時）

:放射能が必ずあるもの

	1	2	3	4	5	6	7	8	9
1	1 H 1.0 水素 2.20								
2	3 Li 6.9 リチウム 0.98	4 Be 9.0 ベリリウム 1.57							
3	11 Na 23.0 ナトリウム 0.93	12 Mg 24.3 マグネシウム 1.31							
4	19 K 39.1 カリウム 0.82	20 Ca 40.1 カルシウム 1.00	21 Sc 45.0 スカンジウム 1.36	22 Ti 47.9 チタン 1.54	23 V 50.9 バナジウム 1.63	24 Cr 52.0 クロム 1.66	25 Mn 54.9 マンガン 1.55	26 Fe 55.8 鉄 1.83	27 Co 58.9 コバルト 1.88
5	37 Rb 85.5 ルビジウム 0.82	38 Sr 87.6 ストロンチウム 0.95	39 Y 88.9 イットリウム 1.22	40 Zr 91.2 ジルコニウム 1.33	41 Nb 92.9 ニオブ 1.6	42 Mo 96.0 モリブデン 2.16	43 Tc 〔99〕 テクネチウム 1.9	44 Ru 101.1 ルテニウム 2.2	45 Rh 102.9 ロジウム 2.28
6	55 Cs 132.9 セシウム 0.79	56 Ba 137.3 バリウム 0.89	57-71 ランタノイド	72 Hf 178.5 ハフニウム 1.3	73 Ta 180.9 タンタル 1.5	74 W 183.8 タングステン 2.36	75 Re 186.2 レニウム 1.9	76 Os 190.2 オスミウム 2.2	77 Ir 192.2 イリジウム 2.20
7	87 Fr 〔223〕 フランシウム 0.7	88 Ra 〔226〕 ラジウム 0.9	89-103 アクチノイド	104 Rf 〔267〕 ラザホージウム —	105 Db 〔268〕 ドブニウム —	106 Sg 〔271〕 シーボーギウム —	107 Bh 〔272〕 ボーリウム —	108 Hs 〔277〕 ハッシウム —	109 Mt 〔276〕 マイトネリウム —

← 典型元素 → ← 遷移元素 —

*2023年9月現在

10	11	12	13	14	15	16	17	18
								2 He 4.0 ヘリウム —
			5 B 10.8 ホウ素 2.04	6 C 12.0 炭素 2.55	7 N 14.0 窒素 3.04	8 O 16.0 酸素 3.44	9 F 19.0 フッ素 3.98	10 Ne 20.2 ネオン —
			13 Al 27.0 アルミニウム 1.61	14 Si 28.1 ケイ素 1.90	15 P 31.0 リン 2.19	16 S 32.1 硫黄 2.58	17 Cl 35.5 塩素 3.16	18 Ar 39.9 アルゴン —
28 Ni 58.7 ニッケル 1.91	29 Cu 63.5 銅 1.90	30 Zn 65.4 亜鉛 1.65	31 Ga 69.7 ガリウム 1.81	32 Ge 72.6 ゲルマニウム 2.01	33 As 74.9 ヒ素 2.18	34 Se 79.0 セレン 2.55	35 Br 79.9 臭素 2.96	36 Kr 83.8 クリプトン 3.00
46 Pd 106.4 パラジウム 2.20	47 Ag 107.9 銀 1.93	48 Cd 112.4 カドミウム 1.69	49 In 114.8 インジウム 1.78	50 Sn 118.7 スズ 1.96	51 Sb 121.8 アンチモン 2.05	52 Te 127.6 テルル 2.1	53 I 126.9 ヨウ素 2.66	54 Xe 131.3 キセノン 2.6
78 Pt 195.1 白金 2.28	79 Au 197.0 金 2.54	80 Hg 200.6 水銀 2.00	81 Tl 204.4 タリウム 1.62	82 Pb 207.2 鉛 2.33	83 Bi 209.0 ビスマス 2.02	84 Po 〔210〕 ポロニウム 2.0	85 At 〔210〕 アスタチン 2.2	86 Rn 〔222〕 ラドン —
110 Ds 〔281〕 ダームスタチウム —	111 Rg 〔280〕 レントゲニウム —	112 Cn 〔285〕 コペルニシウム —	113 Nh 〔284〕 ニホニウム —	114 Fl 〔289〕 フレロビウム —	115 Mc 〔289〕 モスコビウム —	116 Lv 〔293〕 リバモリウム —	117 Ts 〔293〕 テネシン —	118 Og 〔294〕 オガネソン —

← 遷移元素 → ← 典型元素 →

亀田　和久（かめだ　かずひさ）
代々木ゼミナール化学講師。20年以上，代ゼミトップ講師として絶大なる人気を誇る。ダイナミックな授業を展開し，化学の真髄を絶妙な語りで教えるスタイルで数多くの受験生を合格へと導いている。
各回の授業で，講義した内容を黒板いっぱいにまとめるのだが，このまとめが「亀田のデータベース」であり，長年培われてきたノウハウが惜しげもなく注入され，単なる知識の羅列から“化学の本質”が身につく勉強法につながる。その独自のまとめ術によって『化学は楽しい！』ということを実感できるはず。また，生徒が亀田授業を基に自ら色鉛筆でカラフルにまとめ上げたノートは，「世界に一つだけの化学のバイブルとなる！」と，大好評。化学が苦手だった受験生が「亀田のデータベース」で開眼し，大学に入ってもこのオリジナルノートを活用している教え子多数。
著書に，本書の姉妹本である『大学入試　亀田和久の　化学基礎が面白いほどわかる本』，『大学入試　亀田和久の　無機化学が面白いほどわかる本』のほか，『改訂版　亀田和久の　日本一成績が上がる魔法の化学ノート』，『大学入試　ここで差がつく！　ゴロ合わせで覚える化学130』（以上，KADOKAWA），『新版　センター・マーク標準問題集化学基礎／化学』（代々木ライブラリー）など多数。

大学入試　亀田和久の
化学[有機]が面白いほどわかる本

2023年 9 月26日　初版発行

著者／亀田　和久

発行者／山下　直久

発行／株式会社KADOKAWA
〒102-8177　東京都千代田区富士見2-13-3
電話　0570-002-301(ナビダイヤル)

印刷所／株式会社加藤文明社印刷所
製本所／株式会社加藤文明社印刷所

●お問い合わせ
https://www.kadokawa.co.jp/（「お問い合わせ」へお進みください）
※内容によっては、お答えできない場合があります。
※サポートは日本国内のみとさせていただきます。
※Japanese text only

定価はカバーに表示してあります。

ISBN 978-4-04-605228-5　C7043

理科が
面白いほど
わかる

大学入試

亀田和久の

化学「有機」
が面白いほどわかる本

【別冊】

この別冊は，本体にこの表紙を残したまま，ていねいに抜き取ってください。

なお，この別冊の抜き取りの際の損傷についてのお取り替えはご遠慮願います。

DATABASE

有機化学のデータベース

N≡N
OH
必勝

＊この冊子は，『大学入試　亀田和久の　化学［有機］が面白いほどわかる本』の別冊です。

もくじ

I　有機化学の基礎

第1章　有機化合物の分類

1 有機化合物を構成する元素

C, H, O, N, P, S, X（ハロゲン）など。

2 代表的な炭化水素の分類

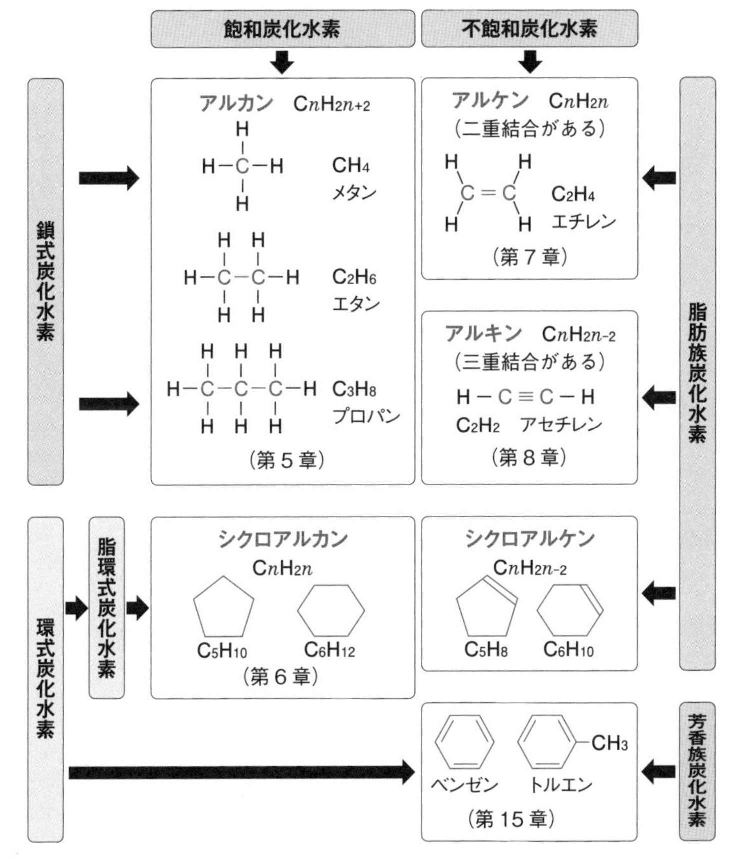

飽和炭化水素
不飽和炭化水素
鎖式炭化水素
アルカン　C_nH_{2n+2}
CH_4
メタン
C_2H_6
エタン
C_3H_8
プロパン
（第5章）
アルケン　C_nH_{2n}
（二重結合がある）
C_2H_4
エチレン
（第7章）
アルキン　C_nH_{2n-2}
（三重結合がある）
H − C ≡ C − H
C_2H_2　アセチレン
（第8章）
脂肪族炭化水素
環式炭化水素
脂環式炭化水素
シクロアルカン
C_nH_{2n}
C_5H_{10}
C_6H_{12}
（第6章）
シクロアルケン
C_nH_{2n-2}
C_5H_8
C_6H_{10}
$-CH_3$
ベンゼン
トルエン
（第15章）
芳香族炭化水素

3 官能基

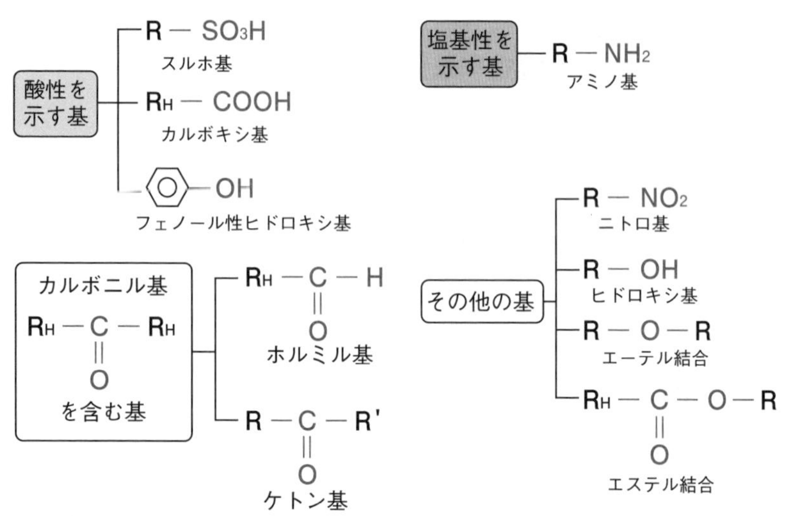

酸性を示す基
R — SO_3H
スルホ基
R_H — COOH
カルボキシ基
—OH
フェノール性ヒドロキシ基
塩基性を示す基
R — NH_2
アミノ基
カルボニル基
R_H — C — R_H
O
を含む基
R_H — C — H
O
ホルミル基
R — C — R'
O
ケトン基
その他の基
R — NO_2
ニトロ基
R — OH
ヒドロキシ基
R — O — R
エーテル結合
R_H — C — O — R
O
エステル結合

(R：C_nH_m , R_H：C_nH_m か H)

4 化学式の種類

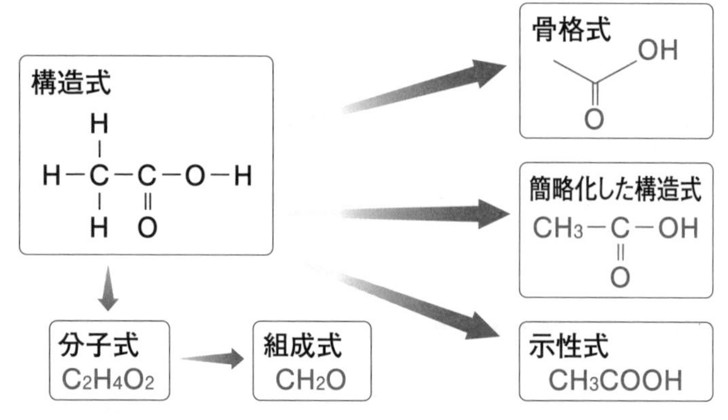

構造式
H
H—C—C—O—H
H O
骨格式
OH
O
簡略化した構造式
CH_3—C—OH
O
示性式
CH_3COOH
分子式
$C_2H_4O_2$
組成式
CH_2O

第2章　炭素の結合

1 結合の種類と不飽和度（U）

共有結合		表記	不安定なπ結合の数	不飽和度 U	構造
飽和結合	単結合	$-\overset{\mid}{\underset{\mid}{C}}-$	0	**0**	109.5° 正四面体
不飽和結合	二重結合	>C=C<	1	**1**	120° 120° 120° 平面
	三重結合	$-C\equiv C-$	2	**2**	180° 直線

2 不飽和度の定義

C_nH_m のとき　　$U = \dfrac{2n+2-m}{2}$

3 ハロゲンX，酸素O，窒素Nが入っている場合の不飽和度

$C_nH_mX_p \longrightarrow C_nH_{m+p}$
$C_nH_mO_q \longrightarrow C_nH_m$
$C_nH_mN_r \longrightarrow C_nH_{m-r}$
と考える。

4 分子式から構造決定の流れ

分子式 → 不飽和度（U）の算出 → 構造決定

第3章　元素分析

1 定性分析

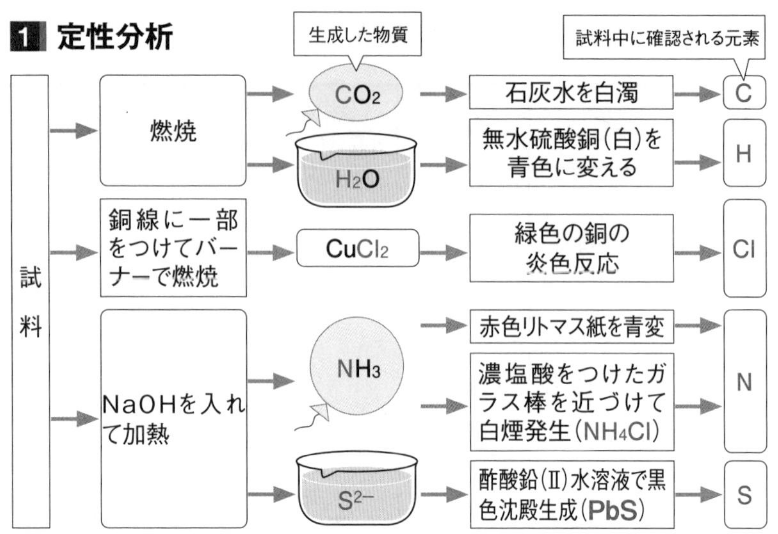

生成した物質
試料中に確認される元素
試料
燃焼
CO_2
石灰水を白濁
C
H_2O
無水硫酸銅(白)を青色に変える
H
銅線に一部をつけてバーナーで燃焼
$CuCl_2$
緑色の銅の炎色反応
Cl
NaOHを入れて加熱
NH_3
赤色リトマス紙を青変
濃塩酸をつけたガラス棒を近づけて白煙発生(NH_4Cl)
N
S^{2-}
酢酸鉛(Ⅱ)水溶液で黒色沈殿生成(PbS)
S

2 C, H, O, の定量分析(元素分析)

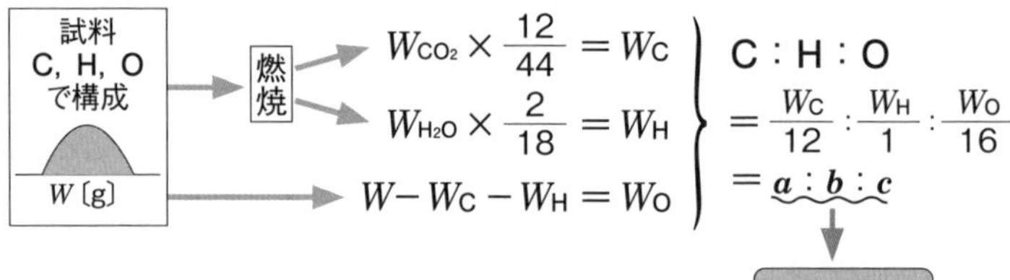

試料
C, H, O
で構成
W〔g〕
燃焼
$W_{CO_2} \times \frac{12}{44} = W_C$
$W_{H_2O} \times \frac{2}{18} = W_H$
$W - W_C - W_H = W_O$
C : H : O
$= \frac{W_C}{12} : \frac{W_H}{1} : \frac{W_O}{16}$
$= a : b : c$

試料の組成式
$C_aH_bO_c$

3 元素分析から構造決定までの流れ

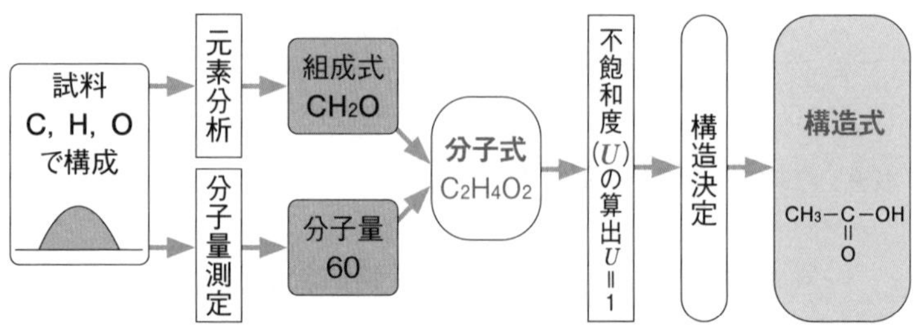

試料
C, H, O
で構成
元素分析
組成式
CH_2O
分子量測定
分子量
60
分子式
$C_2H_4O_2$
不飽和度(U)の算出
$U=1$
構造決定
構造式
$CH_3-C(=O)-OH$

第4章　異性体

1 異性体の分類

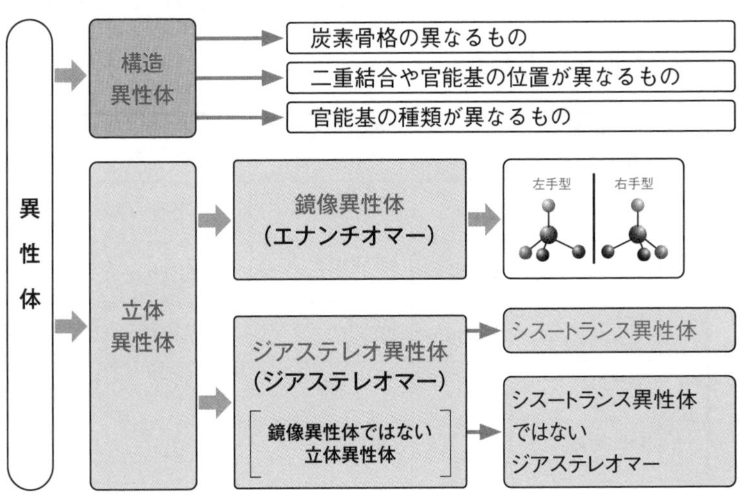

異性体
構造異性体
炭素骨格の異なるもの
二重結合や官能基の位置が異なるもの
官能基の種類が異なるもの
立体異性体
鏡像異性体（エナンチオマー）
左手型
右手型
ジアステレオ異性体（ジアステレオマー）
［鏡像異性体ではない立体異性体］
シス-トランス異性体
シス-トランス異性体ではないジアステレオマー

2 鏡像異性体をもつ物質

対称面や対称点をもたない物質は鏡像異性体がある!
探し方
不斉炭素原子を探す!
不斉炭素原子…炭素の4つの単結合に異なる原子または原子団が結合しているもの

3 鏡像異性体の特徴

物理的性質（沸点，融点，密度など）
化学的性質（酸塩基反応や酸化還元反応などの性質）
は同じ。

生理作用（味，匂い，薬としての作用）や旋光性が異なる（光学活性）。

Ⅱ　脂肪族炭化水素

第5章　アルカン（鎖式飽和炭化水素）

1 アルカンの命名

	古代ギリシャ語	C_nH_{2n+2}	IUPACの名称 alkane	状態	C_nH_{2n+1}	IUPACの名称 alkyl group
1	mono モノ	CH_4	methane メタン	気体	CH_3-	methyl group メチル基
2	di ジ	C_2H_6	ethane エタン	気体	C_2H_5-	ethyl group エチル基
3	tri トリ	C_3H_8	propane プロパン	気体	C_3H_7-	propyl group プロピル基
4	tetra テトラ	C_4H_{10}	butane ブタン	気体	C_4H_9-	butyl group ブチル基
5	penta ペンタ	C_5H_{12}	pentane ペンタン	液体	$C_5H_{11}-$	pentyl group ペンチル基
6	hexa ヘキサ	C_6H_{14}	hexane ヘキサン	液体	$C_6H_{13}-$	hexyl group ヘキシル基
7	hepta ヘプタ	C_7H_{16}	heptane ヘプタン	液体	$C_7H_{15}-$	heptyl group ヘプチル基
8	octa オクタ	C_8H_{18}	octane オクタン	液体	$C_8H_{17}-$	octyl group オクチル基
9	nona ノナ	C_9H_{20}	nonane ノナン	液体	$C_9H_{19}-$	nonyl group ノニル基
10	deca デカ	$C_{10}H_{22}$	decane デカン	液体	$C_{10}H_{21}-$	decyl group デシル基

ペンタゴン pentagon
は五角形だよ!
トライアングル triangle
は三角形だ!

2 アルカンとアルキル基の構造異性体の命名

(1) アルカン

C_nH_{2n+2}	構造式（名称）	
C_4H_{10} 2つの 構造異性体	H　H　H　H H−C^1−C^2−C^3−C^4−H H　H　H　H butane ブタン	H　H　H H−C^1−C^2−C^3−H H　│　H H−C−H H methylpropane メチルプロパン
C_5H_{12} 3つの 構造異性体	H　H　H　H　H H−C^1−C^2−C^3−C^4−C^5−H H　H　H　H　H pentane ペンタン H　H　H　H H−C^1−C^2−C^3−C^4−H H　│　H　H H−C−H H 2-methylbutane 2-メチルブタン	H H−C−H H　│　H H−C^1−C^2−C^3−H H　│　H H−C−H H 2, 2-dimethylpropane 2, 2-ジメチルプロパン

(2) アルキル基

C_nH_{2n+1}−	構造式	
C_3H_7− 2つの 構造異性体	$CH_3-CH_2-CH_2-$ プロピル基	CH_3-CH- │ CH_3 イソプロピル基
C_4H_9− 4つの 構造異性体	$CH_3-CH_2-CH_2-CH_2-$ ブチル基 CH_3-CH_2-CH- │ CH_3 *sec*-ブチル基 （セカンダリー）	$CH_3-CH-CH_2-$ │ CH_3 イソブチル基 CH_3 │ CH_3-C- │ CH_3 *tert*-ブチル基 （ターシャリー）

3 メタンの製法

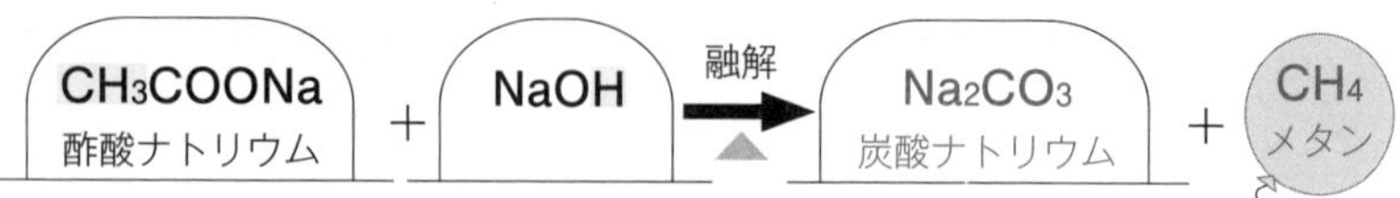

CH_3COONa
酢酸ナトリウム
+
NaOH
融解
Na_2CO_3
炭酸ナトリウム
+
CH_4
メタン

4 メタンの置換反応

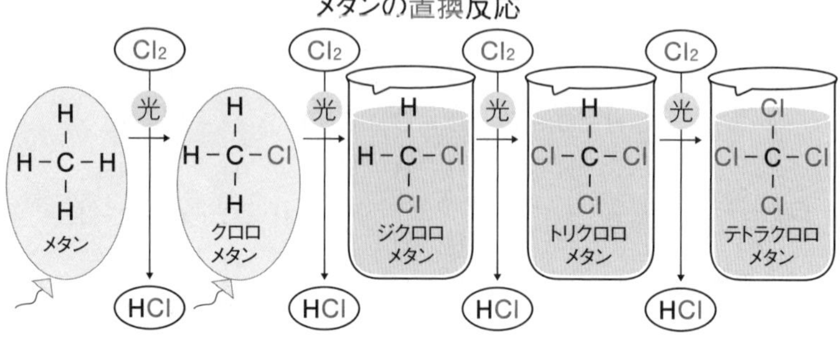

メタンの置換反応
Cl_2
光
HCl
メタン
クロロメタン
ジクロロメタン
トリクロロメタン
テトラクロロメタン

① $CH_4 + Cl_2 \longrightarrow HCl + CH_3Cl$

② $CH_3Cl + Cl_2 \longrightarrow HCl + CH_2Cl_2$

③ $CH_2Cl_2 + Cl_2 \longrightarrow HCl + CHCl_3$

④ $CHCl_3 + Cl_2 \longrightarrow HCl + CCl_4$

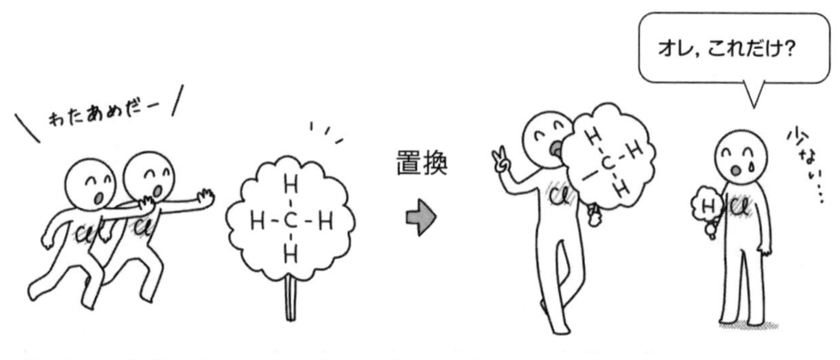

わたあめだー
置換
オレ，これだけ？
少ない…

第6章　シクロアルカンとハロゲン置換体

1 シクロアルカン（cycloalkane）の命名

シクロプロパン

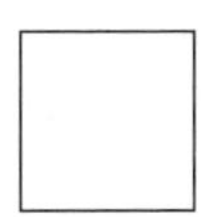

シクロブタン

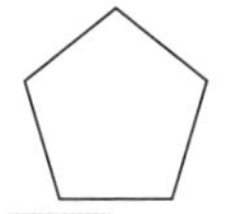

シクロペンタン

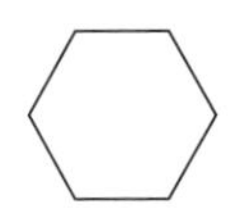

シクロヘキサン

2 シクロヘキサンの立体配座（conformation）

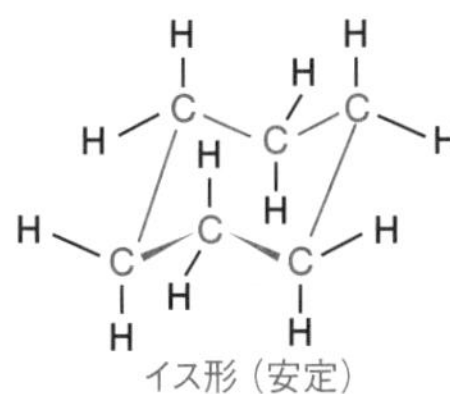

H
C

イス形（安定）

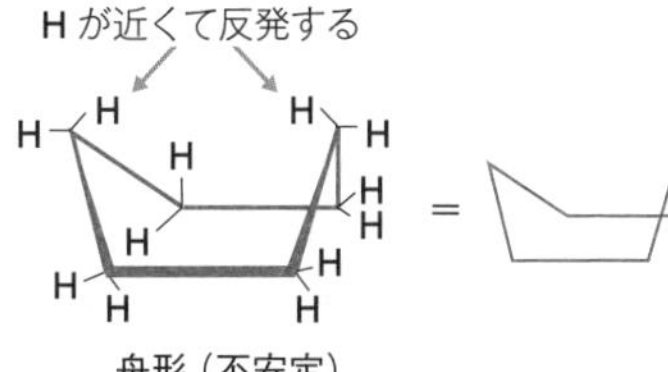

Hが近くて反発する
H

舟形（不安定）

3 1,2-ジメチルシクロプロパンの３つの立体異性体

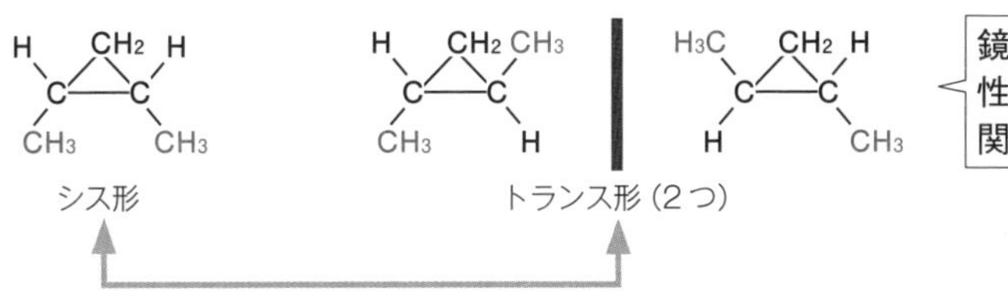

CH2
CH3
H3C
H
C
鏡像異性体の関係

シス形　　トランス形（2つ）

シス－トランス異性体

4 ハロゲン置換体の命名法

ハロゲン	名称	置換体の名称	
F⁻	fluoro	フルオロ～	フッ化～
Cl⁻	chloro	クロロ～	塩化～
Br⁻	bromo	ブロモ～	臭化～
I⁻	iodo	ヨード～	ヨウ化～

第7章　アルケン(エチレン系炭化水素)

1 アルケンの命名

分子式 C_nH_{2n}	IUPACの名称 alkene	日本語の名称	昔の慣用名
C_2H_4	ethene	エテン	エチレン (ethylene)
C_3H_6	propene	プロペン	プロピレン (propylene)
C_4H_8	butene	ブテン	ブチレン (butylene)
C_5H_{10}	pentene	ペンテン	
C_6H_{12}	hexene	ヘキセン	
C_7H_{14}	heptene	ヘプテン	
C_8H_{16}	octene	オクテン	
C_9H_{18}	nonene	ノネン	
$C_{10}H_{20}$	decene	デセン	

アルカンの名前を覚えていれば，アルケンは超簡単!

Alkane

2 エテン(エチレン)の製法

工業的製法…ナフサの熱分解

実験室的製法

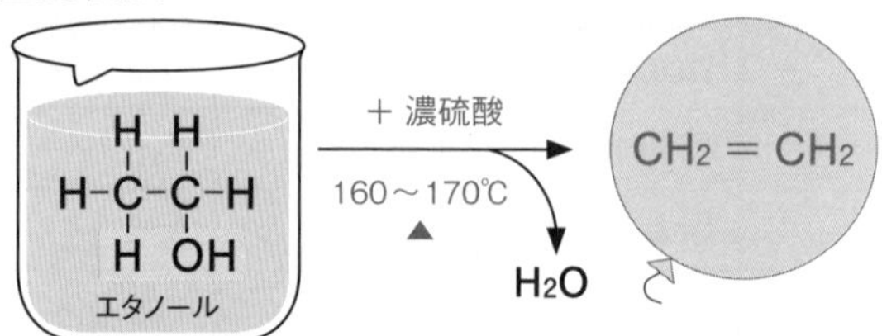

H H
H-C-C-H
H OH
エタノール
＋ 濃硫酸
160〜170℃
△
H_2O
$CH_2 = CH_2$

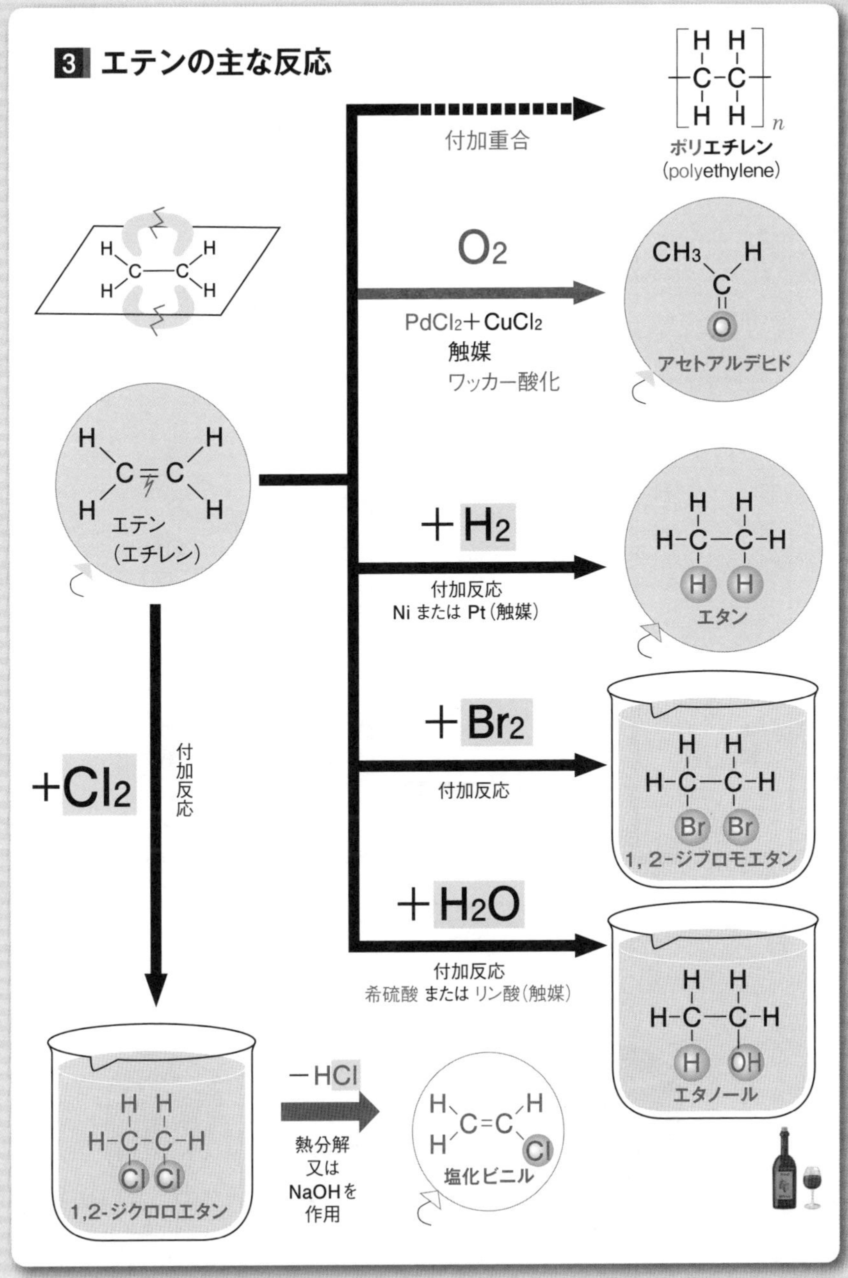
3 エテンの主な反応
付加重合
ポリエチレン
(polyethylene)
O_2
$PdCl_2+CuCl_2$
触媒
ワッカー酸化
アセトアルデヒド
エテン
(エチレン)
$+H_2$
付加反応
Ni または Pt(触媒)
エタン
$+Br_2$
付加反応
1, 2-ジブロモエタン
$+H_2O$
付加反応
希硫酸 または リン酸(触媒)
エタノール
$+Cl_2$
付加反応
1,2-ジクロロエタン
$-HCl$
熱分解
又は
NaOHを
作用
塩化ビニル

4 酸化反応

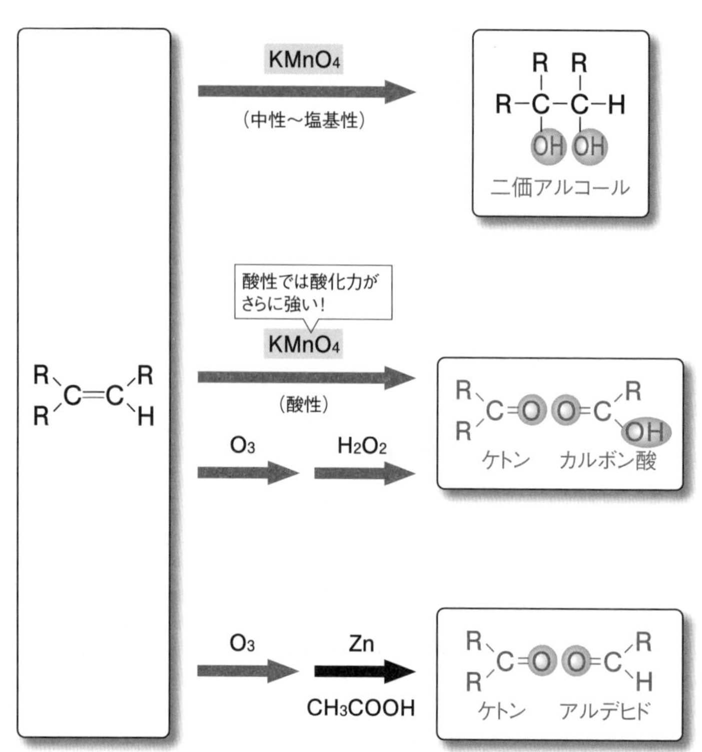
KMnO4
（中性〜塩基性）
R R
R−C−C−H
OH OH
二価アルコール
酸性では酸化力が
さらに強い！
KMnO4
（酸性）
R C=C R
R H
O3
H2O2
R C=O O=C R
R OH
ケトン カルボン酸
O3
Zn
CH3COOH
R C=O O=C R
R H
ケトン アルデヒド

Alkane	Propane
Alkene	Propene
Alkyne	Propyne

第8章　アルキン(アセチレン系炭化水素)

1 アルキンの命名法

分子式 C_nH_{2n-2}	IUPACの名称 alkyne	日本語の名称	慣用名
C_2H_2	ethyne	エチン	アセチレン (acetylene)
C_3H_4	propyne	プロピン	
C_4H_6	butyne	ブチン	
C_5H_8	pentyne	ペンチン	
C_6H_{10}	hexyne	ヘキシン	
C_7H_{12}	heptyne	ヘプチン	
C_8H_{14}	octyne	オクチン	
C_9H_{16}	nonyne	ノニン	
$C_{10}H_{18}$	decyne	デシン	

アルキンの慣用名はアセチレンだけなんだ!

2 エチン(アセチレン)の製法

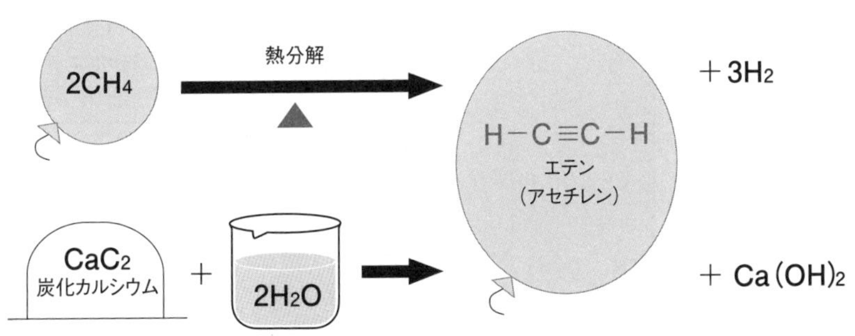

2CH4
熱分解
+3H2
H−C≡C−H
エテン
(アセチレン)
CaC2
炭化カルシウム
+
2H2O
+Ca(OH)2

3 付加反応

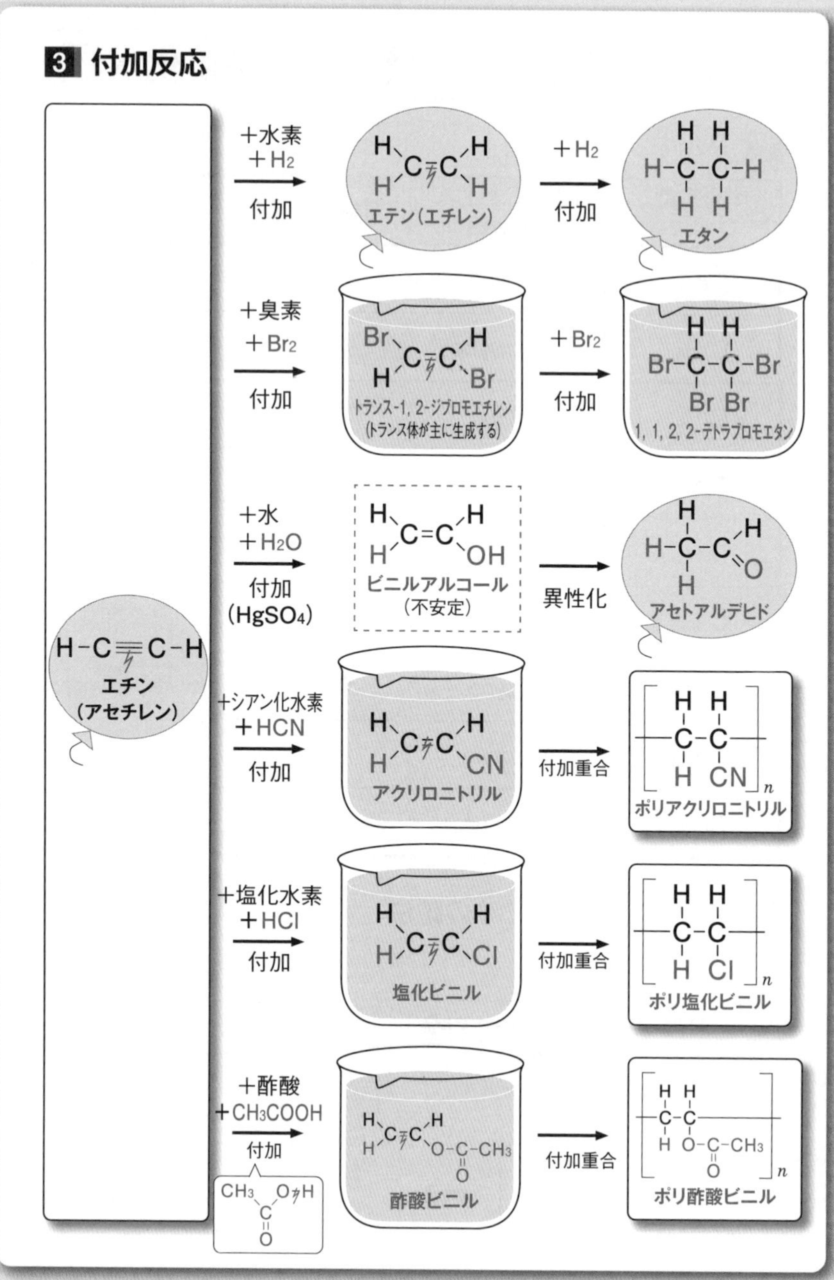
H−C≡C−H
エチン
(アセチレン)
+水素
+H2
付加
エテン(エチレン)
+H2
付加
エタン
+臭素
+Br2
付加
トランス-1, 2-ジブロモエチレン
(トランス体が主に生成する)
+Br2
付加
1, 1, 2, 2-テトラブロモエタン
+水
+H2O
付加
(HgSO4)
ビニルアルコール
(不安定)
異性化
アセトアルデヒド
+シアン化水素
+HCN
付加
アクリロニトリル
付加重合
ポリアクリロニトリル
+塩化水素
+HCl
付加
塩化ビニル
付加重合
ポリ塩化ビニル
+酢酸
+CH3COOH
付加
酢酸ビニル
付加重合
ポリ酢酸ビニル

4 三分子重合

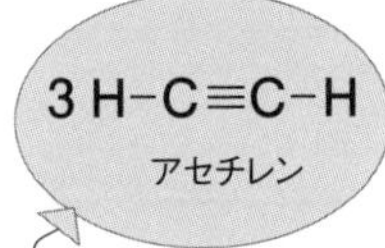

$3\,H-C\equiv C-H$
アセチレン

赤熱した鉄の
パイプに通す

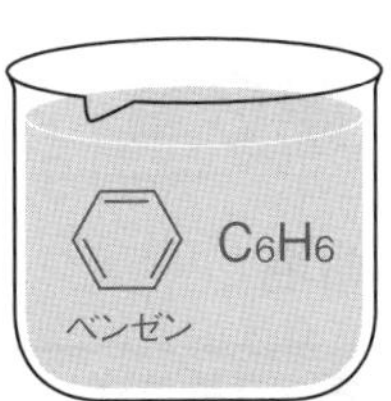

C_6H_6
ベンゼン

5 炭素間二重結合，三重結合の確認（π結合の確認）

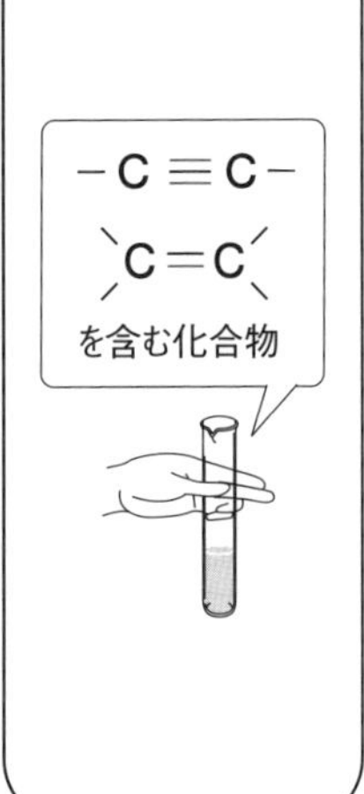

$-C\equiv C-$
$>C=C<$
を含む化合物

Br_2 水（赤褐色）を滴下する。

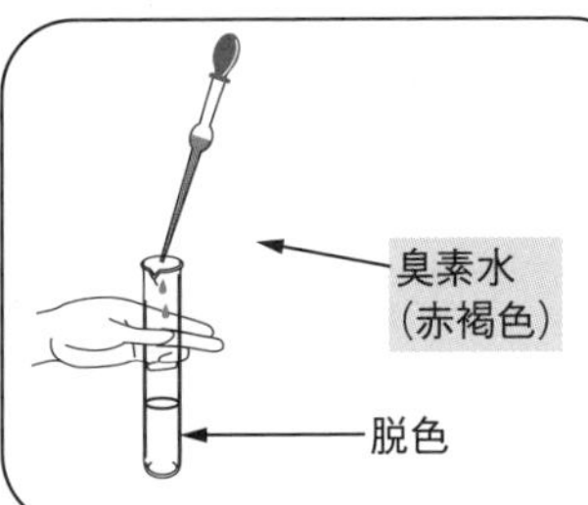

臭素水（赤褐色）
脱色

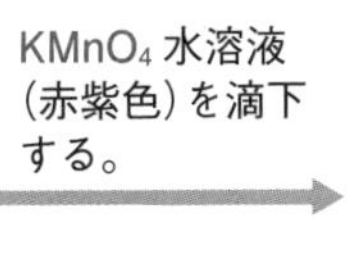

$KMnO_4$ 水溶液（赤紫色）を滴下する。

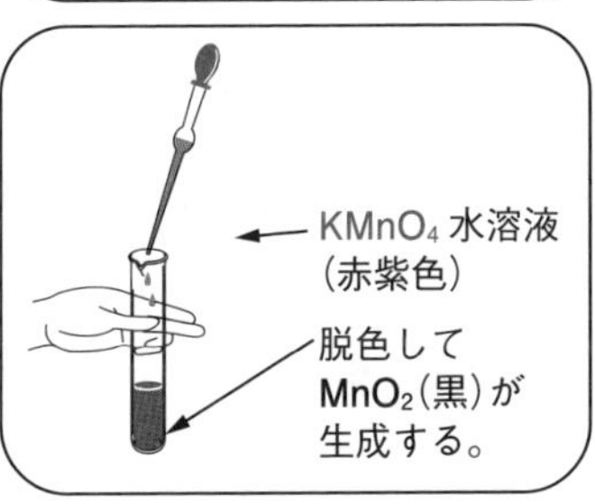

$KMnO_4$ 水溶液（赤紫色）
脱色して MnO_2（黒）が生成する。

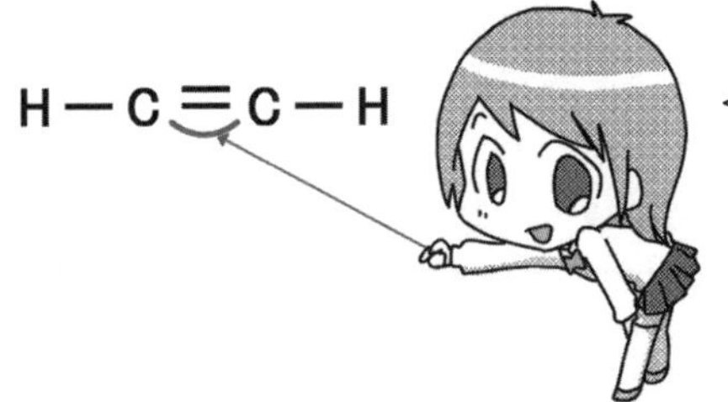

$H-C\equiv C-H$

ここが切れる反応ばかり！
頑張って！

Ⅲ　酸素を含む有機化合物

第9章　エーテル

1 エーテルの命名

簡略化された構造式 R−O−R′	名称（基官能名）
CH_3-O-CH_3	ジメチルエーテル dimethyl ether
$CH_3-O-CH_2-CH_3$	エチルメチルエーテル ethyl methyl ether
$CH_3-CH_2-O-CH_2-CH_3$	ジエチルエーテル diethyl ether
$CH_3-CH(CH_3)-O-CH(CH_3)-CH_3$	ジイソプロピルエーテル diisopropyl ether
$CH_3-CH_2-O-CH_2-CH_2-CH_3$	エチルプロピルエーテル ethyl propyl ether
$C_6H_5-O-CH_3$	メチルフェニルエーテル methyl phenyl ether

2 ジエチルエーテルの製法

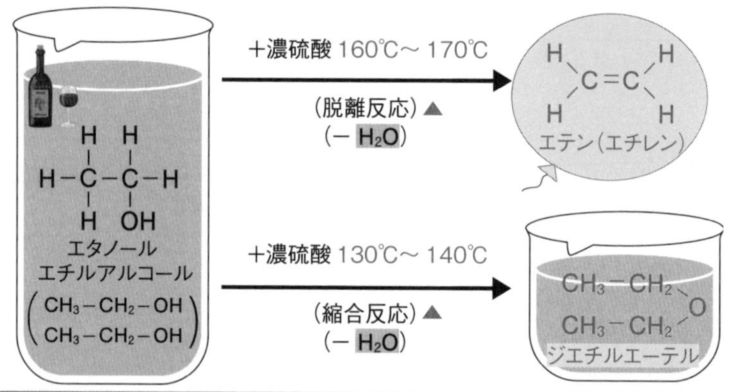
H H
H−C−C−H
H OH
エタノール
エチルアルコール
CH3−CH2−OH
CH3−CH2−OH
＋濃硫酸 160℃〜170℃
（脱離反応）▲
（− H2O）
H H
C=C
H H
エテン（エチレン）
＋濃硫酸 130℃〜140℃
（縮合反応）▲
（− H2O）
CH3−CH2
O
CH3−CH2
ジエチルエーテル

第10章　カルボニル化合物

1 ケトンの命名

アセチル基（acetyl 基）

簡略化した構造式 $R-CO-R'$	名称（基官能名）
$CH_3-CO-CH_3$ （$CH_3-CO-CH_3$）	ジメチルケトン（慣用名　アセトン acetone）
$CH_3-CO-CH_2-CH_3$ （$CH_3-CO-CH_2-CH_3$）	エチルメチルケトン ethyl methyl ketone
$CH_3-CH_2-CO-CH_2-CH_3$	ジエチルケトン diethyl ketone
$CH_3-CH(CH_3)-CO-CH(CH_3)-CH_3$	ジイソプロピルケトン diisopropyl ketone
$CH_3-CH_2-CO-CH_2-CH_2-CH_3$	エチルプロピルケトン ethyl propyl ketone
$C_6H_5-CO-CH_3$ （$C_6H_5-CO-CH_3$）	メチルフェニルケトン methyl phenyl ketone

2 アルデヒドの命名

簡略化した構造式 $R-CO-H$	慣用名	状態
$H-CO-H$	ホルムアルデヒド formaldehyde	気体
CH_3-CO-H （CH_3-CO-H）	アセトアルデヒド acetaldehyde	気体
CH_3-CH_2-CO-H	プロピオンアルデヒド propionaldehyde	液体
C_6H_5-CO-H	ベンズアルデヒド benzaldehyde	液体

3 カルボニル化合物の製法

(1) アルコールの酸化

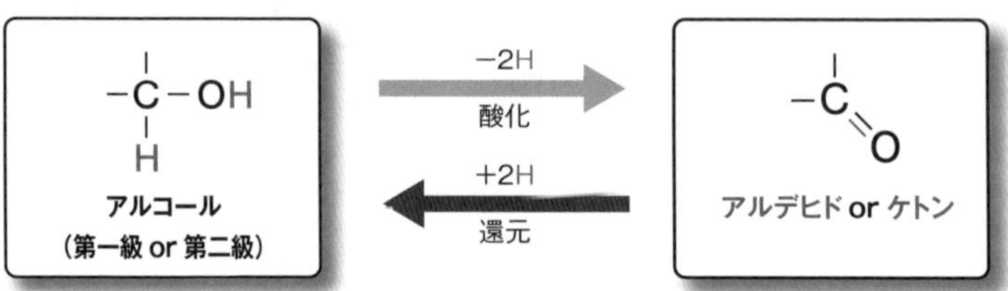

−C−OH
H
アルコール
(第一級 or 第二級)
−2H
酸化
+2H
還元
−C=O
アルデヒド or ケトン

(2) カルボン酸塩の乾留

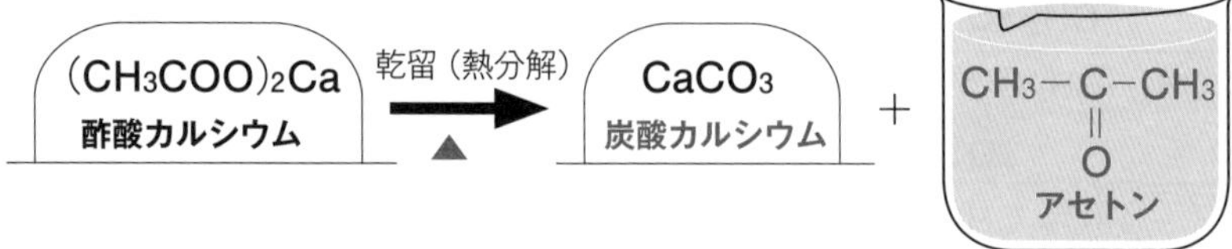

(CH3COO)2Ca
酢酸カルシウム
乾留（熱分解）
CaCO3
炭酸カルシウム
+
CH3−C−CH3
O
アセトン

(3) アセトアルデヒドの工業的製法

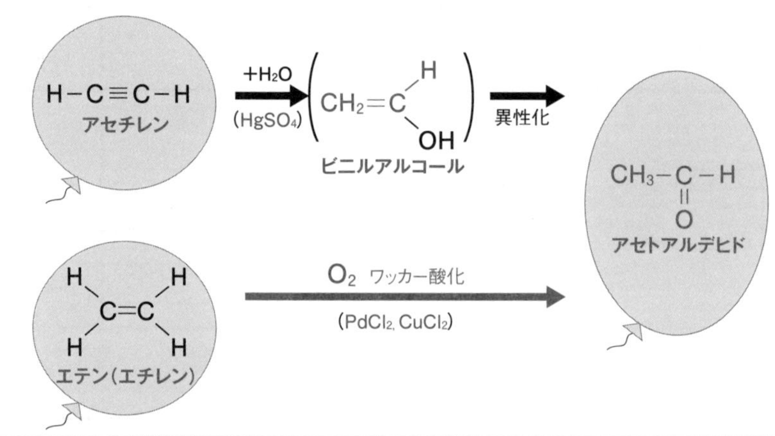

H−C≡C−H
アセチレン
+H2O
(HgSO4)
CH2=C
H
OH
ビニルアルコール
異性化
CH3−C−H
O
アセトアルデヒド
H
C=C
H
エテン(エチレン)
O2 ワッカー酸化
(PdCl2, CuCl2)

4 ヨードホルム反応

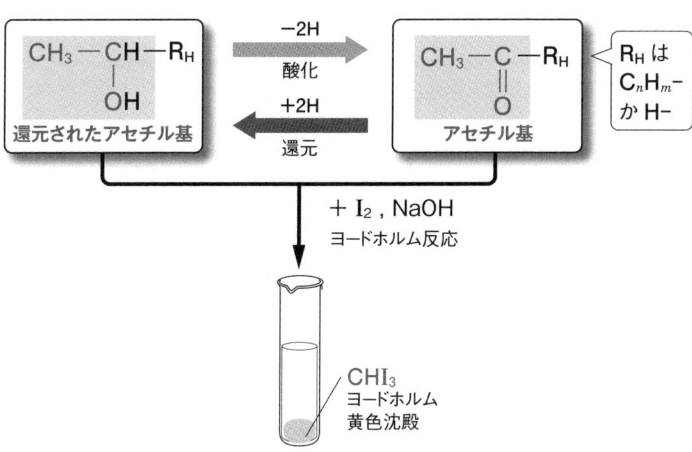
CH_3-CH-R_H
OH
還元されたアセチル基
−2H
酸化
+2H
還元
CH_3-C-R_H
O
アセチル基
R_H は
C_nH_m-
か H−
$+ I_2$, NaOH
ヨードホルム反応
CHI_3
ヨードホルム
黄色沈殿

5 アルデヒドの還元性試験

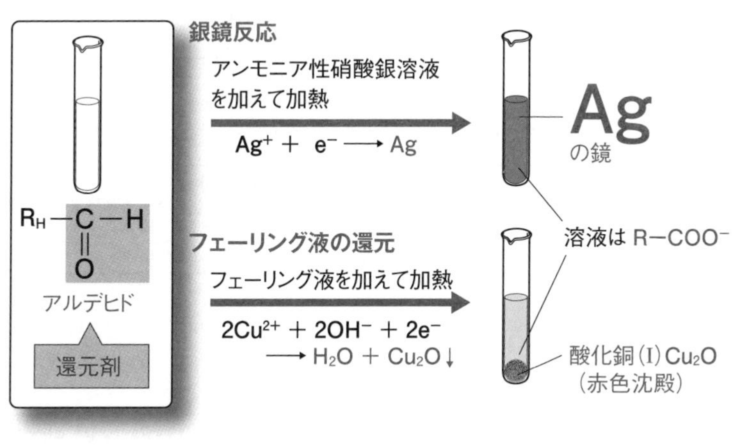
R_H-C-H
O
アルデヒド
還元剤
銀鏡反応
アンモニア性硝酸銀溶液
を加えて加熱
$Ag^+ + e^- \longrightarrow Ag$
Ag
の鏡
溶液は $R-COO^-$
フェーリング液の還元
フェーリング液を加えて加熱
$2Cu^{2+} + 2OH^- + 2e^-$
$\longrightarrow H_2O + Cu_2O\downarrow$
酸化銅(I)Cu_2O
(赤色沈殿)

第11章　アルコール

1 アルコールの命名

(1) 一価アルコール

級数	簡略化された構造式 R − OH	置換名 alkanol	基官能名 alkyl alcohol
1°	CH_3-OH	methanol メタノール	methyl alcohol メチルアルコール
1°	CH_3-CH_2-OH	ethanol エタノール	ethyl alcohol エチルアルコール
1°	$\overset{3}{C}H_3-\overset{2}{C}H_2-\overset{1}{C}H_2-OH$	1-propanol 1-プロパノール	propyl alcohol プロピルアルコール
2°	$\overset{1}{C}H_3-\overset{2}{C}H(OH)-\overset{3}{C}H_3$	2-propanol 2- プロパノール	isopropyl alcohol イソプロピルアルコール
1°	$\overset{4}{C}H_3-\overset{3}{C}H_2-\overset{2}{C}H_2-\overset{1}{C}H_2-OH$	1-butanol 1-ブタノール	butyl alcohol ブチルアルコール
2°	$\overset{4}{C}H_3-\overset{3}{C}H_2-\overset{2}{C}H(OH)-\overset{1}{C}H_3$	2-butanol 2-ブタノール	*sec*-butyl alcohol *sec*- ブチルアルコール
1°	$\overset{3}{C}H_3-\overset{2}{C}H(CH_3)-\overset{1}{C}H_2-OH$	2-methyl-1-propanol 2-メチル-1-プロパノール	isobutyl alcohol イソブチルアルコール
3°	$\overset{1}{C}H_3-\overset{2}{C}(OH)(CH_3)-\overset{3}{C}H_3$	2-methyl-2-propanol 2-メチル-2-プロパノール	*tert*-butyl alcohol *tert*-ブチルアルコール
1°	$C_6H_5-CH_2-OH$	phenylmethanol フェニルメタノール	benzyl alcohol ベンジルアルコール

(2) 二価，三価アルコールの命名

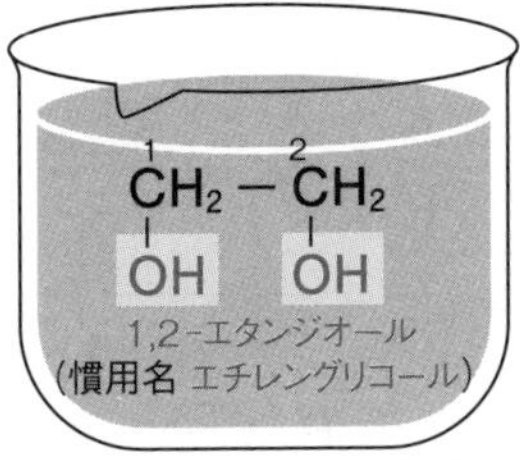

$\overset{1}{C}H_2 - \overset{2}{C}H_2$
OH OH
1,2-エタンジオール
(慣用名 エチレングリコール)

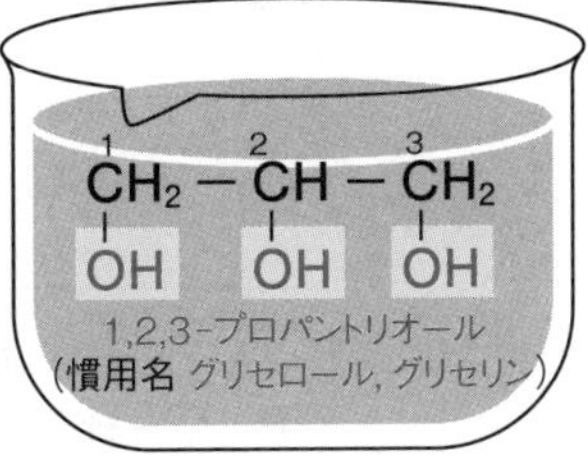

$\overset{1}{C}H_2 - \overset{2}{C}H - \overset{3}{C}H_2$
OH OH OH
1,2,3-プロパントリオール
(慣用名 グリセロール，グリセリン)

私も化粧水のグリセリンで保湿したらねよ～っと。

2 アルコールの製法

(1) アルコール発酵

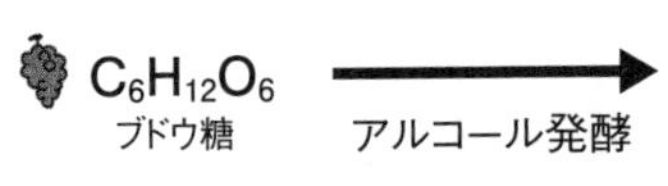

$C_6H_{12}O_6$
ブドウ糖
アルコール発酵

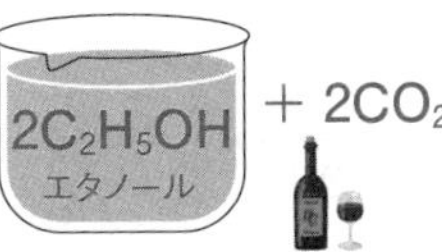

$2C_2H_5OH$
エタノール

$+ 2CO_2$

(2) アルケンの水付加

$$\rangle C{=}C\langle + H_2O \xrightarrow[\text{付加反応}]{\text{希硫酸またはリン酸（触媒）}} -\underset{H}{\overset{|}{C}}-\underset{OH}{\overset{|}{C}}-$$

(3) メタノールの工業的製法

$$CO + 2H_2 \xrightarrow[\text{高温・高圧}]{ZnO}$$

CH_3OH
メタノール

3 アルコールの性質

(1) 水素結合の生成

R－OHは分子間で**水素結合**している。

沸点が異性体のエーテルより高い。

R－OHは水分子とも**水素結合**する。

炭素数1～3までのアルコールの水への溶解度は無限大(∞)。

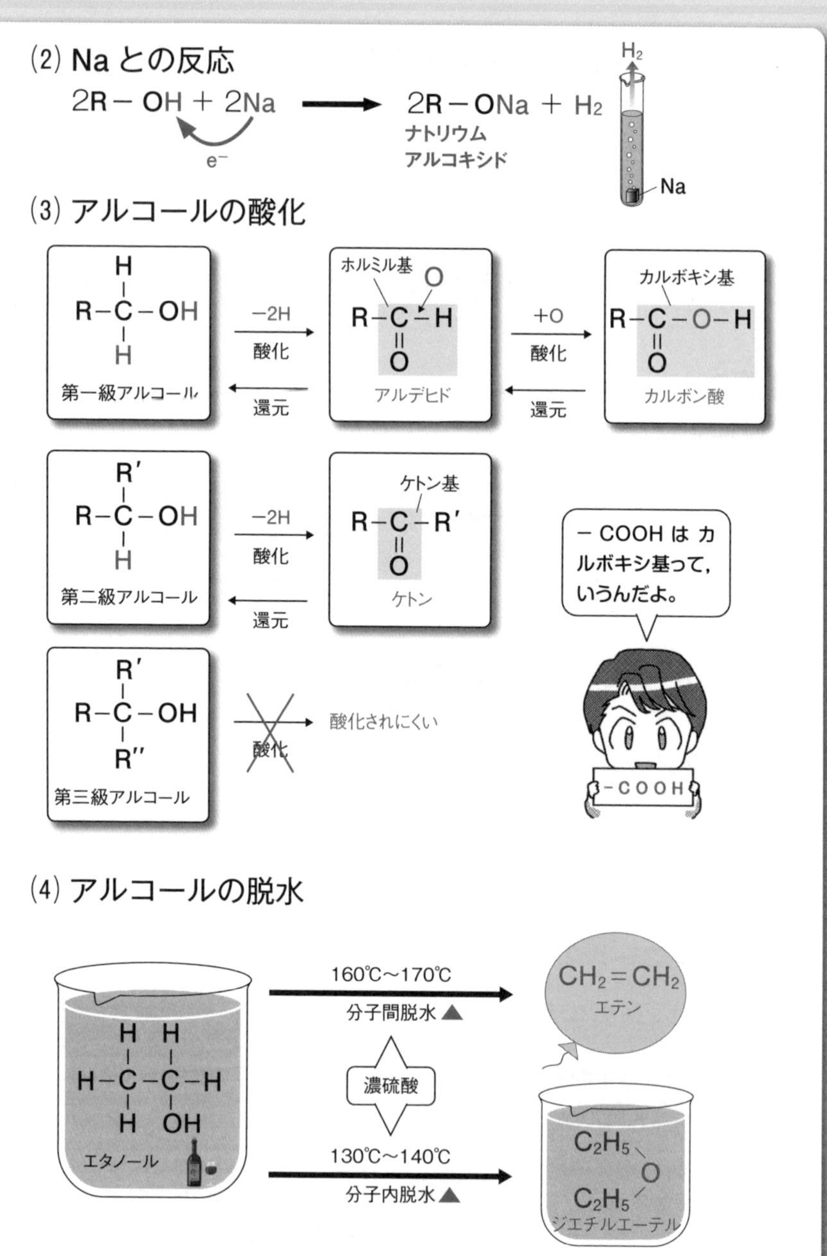
(2) Naとの反応
2R－OH＋2Na → 2R－ONa＋H2
e⁻
ナトリウム
アルコキシド
H2
Na
(3) アルコールの酸化
H
R－C－OH
H
第一級アルコール
－2H
酸化
還元
ホルミル基
R－C－H
O
アルデヒド
+O
酸化
還元
カルボキシ基
R－C－O－H
O
カルボン酸
R′
R－C－OH
H
第二級アルコール
－2H
酸化
還元
ケトン基
R－C－R′
O
ケトン
R′
R－C－OH
R″
第三級アルコール
酸化
酸化されにくい
－COOHはカルボキシ基って，いうんだよ。
－COOH
(4) アルコールの脱水
H H
H－C－C－H
H OH
エタノール
160℃～170℃
分子間脱水▲
濃硫酸
130℃～140℃
分子内脱水▲
CH2＝CH2
エテン
C2H5
O
C2H5
ジエチルエーテル

第12章　カルボン酸

1 カルボン酸の命名

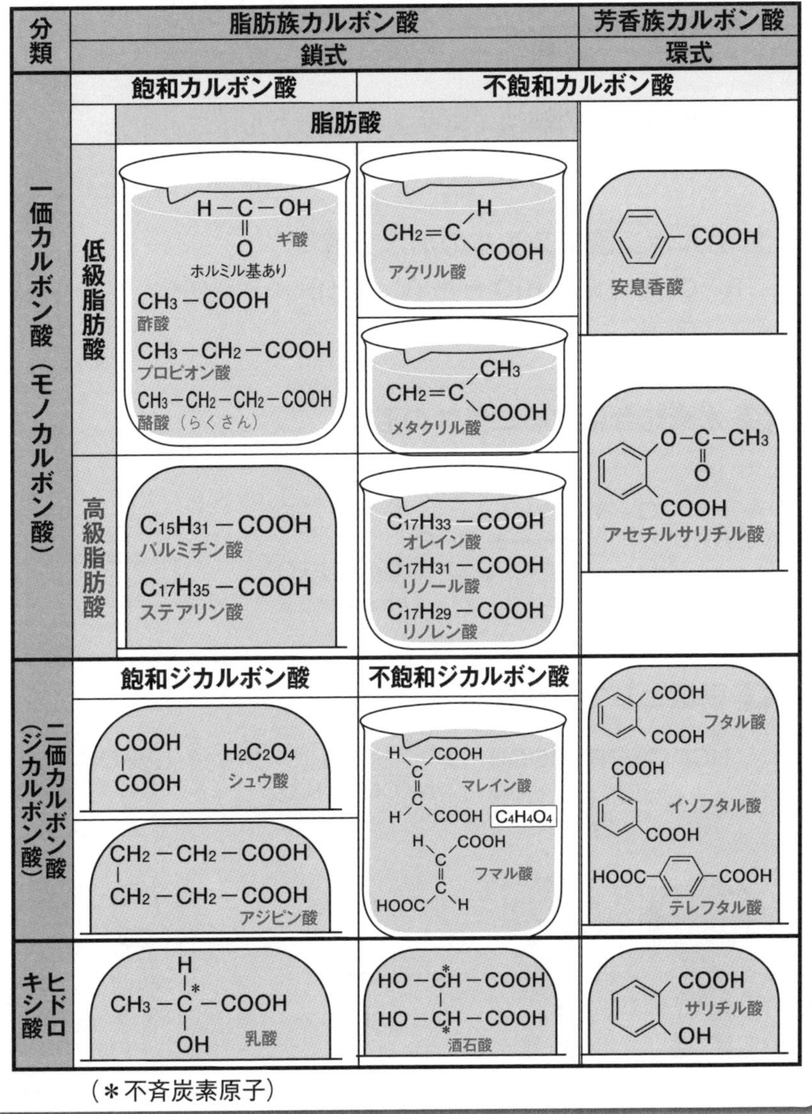

分類		脂肪族カルボン酸（鎖式）：飽和カルボン酸	脂肪族カルボン酸（鎖式）：不飽和カルボン酸	芳香族カルボン酸（環式）
一価カルボン酸（モノカルボン酸）	低級脂肪酸（脂肪酸）	$H-C(=O)-OH$ ギ酸（ホルミル基あり） CH_3-COOH 酢酸 CH_3-CH_2-COOH プロピオン酸 $CH_3-CH_2-CH_2-COOH$ 酪酸（らくさん）	$CH_2=C(H)-COOH$ アクリル酸 $CH_2=C(CH_3)-COOH$ メタクリル酸	C_6H_5-COOH 安息香酸 アセチルサリチル酸（ベンゼン環に $O-C(=O)-CH_3$ と COOH）
	高級脂肪酸（脂肪酸）	$C_{15}H_{31}-COOH$ パルミチン酸 $C_{17}H_{35}-COOH$ ステアリン酸	$C_{17}H_{33}-COOH$ オレイン酸 $C_{17}H_{31}-COOH$ リノール酸 $C_{17}H_{29}-COOH$ リノレン酸	
二価カルボン酸（ジカルボン酸）		飽和ジカルボン酸 COOH–COOH $H_2C_2O_4$ シュウ酸 CH_2-CH_2-COOH / CH_2-CH_2-COOH アジピン酸	不飽和ジカルボン酸 マレイン酸（H, COOH が同じ側：$HC(COOH)=C(H)COOH$） フマル酸（$HC(COOH)=C(H)COOH$, COOH が反対側） $C_4H_4O_4$	フタル酸 イソフタル酸 HOOC–C_6H_4–COOH テレフタル酸
ヒドロキシ酸		$CH_3-C^*H(OH)-COOH$ 乳酸	$HO-C^*H-COOH$ / $HO-C^*H-COOH$ 酒石酸	サリチル酸（ベンゼン環に COOH と OH）

（＊不斉炭素原子）

2 製法

(1) 第一級アルコールの酸化

$$R-CH_2-OH \xrightarrow[\text{酸化}]{-2H} R-\underset{\underset{O}{\|}}{C}-H \xrightarrow[\text{酸化}]{+O} R-COOH$$

(2) 酢酸の工業的製法（メタノールのカルボニル化）

$$CH_3OH + CO \longrightarrow \underset{\text{酢酸}}{CH_3COOH}$$

酢

(3) カルボン酸エステルの加水分解

$$R-\underset{\underset{O}{\|}}{C}-O-R' + H_2O \longrightarrow R-COOH + R'-OH$$

3 水素結合による二量体の形成

$$2R-C\begin{matrix}\diagup O-H\\ \diagdown\!\!\!\!= O\end{matrix} \xrightarrow[\text{会合}]{} R-C\begin{matrix}\diagup O-H \cdots O \diagdown\\ \diagdown O \cdots H-O \diagup\end{matrix}C-R$$

水素結合

カルボン酸の二量体

水素結合により2分子がくっついている！

4 弱酸としての性質

HCl	>	R−COOH	>	H_2CO_3 ($=CO_2+H_2O$)	>	(ベンゼン環)−OH
塩酸		カルボン酸		炭酸		フェノール

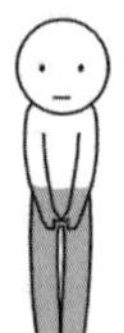

5 カルボン酸無水物の生成

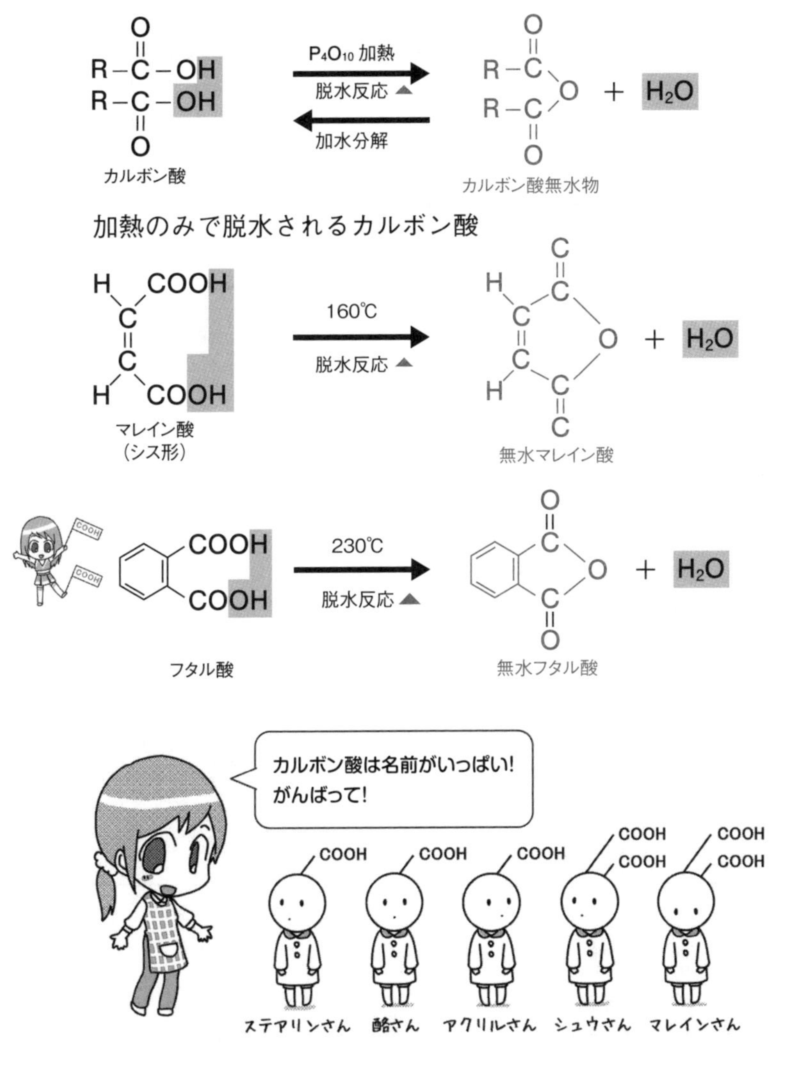

P₄O₁₀ 加熱
脱水反応 △
加水分解
H_2O
カルボン酸
カルボン酸無水物
加熱のみで脱水されるカルボン酸
160℃
脱水反応 △
マレイン酸
(シス形)
無水マレイン酸
230℃
脱水反応 △
フタル酸
無水フタル酸
カルボン酸は名前がいっぱい!
がんばって!
COOH
ステアリンさん
酪さん
アクリルさん
シュウさん
マレインさん

第13章　カルボン酸と無機酸の誘導体

1 カルボン酸誘導体と反応の考え方

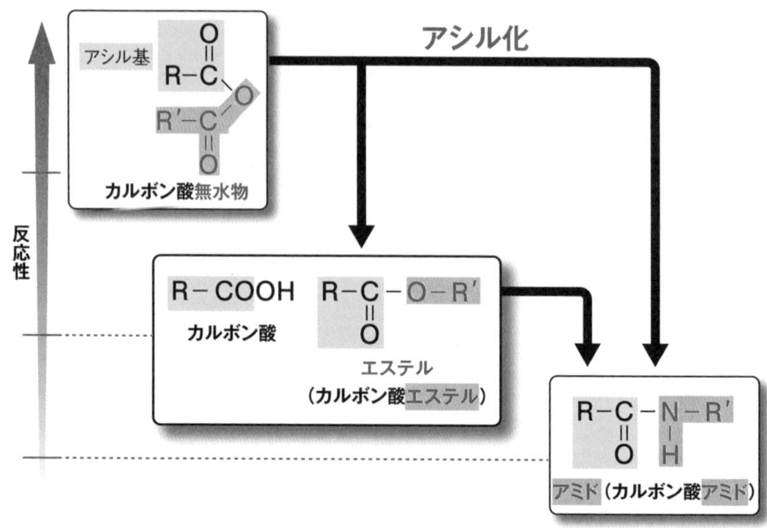

アシル化
アシル基
R−C
O
R′−C
O
カルボン酸無水物
反応性
R− COOH
カルボン酸
R−C−O−R′
O
エステル
(カルボン酸エステル)
R−C−N−R′
O
H
アミド(カルボン酸アミド)

2 カルボン酸エステルの命名

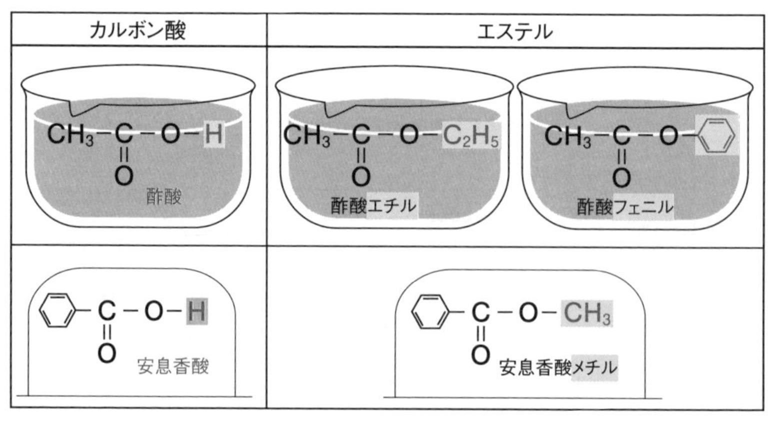

カルボン酸
エステル
CH3−C−O−H
O
酢酸
CH3−C−O−C2H5
O
酢酸エチル
CH3−C−O−
O
酢酸フェニル
C−O−H
O
安息香酸
C−O−CH3
O
安息香酸メチル

3 酢酸エチルの合成

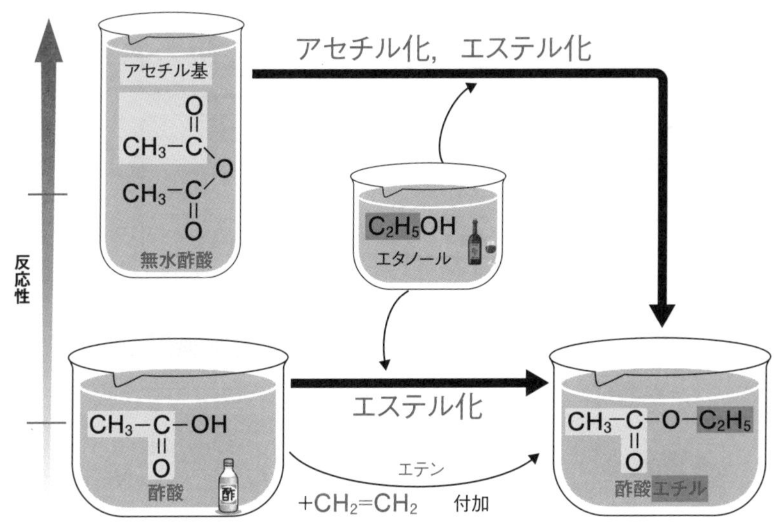
アセチル化，エステル化
アセチル基
$CH_3-CO-O-CO-CH_3$
無水酢酸
反応性
C_2H_5OH
エタノール
$CH_3-C(=O)-OH$
酢酸
酢
エステル化
エテン
$+CH_2=CH_2$
付加
$CH_3-C(=O)-O-C_2H_5$
酢酸エチル

4 無機酸のエステル

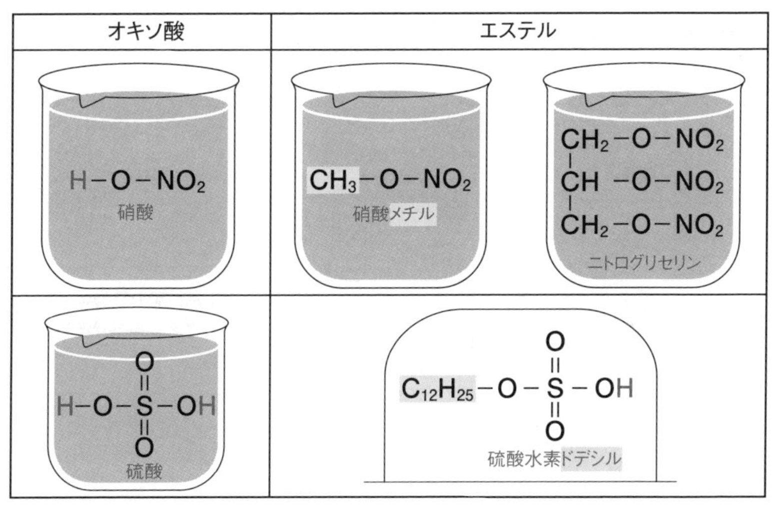
オキソ酸
エステル
$H-O-NO_2$
硝酸
CH_3-O-NO_2
硝酸メチル
CH_2-O-NO_2
$CH-O-NO_2$
CH_2-O-NO_2
ニトログリセリン
$H-O-SO_2-OH$
硫酸
$C_{12}H_{25}-O-SO_2-OH$
硫酸水素ドデシル

3 硝酸エステル，硫酸モノエステルの製法

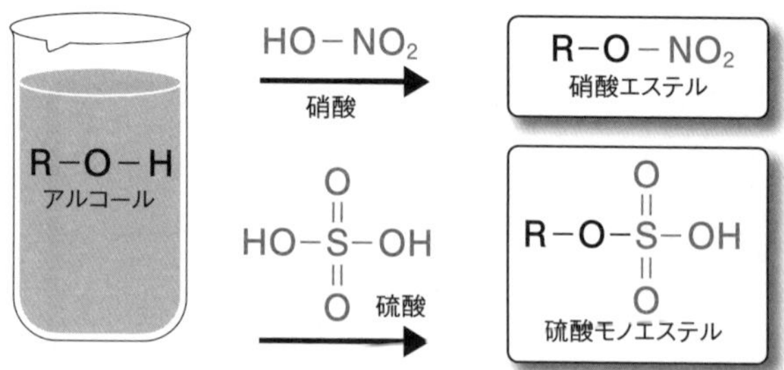
R−O−H
アルコール
HO−NO2
硝酸
R−O−NO2
硝酸エステル
HO−S(=O)(=O)−OH
硫酸
R−O−S(=O)(=O)−OH
硫酸モノエステル

4 カルボン酸アミド（アミド）の分子間水素結合

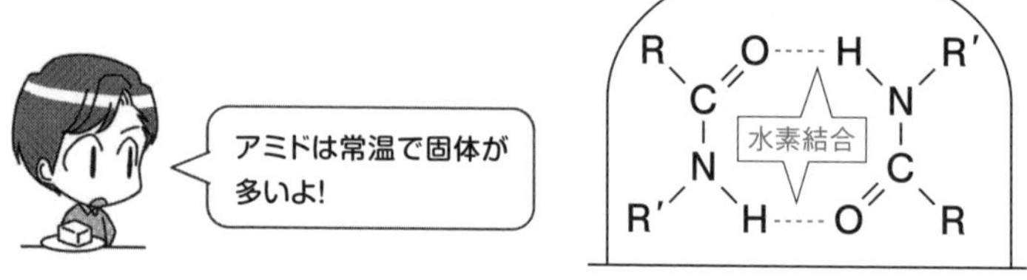
アミドは常温で固体が
多いよ!
水素結合

5 カルボン酸エステルのけん化

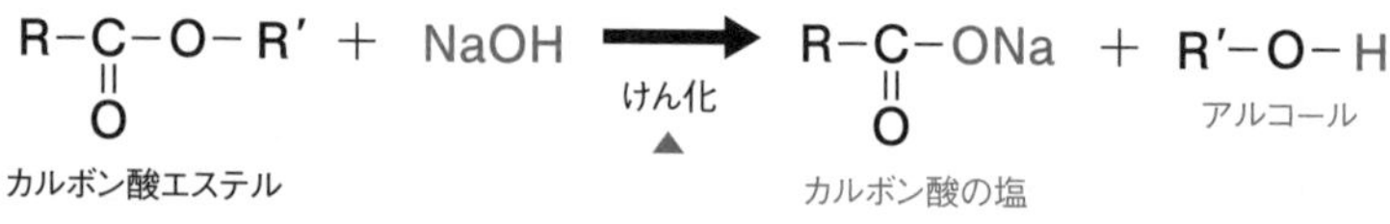
R−C(=O)−O−R′ ＋ NaOH → R−C(=O)−ONa ＋ R′−O−H
けん化
カルボン酸エステル
カルボン酸の塩
アルコール

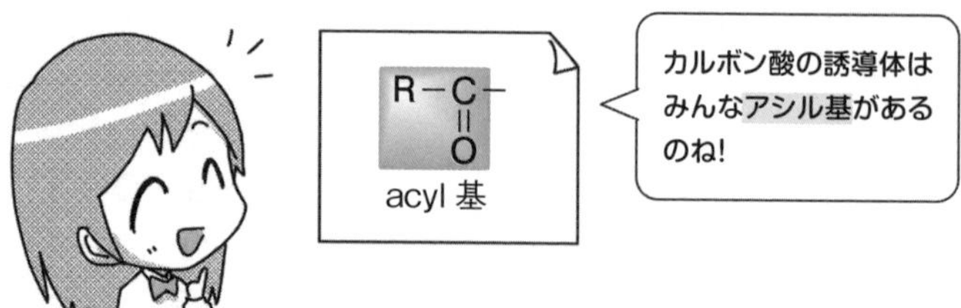
R−C(=O)−
acyl 基
カルボン酸の誘導体は
みんなアシル基がある
のね!

第14章　油脂とセッケン，界面活性剤

1 高級脂肪酸の命名

酸	炭素数	飽和脂肪酸	不飽和脂肪酸
高級脂肪酸	16	$C_{15}H_{31}-COOH$ パルミチン酸	―
高級脂肪酸	18	$C_{17}H_{35}-COOH$ ステアリン酸 (18 16 14 12 10 8 6 4 2 / 17 15 13 11 9 7 5 3 1 C O OH)	$C_{17}H_{33}-COOH$ オレイン酸 (C＝C ×1 シス体) $C_{17}H_{31}-COOH$ リノール酸 (C＝C ×2 シス体) $C_{17}H_{29}-COOH$ リノレン酸 (C＝C ×3 シス体)
分子の表面積		大きい	小さい
分子間力		大きい	小さい

2 油脂の加水分解とけん化

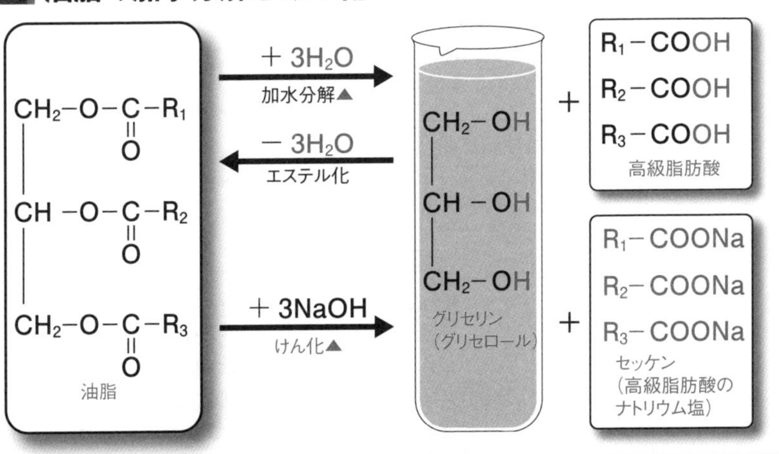

$CH_2-O-C(=O)-R_1$
$CH-O-C(=O)-R_2$
$CH_2-O-C(=O)-R_3$
油脂
$+3H_2O$
加水分解▲
$-3H_2O$
エステル化
$+3NaOH$
けん化▲
CH_2-OH
$CH-OH$
CH_2-OH
グリセリン
（グリセロール）
＋
R_1-COOH
R_2-COOH
R_3-COOH
高級脂肪酸
＋
$R_1-COONa$
$R_2-COONa$
$R_3-COONa$
セッケン
（高級脂肪酸の
ナトリウム塩）

3 油脂の分類

酸		例	構成脂肪酸		性質・用途
			飽和	不飽和	
脂肪油	乾性油	あまに油			空気中で酸化され固化する。油性インク，油絵の具
		ひまわり油			
	半乾性油	大豆油			食用，セッケンの原料
		ゴマ油			
	不乾性油	菜種油			酸化されにくい 潤滑油，化粧品など
		オリーブ油			
硬化油		マーガリン			水素付加した乾燥油（食用）
脂肪		ラード			主に食用油脂（パーム油は洗剤の原料としても広く利用）
		パーム油			
		牛脂			
		バター			セッケンの原料など

飽和脂肪酸　不飽和脂肪酸（オレイン酸）　不飽和脂肪酸（リノール酸，リノレン酸，その他）

4 界面活性剤

(1) 特徴

界面活性剤
表面張力を下げる
長い疎水基と親水基をもつ

(2) 洗浄作用

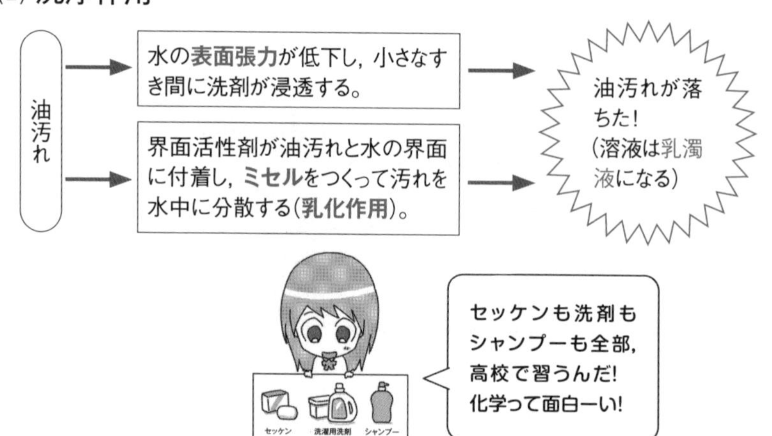

油汚れ
水の表面張力が低下し，小さなすき間に洗剤が浸透する。
界面活性剤が油汚れと水の界面に付着し，ミセルをつくって汚れを水中に分散する(乳化作用)。
油汚れが落ちた!
(溶液は乳濁液になる)
セッケンも洗剤もシャンプーも全部，高校で習うんだ! 化学って面白ーい!
セッケン
洗濯用洗剤
シャンプー

(3) セッケンが硬水中や強酸性溶液中で洗浄力が低下する理由

① **硬水中**…セッケンとCa^{2+}やMg^{2+}が難溶性の塩を生成する。

② **強酸性溶液中**…セッケンは**弱酸**の塩のため**高級脂肪酸**が遊離。

→ ①, ②のどちらも**疎水基**のみになってしまう !!

(4) 界面活性剤の構造と例

分類			液性	硬水や強酸性溶液中	構造（用途）
セッケン			弱塩基性	洗浄力低下	疎水基 親水基 〰〰〰 COO^- Na^+
合成洗剤	中性洗剤	高級アルコール系洗剤	中性	洗浄力は低下し難い	〰〰〰O−S(=O)(=O)−O^- Na^+ （シャンプー）
		ABS 洗剤（LAS 洗剤）			〰〰〰〈ベンゼン環〉−S(=O)(=O)−O^- Na^+ （洗濯洗剤）

5 けん化価とヨウ素価

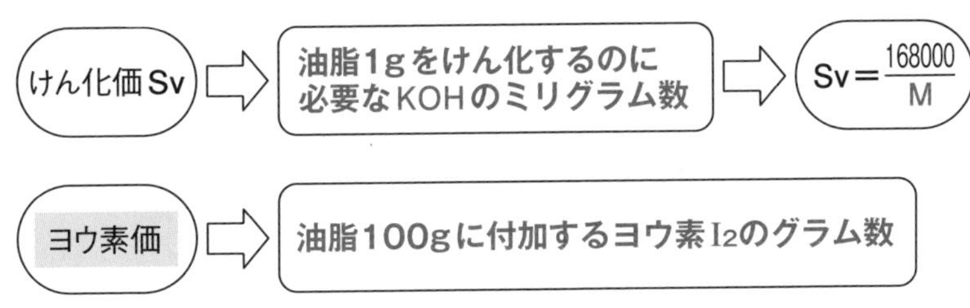

けん化価 Sv
油脂1gをけん化するのに必要なKOHのミリグラム数
$Sv=\frac{168000}{M}$
ヨウ素価
油脂100gに付加するヨウ素I_2のグラム数

Ⅳ　芳香族化合物

第15章　芳香族炭化水素

1 芳香族炭化水素の命名

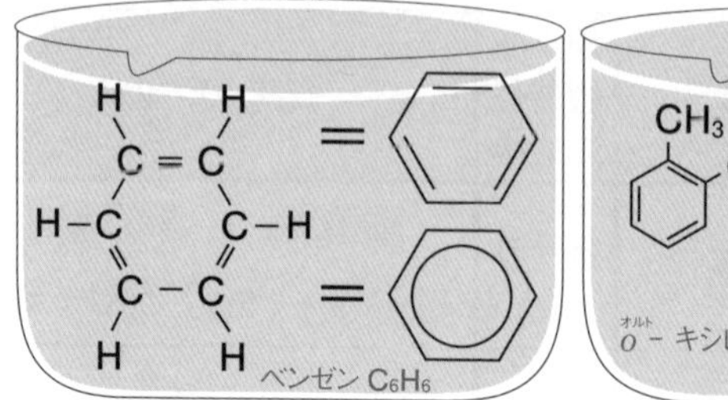
ベンゼン C_6H_6

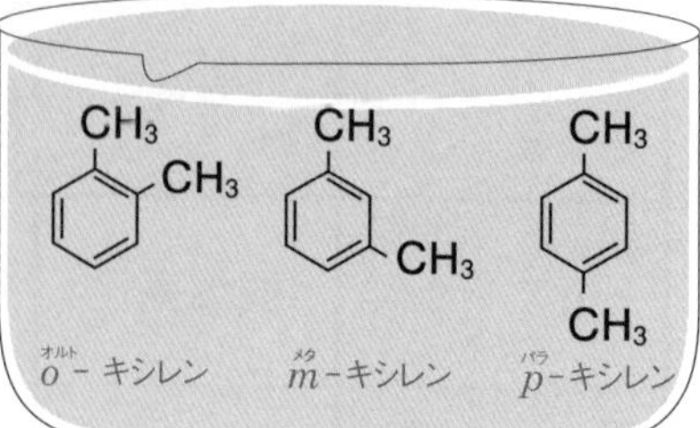
CH_3
CH_3
CH_3
CH_3
CH_3
CH_3
オルト o－キシレン
メタ m－キシレン
パラ p－キシレン

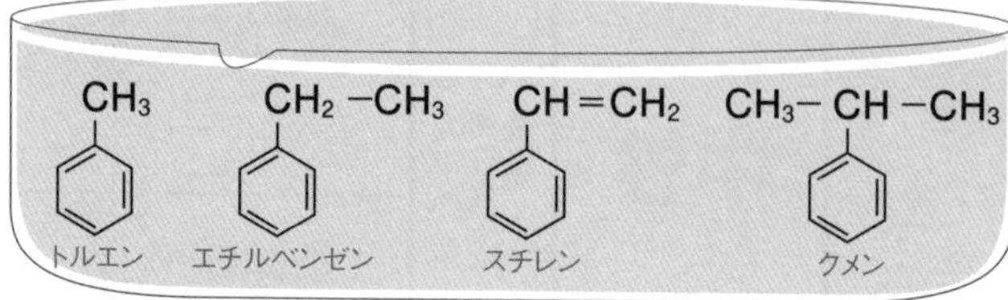
CH_3
CH_2-CH_3
$CH=CH_2$
$CH_3-CH-CH_3$
トルエン
エチルベンゼン
スチレン
クメン

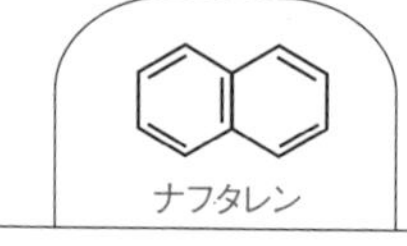
ナフタレン

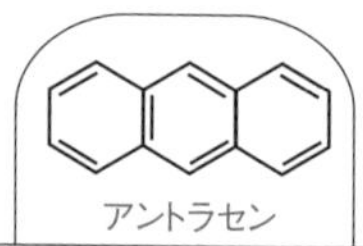
アントラセン

2 C－Cの結合間距離

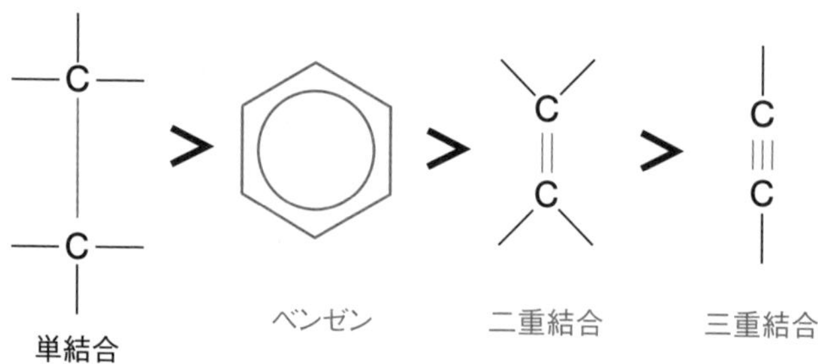
単結合
ベンゼン
二重結合
三重結合

3 ベンゼンの反応系統図

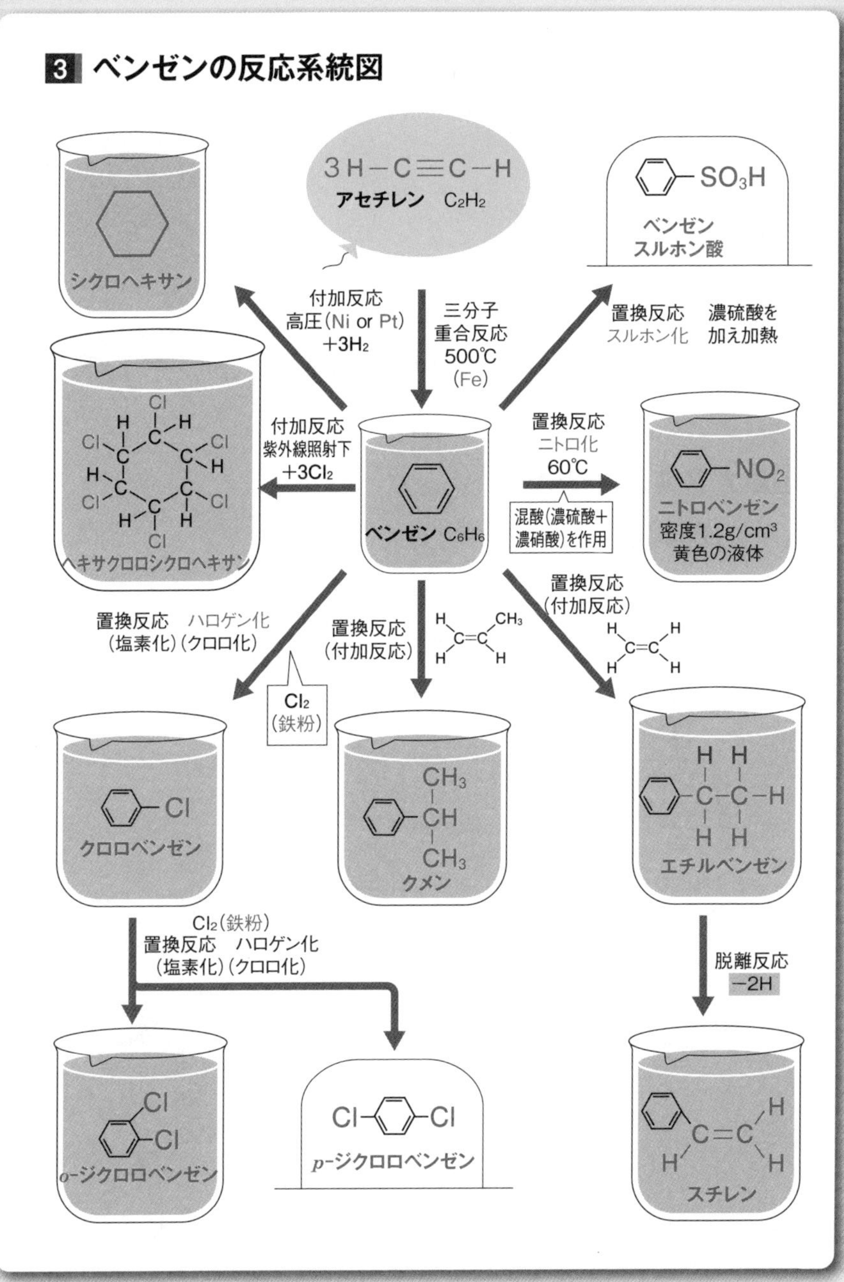
3H−C≡C−H
アセチレン C_2H_2
三分子
重合反応
500℃
(Fe)
ベンゼン C_6H_6
付加反応
高圧(Ni or Pt)
$+3H_2$
シクロヘキサン
付加反応
紫外線照射下
$+3Cl_2$
ヘキサクロロシクロヘキサン
置換反応　濃硫酸を
スルホン化　加え加熱
SO_3H
ベンゼン
スルホン酸
置換反応
ニトロ化
60℃
混酸(濃硫酸＋
濃硝酸)を作用
NO_2
ニトロベンゼン
密度$1.2g/cm^3$
黄色の液体
置換反応　ハロゲン化
(塩素化)(クロロ化)
Cl_2
(鉄粉)
Cl
クロロベンゼン
置換反応
(付加反応)
CH_3
CH
CH_3
クメン
置換反応
(付加反応)
エチルベンゼン
Cl_2(鉄粉)
置換反応　ハロゲン化
(塩素化)(クロロ化)
o-ジクロロベンゼン
p-ジクロロベンゼン
脱離反応
−2H
スチレン

4 トルエンの反応系統図

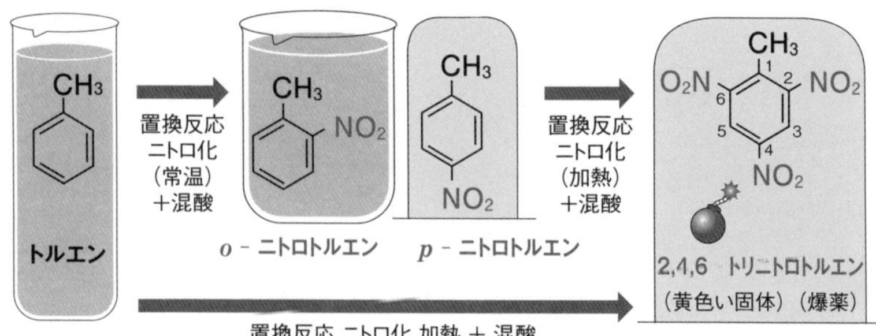

CH3
トルエン
置換反応
ニトロ化
（常温）
＋混酸
CH3
NO2
o－ニトロトルエン
CH3
NO2
p－ニトロトルエン
置換反応
ニトロ化
（加熱）
＋混酸
CH3
O2N
NO2
NO2
1
2
3
4
5
6
2,4,6－トリニトロトルエン
（黄色い固体）（爆薬）
置換反応 ニトロ化 加熱 ＋ 混酸

5 ナフタレンの構造

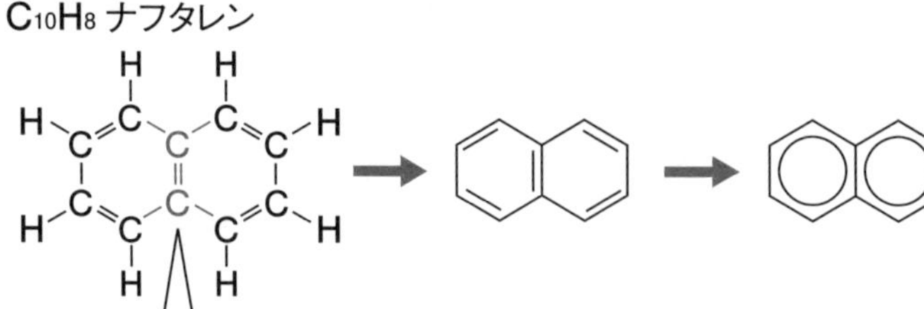

C10H8 ナフタレン
H
C

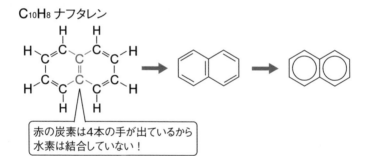

赤の炭素は4本の手が出ているから
水素は結合していない！

ナフタレンの 1 置換体 →2 種類の構造異性体しかない！

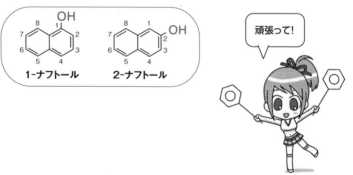

OH
1-ナフトール

OH
2-ナフトール

頑張って！

第16章　フェノール類

1 フェノール類の命名

名称	フェノール	*o*-クレゾール	*m*-クレゾール	*p*-クレゾール
構造	OH	CH_3 OH	CH_3 OH	CH_3 OH
名称	サリチル酸	サリチル酸メチル	1-ナフトール	2-ナフトール
構造	OH COOH	OH $C-O-CH_3$ ‖ O	OH 1 2 3 4 5 6 7 8	1 OH 2 3 4 5 6 7 8
名称	2, 4, 6-トリブロモフェノール	ピクリン酸		
	OH Br Br Br 1 2 3 4 5 6	OH O_2N NO_2 NO_2 (黄色の固体)		

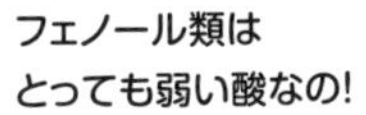
フェノール類は
とっても弱い酸なの!

でも, ピクリン酸だけは
強酸だからね!

2 フェノールの製法

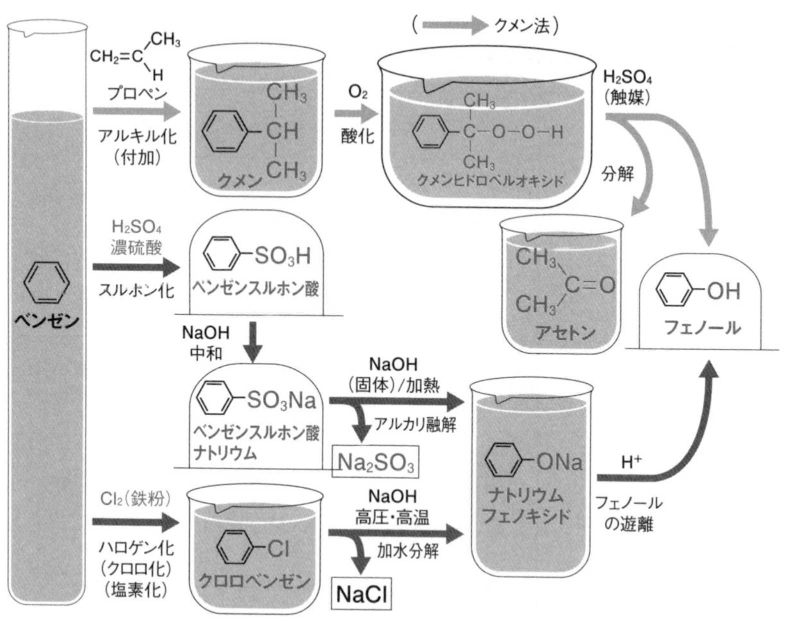

（→クメン法）
$CH_2=C(CH_3)H$
プロペン
アルキル化
（付加）
クメン
O_2
酸化
クメンヒドロペルオキシド
H_2SO_4
（触媒）
分解
アセトン
フェノール
H_2SO_4
濃硫酸
スルホン化
ベンゼンスルホン酸
ベンゼン
NaOH
中和
ベンゼンスルホン酸ナトリウム
NaOH
（固体）/加熱
アルカリ融解
Na_2SO_3
ナトリウムフェノキシド
H^+
フェノールの遊離
Cl_2（鉄粉）
ハロゲン化
（クロロ化）
（塩素化）
クロロベンゼン
NaOH
高圧・高温
加水分解
NaCl

3 フェノールの反応

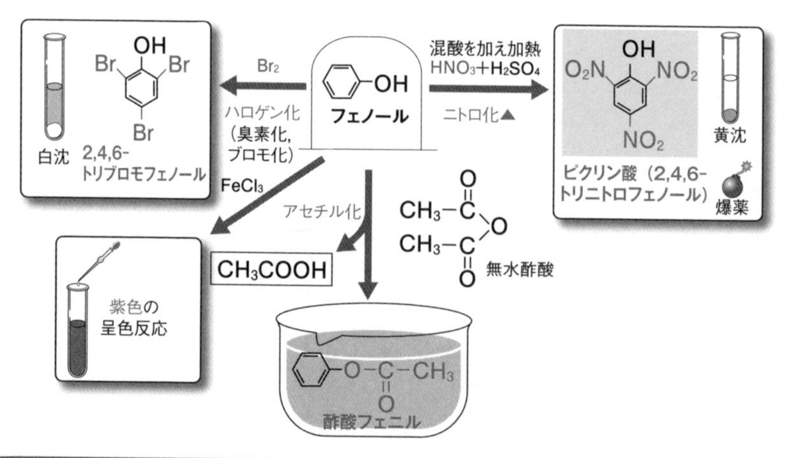

Br_2
ハロゲン化
（臭素化，ブロモ化）
白沈
2,4,6-トリブロモフェノール
フェノール
混酸を加え加熱
$HNO_3+H_2SO_4$
ニトロ化▲
黄沈
ピクリン酸（2,4,6-トリニトロフェノール）
爆薬
$FeCl_3$
紫色の呈色反応
アセチル化
CH_3COOH
無水酢酸
酢酸フェニル

第17章　芳香族カルボン酸と医薬品

1 芳香族カルボン酸の命名

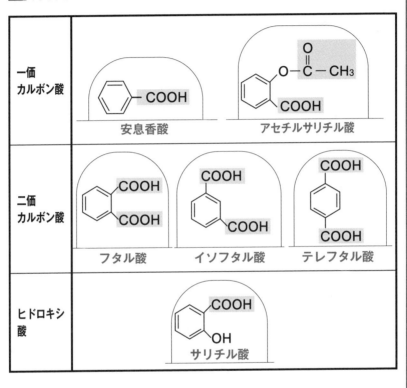

一価 カルボン酸	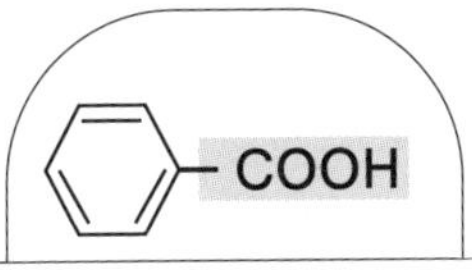 安息香酸（C_6H_5-COOH）／アセチルサリチル酸（COOH と O-C(=O)-CH_3） 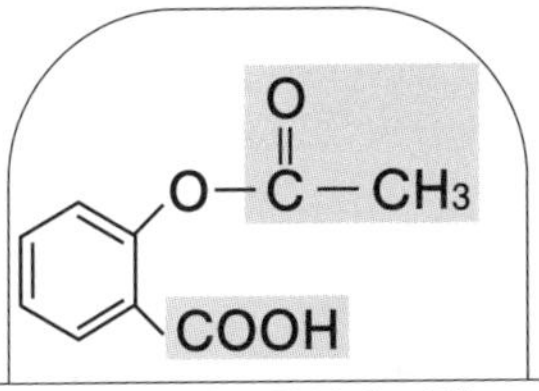
二価 カルボン酸	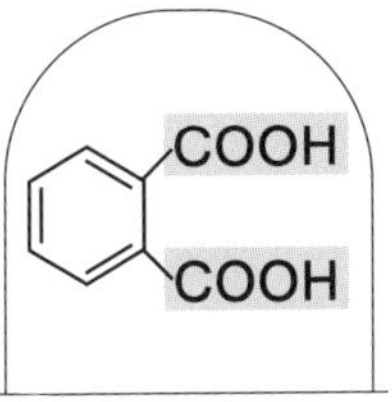 フタル酸（COOH, COOH）／イソフタル酸（COOH, COOH）／テレフタル酸（COOH, COOH） 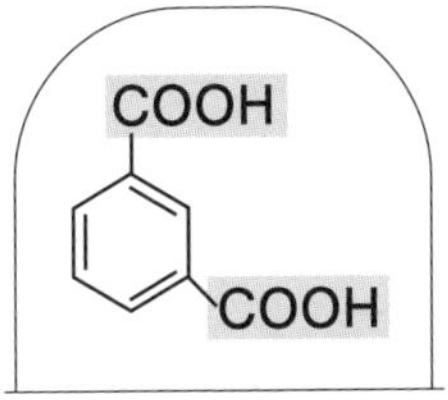 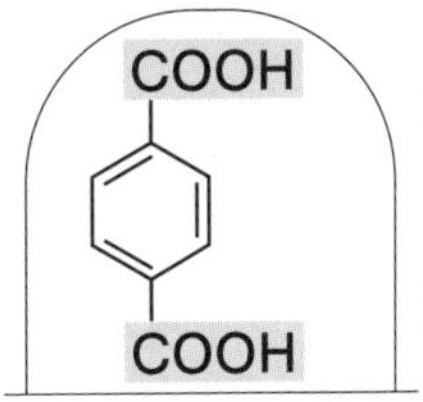
ヒドロキシ 酸	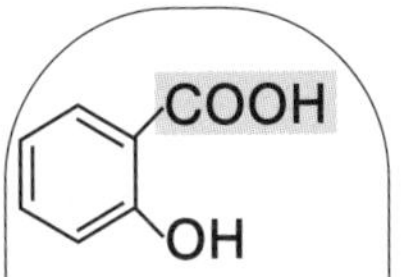 サリチル酸（COOH, OH）

COOH
COOH
フタル酸といえば
脱水よね!

2 芳香族カルボン酸の製法

(1) 安息香酸の製法

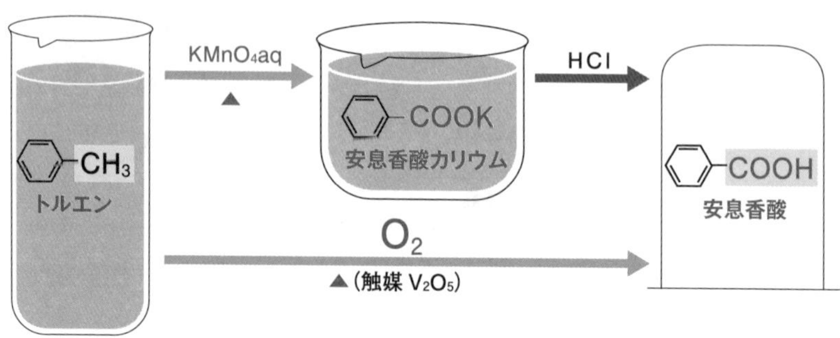

KMnO4aq
▲
COOK
安息香酸カリウム
HCl
CH3
トルエン
COOH
安息香酸
O2
▲(触媒 V2O5)

(2) フタル酸の製法

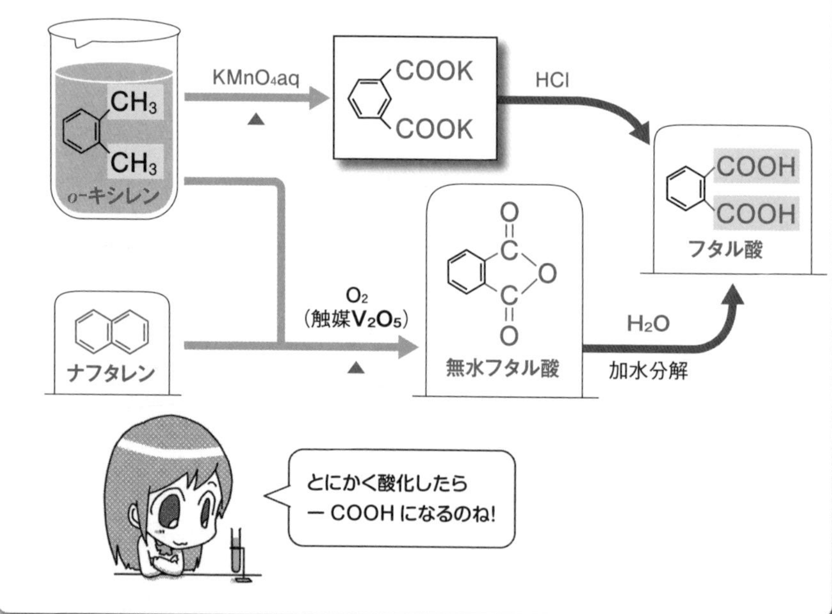

KMnO4aq
▲
CH3
CH3
o-キシレン
COOK
COOK
HCl
COOH
COOH
フタル酸
ナフタレン
O2
(触媒V2O5)
▲
O
C
O
C
O
無水フタル酸
H2O
加水分解
とにかく酸化したら
ーCOOH になるのね!

3 サリチル酸の製法と医薬品の合成

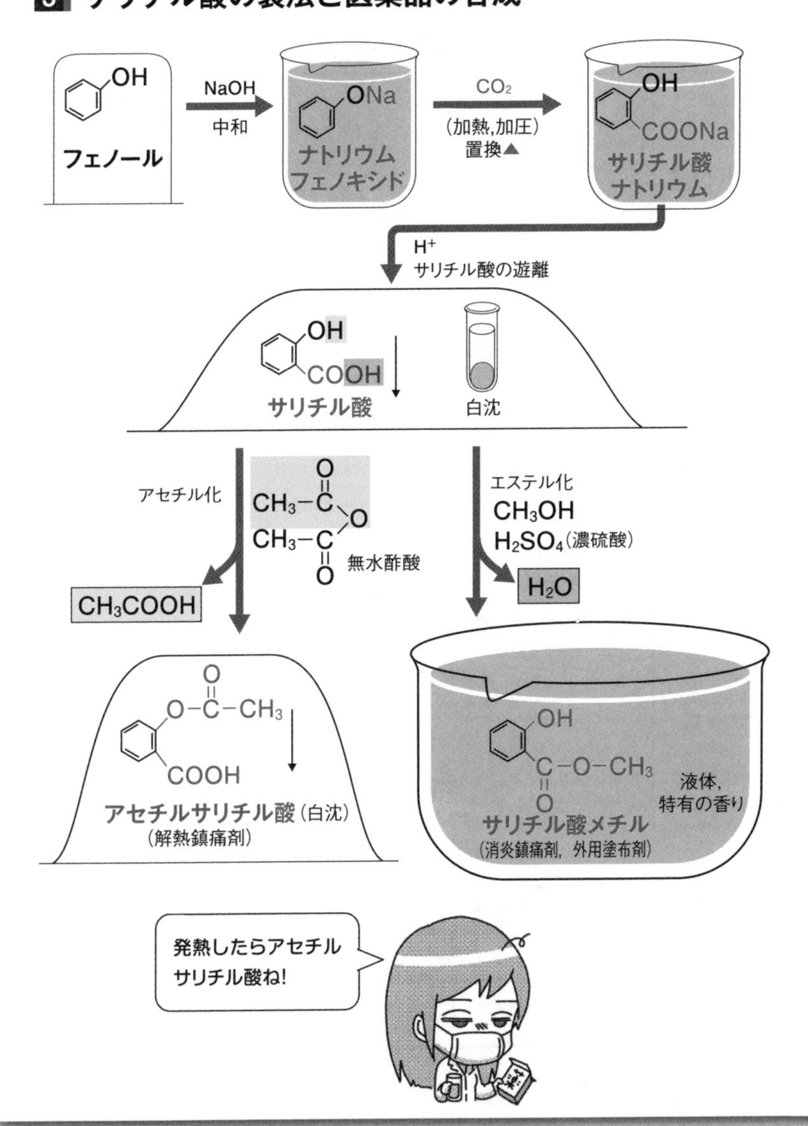
OH
フェノール
NaOH
中和
ONa
ナトリウム
フェノキシド
CO2
(加熱,加圧)
置換▲
OH
COONa
サリチル酸
ナトリウム
H+
サリチル酸の遊離
OH
COOH
サリチル酸
白沈
アセチル化
CH3−C(=O)
O
CH3−C(=O)
無水酢酸
CH3COOH
エステル化
CH3OH
H2SO4(濃硫酸)
H2O
O−C(=O)−CH3
COOH
アセチルサリチル酸(白沈)
(解熱鎮痛剤)
OH
C(=O)−O−CH3
液体,
特有の香り
サリチル酸メチル
(消炎鎮痛剤, 外用塗布剤)
発熱したらアセチル
サリチル酸ね!

第18章　窒素を含む芳香族化合物と染料

1 窒素を含む芳香族化合物の命名

官能基	官能基を含む芳香族化合物
$-NO_2$ ニトロ基	ニトロベンゼン（黄色）／2,4,6-トリニトロトルエン（爆薬，黄色）／2,4,6-トリニトロフェノール（ピクリン酸，爆薬）
$-NH_2$ アミノ基 $-N(H)-C(=O)-$ アミド結合	アニリン／アセトアニリド
$-N^+{\equiv}N$ $-NH_3^+$	塩化ベンゼンジアゾニウム（$=C_6H_5N_2Cl$）／アニリン塩酸塩（塩化アニリニウム）$C_6H_5NH_3Cl$
$-N=N-$ アゾ基 $C_6H_5-N=N-$ フェニルアゾ基	芳香族アゾ化合物 メチルオレンジ $(CH_3)_2N-C_6H_4-N=N-C_6H_4-SO_3Na$ *p*-フェニルアゾフェノール（*p*-ヒドロキシアゾベンゼン） 4-フェニルアゾ-1-ナフトール 1-フェニルアゾ-2-ナフトール

2 アニリンの製法

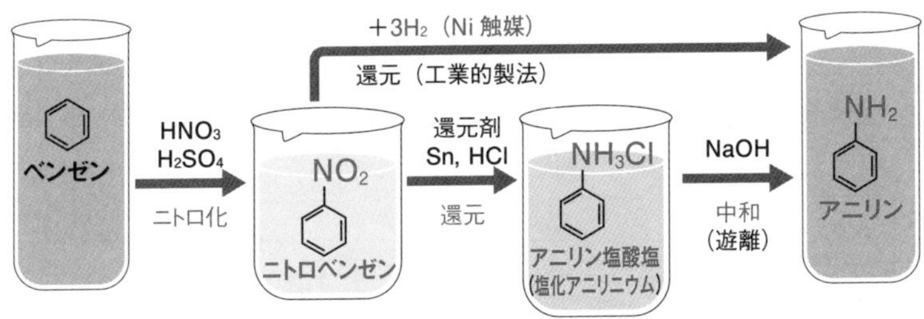

＋3H_2（Ni 触媒）
還元（工業的製法）
ベンゼン
HNO_3
H_2SO_4
ニトロ化
NO_2
ニトロベンゼン
還元剤
Sn, HCl
還元
NH_3Cl
アニリン塩酸塩
（塩化アニリニウム）
NaOH
中和
（遊離）
NH_2
アニリン

3 アニリンの呈色反応

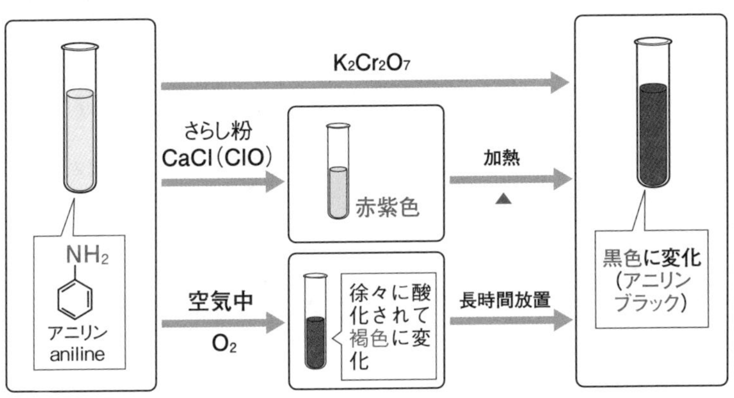

$K_2Cr_2O_7$
さらし粉
CaCl（ClO）
赤紫色
加熱
▲
NH_2
アニリン
aniline
空気中
O_2
徐々に酸化されて褐色に変化
長時間放置
黒色に変化
（アニリンブラック）

4 アニリンの反応

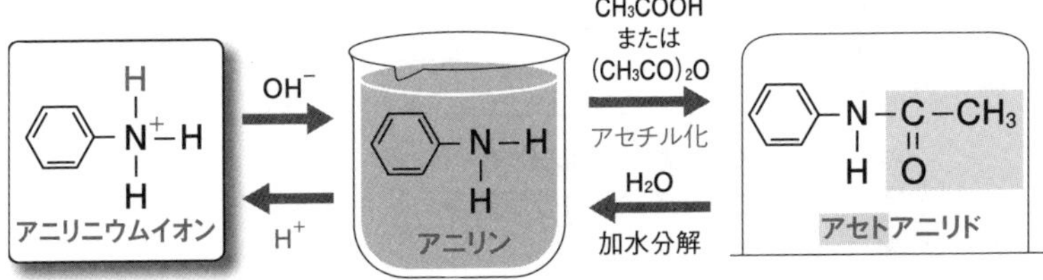

アニリニウムイオン
OH^-
H^+
アニリン
CH_3COOH
または
$(CH_3CO)_2O$
アセチル化
H_2O
加水分解
アセトアニリド

5 アゾ染料の合成

$C_6H_5-NH-H + NaNO_2 + 2HCl \longrightarrow 2H_2O + NaCl + C_6H_5-N^+\equiv N\ Cl^-$

$C_6H_5-N^+\equiv N\ Cl^- + C_6H_5-ONa \longrightarrow C_6H_5-N=N-C_6H_4-OH + NaCl$

アニリン（$C_6H_5-NH_2$）→ ジアゾ化（$NaNO_2$, HCl）→ 塩化ベンゼンジアゾニウム（$C_6H_5-N^+\equiv N\ Cl^-$）0〜5℃に氷冷

氷

（ジアゾ）カップリング（C_6H_5-ONa）→ $C_6H_5-N=N-C_6H_4-OH$

p-フェニルアゾフェノール
（*p*-ヒドロキシアゾベンゼン）

（ジアゾ）カップリング（NaO-ナフタレン）→ 1-フェニルアゾ-2-ナフトール

5℃以上 → フェノール（C_6H_5-OH）＋ N_2

$C_6H_5-N^+\equiv N\ Cl^- + H_2O \longrightarrow C_6H_5-OH + HCl + N_2$

$C_6H_5-N^+\equiv N\ Cl^- + C_{10}H_7-ONa \longrightarrow$ 1-フェニルアゾ-2-ナフトール（HO、1〜8の位置番号）$+ NaCl$

塗料ってフェニルアゾ基が入っているものが多いのね!

第19章　芳香族化合物の分離

1 酸の強さと反応

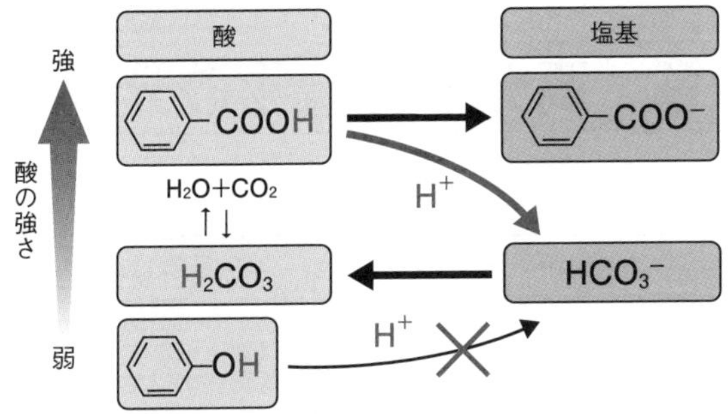

酸
塩基
強
酸の強さ
弱
-COOH
-COO⁻
H_2O+CO_2
H^+
H_2CO_3
HCO_3^-
-OH
H^+

2 有機化合物の分離

(benzene ring)$-NH_2$＋ HClaq (benzene ring)$-NO_2$ (benzene ring)$-COOH$ (benzene ring)$-OH$ エーテル溶液

＋HClaq

(benzene ring)$-NH_3^+Cl^-$ 水層

(benzene ring)$-NO_2$ (benzene ring)$-COOH$ (benzene ring)$-OH$ エーテル層

＋NaOHaq＋エーテル

Na^+Cl^- 水層

(benzene ring)$-NH_2$ エーテル層

＋$NaHCO_3$aq

CO_2

(benzene ring)$-COO^-Na^+$ 水層

(benzene ring)$-NO_2$ (benzene ring)$-OH$ エーテル層

＋HClaq

(benzene ring)$-COOH$ 白色沈殿

＋NaOHaq

(benzene ring)$-O^-Na^+$ 水層

(benzene ring)$-NO_2$ エーテル層

＋HClaq＋エーテル

Na^+Cl^- 水層

(benzene ring)$-OH$ エーテル層

パズルみたいで
楽しい!

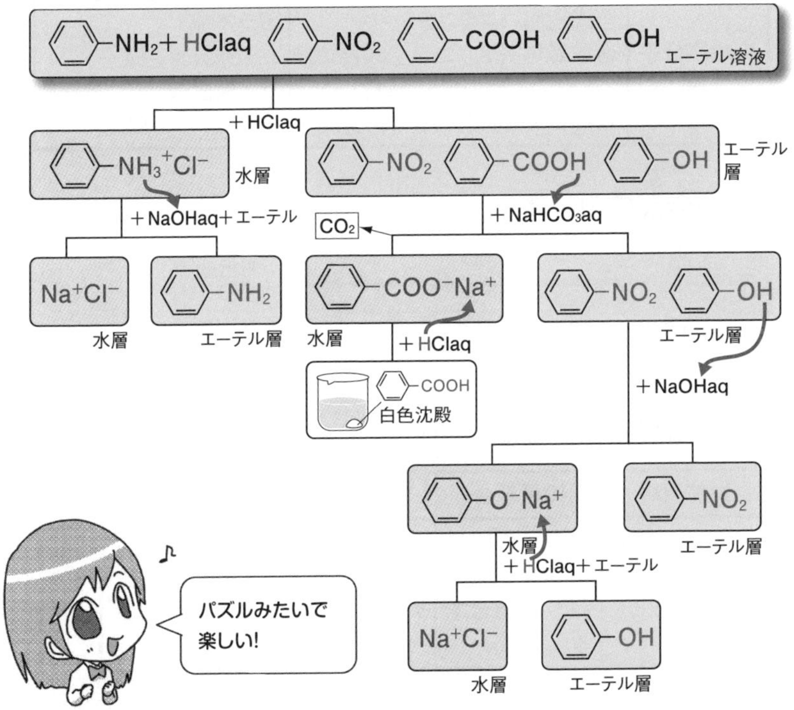

V　高分子化合物の基本と天然高分子化合物

第20章　高分子化合物の分類

1 分類

	有機高分子化合物	無機高分子化合物
天然高分子化合物	核酸（ポリヌクレオチド） 多糖類（デンプン,セルロースなど） タンパク質（ポリペプチド） 天然ゴム（ポリイソプレンなど）	石英（二酸化ケイ素 SiO_2） 水晶（SiO_2） 長石，雲母 アスベスト
合成高分子化合物	合成樹脂（プラスチック） 合成繊維（ポリエステル繊維，ポリアミド繊維） 合成ゴム（ポリブタジエンなど）	ガラス（SiO_2 が主成分） ケイ素樹脂（シリコーン樹脂）

2 重合反応の考え方

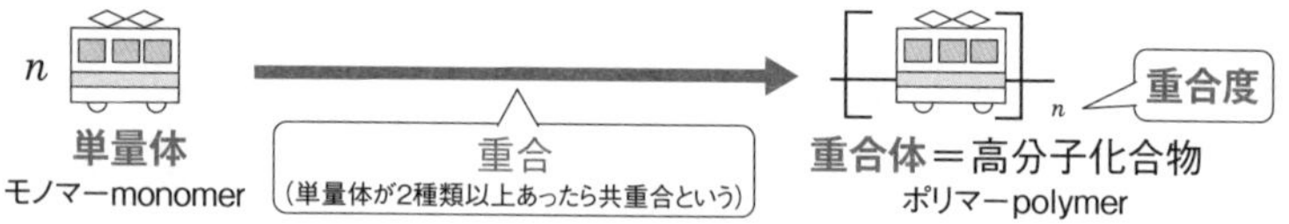

n
単量体
モノマーmonomer
重合
（単量体が2種類以上あったら共重合という）
n
重合度
重合体＝高分子化合物
ポリマーpolymer

3 反応機構による重合の分類

付加重合	開環重合	縮合重合	付加縮合
不飽和結合（π結合）が切れて重合する。	単量体の環状構造が切れて鎖状に結合する。	H_2O などの小さな分子が取れて重合する。	付加と縮合をくり返して重合する。

第21章　糖類と炭水化物

1 糖類(炭水化物)の分類

$C_n(H_2O)_n$	アルドース (aldose)	ケトース (ketose)
五炭糖 (ペントース) (pentose) $C_5(H_2O)_5$	アルドペントース (aldopentose)	ケトペントース (ketopentose)
	D−リボース	
六炭糖 (ヘキソース) (hexose) $C_6(H_2O)_6$	アルドヘキソース (aldohexose)	ケトヘキソース (ketohexose)
	D−グルコース (ブドウ糖) D−ガラクトース	D−フルクトース (果糖)

2 単糖の構造

(1) D−グルコース (ブドウ糖)

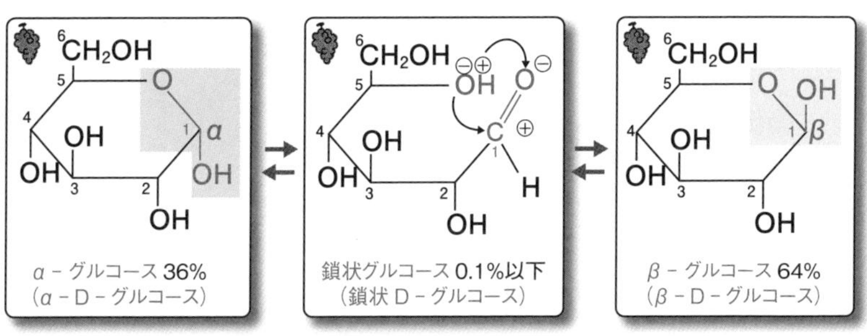

α−グルコース 36%
(α−D−グルコース)
鎖状グルコース 0.1%以下
(鎖状 D−グルコース)
β−グルコース 64%
(β−D−グルコース)

(2) D−ガラクトース

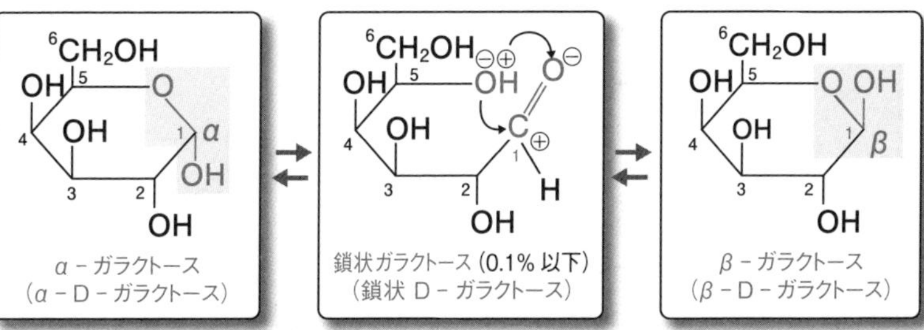

α−ガラクトース
(α−D−ガラクトース)
鎖状ガラクトース (0.1% 以下)
(鎖状 D−ガラクトース)
β−ガラクトース
(β−D−ガラクトース)

(3) D-フルクトース（果糖）

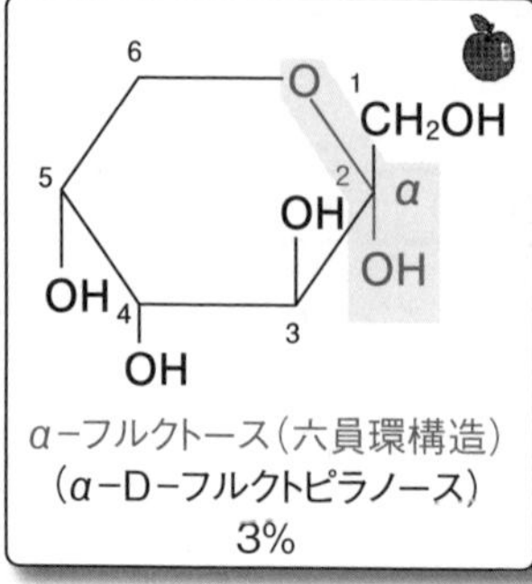
6
O
1
CH2OH
5
2
α
OH
OH
OH
4
3
OH
α-フルクトース（六員環構造）
（α-D-フルクトピラノース）
3%

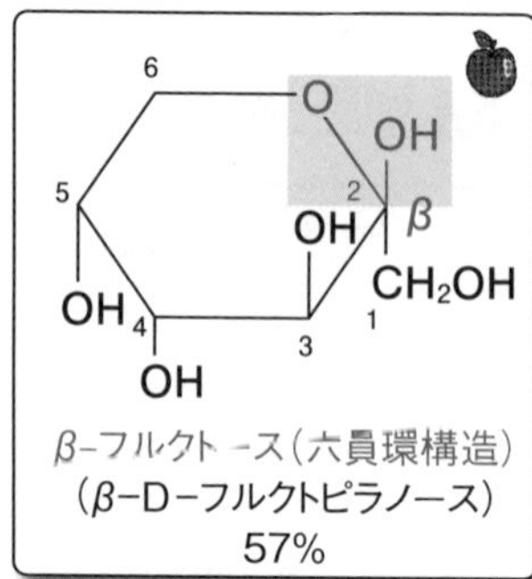
6
O
OH
5
2
β
OH
CH2OH
OH
4
3
1
OH
β-フルクトース（六員環構造）
（β-D-フルクトピラノース）
57%

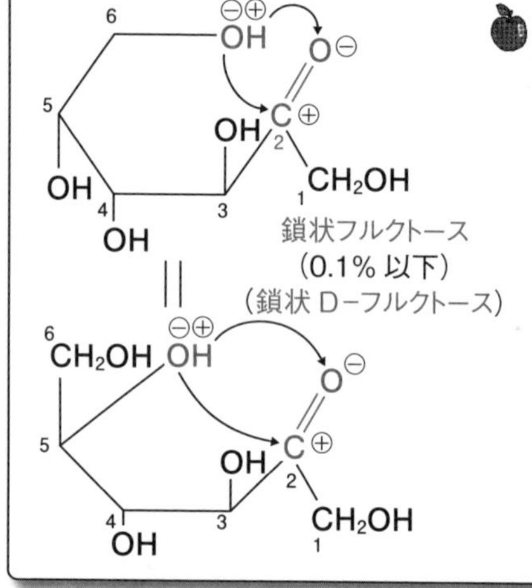
6
⊖⊕
OH
O⊖
5
C⊕
OH
2
CH2OH
OH
4
3
1
OH
||
6
⊖⊕
CH2OH OH
O⊖
5
C⊕
OH
2
CH2OH
4
3
OH
1
鎖状フルクトース
（0.1% 以下）
（鎖状 D-フルクトース）

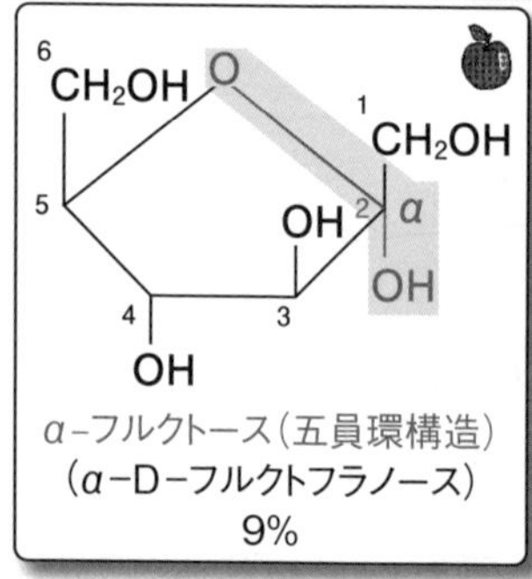
6
CH2OH
O
1
CH2OH
5
OH
2
α
OH
4
3
OH
α-フルクトース（五員環構造）
（α-D-フルクトフラノース）
9%

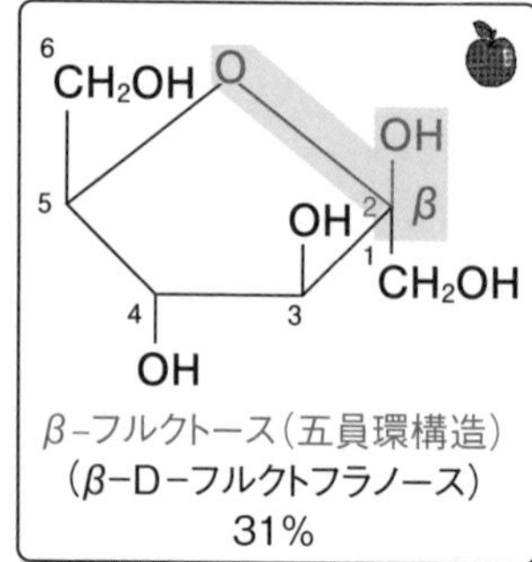
6
CH2OH
O
OH
5
OH
2
β
1
CH2OH
4
3
OH
β-フルクトース（五員環構造）
（β-D-フルクトフラノース）
31%

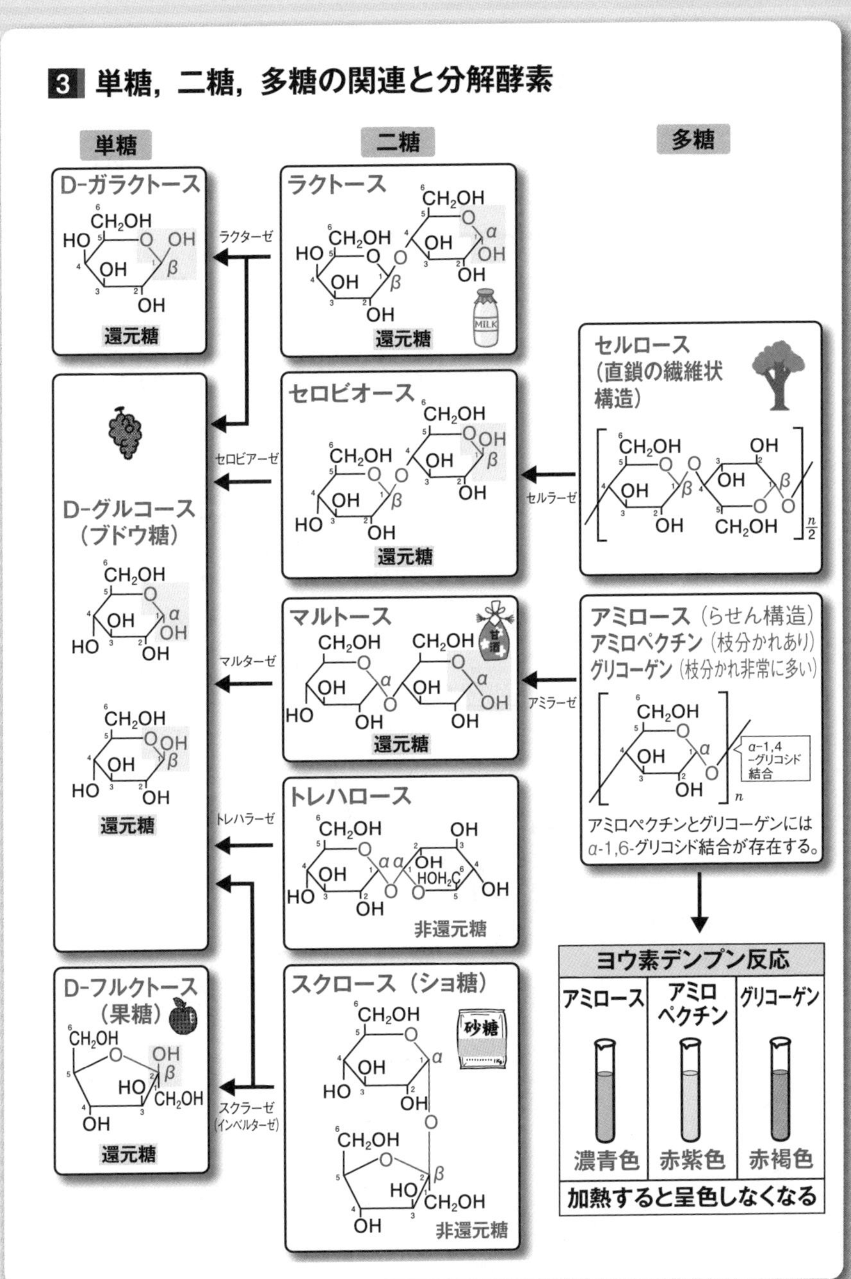
3 単糖，二糖，多糖の関連と分解酵素
単糖
二糖
多糖
D-ガラクトース
還元糖
ラクトース
還元糖
ラクターゼ
MILK
セルロース
(直鎖の繊維状
構造)
セロビオース
還元糖
セロビアーゼ
セルラーゼ
D-グルコース
(ブドウ糖)
還元糖
マルトース
還元糖
マルターゼ
アミロース（らせん構造）
アミロペクチン（枝分かれあり）
グリコーゲン（枝分かれ非常に多い）
アミラーゼ
α-1,4
-グリコシド
結合
アミロペクチンとグリコーゲンには
α-1,6-グリコシド結合が存在する。
トレハロース
非還元糖
トレハラーゼ
ヨウ素デンプン反応
アミロース
アミロ
ペクチン
グリコーゲン
濃青色
赤紫色
赤褐色
加熱すると呈色しなくなる
D-フルクトース
(果糖)
還元糖
スクロース（ショ糖）
砂糖
非還元糖
スクラーゼ
(インベルターゼ)

4 セルロースの誘導体

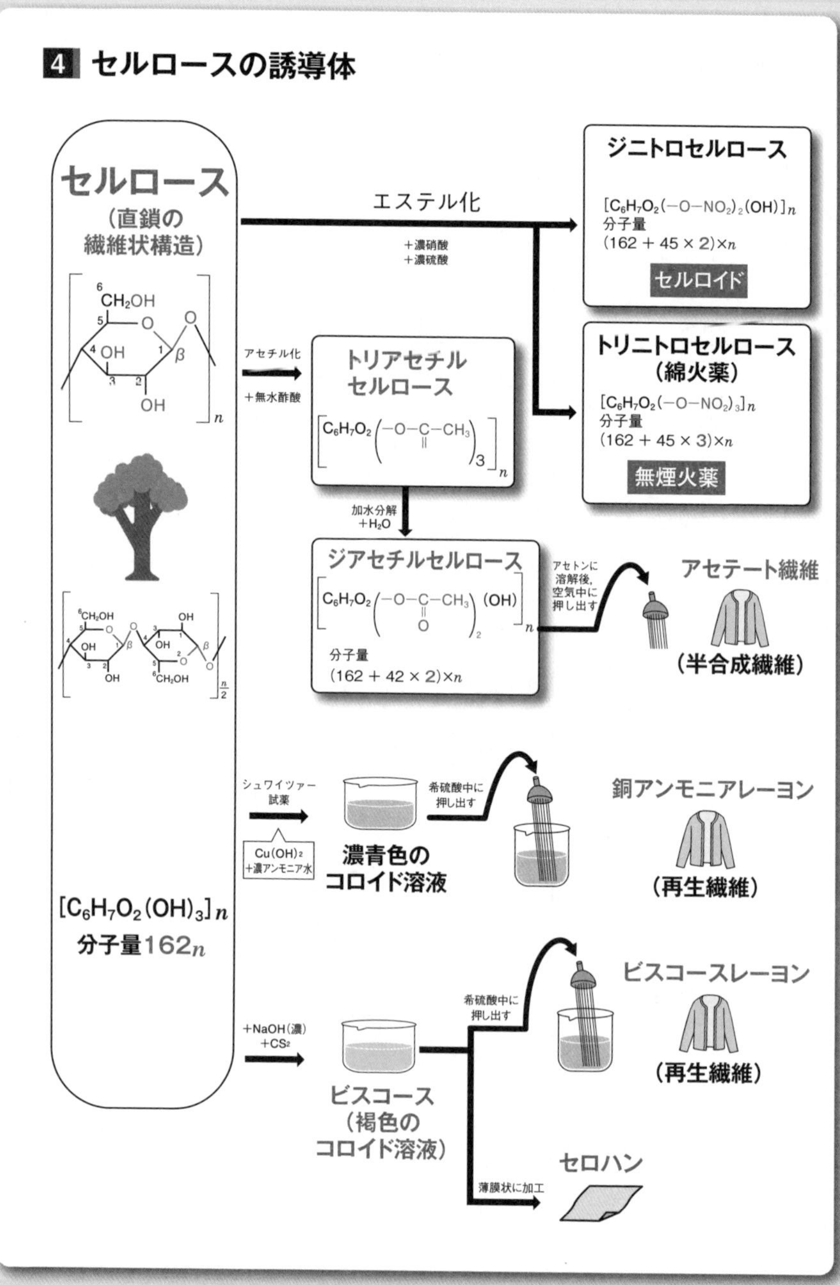

セルロース
(直鎖の
繊維状構造)
$[C_6H_7O_2(OH)_3]_n$
分子量162n
エステル化
+濃硝酸
+濃硫酸
ジニトロセルロース
$[C_6H_7O_2(-O-NO_2)_2(OH)]_n$
分子量
(162 + 45 × 2)×n
セルロイド
トリニトロセルロース
(綿火薬)
$[C_6H_7O_2(-O-NO_2)_3]_n$
分子量
(162 + 45 × 3)×n
無煙火薬
アセチル化
+無水酢酸
トリアセチルセルロース
加水分解
$+H_2O$
ジアセチルセルロース
分子量
(162 + 42 × 2)×n
アセトンに
溶解後,
空気中に
押し出す
アセテート繊維
(半合成繊維)
シュワイツァー
試薬
$Cu(OH)_2$
+濃アンモニア水
濃青色の
コロイド溶液
希硫酸中に
押し出す
銅アンモニアレーヨン
(再生繊維)
+NaOH(濃)
$+CS_2$
ビスコース
(褐色の
コロイド溶液)
希硫酸中に
押し出す
ビスコースレーヨン
(再生繊維)
薄膜状に加工
セロハン

第22章　アミノ酸とタンパク質

1 α-アミノ酸の構造

$$H_2N-\overset{\displaystyle H}{\underset{\displaystyle Ⓡ}{\overset{|}{\underset{|}{C^{\alpha}}}}}-COOH$$

タンパク質を構成するα-アミノ酸の構造
約20種類

2 アミノ酸の電荷と電気泳動

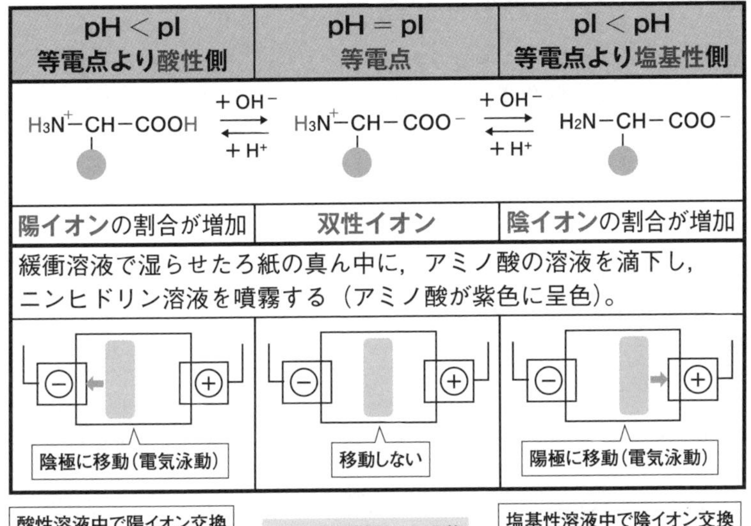

pH < pI 等電点より酸性側	pH = pI 等電点	pI < pH 等電点より塩基性側
$H_3N^+-CH(Ⓡ)-COOH$ $\underset{+H^+}{\overset{+OH^-}{\rightleftarrows}}$	$H_3N^+-CH(Ⓡ)-COO^-$ $\underset{+H^+}{\overset{+OH^-}{\rightleftarrows}}$	$H_2N-CH(Ⓡ)-COO^-$
陽イオンの割合が増加	双性イオン	陰イオンの割合が増加
緩衝溶液で湿らせたろ紙の真ん中に，アミノ酸の溶液を滴下し，ニンヒドリン溶液を噴霧する（アミノ酸が紫色に呈色）。		
⊖ ⊕ 陰極に移動（電気泳動）	⊖ ⊕ 移動しない	⊖ ⊕ 陽極に移動（電気泳動）

酸性溶液中で陽イオン交換樹脂に吸着 ← イオン交換樹脂への吸着 → 塩基性溶液中で陰イオン交換樹脂に吸着

3 ペプチド

(1) ペプチドとはペプチド結合をもつ化合物

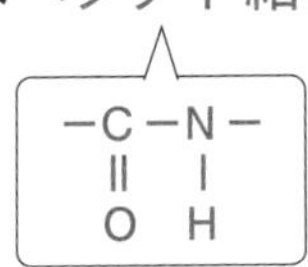
−C−N−
‖　|
O　H

復習も忘れずにね

(2) ペプチドの分類

製法	ペプチドの名称	ビウレット反応
アミノ酸2つが縮合	ジペプチド	陰性
アミノ酸3つが縮合	トリペプチド	陽性(赤紫色)
アミノ酸4つが縮合	テトラペプチド	
⋮	⋮	
多くのアミノ酸が縮合	ポリペプチド	

4 タンパク質の構造と分類

(1) 構造

一次構造…アミノ酸配列

二次構造・三次構造・四次構造 } 高次構造 ← **水素結合**や**ジスルフィド結合**(−S−S−)によって保たれる

(2) 分類

分類		例		
単純タンパク質	球状タンパク質	アルブミン	グロブリン	グルテリン
		卵白，血清		小麦，米
	繊維状タンパク質	ケラチン	コラーゲン	フィブロイン
		毛，爪	軟骨，皮膚(ゼラチン)	絹，クモの糸
複合タンパク質		糖タンパク質	リンタンパク質	
		ムチン(唾液中)	カゼイン(牛乳中)	
		色素タンパク質	リポタンパク質	
		ヘモグロビン(血液中)	HDL，LDL(脂質を含む)	

5 タンパク質の凝固

●塩析…タンパク質は**親水コロイド**なので，多量の塩を加えると**塩析**する

●**変性**…熱や強酸，強塩基，重金属イオン，有機溶媒などを加えることで立体構造が変化して凝固する。

6 タンパク質，アミノ酸の検出反応

反応	検出される構造または元素	操作	結果
ニンヒドリン反応	アミノ酸	ニンヒドリンを加える	紫色
キサントプロテイン反応	ベンゼン環	① 濃硝酸	黄色（ニトロ化）
		② NH_3	橙黄色
ビウレット反応	トリペプチド以上のペプチド	① NaOH（濃） ② $CuSO_4$	赤紫色
硫黄の検出	S	① NaOH（濃） ② $(CH_3COO)_2Pb$	黒色沈殿（PbS）

7 酵素

タンパク質でできているため，加熱や pH によって変性する。そのため**最適温度**，**最適 pH** をもつ。また，**基質特異性**をもつ。

▼いろいろな酵素の基質とその働き

酵　素	基　質	生成物
マルターゼ	マルトース →	グルコース×2
セロビアーゼ	セロビオース →	グルコース×2
ラクターゼ	ラクトース →	グルコース＋ガラクトース
スクラーゼ（インベルターゼ）	スクロース →	グルコース＋フルクトース
アミラーゼ	アミロース →	マルトース× n
セルラーゼ	セルロース →	セロビオース× n
カタラーゼ	$2H_2O_2$ →	$2H_2O + O_2$
ペプシン／トリプシン	タンパク質 →	ペプチド
ペプチダーゼ	ペプチド →	アミノ酸

第23章　核　酸

1 ヌクレオチドと核酸

<table>
<tr><th colspan="2"></th><th colspan="3">RNA</th><th colspan="2">DNA</th></tr>
<tr><td rowspan="3">ヌクレオチドの構成</td><td>酸</td><td colspan="5">リン酸 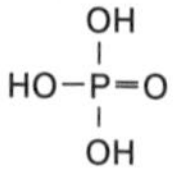　HO−P(=O)(OH)−OH</td></tr>
<tr><td>糖</td><td colspan="3">β-リボース
（β-D-リボース） 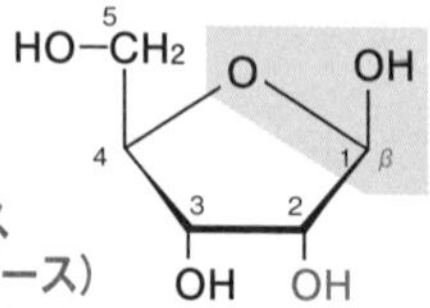</td><td colspan="2">β-デオキシリボース
（β-D-2-デオキシリボース） 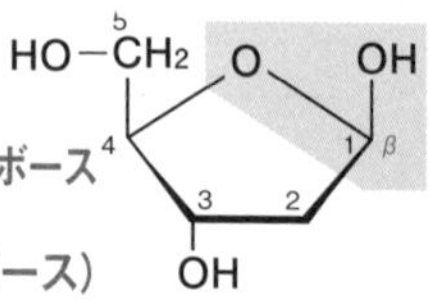</td></tr>
<tr><td>塩基</td><td>ウラシル
(U) 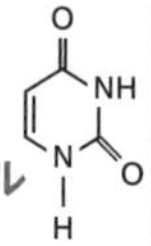</td><td colspan="2">アデニン (A) 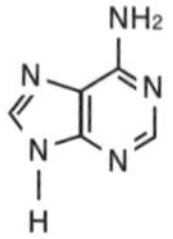　グアニン (G) 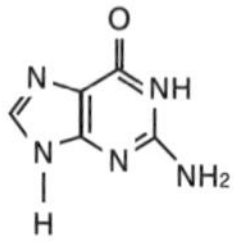　シトシン (C) 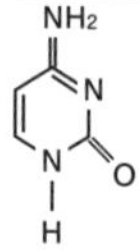</td><td colspan="2">チミン
(T) 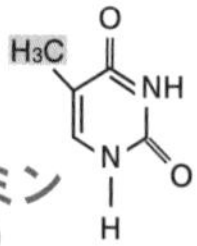</td></tr>
<tr><td colspan="2">ヌクレオチド</td><td colspan="3">ヌクレオチド
(RNA) 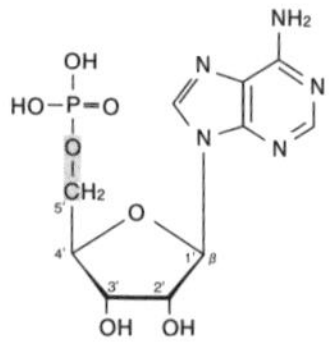</td><td colspan="2">ヌクレオチド
(DNA) 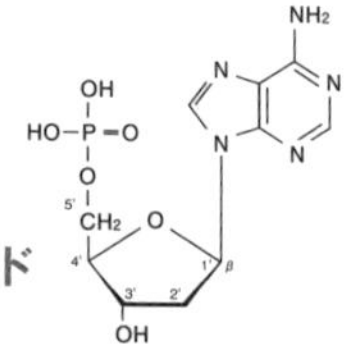</td></tr>
<tr><td colspan="2">ポリヌクレオチド</td><td colspan="3">RNA 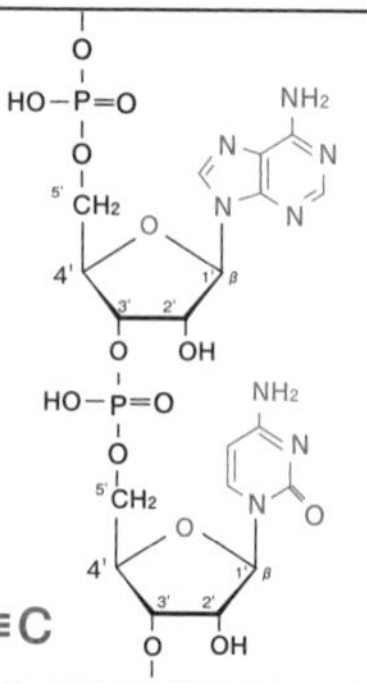
塩基の対
A=UとG≡C</td><td colspan="2">DNA 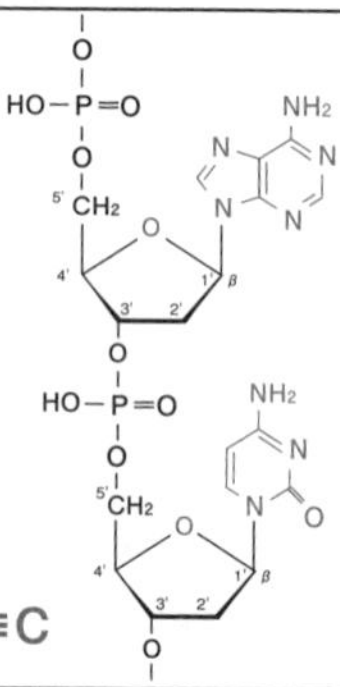
塩基の対
A=TとG≡C</td></tr>
<tr><td colspan="2">構造</td><td colspan="3">一本鎖（らせん構造）</td><td colspan="2">二重らせん構造</td></tr>
<tr><td colspan="2">働き</td><td colspan="3">タンパク質合成に関わる</td><td colspan="2">遺伝子の本体</td></tr>
</table>

2 RNA

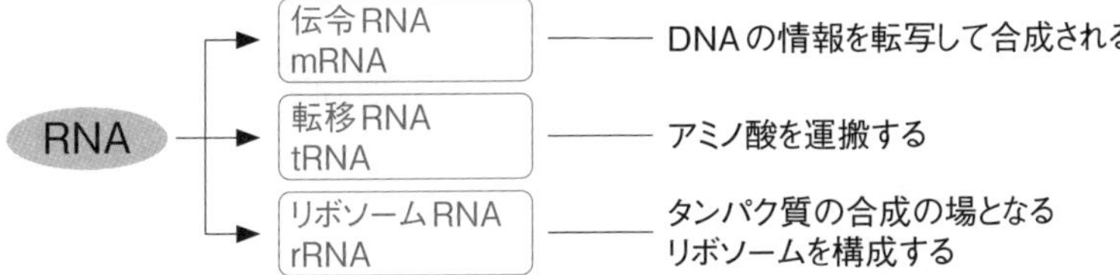
RNA
伝令RNA
mRNA
DNAの情報を転写して合成される
転移RNA
tRNA
アミノ酸を運搬する
リボソームRNA
rRNA
タンパク質の合成の場となる
リボソームを構成する

3 DNAの塩基対

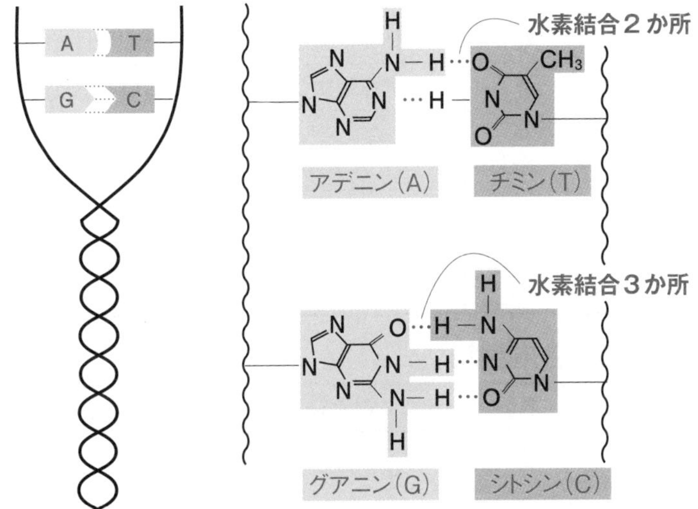

A T
G C

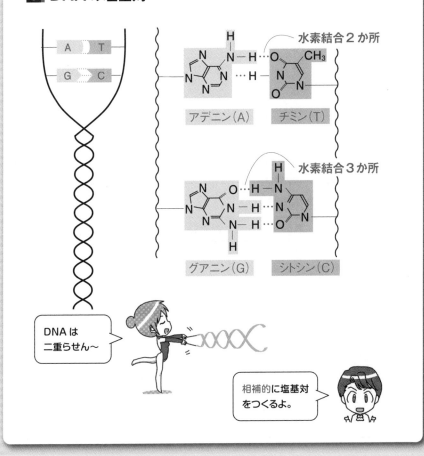

水素結合2か所

アデニン(A)　チミン(T)

水素結合3か所

グアニン(G)　シトシン(C)

DNAは
二重らせん〜

相補的に塩基対
をつくるよ。

Ⅵ　合成高分子化合物

第24章　合成繊維

1 繊維の分類

分類			例
有機繊維	天然繊維	動物繊維	絹，羊毛（タンパク質）
		植物繊維	綿，麻（多糖類）
	化学繊維	再生繊維	ビスコースレーヨン，銅アンモニアレーヨン
		半合成繊維	アセテート繊維
		合成繊維	**ポリアクリロニトリル**，**ビニロン**など（付加重合で合成）
			ポリエステル系繊維（縮合重合で合成）
			ポリアミド系繊維＝ナイロン（縮合重合，開環重合で合成）
無機繊維			ガラス繊維，炭素繊維

2 代表的な合成繊維

分類	原料	重合様式	繊維の構造
ポリエステル	テレフタル酸 $HOOC-C_6H_4-COOH$ エチレングリコール $HO-CH_2-CH_2-OH$	縮合重合	ポリエチレンテレフタラート $\left[-\underset{\underset{O}{\|}}{C}-C_6H_4-\underset{\underset{O}{\|}}{C}-O-CH_2-CH_2-O-\right]_n$
ポリアミド	テレフタル酸ジクロリド $Cl-\underset{\underset{O}{\|}}{C}-C_6H_4-\underset{\underset{O}{\|}}{C}-Cl$ *p*-フェニレンジアミン $H-\underset{\underset{H}{\|}}{N}-C_6H_4-\underset{\underset{H}{\|}}{N}-H$		ポリ-*p*-フェニレンテレフタルアミド $\left[-\overset{\overset{H}{\|}}{N}-C_6H_4-\overset{\overset{H}{\|}}{N}-\underset{\underset{O}{\|}}{C}-C_6H_4-\underset{\underset{O}{\|}}{C}-\right]_n$

分類	原料	重合様式	繊維の構造
ポリアミド	アジピン酸 $HOOC{-}(CH_2)_4{-}COOH$ ヘキサメチレンジアミン $H{-}NH{-}(CH_2)_6{-}NH{-}H$	縮合重合	ナイロン66 $\left[{-}\underset{\|\|}{\overset{}{C}}{-}(CH_2)_4{-}\underset{\|\|}{C}{-}NH{-}(CH_2)_6{-}NH{-} \right]_n$ (C=O)
	ε-カプロラクタム $H_2C(CH_2{-}CH_2)_2C(=O){-}NH$（環状）	開環重合	ナイロン6 $\left[{-}NH{-}(CH_2)_5{-}C(=O){-} \right]_n$
アクリル繊維	アクリロニトリル $CH_2{=}C(H){-}C{\equiv}N$	付加重合	ポリアクリロニトリル $\left[{-}CH_2{-}CH(C{\equiv}N){-} \right]_n$ ↓ ▲ 炭素繊維

3 ビニロン

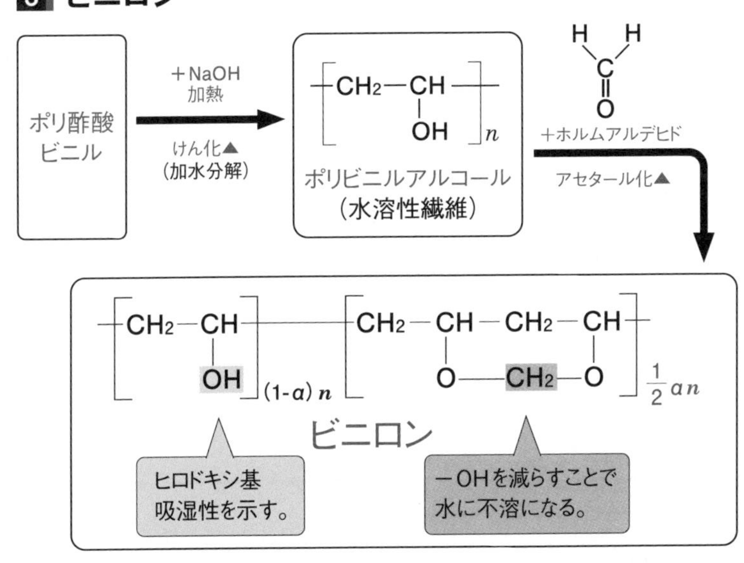

ポリ酢酸ビニル
＋NaOH
加熱
けん化▲
（加水分解）
$\left[{-}CH_2{-}CH(OH){-} \right]_n$
ポリビニルアルコール
（水溶性繊維）
＋ホルムアルデヒド
アセタール化▲
$\left[{-}CH_2{-}CH(OH){-} \right]_{(1-\alpha)n} \left[{-}CH_2{-}CH{-}CH_2{-}CH{-} (O{-}CH_2{-}O) \right]_{\frac{1}{2}\alpha n}$
ビニロン
ヒロドキシ基
吸湿性を示す。
－OHを減らすことで
水に不溶になる。

第25章　合成樹脂

1 樹脂（プラスチック）の分類

分類		構造
樹脂（プラスチック）	**熱可塑性樹脂**	直鎖状構造（一次元状構造）
	熱硬化性樹脂	立体網目状構造

2 熱可塑性樹脂

樹脂名	略号	単量体	重合様式	重合体
ポリエチレン	PE	エテン（エチレン） $H_2C=CH_2$	付加重合	$\left[CH_2-CH_2 \right]_n$
ポリプロピレン	PP	プロペン（プロピレン） $H_2C=CH-CH_3$		$\left[CH_2-CH(CH_3) \right]_n$
ポリ塩化ビニル	PVC	塩化ビニル $H_2C=CH-Cl$		$\left[CH_2-CH(Cl) \right]_n$
ポリスチレン	PS	スチレン $H_2C=CH-C_6H_5$		$\left[CH_2-CH(C_6H_5) \right]_n$
ポリメタクリル酸メチル	PMMA	メタクリル酸メチル $H_2C=C(CH_3)-C(=O)-O-CH_3$		$\left[CH_2-C(CH_3)(C(=O)-O-CH_3) \right]_n$
ポリ酢酸ビニル	PVAc	酢酸ビニル $H_2C=CH-O-C(=O)-CH_3$		$\left[CH_2-CH(O-C(=O)-CH_3) \right]_n$
ポリテトラフルオロエチレン	PTFE	テトラフルオロエチレン $F_2C=CF_2$		$\left[CF_2-CF_2 \right]_n$

樹脂名	略号	単量体	重合様式	重合体
ポリエチレンテレフタラート	PET	テレフタル酸 $HOOC-C_6H_4-COOH$ エチレングリコール $HO-CH_2-CH_2-OH$	縮合重合	$\left[\underset{\underset{O}{\Vert}}{C}-C_6H_4-\underset{\underset{O}{\Vert}}{C}-O-(CH_2)_2-O \right]_n$
ナイロン66	PA66	アジピン酸 $HOOC-(CH_2)_4-COOH$ ヘキサメチレンジアミン $H-\underset{\underset{H}{\vert}}{N}-(CH_2)_6-\underset{\underset{H}{\vert}}{N}-H$	縮合重合	$\left[\underset{\underset{O}{\Vert}}{C}-(CH_2)_4-\underset{\underset{O}{\Vert}}{C}-\underset{\underset{H}{\vert}}{N}-(CH_2)_6-\underset{\underset{H}{\vert}}{N} \right]_n$
ポリカーボネート	PC	ホスゲン $Cl-\underset{\underset{O}{\Vert}}{C}-Cl$ ビスフェノールA $HO-C_6H_4-\overset{\overset{CH_3}{\vert}}{\underset{\underset{CH_3}{\vert}}{C}}-C_6H_4-OH$	縮合重合	$\left[O-C_6H_4-\overset{\overset{CH_3}{\vert}}{\underset{\underset{CH_3}{\vert}}{C}}-C_6H_4-O-\underset{\underset{O}{\Vert}}{C} \right]_n$

ストッキングのナイロンも，PET ボトルのポリエチレンテレフタラートも，プラスチックコップのポリカーボネートも，全部，縮合重合でできているんだ！

3 熱硬化性樹脂

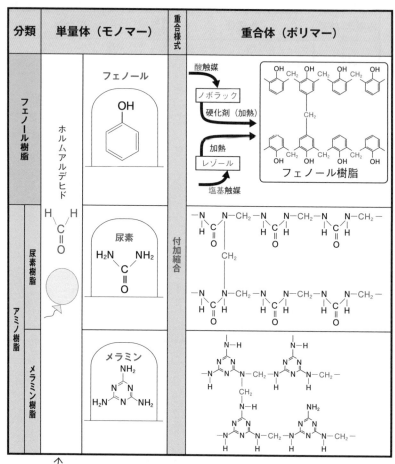

分類		単量体（モノマー）		重合様式	重合体（ポリマー）
フェノール樹脂		ホルムアルデヒド   H–C(=O)–H	フェノール 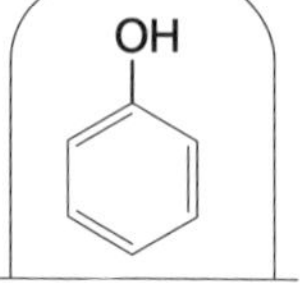 OH（ベンゼン環）	付加縮合	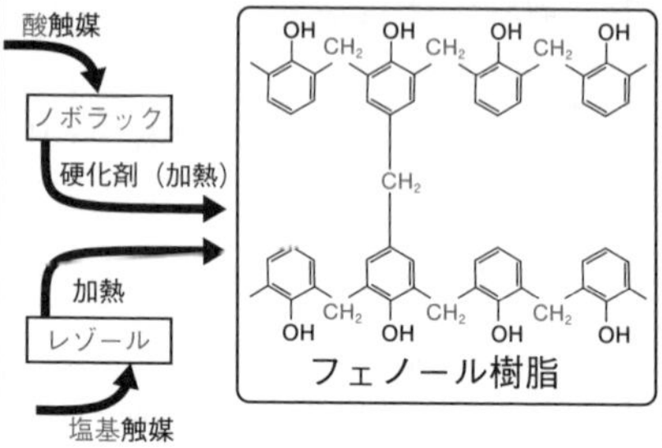 酸触媒 → ノボラック → 硬化剤（加熱） → フェノール樹脂 塩基触媒 → レゾール → 加熱 → フェノール樹脂
アミノ樹脂	尿素樹脂		尿素 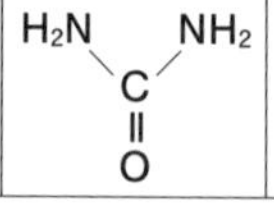 H_2N–C(=O)–NH_2		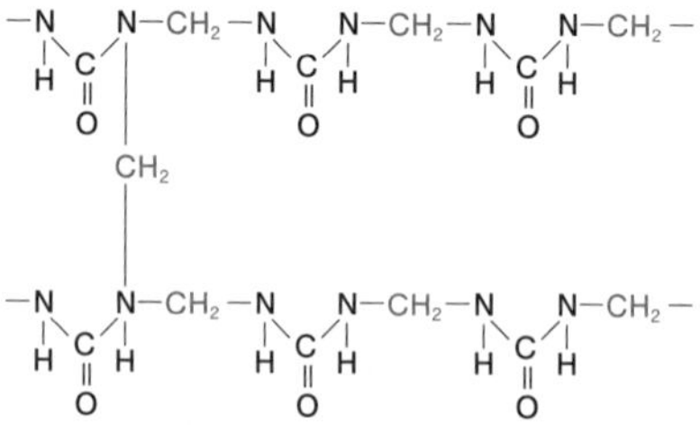 –N(H)–C(=O)–N(H)–CH_2–N(H)–C(=O)–N(H)–CH_2–…（CH_2 による架橋）
	メラミン樹脂		メラミン 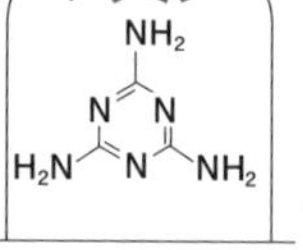 NH_2、H_2N、NH_2（トリアジン環）		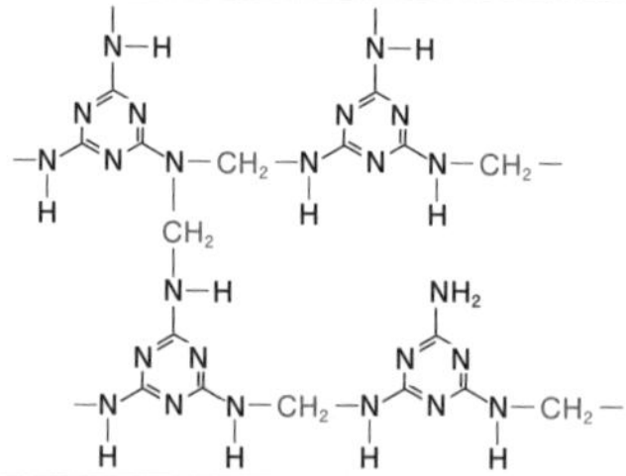 –N(H)–（トリアジン環）–N–CH_2–N(H)–…（CH_2 による架橋）

ホルムアルデヒドは気体だけど，水に良く溶けるから水溶液のホルマリンを良く使うんだ!

分類		単量体（モノマー）		重合様式	重合体（ポリマー）
アルキド樹脂	グリプタル樹脂	グリセロール（グリセリン） CH_2-OH / $CH-OH$ / CH_2-OH	無水フタル酸	縮合重合	
シリコーン樹脂		トリクロロメチルシラン CH_3SiCl_3 / ジクロロジメチルシラン $(CH_3)_2SiCl_2$		縮合重合など	

ボタンにも尿素樹脂が使われているよ!

4 機能性高分子

分類	単量体	重合様式	重合体（ポリマー）	
			陽イオン交換樹脂	陰イオン交換樹脂
イオン交換樹脂	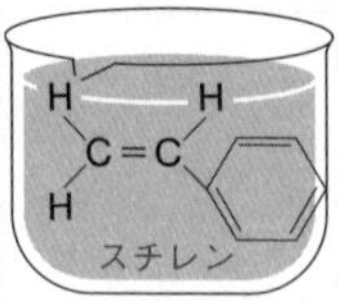 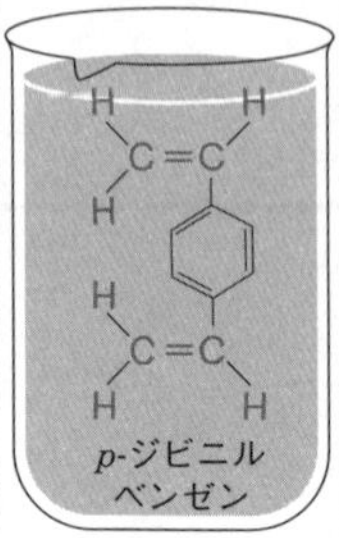 スチレン p-ジビニルベンゼン	共重合（付加重合）	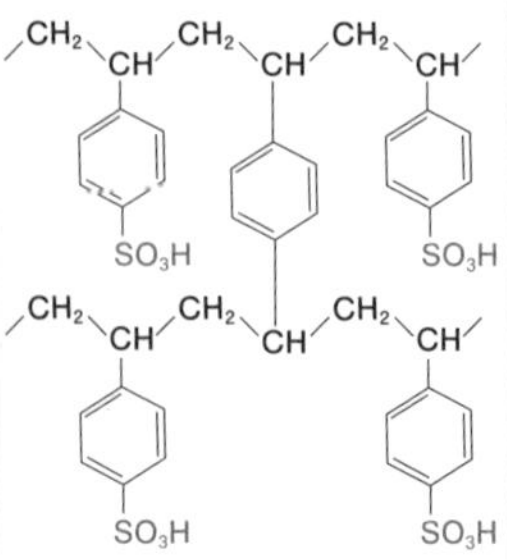 $R-SO_3H$（スルホ基）	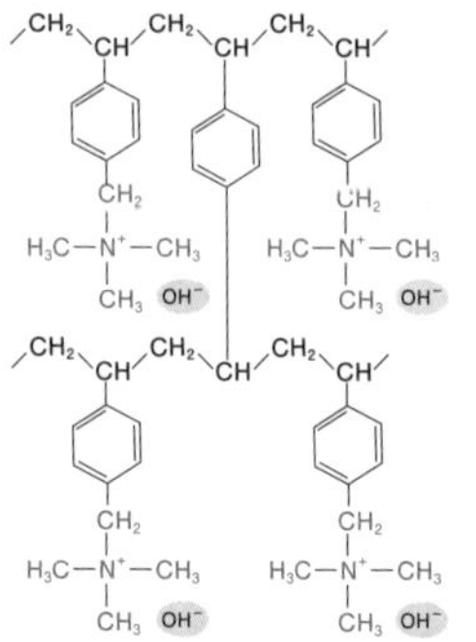 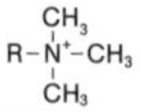 $R-N^+(CH_3)_3$（トリメチルアンモニウム基） OH^-
高吸水性樹脂	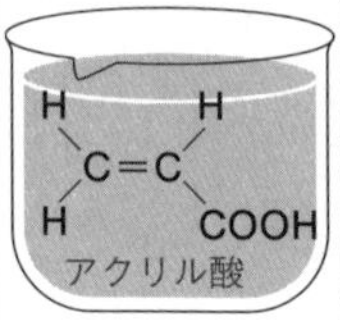 $CH_2=CH-COOH$ アクリル酸	付加重合	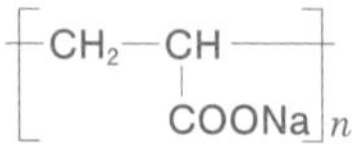 $[-CH_2-CH(COONa)-]_n$ ポリアクリル酸ナトリウム	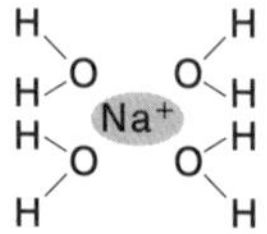 Na^+の水和により，浸透圧が生じる
生分解性樹脂	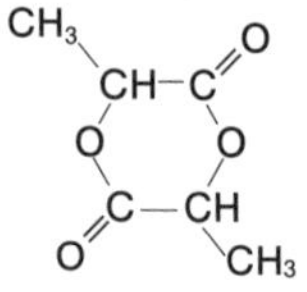 乳酸の環状二量体	開環重合	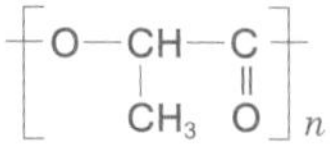 $[-O-CH(CH_3)-C(=O)-]_n$ ポリ乳酸	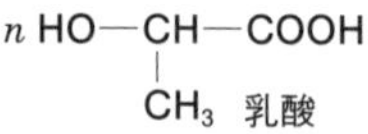 $n\,HO-CH(CH_3)-COOH$ 乳酸 乳酸の縮合重合体でも合成できる
導電性高分子	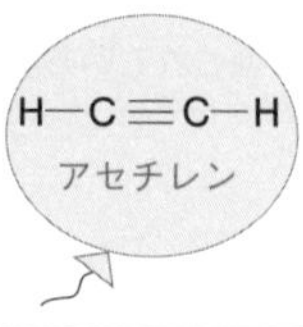 $H-C\equiv C-H$ アセチレン	付加重合	 $[-CH=CH-]_a$ $[-CH=CH-]_b$ ポリアセチレン （ハロゲン単体を少量加えることで導電性となる）	

第26章　ゴム

1 ゴムの分類

分類	例	略称	単量体	重合様式	構造
合成ゴム	ブタジエンゴム	BR	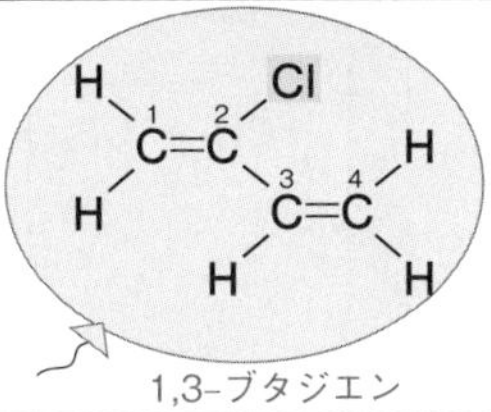 $CH_2=CH-CCl$… 1,3-ブタジエン	付加重合	$\left[CH_2-CH=CH-CH_2\right]_n$
	クロロプレンゴム	CR	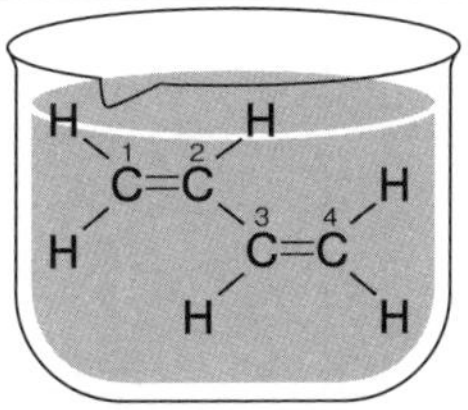 $CH_2=CH-CH=CH_2$ 2-クロロ-1,3-ブタジエン（クロロプレン）	付加重合	$\left[CH_2-C(Cl)=CH-CH_2\right]_n$
	スチレンブタジエンゴム	SBR	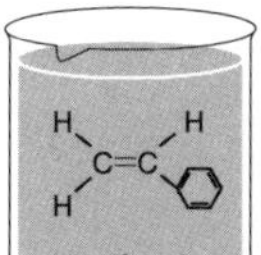 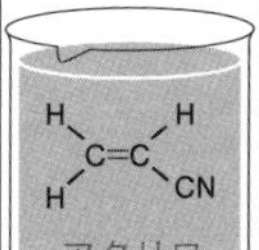 スチレン $CH_2=CH-C_6H_5$	付加重合（共重合）	$\left[CH_2-CH(C_6H_5)\right]_m$ $\left[CH_2-CH=CH-CH_2\right]_n$
	アクリロニトリルブタジエンゴム	NBR	アクリロニトリル $CH_2=CH-CN$	付加重合（共重合）	$\left[CH_2-CH(CN)\right]_m$ $\left[CH_2-CH=CH-CH_2\right]_n$ 耐油性に優れる
	シリコーンゴム	MQ	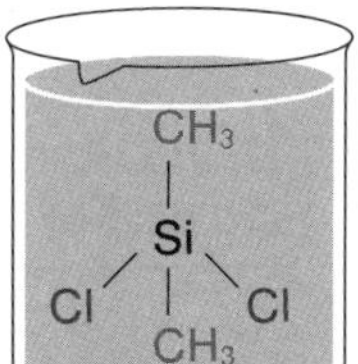 ジクロロジメチルシラン $(CH_3)_2SiCl_2$	縮合重合	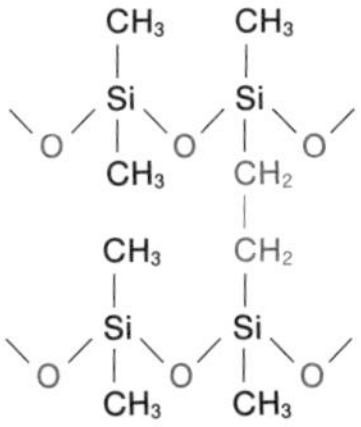 $-O-Si(CH_3)_2-O-Si(CH_3)(CH_2-CH_2-)-O-$

1 ゴムの分類

分類	例	略称	単量体	重合様式	構造
合成ゴム	フッ素ゴム	FKM	$H_2C=CF_2$ フッ化ビニリデン $F_2C=CF(CF_3)$ ヘキサフルオロプロペン（ヘキサフルオロプロピレン）	共重合	$\left[CH_2-CF_2\right]_n\left[CF_2-CF(CF_3)\right]_m$
天然ゴム（合成もあり）		NR	$H_2C=C(CH_3)-CH=CH_2$ 2-メチル-1,3-ブタジエン（イソプレン）	付加重合	$\left[CH_2-C(CH_3)=CH-CH_2\right]_n$ 生ゴムはポリシス-イソプレンが主成分

2 天然ゴム

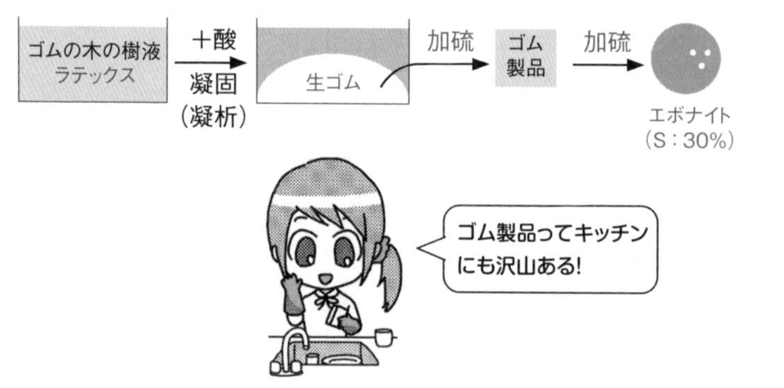

ゴムの木の樹液
ラテックス
＋酸
凝固
（凝析）
生ゴム
加硫
ゴム製品
加硫
エボナイト
（S：30%）
ゴム製品ってキッチンにも沢山ある!